工科数学分析

（上册）

孙玉泉　文　晓　薛玉梅　苑　佳　杨义川　编著

北京航空航天大学出版社

内 容 简 介

《工科数学分析》分上、下两册. 本书为上册,内容包括:集合与映射、数列极限、函数极限与连续、函数的导数、泰勒公式、不定积分、定积分、定积分的应用、广义积分、常微分方程.附录为常用几何曲线图示和计算机辅助数学分析学习举例.

为满足新形势下"重基础、宽口径"的人才培养需求,编写团队结合多年的教学经验,精心设置教材内容,注重核心内容的完整性和严谨性,注重数学分析的经典思想、方法和技巧,并兼顾课程与现代数学应用前沿的联系.

本书可供综合性大学和理工科院校作为教材使用,也可作为相关科研人员的参考书.

图书在版编目(CIP)数据

工科数学分析. 上册 / 孙玉泉等编著. -- 北京 :
北京航空航天大学出版社,2019.8
ISBN 978 - 7 - 5124 - 3044 - 0

Ⅰ. ①工… Ⅱ. ①孙… Ⅲ. ①数学分析－高等学校－
教材 Ⅳ. ①O17

中国版本图书馆 CIP 数据核字(2019)第 147223 号

工科数学分析(上册)

孙玉泉 文 晓 薛玉梅 苑 佳 杨义川 编著
责任编辑 蔡 喆

*

北京航空航天大学出版社出版发行

北京市海淀区学院路 37 号(邮编 100191)　http://www.buaapress.com.cn
发行部电话:(010)82317024　传真:(010)82328026
读者信箱 : goodtextbook@126.com　邮购电话:(010)82316936
北京时代华都印刷有限公司印装　各地书店经销

*

开本:787×1 092　1/16　印张:17.25　字数:442 千字
2019 年 8 月第 1 版　2023 年 8 月第 5 次印刷　印数:10 500～13 500 册
ISBN 978 - 7 - 5124 - 3044 - 0　定价:49.00 元

前　　言

　　"工科数学分析"是一流工科大类学生一年级的必修课程,其思想方法几乎渗透到了大学四年及后续研究生的所有自然科学、工程技术相关的课程中. 这门课程的学习对培养学生抽象思维能力、逻辑推理能力、空间想象力、科学计算能力起着重要的作用.

　　顾名思义,微积分主要包含微分学与积分学,历史上也称之为无穷小分析. 微分学主要包括求导数、求微分的运算,是一个关于变化率的理论,使得函数、速度、加速度和曲线的切线斜率均可以使用一套通用的符号进行讨论. 而积分学包括求积分的运算,为定义和计算面积、体积等提供了一套通用的方法. 微分学和积分学通过微积分基本定理联系到了一起.

　　自从 17 世纪下半叶牛顿(Newton)和莱布尼茨(Leibniz)分别独立发明微积分之后,微积分成了推动近代数学发展强大的引擎,同时也极大地推动了自然科学、社会科学及应用科学各个分支的发展. 几乎所有现代技术都以微积分学作为基本数学工具之一.

　　为更好地适应新时期人才培养的需求,我们编写了本教材. 教材在突出数学分析课程核心内容的同时,力求做到语言简洁,逻辑清晰,满足学生课下自主阅读和学习的需求. 上册主要介绍一元微积分以及常微分方程基础,级数与多元微积分的内容放到了下册. 第 1 章的内容主要是集合、映射、函数等概念的复习和反三角函数与极坐标的简介. 进一步介绍集合的势、可数集、集合的确界等概念. 这一章中,把确界存在定理以公理的形式直接给出,作为后面实数理论的基础. 第 2 章数列的极限主要介绍数列极限的定义、基本性质及其运算,实数理论中的其他等价定理. 第 3 章主要介绍函数的极限与函数的连续. 第 4 章的内容为函数的导数及其应用,主要介绍导数的定义,导数的计算,微分中值定理以及导数在研究函数性质中的应用. 第 5 章的内容为 Taylor 公式,主要介绍函数微分的概念,Peano 余项和 Lagrange 余项的 Taylor 公式及其简单的应用. 第 6 章的内容为不定积分,主要介绍不定积分的概念和求不定积分的方法. 第 7 章的内容为定积分,主要介绍定积分的概念及其计算方法. 第 8 章的内容为定积分的应用,主要介绍定积分在求平面图形的面积、曲面的表面积以及立体图形的体积等数学应用,同时介绍一些定积分在物理中的简单应用. 第 9 章的内容为广义积分,主要介绍无穷积分和瑕积分的基本概念及其敛散性的判别法. 第 10 章的内容为常微分方程基础,主要介绍常微分方程的基本概念以及一些简单的常微分方程的解法.

　　通过"工科数学分析"这门课程的学习,除了为后继的力学、物理、计算机、金融等相关学科的学习打下相应的数学基础之外,也希望同学们学会使用数学作为工具来分析问题解决问题. 我们列举几个问题,希望大家能通过课程的学习自己回答这些问题:探照灯为什么要设计成旋转抛物面? 彩虹的最高点为什么会在你抬头 42 度的位置? 第二宇宙速度是根据什么计算出来的? 为什么圆柱形罐头的高度是底面半径 2 倍时材料最省? 篮球向上扔的时候,到达最高点的时间和从最高点回到原点的时间为什么不一样?

　　郑志明院士的教学思想和教学理念对本书的编写提供了重要指导,郑志勇教授、韩德仁教授提供了大力支持,徐兵教授、高宗升教授、王进良教授等在教材编写过程中给予了热心帮助,工科数学分析教学团队全体主讲教师在前期讲义的使用过程中提出了许多宝贵意见,为本教材的出版做出了重要贡献，在此一并致谢.

　　因编者的才学能力所限，教材中如有不足之处，希望读者能将发现的问题及时反馈给我们. 我们也将在本书的使用过程中及时完善并通过微信公众号"北航工科数分"发布相关勘误信息和补充资料，或者通过北航出版社邮箱 goodtextbook@126.com 联系我们。

编　者
2019 年 7 月

目　　录

第 1 章　集合与映射 ………………………………………………………………… 1

  1.1　集　合 ………………………………………………………………………… 1

    1.1.1　集合的概念 ………………………………………………………………… 1

    1.1.2　集合的运算 ………………………………………………………………… 2

    习题 1.1 ………………………………………………………………………………… 4

  1.2　映射与函数 …………………………………………………………………… 4

    1.2.1　集合之间的映射 …………………………………………………………… 4

    1.2.2　函　数 ……………………………………………………………………… 5

    习题 1.2 ………………………………………………………………………………… 9

  1.3　集合的势与可数集 …………………………………………………………… 10

    习题 1.3 ……………………………………………………………………………… 12

  1.4　确界存在定理 ………………………………………………………………… 12

    习题 1.4 ……………………………………………………………………………… 15

  1.5　平面上的极坐标系 …………………………………………………………… 16

    习题 1.5 ……………………………………………………………………………… 17

第 2 章　数列极限 ……………………………………………………………………… 18

  2.1　数列的极限 …………………………………………………………………… 18

    2.1.1　数列极限的定义 ………………………………………………………… 18

    2.1.2　极限定义的否定形式 …………………………………………………… 21

    习题 2.1 ……………………………………………………………………………… 22

  2.2　数列极限的性质和运算 ……………………………………………………… 22

    习题 2.2 ……………………………………………………………………………… 28

  2.3　无穷小和无穷大 ……………………………………………………………… 29

    2.3.1　无穷小 …………………………………………………………………… 29

    2.3.2　无穷大 …………………………………………………………………… 31

    2.3.3　Stolz 定理 ……………………………………………………………… 32

    习题 2.3 ……………………………………………………………………………… 35

  2.4　单调数列的极限及其应用 …………………………………………………… 36

    习题 2.4 ……………………………………………………………………………… 41

  2.5　实数连续性的基本定理 ……………………………………………………… 42

    习题 2.5 ……………………………………………………………………………… 48

  2.6　上极限与下极限的概念及性质 ……………………………………………… 49

    习题 2.6 ……………………………………………………………………………… 54

第 3 章　函数极限与连续 ……………………………………………………………… 55

  3.1　函数极限 ……………………………………………………………………… 55

    3.1.1　函数极限的定义 ………………………………………………………… 55

    3.1.2　函数极限的性质 ………………………………………………………… 57

    习题 3.1 ……………………………………………………………………………… 62

  3.2　其他过程的函数极限 ………………………………………………………… 63

　　　　习题 3.2 ·· 66

　　3.3　连续函数·· 67

　　　　3.3.1　连续函数的定义··· 67

　　　　3.3.2　连续函数的性质··· 68

　　　　3.3.3　不连续点的类型··· 70

　　　　3.3.4　利用连续性求函数极限·· 72

　　　　习题 3.3 ·· 73

　　3.4　无穷小与无穷大的阶··· 74

　　　　3.4.1　无穷小的阶··· 74

　　　　3.4.2　无穷大的阶··· 75

　　　　3.4.3　无穷小和无穷大的表示及 1^{∞} 型极限求解·· 77

　　　　习题 3.4 ·· 79

　　3.5　函数的一致连续性··· 80

　　　　习题 3.5 ·· 83

　　3.6　有限闭区间上连续函数的性质·· 83

　　　　习题 3.6 ·· 87

第 4 章　函数的导数··· 89

　　4.1　导数的定义·· 89

　　　　习题 4.1 ·· 94

　　4.2　导数的运算规则··· 95

　　　　习题 4.2 ·· 101

　　4.3　隐函数求导和参数方程求导·· 103

　　　　4.3.1　隐函数求导··· 103

　　　　4.3.2　参数方程求导··· 104

　　　　习题 4.3 ·· 105

　　4.4　高阶导数·· 106

　　　　习题 4.4 ·· 111

　　4.5　微分中值定理·· 112

　　　　习题 4.5 ·· 120

　　4.6　利用导数研究函数的性质·· 121

　　　　4.6.1　函数的单调性··· 121

　　　　4.6.2　函数的极值·· 125

　　　　4.6.3　函数的凹凸性··· 129

　　　　习题 4.6 ·· 135

　　4.7　L'Hospital 法则·· 137

　　　　习题 4.7 ·· 143

第 5 章　泰勒(Taylor)公式··· 145

　　5.1　函数的微分··· 145

　　　　5.1.1　微分的定义·· 145

　　　　5.1.2　微分基本公式与运算法则·· 146

　　　　5.1.3　高阶微分··· 148

　　　　习题 5.1 ·· 149

　　5.2　Taylor 公式··· 149

　　　5.2.1　带 Peano 余项的 Taylor 定理 ······················· 150
　　　5.2.2　带 Lagrange 余项的 Taylor 定理 ··················· 156
　　习题 5.2 ·· 160

第 6 章　不定积分 ··· 163
　6.1　不定积分的概念 ··· 163
　　　6.1.1　基本积分公式 ····································· 164
　　　6.1.2　不定积分的线性性质 ······························ 165
　　习题 6.1 ·· 166
　6.2　换元积分法和分部积分法 ································· 167
　　　6.2.1　换元积分法 ······································· 167
　　　6.2.2　分部积分法 ······································· 173
　　习题 6.2 ·· 175
　6.3　有理函数及可化为有理函数的不定积分 ··················· 177
　　　6.3.1　有理函数的不定积分 ······························ 177
　　　6.3.2　三角函数有理式不定积分 ·························· 180
　　　6.3.3　简单无理式的积分 ································· 182
　　习题 6.3 ·· 183

第 7 章　定积分 ··· 185
　7.1　定积分的概念 ··· 185
　　　7.1.1　曲边梯形面积 ····································· 185
　　　7.1.2　变速直线运动的路程 ······························ 186
　　　7.1.3　定积分的定义 ····································· 186
　　　7.1.4　定积分的几何意义 ································· 187
　　习题 7.1 ·· 188
　7.2　可积条件和定积分的性质 ································· 188
　　　7.2.1　可积的必要条件 ··································· 188
　　　7.2.2　有界函数可积的充要条件 ·························· 189
　　　7.2.3　定积分的基本性质 ································· 190
　　　7.2.4　可积函数类 ······································· 193
　　　7.2.5　积分中值定理 ····································· 195
　　习题 7.2 ·· 196
　7.3　微积分基本定理 ··· 197
　　习题 7.3 ·· 205

第 8 章　定积分的应用 ··· 207
　8.1　平面图形的面积 ··· 208
　　　8.1.1　直角坐标系情形 ··································· 208
　　　8.1.2　极坐标系情形 ····································· 210
　　习题 8.1 ·· 211
　8.2　旋转体的体积和旋转曲面的面积 ························· 211
　　　8.2.1　平行截面面积为已知的立体体积 ···················· 211
　　　8.2.2　旋转体体积 ······································· 212
　　　8.2.3　旋转曲面的面积 ··································· 213
　　习题 8.2 ·· 214

8.3　平面曲线的弧长与曲率 ··· 215

　　8.3.1　平面曲线的弧长 ··· 215

　　8.3.2　曲　率 ··· 218

　　习题 8.3 ·· 219

8.4　定积分在物理中的应用 ·· 220

　　8.4.1　液体的压力和压强 ··· 220

　　8.4.2　变力做功 ··· 221

　　8.4.3　转动惯量 ··· 221

　　习题 8.4 ·· 222

第 9 章　广义积分 ··· 223

9.1　无穷区间上的广义积分 ·· 224

　　习题 9.1 ·· 227

9.2　非负函数无穷积分的收敛性判别 ·· 227

　　习题 9.2 ·· 230

9.3　一般函数无穷积分的收敛性判别法 ··· 231

　　9.3.1　无穷积分收敛的充分必要条件 ···································· 231

　　9.3.2　无穷积分的绝对收敛 ·· 232

　　9.3.3　函数乘积积分的收敛判别法 ······································· 232

　　习题 9.3 ·· 236

9.4　瑕积分 ··· 237

　　9.4.1　瑕积分的概念 ·· 237

　　9.4.2　瑕积分收敛的判别方法 ··· 239

　　9.4.3　Γ 函数与 B 函数 ··· 242

　　习题 9.4 ·· 243

第 10 章　常微分方程 ··· 245

10.1　微分方程的基本概念 ··· 245

　　习题 10.1 ··· 246

10.2　一阶微分方程的解法 ··· 247

　　10.2.1　变量分离方程 ·· 247

　　10.2.2　齐次方程 ·· 248

　　10.2.3　一阶线性微分方程 ·· 251

　　10.2.4　伯努利(Bernoulli)方程 ·· 252

　　习题 10.2 ··· 254

10.3　二阶常系数线性微分方程的解法 ·· 254

　　10.3.1　二阶线性微分方程解的结构 ······································ 254

　　10.3.2　二阶常系数线性齐次微分方程的解法 ························· 256

　　10.3.3　二阶常系数线性非齐次微分方程的解法 ····················· 257

　　习题 10.3 ··· 260

附　录 ·· 261

附录 1　常用几何曲线图示 ··· 261

附录 2　计算机辅助数学分析学习举例 ··· 264

参考文献 ·· 267

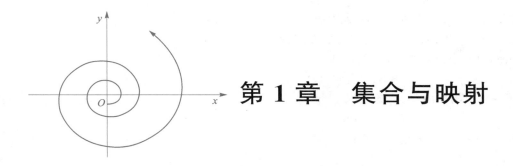

第 1 章   集合与映射

数学的研究对象是数量关系与空间形式,而集合论语言则是描述这些对象的最通用的语言. 在本章中我们将回顾集合与映射的基本概念并介绍一些相关的数学知识.

1.1   集   合

1.1.1   集合的概念

集合,简称集,是指某些具有特定性质的事物构成的全体. 构成这些集合的其中一个事物称为该集合中的一个元素. 通常用大写字母如 A,B 或 X,Y 来表示一个集合,用小写字母如 a,b 或 x,y 来表示元素.

设 A 是一个集合,a 是集合 A 中的元素,则称 a 属于 A,记为 $a \in A$. 若 b 不是集合 A 中的元素,则称 b 不属于 A,记为 $b \notin A$.

表示集合的方式通常有两种,一种是枚举的方式,把集合当中的所有元素都列举出来,然后用一个大括号把它们括起来. 例如可以使用

$$\{1,2,3,4\}$$

来表示 $1,2,3,4$ 这四个数的全体构成的集合. 有的时候尽管无法把集合中的元素全部列举出来,但可以通过列举一部分,把其中的规律体现出来,例如可以使用

$$\{1,2,\cdots,n-1,n\}$$

来表示由 1 到 n 的这 n 个自然数构成的集合.

另一种表示集合的方法是描述的方式,如果集合是由所有具有某种性质 P 的元素构成的,则可记该集合为

$$\{x \mid x \text{ 具有性质 } P\}.$$

例如可以将方程 $\sin x = 0$ 的所有解构成的集合记为

$$\{x \mid \sin x = 0\}.$$

集合与集合之间,经常还需要讨论如下关系. 设 A,B 是两个集合,如果 A 中的任一元素都属于 B,则称集合 A 包含于集合 B,或称集合 B 包含集合 A,记为 $A \subseteq B$,这时称 A 是 B 的一个子集.

如果既有 $A \subseteq B$ 又有 $B \subseteq A$,则称 A 和 B 相等,记为 $A = B$.

如果 A 和 B 不相等,则记为 $A \neq B$.

如果 $A \subseteq B$ 但 $A \neq B$,记为 $A \subset B$,此时称 A 是 B 的一个真子集.

在数学中,一些常用集合,有通用的表示方式,例如

使用 N 表示所有自然数构成的集合,即

$$N = \{0, 1, 2, \cdots\}.$$

使用 Z 表示所有整数构成的集合,即

$$Z = \{0, \pm 1, \pm 2, \cdots\}.$$

所有正整数构成的集合,一般使用 N^* 或 Z^+ 表示,即

$$N^* = Z^+ = \{1, 2, \cdots\}.$$

使用 Q 表示所有有理数构成的集合,即

$$Q = \left\{ x \mid x = \frac{q}{p}, \text{其中 } q \in Z, p \in N^*, (p, q) = 1 \right\}.$$

使用 R 表示所有实数构成的集合. 所有正有理数构成的集合用 Q^+ 表示,所有正实数构成的集合使用 R^+ 表示.

给定两个实数 $a < b$,记:

$$(a, b) = \{x \in R \mid a < x < b\},$$
$$(a, +\infty) = \{x \in R \mid x > a\},$$
$$(-\infty, b) = \{x \in R \mid x < b\}.$$

我们称它们为开区间. 其中记号"∞"读做"无穷". 集合

$$[a, b] = \{x \in R \mid a \leqslant x \leqslant b\},$$
$$[a, +\infty) = \{x \in R \mid x \geqslant a\},$$
$$(-\infty, b] = \{x \in R \mid x \leqslant b\}.$$

称为闭区间. 集合

$$[a, b) = \{x \in R \mid a \leqslant x < b\},$$
$$(a, b] = \{x \in R \mid a < x \leqslant b\}.$$

称为半开半闭区间. 开区间、闭区间、半开半闭区间均称为区间. 特别地,整个 R 也可视为一个区间,表示为 $(-\infty, +\infty)$,既把它看成开区间,也把它看成闭区间.

还有一个特殊的集合,它不包含任何元素,使用 $\varnothing$ 表示,读作"空集". 对于任意集合 X,均有 $\varnothing \subseteq X$.

1.1.2 集合的运算

两个集合之间可以定义并、交、差、补四种基本运算. 记

$$A \cup B = \{x \mid x \in A \text{ 或 } x \in B\}.$$

它是由 A 和 B 两个集合的元素放到一起构成的一个集合,称之为 A 和 B 的并集. 记

$$A \cap B = \{x \mid x \in A \text{ 且 } x \in B\}.$$

它是由 A 和 B 的公共元素构成的集合,称之为 A 和 B 的交集.

集合的并与交满足如下性质:

(1) 交换律:$A \cup B = B \cup A$,$A \cap B = B \cap A$;

(2) 结合律:$(A \cup B) \cup C = A \cup (B \cup C)$,$(A \cap B) \cap C = A \cap (B \cap C)$;

(3) 分配律:$(A \cup B) \cap C = (A \cap C) \cup (B \cap C)$,$(A \cap B) \cup C = (A \cup C) \cap (B \cup C)$.

回顾一下如何证明两个集合相等,如证明:
$$(A \cup B) \cap C = (A \cap C) \cup (B \cap C).$$
这里先证
$$(A \cup B) \cap C \subseteq (A \cap C) \cup (B \cap C).$$
设 $x \in (A \cup B) \cap C$,则 $x \in C$ 且 $x \in A \cup B$. $x \in A \cup B$ 说明 $x \in A$ 或者 $x \in B$. 若 $x \in A$,则 $x \in A \cap C$,若 $x \in B$,则 $x \in B \cap C$. 因此总有 $x \in A \cap C$ 或者 $x \in B \cap C$,即有 $x \in (A \cap C) \cup (B \cap C)$. 因此有 $(A \cup B) \cap C \subseteq (A \cap C) \cup (B \cap C)$ 成立.

再证
$$(A \cap C) \cup (B \cap C) \subseteq (A \cup B) \cap C.$$
设 $x \in (A \cap C) \cup (B \cap C)$,则有 $x \in A \cap C$ 或者 $x \in B \cap C$. 不管哪种情况总有 $x \in C$,同时有 $x \in A$ 或者 $x \in B$,因此 $x \in A \cup B$. 于是 $x \in (A \cup B) \cap C$. 从而
$$(A \cap C) \cup (B \cap C) \subseteq (A \cup B) \cap C.$$
两个包含关系合起来即得
$$(A \cup B) \cap C = (A \cap C) \cup (B \cap C).$$
给定两个集合 A, B,记
$$A \backslash B = \{x \mid x \in A \text{ 但 } x \notin B\}.$$
它表示属于 A 但不属于 B 的元素构成的集合,称之为 A 和 B 的差集. 注意这里并没有要求 B 是 A 的子集.

当所考虑的集合总是某一个集合 X 的子集时,我们往往称 X 为全集. 对于 X 的一个子集 A,我们将集合 $X \backslash A$ 称为 A 的补集,记为 $\complement_X A$ 也记作 A^c. 在同一个全集中,补和差的运算满足公式
$$A \backslash B = A \cap B^c.$$
集合的补、交、并三个运算之间满足下列的 DeMorgan 定律:
$$(A \cup B)^c = A^c \cap B^c,$$
$$(A \cap B)^c = A^c \cup B^c.$$
这里回顾一下第一个公式的证明. 先证 $(A \cup B)^c \subseteq A^c \cap B^c$. 任取 $x \in (A \cup B)^c$,则 $x \notin A \cup B$,因此既有 $x \notin A$,又有 $x \notin B$. 即
$$x \in A^c \text{ 且 } x \in B^c \Rightarrow x \in A^c \cap B^c.$$
因此 $(A \cup B)^c \subseteq A^c \cap B^c$.

反过来,任取 $x \in A^c \cap B^c$,有 $x \in A^c$ 且 $x \in B^c$,因此,既有 $x \notin A$,又有 $x \notin B$,可推出 $x \notin A \cup B$. 因此 $x \in (A \cup B)^c$,这证明了 $A^c \cap B^c \subseteq (A \cup B)^c$. 两方面合起来即 $(A \cup B)^c = A^c \cap B^c$.

两个集合之间还可以定义笛卡尔积,从而得到一个新的集合. 给定集合 A, B,记
$$A \times B = \{(x, y) \mid x \in A, y \in B\},$$
称之为集合 A 与集合 B 的笛卡尔积. 集合 A 与集合 B 可以相同也可以不同. 在平面解析几何或空间解析几何中我们经常用二元有序数组或三元有序数组来表示点或向量. 此时二元有序数组 (x, y) 就可以认为是 $\mathbf{R} \times \mathbf{R}$ 中的元素,三元有序数组可以认为是 $\mathbf{R} \times \mathbf{R} \times \mathbf{R}$ 中的元素. 此时我们一般记 $\mathbf{R}^2 = \mathbf{R} \times \mathbf{R}$,$\mathbf{R}^3 = \mathbf{R} \times \mathbf{R} \times \mathbf{R}$. 我们还可以使用笛卡尔积表示平面上的长方形和空间中的长方体. 如集合

$$[a,b] \times [c,d] = \{(x,y) \in \mathbb{R}^2 \mid a \leqslant x \leqslant b, c \leqslant y \leqslant d\}$$

表示一个长方形. 集合

$$[a,b] \times [c,d] \times [e,f] = \{(x,y,z) \in \mathbb{R}^3 \mid a \leqslant x \leqslant b, c \leqslant y \leqslant d, e \leqslant z \leqslant f\}$$

表示一个长方体.

习题 1.1

1. 用集合表示下列数集：

(1) 上半平面的点的全体（不含 x 轴）；

(2) 0 与 1 之间的有理数全体；

(3) 满足 $\left| \dfrac{x-4}{x+1} \right| \leqslant 1$ 的实数全体；

(4) $\cos n\pi = 1$ 成立的 n 的全体.

2. 举例说明集合运算不满足消去律：

(1) $A \cup B = A \cup C$ 不蕴含 $B = C$；

(2) $A \cap B = A \cap C$ 不蕴含 $B = C$.

3. 证明下列集合等式：

(1) $(A \cap B) \cup C = (A \cup C) \cap (B \cup C)$；

(2) $(A \cup B) \cup C = A \cup (B \cup C)$；

(3) $(A \cap B) \cap C = A \cap (B \cap C)$；

(4) $(A \cap B)^c = A^c \cup B^c$.

1.2　映射与函数

1.2.1　集合之间的映射

映射指的是两个集合之间的一个对应关系. 数学分析这门学科的主要研究对象是函数，函数可以看成是特殊的一种映射.

定义 1.2.1 给定两个集合 X, Y. 若 f 是 X 和 Y 之间的对应关系且满足：任给 $x \in X$，在 Y 中存在唯一的元素 y 与之对应，则称 f 为集合 X 到集合 Y 的一个映射，记为

$$f: X \to Y \qquad x \mapsto y.$$

设 $x \in X$，则称 x 对应的位于 Y 中的元素 y 为 x 在映射 f 下的像，记为 $f(x)$. 若 $f(x) = y$，此时也称 x 为 y 的一个逆像或原像. 集合 X 称为映射 f 的定义域，记为 D_f，所有 X 中元素在映射 f 作用下的像的全体构成的集合称为映射 f 的值域，记为 R_f，即

$$R_f = \{y \mid y \in Y, \text{存在 } x \in X, \text{使得 } f(x) = y\}.$$

给定一个映射 $f: X \to Y$. 对于 X 的一个子集 A，记

$$f(A) = \{f(x) \mid x \in A\},$$

它是 Y 的一个子集，称之为 A 在映射 f 下的像. 对于 Y 的一个子集 B，记

$$f^{-1}(B) = \{x \in X \mid f(x) \in B\},$$

它是 X 的一个子集，称之为 B 在映射 f 下的逆像或原像.

　　构成一个映射有三个要素,即映射的定义域 X,映射的值域所在的集合 Y,以及对应规则 f. 特别要注意两点:(1) 映射要求元素的像是唯一确定的;(2) 映射并不要求 Y 中元素的原像是唯一确定的.

　　设 f 和 g 都是集合 X 到集合 Y 的映射,如果任取 $x \in X$,都有 $f(x) = g(x)$,则称映射 f 和 g 相等,记为 $f = g$.

　　下面回顾映射的复合和取逆两种运算. 给定两个映射 $g: X \to Y$,$f: Y \to Z$,则可以构造一个从 X 到 Z 的对应关系

$$x \mapsto g(x) \mapsto f(g(x))$$

这个对应关系给出了一个从 X 到 Z 的映射,称之为映射 f 与映射 g 的复合,记为 $f \circ g$. 即

$$f \circ g: X \to Z$$
$$x \mapsto z = f(g(x)).$$

定义 1.2.2　设 f 是集合 X 到集合 Y 的一个映射,如果对于 X 中的任意两个不同元素 $x_1 \neq x_2$,均有 $f(x_1) \neq f(x_2)$,则称 f 为一个单射. 如果对于任意的 $y \in Y$,在映射 f 下都有原像,则称 f 为一个满射. 如果映射 f 既是一个单射又是一个满射,则称 f 为一个双射或一一映射或一一对应.

　　设 $f: X \to Y$ 是一个双射,则对于任意的 $y \in Y$,存在一个唯一确定的 $x \in X$,使得 $f(x) = y$ 成立. 此时可以由如下对应关系确定一个从集合 Y 到集合 X 的映射

$$g: Y \to X$$
$$y \mapsto x \text{(其中 } f(x) = y).$$

这个从集合 Y 到集合 X 的映射 g 称为映射 f 的逆映射,记为 $g = f^{-1}$. 一个双射也可以视为一个存在逆映射的映射,因此双射也称为可逆映射.

　　当 $f: X \to Y$ 是一个可逆映射时,设 $g = f^{-1}$ 是它的逆映射,则不难发现:(1)任取 $y \in Y$,有 $f \circ g(y) = y$;(2)任取 $x \in X$,有 $g \circ f(x) = x$,这是一个从 X 到 X 自身的特殊映射,它把 $x \in X$ 映到它自己,我们把这种映射记为 I_X,称之为集合 X 上的恒同映射或恒等映射. 因此总有

$$f \circ f^{-1} = I_Y, \quad f^{-1} \circ f = I_X$$

成立.

　　当 f 是集合 X 到自身的映射时,则可以记

$$f^1 = f$$
$$f^2 = f \circ f$$
$$f^3 = f^2 \circ f = f \circ f \circ f$$
$$\cdots$$
$$f^n = f^{n-1} \circ f = f \circ f \circ \cdots \circ f \, (n \in \mathbf{N}^*, \text{其中有 } n \text{ 个 } f).$$

若 f 还是集合 X 到自身的一一映射,则记号可推广到一般的 $n \in \mathbf{Z}$

$$f^{-n} = (f^{-1})^n \text{(其中 } n \in \mathbf{N}^*).$$

我们称 f^n 为 f 的 n 次迭代.

1.2.2　函　数

　　如果一个映射 $f: X \to Y$ 满足 $X \subseteq \mathbf{R}$,$Y \subseteq \mathbf{R}$,则称这样的映射为一元实函数,简称为函数. 对于一个函数 $f: X \to Y$,定义域 X 中的元素 x 称为自变量,Y 中的元素 y 称为因变量. 对于可

逆的函数，我们又称它的逆映射为它的反函数.

两个函数之间除了之前定义的复合运算之外，还可以定义四则运算. 设函数 f 的定义域为 D_f，函数 g 的定义域为 D_g. 定义函数

$$f+g:D_f \bigcap D_g \rightarrow \mathbb{R}$$
$$x \mapsto f(x)+g(x)$$

称为函数 f 和函数 g 的和. 定义函数

$$f-g:D_f \bigcap D_g \rightarrow \mathbb{R}$$
$$x \mapsto f(x)-g(x)$$

称为函数 f 和函数 g 的差. 定义函数

$$f \cdot g:D_f \bigcap D_g \rightarrow \mathbb{R}$$
$$x \mapsto f(x) \cdot g(x)$$

称为函数 f 和函数 g 的积. 定义函数

$$\frac{f}{g}:(D_f \bigcap D_g) \backslash g^{-1}(\{0\}) \rightarrow \mathbb{R}$$

$$x \mapsto \frac{f(x)}{g(x)}$$

称为函数 f 和函数 g 的商.

下面我们回顾函数的单调性、周期性和奇偶性.

给定一个函数 $f:D_f \rightarrow \mathbb{R}$. 如果对任意的 $x,y \in D_f$，当 $x<y$ 时总有 $f(x) \leqslant f(y)$，则称 f 为一个单调递增函数. 如果当 $x<y$ 时总有 $f(x) \geqslant f(y)$，则称 f 为一个单调递减函数. 若当 $x<y$ 时总有 $f(x)<f(y)$，则称 f 为一个严格单调递增函数. 若当 $x<y$ 时总有 $f(x)>f(y)$，则称 f 为一个严格单调递减函数. 如果一个函数是可逆的，则它的反函数与它有相同的单调性.

一元函数还可以讨论周期性. 给定函数 $f:\mathbb{R} \rightarrow \mathbb{R}$，如果存在正数 T，使得

$$f(x+T)=f(x)$$

对所有的 $x \in \mathbb{R}$ 成立，则称 f 为周期函数，T 称为函数的周期. 满足上述条件的最小的正数 T（若这样的数存在的话），我们称之为 f 的最小正周期.

给定一个函数 $f:D_f \rightarrow \mathbb{R}$，它的定义域在数轴上关于原点对称. 如果任取 $x \in D_f$，均有 $f(-x)=-f(x)$，则称 f 为奇函数. 如果任取 $x \in D_f$，均有 $f(-x)=f(x)$，则称 f 为偶函数.

在数学中，人们经常使用图形来辅助研究函数的性质. 给定一个一元函数 $f:D_f \rightarrow \mathbb{R}$. 我们将平面 $\mathbb{R}^2$ 上的集合 $\{(x,y)|x \in D_f, f(x)=y\}$ 称为 f 的图像. 在平面上，可逆函数 f 的图像与它的逆 f^{-1} 的图像关于直线 $y=x$ 对称. 奇函数的图像关于原点对称，偶函数的图像关于 y 轴对称.

在中学阶段我们已经接触过下面这几类函数：

(1) 常值函数：$f(x) \equiv C$，其中 C 为常数；

(2) 幂函数：$f(x)=x^\mu$，其中 μ 为给定的常数；

(3) 指数函数：$f(x)=a^x$，其中 $a>0,a \neq 1$ 为给定的常数；

(4) 对数函数：$f(x)=\log_a x$，其中 $a>0,a \neq 1$ 为给定的常数；

（5）三角函数：$f(x)=\sin x$，$f(x)=\cos x$，$f(x)=\tan x$ 等.

在这些函数中一般幂函数的反函数仍然为幂函数，指数函数的反函数为对数函数，对数函数的反函数为指数函数. 对于三角函数而言，如果我们对它们的定义域加以限制，则也存在反函数. 例如正弦函数 $f(x)=\sin x$，当我们把它的定义域限制在一个单调的区间 $\left[-\dfrac{\pi}{2},\dfrac{\pi}{2}\right]$ 上时，它是到值域 $[-1,1]$ 的一个一一映射（我们将在第三章中使用连续函数的性质得到这一点）. 即函数

$$f:\left[-\frac{\pi}{2},\frac{\pi}{2}\right]\rightarrow[-1,1]$$
$$x\mapsto\sin x$$

是一个可逆的函数. 我们将它的反函数记为 $y=\arcsin x$，称之为反正弦函数. 易知 $\arcsin x$ 的定义域为 $[-1,1]$，值域为 $\left[-\dfrac{\pi}{2},\dfrac{\pi}{2}\right]$. 对于任意的 $x\in\left[-\dfrac{\pi}{2},\dfrac{\pi}{2}\right]$，有

$$\arcsin(\sin x)=x;$$

对于任意的 $y\in[-1,1]$，有

$$\sin(\arcsin y)=y.$$

类似地，将余弦函数 $f(x)=\cos x$ 的定义域限制在一个单调的区间 $[0,\pi]$ 时，它也是一个可逆函数，我们将它的反函数记为 $y=\arccos x$，称为反余弦函数. 易知 $\arccos x$ 的定义域为 $[-1,1]$，值域为 $[0,\pi]$，且有

$$\arccos(\cos x)=x,x\in[0,\pi],$$
$$\cos(\arccos y)=y,y\in[0,1].$$

将正切函数 $f(x)=\tan x$ 的定义域限制在单调区间 $\left(-\dfrac{\pi}{2},\dfrac{\pi}{2}\right)$，也可得反函数，将这个反函数记为 $y=\arctan x$，称为反正切函数. 反正切函数的定义域为 $(-\infty,+\infty)$，值域为 $\left(-\dfrac{\pi}{2},\dfrac{\pi}{2}\right)$. 且有

$$\arctan(\tan x)=x,x\in\left(-\frac{\pi}{2},\frac{\pi}{2}\right),$$
$$\tan(\arctan y)=y,y\in(-\infty,+\infty).$$

还可以定义余切函数的反函数 $y=\text{arccot } x$，称为反余切函数，它的定义域为 $(-\infty,+\infty)$，值域为 $(0,\pi)$. 由此我们得到了一类新的函数：

（6）反三角函数：$f(x)=\arcsin x$，$f(x)=\arccos x$，$f(x)=\arctan x$ 等.

以上六类函数称为基本初等函数，基本初等函数经有限次复合或四则运算后形成的能用一个式子表示的函数称为初等函数. 给出一个初等函数之后，如果我们没有特意指定其定义域，那么表示取它的定义域为自然定义域，即使得这个式子有意义的所有自变量的全体构成的集合.

例 1.2.1 求下列初等函数的定义域与值域.

（1）$y=\sqrt{\cos x-1}$，　　　　　　　　　（2）$y=\dfrac{1}{\sqrt{x^2-3x+2}}$.

解 （1）当且仅当 $\cos x - 1 \geqslant 0$ 时函数有定义，不难求出函数的定义域为
$$D = \{x \mid x = 2k\pi, k \in \mathbb{Z}\},$$
值域为
$$R = \{0\}.$$

（2）当且仅当 $x^2 - 3x + 2 > 0$ 时函数有定义，不难求出函数定义域为
$$D = (-\infty, 1) \bigcup (2, +\infty),$$
值域为
$$R = (0, +\infty).$$

例 1.2.2 设 $f(x) = ax + b \, (a \neq 0)$，求 $f^n(x)$.

解 经计算可得
$$f^2(x) = f(f(x)) = f(ax+b) = a^2 x + (a+1)b;$$
$$f^3(x) = f(f^2(x)) = f(a^2 x + (a+1)b) = a^3 x + (a^2 + a + 1)b.$$
由数学归纳法可证明，对一般的 $n > 0$，有
$$f^n(x) = a^n x + (a^{n-1} + \cdots + a + 1)b.$$
通过解方程不难算出 $f^{-1}(x) = \dfrac{x-b}{a} = a^{-1} x - a^{-1} b$，因此由上述可得 $n > 0$ 时，
$$f^{-n}(x) = a^{-n} x - (a^{-(n-1)} + \cdots + a^{-1} + 1)a^{-1} b.$$

上面两个例子中的函数都是初等函数，下面给出几个常用的非初等函数.

例 1.2.3 符号函数
$$y = \operatorname{sgn} x = \begin{cases} 1, & \text{当 } x > 0 \text{ 时} \\ 0, & \text{当 } x = 0 \text{ 时} \\ -1, & \text{当 } x < 0 \text{ 时} \end{cases}.$$

例 1.2.4 取整函数 $y = [x]$，其中 $[x]$ 表示不超过 x 的最大整数.

例 1.2.5 狄利克雷函数
$$y = D(x) = \begin{cases} 1, & \text{当 } x \text{ 是有理数时,} \\ 0, & \text{当 } x \text{ 是无理数时.} \end{cases}$$

例 1.2.6 黎曼函数
$$y = R(x) = \begin{cases} \dfrac{1}{q}, & \text{当 } x = \dfrac{p}{q} \text{ 时,其中 } p \in \mathbb{Z}, q \in \mathbb{N}^*, (p,q) = 1, \\ 0, & \text{当 } x \text{ 是无理数时.} \end{cases}$$

前面所举的例子有个共同之处是函数形式均表示成了 $y = f(x)$，即把因变量 y 放在等式的左边，而等式的右边是一个仅含有自变量 x 的解析表达式，这种表示函数的方式，称为函数的<u>显式表示</u>. 还有一些其他表示函数的方法，例如还可以使用方程来描述自变量和因变量的对应关系：给定一个方程 $F(x, y) = 0$，在一定的条件下，对于每个自变量 x，有唯一的因变量 y 与之对应，使得 $F(x, y) = 0$ 成立，此时可以用方程 $F(x, y) = 0$ 来描述这个对应关系，这种表示函数的方式，称之为函数的<u>隐式表示</u>. 通过这种方程给出的函数又称为<u>隐函数</u>.

例 1.2.7 圆的标准方程 $x^2 + y^2 = R^2$ 反映了变量 x 与变量 y 的特定关系. 当不对变量

y 做要求时,给定 $x \in [-R, R]$,对应的 y 不是唯一确定的,此时这个式子不能表示一个函数.
但是当我们要求 $y \geqslant 0$(或 $y \leqslant 0$)时,对任意 $x \in [-R, R]$,有一个唯一确定的 $y = \sqrt{R^2 - x^2}$
(或 $y = -\sqrt{R^2 - x^2}$)使得 $x^2 + y^2 = R^2$ 成立. 此时

$$x^2 + y^2 = R^2, y \geqslant 0(或 y \leqslant 0)$$

就是一个函数的隐式表示.

例 1.2.8 天体力学中著名的 Kepler 方程

$$y = x + \varepsilon \sin y$$

其中的 ε 是一个给定的常数. 通过后面学到的相关知识可以验证这个方程也确定了变量 x 与
变量 y 之间的一个对应关系,它也是一个函数的隐式表示.

有时候,为了表示变量 x 与变量 y 的函数关系,引入第三个变量(例如用字母 t 表示的一
个变量)进行间接的表示会更加方便,即用

$$\begin{cases} x = x(t), \\ y = y(t), \end{cases} \quad t \in [a, b]$$

来描述变量 x 与变量 y 的对应关系:当 x 取值为 $x(t)$ 时,y 的取值为 $y(t)$. 这种间接的描述
函数的方式称为函数的参数表示,t 称为参数,方程称为参数方程.

例 1.2.9 半径为 a 的轮子置于平地上,轮子边缘一点 M 与地面相接触. 现将轮子沿一
直线滚动,求 M 点运动的函数关系.

解 如图 1.2.1 建立坐标系,以 M 点的初始位置为原点,轮子前进的路线为 x 轴的正半
轴. 当轮子滚动到 A 点时,线段 OA 的长度为轮子上从 M 到 A 的圆弧的长度. 设此时轮子转
过的弧度为 t,M 的坐标为 $M(x, y)$,则有

$$x + a \sin t = at;$$
$$y + a \cos t = a.$$

解出 x, y 可得

$$\begin{cases} x = a(t - \sin t), \\ y = a(1 - \cos t), \end{cases} \quad t \in [0, +\infty).$$

这就得到了 M 点运动轨迹所表示函数的参数方程. 这个曲线一般称为旋轮线.

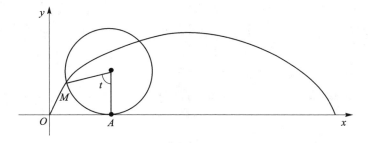

图 1.2.1　旋轮线

习题 1.2

1. 设 $X = \{a, b, c, d\}$,求映射 $f: X \to X$,使得下列条件成立:

(1) $f(a)=b, f(c)=d$；(2) $f \circ f(x)=x$ 对一切 $x \in X$ 成立.

2. 设 $f(x)=\dfrac{2x}{1+x^2}$，求 $f \circ f \circ f$.

3. 求 f 和 g 的复合函数 $f \circ g$，并指出定义域与值域：

(1) $y=f(u)=\arcsin u, u=g(x)=x^2-1$；

(2) $y=f(u)=\log_2 u, u=g(x)=3^x$；

(3) $y=f(u)=\sqrt{u^2-1}, u=g(x)=\sec x$；

(4) $y=f(u)=\cos u, u=g(x)=\tan x$.

4. 设 $D(x)$ 是例 1.2.5 中给出的狄利克雷函数. (1) 求复合函数 $D \circ D$；(2) 求 $D^{-1}(\{0\}), D^{-1}(\{1\}), D^{-1}(\{0,1\})$.

5. 证明：定义于 $(-\infty, +\infty)$ 上的任何函数都可以表示成一个偶函数与一个奇函数之和.

6. 证明：函数 $f(x)=x^3+px+q(p>0)$ 是 $\mathbb{R}$ 上的严格递增函数.

7. 证明：函数 $f(x)=\sin x+\dfrac{1}{2}\sin 2x+\dfrac{1}{3}\sin 3x$ 是周期函数，并求它的最小正周期.

8. 设 X 是由 n 个元素组成的集合，若映射 $f: X \to X$ 是一个单射，则称 f 是 X 的一个排列. 证明对任何排列 f，均有：(1) $f(X)=X$；(2) f^{-1} 存在. 进一步，试问 X 共有多少个排列.

1.3　集合的势与可数集

对于元素个数有限的任意两个集合，我们可以通过数量来衡量元素个数的多少. 但如果两个集合的元素都有无穷多个时，我们引用如下势的概念来讨论其元素"个数"的"多少".

定义 1.3.1 给定两个集合 A, B. 如果存在从 A 到 B 的一一对应，则称集合 A 和集合 B 有相同的势，或称集合 A 与集合 B 势等价，记为 $A \sim B$.

两个集合的势等价满足如下的三条性质：

(1) 自反性：$A \sim A$；

(2) 对称性：如果 $A \sim B$，则 $B \sim A$；

(3) 传递性：如果 $A \sim B, B \sim C$，则 $A \sim C$.

一般地，在数学上，如果一个关系"$\sim$"满足上述三条性质，则往往称这个关系是一个等价关系.

例 1.3.1 证明：自然数集 $\mathbb{N}$ 与正整数集 $\mathbb{N}^*$ 势等价.

证明 可以构造 $\mathbb{N}$ 到 $\mathbb{N}^*$ 的一一对应 $f: \mathbb{N} \to \mathbb{N}^*$ 为 $f(i)=i+1, \forall i \in \mathbb{N}$. 因此 $\mathbb{N}$ 与 $\mathbb{N}^*$ 势等价.

例 1.3.2 证明：自然数集 $\mathbb{N}$ 与整数集 $\mathbb{Z}$ 势等价.

证明 可以构造 $\mathbb{N}$ 到 $\mathbb{Z}$ 的一一对应 $f: \mathbb{N} \to \mathbb{Z}$ 为

$$f(n)=\begin{cases} -k, & \text{当 } n=2k \text{ 时}, k=0,1,2,\cdots \\ l, & \text{当 } n=2l-1 \text{ 时}, l=1,2,\cdots \end{cases}$$

因此 $\mathbb{N}$ 与 $\mathbb{Z}$ 势等价.

关于集合的势,有如下重要的定理,因其证明较为繁琐,我们在此略去.

定理 1.3.1 给定两个集合 A,B. 如果存在一个单射 $f:A \to B$,也存在一个单射 $g:B \to A$,则集合 A 与 B 势等价.

有了势的概念,我们可以对集合进行如下的分类.

定义 1.3.2 对任意正整数 n,记 $J_n = \{1,2,\cdots,n\}$. 对给定的集合 A:

(1)如果存在一个正整数 n,使得 A 与 J_n 势等价,则称 A 是一个有限集. 特别地,我们规定空集也是有限集;

(2)如果 A 不是有限集,则称 A 为无限集;

(3)如果 A 与正整数集 $\mathbb{N}^*$ 势等价,则称 A 为可数集;

(4)若 A 为有限集或可数集,则称 A 为至多可数集;

(5)若 A 不是一个至多可数集,则称 A 为不可数集.

从例 1.3.1 和例 1.3.2 可以看出整数集 $\mathbb{Z}$ 和自然数集 $\mathbb{N}$ 都是可数集. 利用后面第二章中关于数列的知识我们能够证明实数集 $\mathbb{R}$ 是一个不可数集.

关于可数集,我们还有如下的直观解释:一个集合是可数的,等价于可以将它的所有元素排成一列:

$$x_1, x_2, \cdots, x_n, \cdots.$$

从定理 1.3.1 出发,我们可以证明如下几个结论.

定理 1.3.2 一个可数集的每一个无限子集是可数集.

证明 设 A 是一个可数集,B 是它的一个无限子集. 由势等价的传递性,为证明 B 是一个可数集,需要证明 B 与正整数集 $\mathbb{N}^*$ 势等价. 由于 A 是一个可数集,它与正整数集 $\mathbb{N}^*$ 之间存在一个一一对应 $h:A \to \mathbb{N}^*$. 因为 B 是 A 的子集,我们可以构造 B 到 A 的一个单射 $f:B \to A$,它将 B 中的元素 x 映到 A 中的元素 x. 则 $h \circ f$ 是 B 到 $\mathbb{N}^*$ 的一个单射. 又因为 B 是一个无限子集,因此总能从 B 中挑出无穷个互不相同的元素 $b_1, b_2, \cdots$ 来,则存在一个 $\mathbb{N}^*$ 到 B 的一个单射 g. 由定理 1.3.1 知 B 与正整数集 $\mathbb{N}^*$ 势等价,从而 B 是一个可数集.

定理 1.3.3 设 $\{E_n\}$,$n=1,2,3,\cdots$ 是一列至多可数集,令

$$S = \bigcup_{n=1}^{\infty} E_n = \{x \mid 存在\ n=1,2,\cdots,使得\ x \in E_n\}$$

则 S 为一个至多可数集.

证明 首先注意到,可以将所有正整数如下排列成一个"矩形":

$$
\begin{array}{cccccc}
1, & 2, & 4, & 7, & 11, & 16, & \cdots \\
3, & 5, & 8, & 12, & 17, & 23, & \cdots \\
6, & 9, & 13, & 18, & 24, & 31, & \cdots \\
10, & 14, & 19, & 25, & 32, & 40, & \cdots \\
15, & 20, & 26, & \cdots\cdots
\end{array}
$$

将这个矩形第 i 行第 j 列的元素记为 a_{ij},则我们可以得到一列从正整数集 $\mathbb{N}^*$ 到正整数集 $\mathbb{N}^*$ 的单射 $\{A_i\}$,它们满足条件 $A_i(j) = a_{ij}$. 易见当 $(i',j') \neq (i,j)$ 时,$A_{i'}(j') \neq A_i(j)$.

不难证明一个集合 E 是一个至多可数集等价于存在一个从 E 到正整数集 $\mathbb{N}^*$ 的单射. 由

于 E_n 都是至多可数集,因此对每个自然数 n,都存在一个单射 $f_n: E_n \to \mathbf{N}^*$. 则我们可以如下构造一个从 S 到 $\mathbf{N}^*$ 的映射 f:任取 $x \in S$,取最小的 n,使得 $x \in E_n$,令 $f(x) = A_n(f_n(x))$. 由 A_n 和 f_n 的性质不难证明 f 是一个单射. 因此 S 是一个至多可数集.

例 1.3.3 证明:有理数集 $\mathbf{Q}$ 是一个可数集.

证明 我们已经知道

$$\mathbf{Q} = \left\{ x \mid x = \frac{q}{p}, \text{其中 } q \in \mathbf{Z}, p \in \mathbf{N}^*, (p, q) = 1 \right\}.$$

因此我们可以构造一个从 $\mathbf{Q}$ 到 $\mathbf{N}^* \times \mathbf{Z}$ 的单射 i,i 将有理数 $\frac{q}{p}$(其中 $q \in \mathbf{Z}, p \in \mathbf{N}^*, (p, q) = 1$)映到 (p, q). 而

$$\mathbf{N}^* \times \mathbf{Z} = \bigcup_{n=1}^{\infty} \{n\} \times \mathbf{Z}.$$

其中每一个 $\{n\} \times \mathbf{Z}$ 都是可数集,因此 $\mathbf{N}^* \times \mathbf{Z}$ 是一个(至多)可数集,因此存在 $\mathbf{N}^* \times \mathbf{Z}$ 到 $\mathbf{N}^*$ 的单射 f. 则我们找到了一个从 $\mathbf{Q}$ 到 $\mathbf{N}^*$ 的单射 $f \circ i$. 又因为 $\mathbf{N}^*$ 是 $\mathbf{Q}$ 的子集,因此也存在从 $\mathbf{N}^*$ 到 $\mathbf{Q}$ 的单射,由定理 1.3.1 知 $\mathbf{Q}$ 与 $\mathbf{N}^*$ 势等价,从而是一个可数集.

习题 1.3

1. 证明下列实数集之间势等价
(1) 任意两个有限开区间;
(2) 区间 $(0, 1)$ 与区间 $(-\infty, +\infty)$;
(3) 任意两个有限闭区间;
(4) 任意开区间与任意闭区间;
(5) $[0, 1]$ 与区间 $(-\infty, +\infty)$.

2. 有理系数多项式方程 $a_0 + a_1 x + \cdots + a_n x^n = 0$ 的根称为代数数,证明所有代数数的全体构成的集合是可数集.

1.4　确界存在定理

数学分析主要讨论的对象是实变量之间的函数. 本节我们将要介绍实数集合有界以及它的上确界与下确界的概念.

对于任意两个实数,可以比较大小,因此我们可以给出一个集合中最大数与最小数的概念. 设 S 是一个非空数集,如果存在 $\xi \in S$,使得对 S 中的任意元素 x,都有 $x \leqslant \xi$,则称 ξ 是 S 的最大数,记为 $\max S$. 类似地,如果存在 $\eta \in S$,使得对于 S 中的任意元素 x,都有 $x \geqslant \eta$,则称 η 是 S 的最小数,记为 $\min S$.

当集合 S 是一个非空有限集时,最大数 $\max S$ 和最小数 $\min S$ 都存在. 但当 S 是一个无限集时,最大数和最小数有可能不存在.

例 1.4.1 集合 $A = \{x \mid x \geqslant 0\}$ 有最小数 $\min A = 0$,但没有最大数;集合 $B = \{x \mid 0 < x \leqslant 1\}$ 有最大数 $\max B = 1$,但没有最小数;集合 $C = \{x \mid x^2 < 1\}$ 没有最小数与最大数.

最小数与最大数可以推广为上界与下界的概念. 设 S 是一个非空数集,如果存在实数

M,使得对 S 中的任意元素 x,都有 $x \leqslant M$,则称 S 是一个有上界的集合,称满足上述条件的 M 为 S 的一个上界. 类似地,如果存在实数 m,使得对 S 中的任意元素 x,都有 $x \geqslant m$,则称 S 是一个有下界的集合,称满足上述条件的 m 为 S 的一个下界. 如果集合 S 既有上界又有下界,则称 S 为有界集.

关于有界集,我们还有另一种定义方式. 对于任意一个实数 $x \in \mathbb{R}$,可以用 $|x|$ 表示它的绝对值,也即数轴上 x 对应的点到原点的距离. 绝对值 $|\cdot|$ 满足如下的性质:

(1) 任取 $x \in \mathbb{R}$,都有 $|x| \geqslant 0$;当且仅当 $x = 0$ 时,$|x| = 0$;

(2) 任取 $x \in \mathbb{R}$ 以及另一个实数 $\lambda \in \mathbb{R}$,有 $|\lambda x| = |\lambda| \cdot |x|$;

(3) 任取 $x, y \in \mathbb{R}$,有 $|x + y| \leqslant |x| + |y|$.

定理 1.4.1 S 为有界集当且仅当存在一个正数 X,使得 $|x| \leqslant X$ 对所有的 $x \in S$ 成立.

证明　设 S 为一个有界集,则存在下界 m 和上界 M. 取 $X = \max\{|m|, |M|\}$,则任取 $x \in S$,都有

$$-X \leqslant -|m| \leqslant m \leqslant x \leqslant M \leqslant |M| \leqslant X.$$

因此 $|x| \leqslant X$.

反过来,如果存在正数 X,使得 $|x| \leqslant X$ 对所有的 $x \in S$ 成立. 则任取 $x \in S$,都有 $-X \leqslant x \leqslant X$,可见 $-X$ 是 S 的一个下界,X 是 S 的一个上界. 因此 S 是一个有界集.

如果一个集合 S 有上界 M,则比 M 大的数都是 S 的上界,因此如果 S 有上界,则它的上界构成的集合没有最大数. 下面我们考虑 S 的上界所构成集合中的最小数. 为了陈述的简便,使用符号"$\forall$"表示"任取","$\exists$"表示"存在","s.t."表示"使得".

定义 1.4.1 设 S 是非空有上界的集合,如果实数 β 满足如下两个条件:

(1) β 是 S 的一个上界:$\forall x \in S, x \leqslant \beta$;

(2) 任何小于 β 的数都不是 S 的上界:$\forall \varepsilon > 0, \exists x_\varepsilon \in S, \text{s.t.} \ x_\varepsilon > \beta - \varepsilon$,则称 β 是集合 S 的上确界,记为 $\beta = \sup S$.

类似地,还可以对非空有下界的集合给出最大下界的概念.

定义 1.4.2 设 S 是非空有下界的集合,如果实数 α 满足如下两个条件:

(1) α 是 S 的一个下界:$\forall x \in S, x \geqslant \alpha$;

(2) 任何大于 α 的数都不是 S 的下界:$\forall \varepsilon > 0, \exists x_\varepsilon \in S, \text{s.t.} \ x_\varepsilon < \alpha + \varepsilon$,则称 α 是集合 S 的下确界,记为 $\alpha = \inf S$.

不难验证,如果集合 S 有最大数 $\max S$,则 $\max S$ 是它的上确界,如果集合 S 有最小数 $\min S$,则 $\min S$ 是它的下确界.

例 1.4.2 确定集合 $A = \left\{\dfrac{1}{n} \mid n = 1, 2, \cdots\right\}$ 和集合 $B = \{x \mid x \in \mathbb{Q}, \text{且 } x^2 < 2\}$ 的上下确界.

解　(1) 对集合 A,由于任取 $n = 1, 2, \cdots$,都有 $0 < \dfrac{1}{n} \leqslant 1$. 因此 0 是 A 的一个下界,1 是 A 的一个上界. 下证它们分别是下确界和上确界.

对于任意的 $\varepsilon > 0$,存在正整数 $N > \dfrac{1}{\varepsilon}$,则在 A 中存在元素 $\dfrac{1}{N} < \varepsilon$,因此任何大于 0 的数都不是 A 的下界,所以 $\inf A = 0$.

对于任意的 $\varepsilon > 0$,存在 A 中的元素 1,使得 $1 > 1 - \varepsilon$,因此任何小于 1 的数都不是 A 的上

界,所以 sup $A=1$.

(2) 对集合 B,由于任取 $x\in B$,有 $-\sqrt{2}<x<\sqrt{2}$,因此 $-\sqrt{2}$ 是 B 的一个下界,$\sqrt{2}$ 是 B 的一个上界. 任取 $\varepsilon>0$,由有理数的稠密性知存在有理数 $\max\{\sqrt{2}-\varepsilon,-\sqrt{2}\}<x<\sqrt{2}$,即存在 $x\in B$,使得 $x>\sqrt{2}-\varepsilon$,因此 $\sup B=\sqrt{2}$. 类似可以证明 $\inf B=-\sqrt{2}$.

例 1.4.3 设集合 A,B 是数轴上的非空有界数集,记 $A+B=\{x+y\,|\,x\in A,y\in B\}$,证明 $\sup(A+B)=\sup A+\sup B$.

有理数的稠密性

证明 任取 $z=x+y\in A+B$,其中 $x\in A,y\in B$,则有 $x\leqslant\sup A,y\leqslant\sup B$,故 $z=x+y\leqslant\sup A+\sup B$. 因此 $\sup A+\sup B$ 是集合 $A+B$ 的一个上界.

任取 $\varepsilon>0$,由上确界的定义知存在 $x_0\in A,y_0\in B$,使得

$$x_0>\sup A-\frac{\varepsilon}{2};$$

$$y_0>\sup B-\frac{\varepsilon}{2}.$$

则

$$x_0+y_0>\sup A-\frac{\varepsilon}{2}+\sup B-\frac{\varepsilon}{2}=\sup A+\sup B-\varepsilon.$$

因此 $\sup A+\sup B$ 是集合 $A+B$ 的上确界,即 $\sup(A+B)=\sup A+\sup B$. 结论得证.

前面已经知道集合的上界和下界不是唯一的. 而下面这个定理告诉我们,如果集合的上下确界存在,则它是唯一确定的.

定理 1.4.2 非空有上(下)界的集合,若其上(下)确界存在,则必唯一.

证明 我们只针对上确界进行证明,关于下确界的结论是对称的. 设 β 和 β' 是集合 S 的两个上确界. 由上确界定义,任取 $\varepsilon>0$,存在 x_ε 使得 $\beta'\geqslant x_\varepsilon>\beta-\varepsilon$. 对任意的 $\varepsilon>0$,都有 $\beta'>\beta-\varepsilon$ 成立,因此 $\beta'\geqslant\beta$. 类似地还可以得到 $\beta\geqslant\beta'$. 所以 $\beta'=\beta$. 这证明了 S 的上确界唯一.

下面这个定理告诉我们,非空有上界的集合一定有上确界,非空有下界的集合一定有下确界. 这一定理刻画了实数系 $\mathbb{R}$ 的连续性,实数的连续性是我们整个分析学的基础,对于我们后面学到的极限理论,微积分等都有无比的重要性.

定理 1.4.3(确界存在定理——实数系连续性定理) 非空有上界的数集必有上确界,非空有下界的数集必有下确界.

因为我们没有给出实数的公理化体系,所以我们不对这一定理给出证明,仅从实数的十进制表示方式来观察一下确界的存在性. 我们知道,任何一个实数 x 总可以表示为

$$x=[x]+(x)$$

的形式,其中 $[x]$ 是不大于 x 的最大整数,称为 x 的 整数部分,$(x)=x-[x]$ 是一个非负的小数,称为 x 的 小数部分. 而小数部分总可以表示为

$$(x)=0.\,a_1a_2a_3\cdots$$

的形式,其中 $a_1,a_2,a_3,\cdots\in\{0,1,\cdots,9\}$.

设 S 是一个非空有上界的集合. 我们可以将 S 表示为

$$\{a_0+0.\,a_1a_2\cdots\,|\,\text{其中 }a_0=[x],0.\,a_1a_2\cdots=(x),x\in S\}.$$

因为 S 有上界,总可以找到一个 α_0,它是所有 S 中元素的整数部分中最大的那一个. 记

$$S_0 = \{x \in S \mid [x] = \alpha_0\}.$$

则 S_0 非空且当 $x \in S \backslash S_0$ 时,总有 $[x] < \alpha_0$,因此 $x < \alpha_0$.

下面考察 S_0 中元素的小数部分,首先考虑小数点后第一位,此时我们可以取数字 α_1,它是所有 S_0 中元素的小数部分的小数点后第一位数字中的最大那个数字,即存在一个 $x = \alpha_0 + 0.\ a_1 a_2 \cdots$ 使得 $a_1 = \alpha_1$,并且任取 $y = \alpha_0 + 0.\ b_1 b_2 \cdots \in S_0$,都有 $b_1 \leqslant \alpha_1$. 再记

$$S_1 = \{x \in S_0 \mid (x) \text{ 的小数点后第一位是 } \alpha_1\}$$

则 S_1 非空且当 $x \in S \backslash S_1$ 时,总有 $x < \alpha_0 + 0.\ \alpha_1$.

一般地,当 S_{n-1} 以及对应的小数点后前 $n-1$ 位的数字 $\alpha_1, \alpha_2, \cdots, \alpha_{n-1}$ 确定之后,我们可以类似选取 α_n,使得它是 S_{n-1} 元素的小数点后第 n 位数字中最大的那一个并记

$$S_n = \{x \in S_{n-1} \mid (x) \text{ 的小数点后第 } n \text{ 位是 } \alpha_n\}.$$

则 S_n 非空且只要 $x \in S \backslash S_n$,总有 $x < \alpha_0 + 0.\ \alpha_1 \alpha_2 \cdots \alpha_n$.

不断地做下去,我们可以找到一列 S_n 以及相应的数字 α_n. 令

$$\beta = \alpha_0 + 0.\ \alpha_1 \alpha_2 \cdots \alpha_n \cdots$$

下面我们来说明 β 是 S 的上确界.

首先任取 $x \in S$,如果对所有 $n = 1, 2, \cdots$,都有 $x \in S_n$,则比较小数点后各位数字可以知道 $x = \beta$. 如果 $x \neq \beta$,则一定存在一个 n_0,使得 $x \notin S_{n_0}$,则由 $\{S_n\}$ 的构造知 $x < \alpha_0 + 0.\ \alpha_1 \alpha_2 \cdots \alpha_{n_0} < \beta$. 因此只要 $x \in S$ 就有 $x \leqslant \beta$,从而 β 是 S 的一个上界.

对于任给的 $\varepsilon > 0$,总可以找到 m_0,使得 $10^{-m_0} < \varepsilon$. 则在 S_{m_0} 中任意找一个元素 x_0,它的整数部分以及小数部分前 m_0 位与 β 整数部分以及小数部分前 m_0 位是一样的,因此 $\beta - x_0 \leqslant 10^{-m_0} < \varepsilon$. 因此可以找到一个数 $x_0 > \beta - \varepsilon$. 因此任何小于 β 的数 $\beta - \varepsilon$ 都不是 S 的上界,从而 β 是 S 的上确界.

确界存在定理反映了实数系连续性这一基本性质. 从几何上看就是实数全体布满整个实数轴,它不会有空隙:否则的话,空隙左边的数集会找不到一个实数来作为它的上确界. 而这一性质,对于有理数集来说就是不成立的:有理数集 $\mathbb{Q}$ 中的一个有界子集不一定能找到一个有理数来作为它的确界.

有时为了方便,人们还可以将表示上确界的符号 sup 和表示下确界的符号 inf 推广到下面的情形:如果集合 A 没有上界,则记为 $\sup A = +\infty$;如果集合 A 没有下界,则记为 $\inf A = -\infty$.

习题 1.4

1. 设 A, B 是两个有界集,证明:

(1) $A \cup B$ 是有界集;

(2) $S = \{x + y \mid x \in A, y \in B\}$ 也是有界集.

2. 指出下列数集的下确界与上确界:

(1) $\{\sin x \mid x \in (0, 10)\}$;(2) $\left\{\dfrac{1}{\sqrt{n}} \mid n \in \mathbf{N}^*\right\}$;(3) $\{x \mid x^2 + 4x + 3 < 0\}$.

3. 证明:若集合 S 有上界,则数集 $T = \{x \mid -x \in S\}$ 有下界,且 $\sup S = -\inf T$.

4. 证明:对任何非空数集 S,必有 $\sup S \geqslant \inf S$. 试问当 $\sup S = \inf S$ 时,集合 S 有什么

样的特点.

5. 设集合 A,B 中的元素都是非负实数,记 $AB=\{xy\mid x\in A,y\in B\}$,

证明:$\sup AB=\sup A\cdot\sup B$.

1.5　平面上的极坐标系

在解析几何中,我们经常在平面上建立直角坐标系,用二元有序数组表示平面上的点或者向量. 下面介绍另一种描述平面上的点或者向量的坐标系——极坐标系.

在生活中,人们经常用距离和方位来描述一个位置. 在解析几何中向量由两个量确定,一个是向量的长度,另一个是向量的方向. 用距离和方向来描述平面上一个点的位置,就是极坐标系的思想.

类似于建立直角坐标系,首先在平面内取定一个点 O,叫做**极点**. 自极点 O 引一条射线 Ox,称该射线为**极轴**. 再选定一个长度单位和角度的正方向(一般取逆时针方向为正),这样就建立了一个极坐标系. 给定平面上的任一点,可以得到如下两个量:将向量 $\overrightarrow{OP}$ 的长度记为 r;再取一个数 θ,使得极轴 Ox 逆时针旋转弧度 θ 就得到了射线 OP. 有序数对 (r,θ) 称为点 P 的**极坐标**(见图 1.5.1). 一般不做说明时,极坐标里面的 r 要求 $r\geqslant0$. θ 在不同情形下为了某种方便经常取成区间 $[0,2\pi)$ 或区间 $(-\pi,\pi]$ 中的数. 需要注意的是 $(r,\theta+2k\pi)$ 与 (r,θ) 在 k 为整数时表示的是同一个点,而 $(0,\theta)$ 无论 θ 取多少都表示的是**极点**.

例 1.5.1 设点 A 的极坐标为 $\left(3,\dfrac{\pi}{3}\right)$,直线 L 为过极点且垂直于极轴的直线,分别求点 A 关于极轴、直线 L、极点的对称点的极坐标.(限定 $r\geqslant0,\theta\in(-\pi,\pi]$)

解　在极坐标系下,A 关于极轴的对称点的极坐标为 $\left(3,-\dfrac{\pi}{3}\right)$;$A$ 关于直线 L 的对称点的极坐标为 $\left(3,\dfrac{2\pi}{3}\right)$;$A$ 关于极点 O 的对称点的极坐标为 $\left(3,-\dfrac{2\pi}{3}\right)$.

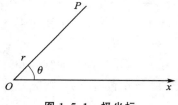　　　　　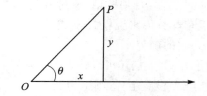

图 1.5.1　极坐标　　　　　　　　图 1.5.2　极坐标与直角坐标的关系

下面我们再看看极坐标与直角坐标之间的关系(见图 1.5.2). 通常我们可以把直角坐标系的原点作为极点,直角坐标系中 x 轴的正半轴作为极轴,并且在两种坐标系中取相同的长度单位. 设 P 是平面内的任意一点,它的直角坐标是 (x,y),极坐标是 (r,θ),则它们有如下关系

$$\begin{cases}x=r\cos\theta\\y=r\sin\theta\end{cases},\quad\begin{cases}r^2=x^2+y^2\\\tan\theta=\dfrac{y}{x}(x\neq0\text{ 时})\end{cases}.$$

例 1.5.2 (1) 将点 P 的极坐标 $\left(5,\dfrac{2\pi}{3}\right)$ 化为直角坐标;

（2）将点 Q 的直角坐标 $(-\sqrt{3}, -1)$ 化为极坐标.

解　（1）$x=r\cos\theta=5\cos\dfrac{2\pi}{3}=-\dfrac{5}{2}$，$y=r\sin\theta=5\sin\dfrac{2\pi}{3}=\dfrac{5\sqrt{3}}{2}$. 因此 P 点的直角坐标为 $\left(-\dfrac{5}{2}, \dfrac{5\sqrt{3}}{2}\right)$.

（2）由 $r^2=x^2+y^2=3+1=4$ 可得 $r=2$，由 $\tan\theta=\dfrac{y}{x}=\sqrt{3}$ 且点在第三象限可得 $\theta=-\dfrac{5\pi}{6}$. 因此 Q 在极坐标系下的坐标为 $\left(2, -\dfrac{5\pi}{6}\right)$.

注　极坐标的表示不唯一，比如这里 Q 点的极坐标也可以表示为 $\left(2, \dfrac{7\pi}{6}\right)$.

在解析几何中，人们经常使用方程来表示平面上的曲线，有的时候使用极坐标表示曲线比使用直角坐标表示更加的便利.

例 1.5.3　求在极坐标系下方程 $\theta=\dfrac{3\pi}{4}$ 所表示的曲线.

解　根据极坐标与直角坐标的关系，曲线上一点 (x,y) 满足 $\dfrac{y}{x}=\tan\theta=\tan\dfrac{3\pi}{4}=-1$，再注意到 (x,y) 在第二象限，因此 $\theta=\dfrac{3\pi}{4}$ 表示的是一条射线 $y=-x\,(y\geqslant 0)$.

例 1.5.4　证明：在直角坐标系中以原点为圆心，a 为半径的圆 $x^2+y^2=a^2$ 在极坐标系下可表示为 $r=a$.

证明　由直角坐标系与极坐标系的关系得

$$x^2+y^2=a^2 \Leftrightarrow r^2=a^2 \Leftrightarrow r=a.$$

例 1.5.5　证明：在直角坐标系中以 $\left(\dfrac{a}{2}, 0\right)$ 为圆心，$\dfrac{a}{2}$ 为半径的圆 $x^2+y^2=ax$ 在极坐标系下可表示为 $r=a\cos\theta$.

证明　由直角坐标系与极坐标系的关系得

$$x^2+y^2=ax \Leftrightarrow r^2=ar\cos\theta \Leftrightarrow r=a\cos\theta.$$

习题 1.5

1. 将下列各点的极坐标化为直角坐标：

$$\left(\sqrt{2}, \dfrac{\pi}{4}\right);\ \left(6, -\dfrac{\pi}{3}\right);\ (5, \pi).$$

2. 将下列各点的直角坐标化为极坐标：

$$(-1, -1);\ (0, -5);\ (-\sqrt{3}, 1).$$

3. 求出极坐标方程 $r=\sin\theta+2\cos\theta$ 所表示的曲线.

4. 画出心形线 $r=a(1+\cos\theta)$（其中 $a>0$）的示意图.

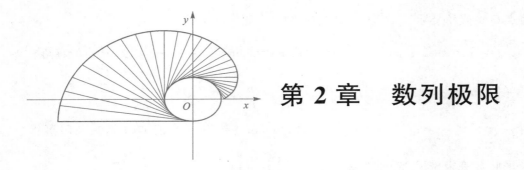

第 2 章　数列极限

2.1　数列的极限

数学分析是建立在严格的极限理论基础上的. 为了更好理解微积分学的思想和方法,牢固掌握这一现代数学工具,必须对极限理论有一个深刻认识. 关于数列大家并不陌生,在中学就已经知道了,我们就从数列极限开始学习极限理论.

2.1.1　数列极限的定义

数列就是按照正整数编号的一列实数:

$$a_1, a_2, \cdots a_n, \cdots$$

通常记为 $\{a_n\}_{n \geqslant 1}$,或简记为 $\{a_n\}$. 其中 a_n 称为数列的通项.

数列也是一个函数,只不过它是定义域是正整数集的特殊函数. 可以将 n 视为数列 $\{a_n\}$ 的自变量,而 a_n 是自变量取 n 时对应的函数值. 因此数列也是变量.

我们通过几个具体的例子,观察当自变量 n 越来越大时,对应的 a_n 的变化趋势.

　例 2.1.1　考察数列

$$1, \frac{1}{2}, \frac{1}{3}, \frac{1}{4}, \cdots, \frac{1}{n}, \cdots$$

我们看到,当 n 越来越大时,$\frac{1}{n}$ 越来越小. 而且可以通过选择 n 充分大,使得 $\frac{1}{n}$ 要多小就有多小.

　例 2.1.2　数列 $\left\{\dfrac{n}{n+3}\right\}$,即

$$\frac{1}{1+3}, \frac{2}{2+3}, \frac{3}{3+3}, \frac{4}{4+3}, \cdots, \frac{n}{n+3} \cdots$$

当 n 越来越大时,$\dfrac{n}{n+3} = 1 - \dfrac{3}{n+3}$ 越来越接近 1. 而且可以通过选择 n 充分大,使 $\dfrac{n}{n+3}$ 要多接近 1 就多接近 1.

　例 2.1.3　人们生产生活中经常要用到圆周率 π,古人采用单位圆内接正 n 边形的半周长 L_n 去逼近它. 这里 $n = 3 \cdot 2^m$,m 是正整数. 当 n 越来越大时,正 n 边形周长越来越接近圆周

长,从而 L_n 越来越接近单位圆的半圆周长,即 π. 人们可以根据要求的精确度来选定 n. 只要 n 充分大,计算出的 L_n 值与 π 之差的绝对值可以任意小. 于是计算出的 L_n 值作为 π 的近似值满足精确度的要求. 这就是著名的"割圆法".

例 2.1.4 数列 $\{a_n\}$ 的通项满足下列规则:

$$a_{2n}=\frac{1}{n}, \quad a_{2n+1}=\frac{1}{n^2}, \quad n=1,2,\cdots.$$

对于这一数列虽然我们不能说随着 n 的增大,a_n 与 0 的距离逐渐减少趋于 0,但随着 n 变到足够的大,a_n 与 0 的距离也是可以任意的接近于 0,只不过奇数项和偶数项接近 0 的速度不一样而已.

上述几个例子中都出现了当 n 足够大时,数列的通项 a_n 和一个确定的数任意的接近,这个直观的结论,需要使用我们将要学习的"极限"概念来描述. 极限的严格数学定义用如下的"$\varepsilon-N$"语言来描述.

定义 2.1.1 设 $\{a_n\}$ 是一个数列,a 是给定的实数. 如果对任意给定的 $\varepsilon>0$,总存在一个正整数 N,使得当 $n>N$ 时,都有

$$|a_n-a|<\varepsilon,$$

则称数列 $\{a_n\}$ 收敛于 a,或者称 a 为数列 $\{a_n\}$ 的**极限**. 记为

$$\lim_{n\to\infty}a_n=a \text{ 或 } a_n\to a(n\to\infty),$$

当数列 $\{a_n\}$ 有极限时,称数列 $\{a_n\}$ **收敛**,当 $\{a_n\}$ 没有极限时,称数列 $\{a_n\}$ **发散**.

用比较直观的话来说,数列 $\{a_n\}$ 收敛于 a 表示:对任意给定的正数 ε,只要 n 充分大(即 $n>N$),就能够保证 $|a_n-a|<\varepsilon$,这里的 $|a_n-a|<\varepsilon$ 也可以等价地写为 $a_n\in(a-\varepsilon,a+\varepsilon)$. 称区间 $(a-\varepsilon,a+\varepsilon)$ 为以 a 为中心,ε 为半径的**邻域**,记为 $U(a;\varepsilon)$.

在上述定义中,ε 是事先给定的任意小正数,如果对 $\varepsilon_1>0$ 我们可以找到 N_1,使得当 $n>N_1$ 时有 $|a_n-a|<\varepsilon_1$,则对任意的 $\varepsilon_2>\varepsilon_1$,同样有当 $n>N_1$ 时,$|a_n-a|<\varepsilon_2$,这意味着在极限定义中对小的 ε 找到的 N 对大的 ε 也管用,因此 ε 贵在"小". 在后面证明极限存在时,经常会不妨设 ε 小于某个正常数,原因正是基于此. 同时也不难发现,如果对 $\varepsilon>0$ 我们可以找到 N_1,使得当 $n>N_1$ 时有 $|a_n-a|<\varepsilon$,则任意取一个 $N>N_1$,当 $n>N$ 时同样有 $|a_n-a|<\varepsilon$. 这说明如果 N 存在,肯定不是唯一的,而这里更关心的是 N 的存在性.

现在我们给出数列极限的几何解释:如果数列 $\{a_n\}$ 的极限是 a,则无论取多么小的邻域 $(a-\varepsilon,a+\varepsilon)$,都存在正整数 N,使得从第 N 项以后的每项 $a_{N+1},a_{N+2},\cdots$ 都落在邻域 $(a-\varepsilon,a+\varepsilon)$ 内. 如图所示:

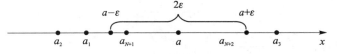

图 2.1.1 数列极限的几何解释

不难看出,数列 $\{a_n\}$ 收敛于 a 也等价于无论取多么小的邻域 $(a-\varepsilon,a+\varepsilon)$,落在此邻域外的点 a_n 只有有限多个(从上面的几何含义不难看出至多 N 个). 根据这一观察不难发现数列 $\{(-1)^n\}$ 是发散的. 这是因为此数列只取到 1 和 -1 两个值. 对于 $a=\pm1$,取 $\varepsilon=\dfrac{1}{2}$,则在邻

域 $(a-\varepsilon,a+\varepsilon)$ 外面有此数列的无穷多项. 对于其他实数 a，总可以将 $\varepsilon>0$ 取到足够小，使得邻域 $(a-\varepsilon,a+\varepsilon)$ 不包含 ±1，此时邻域外也有数列 $\{(-1)^n\}$ 中的无穷多项. 从而此数列不收敛于任意实数值.

从极限的定义还可以看出，数列是否有极限，只与它从某一项以后的项有关，而与它前面的有限项无关. 因此，在讨论数列的极限时，可以添加、去掉或改变它的有限项，对收敛性和极限都不会产生影响.

用数学的符号语言，极限定义可如下表述：

$$\lim_{n\to\infty}a_n=a\Leftrightarrow\forall\varepsilon>0,\exists N\in\mathbb{N}^*,\text{s.t.}\ \forall n>N,\ |a_n-a|<\varepsilon.$$

这里符号"$\forall$"表示"任意"，"$\exists$"表示"存在"，"s. t."表示"使得".

下面用几个例子来说明如何用定义来证明数列极限.

例 2.1.5 证明 $\lim\limits_{n\to\infty}\dfrac{1}{n}=0$.

分析 由极限的定义，我们要证明：对任意给定的 $\varepsilon>0$，总可找到正整数 N，使得当 $n>N$ 时，不等式

$$\left|\frac{1}{n}-0\right|=\frac{1}{n}<\varepsilon$$

成立. 关键问题是寻找 N. 容易看出，要使 $\dfrac{1}{n}<\varepsilon$，只要 $n>\dfrac{1}{\varepsilon}$ 就可以了. 由此我们可以取 $N=\left[\dfrac{1}{\varepsilon}\right]$（如前所述，这里不妨设 $0<\varepsilon<1$，其中符号 $[\ ]$ 表示取整）.

证明 任给 $\varepsilon>0$，不妨设 $0<\varepsilon<1$，要使得 $\left|\dfrac{1}{n}-0\right|=\dfrac{1}{n}<\varepsilon$，只需要 $n>\dfrac{1}{\varepsilon}$，因此可取正整数 $N=\left[\dfrac{1}{\varepsilon}\right]$，则当 $n>N$ 时，$\left|\dfrac{1}{n}-0\right|=\dfrac{1}{n}<\varepsilon$ 成立，所以 $\lim\limits_{n\to\infty}\dfrac{1}{n}=0$.

例 2.1.6 设 $a_n\equiv a$，$n=1,2,\cdots$，证明 $\lim\limits_{n\to\infty}a_n=a$，其中 a 为常数.

证明 任给 $\varepsilon>0$，因为 $|a-a|=0<\varepsilon$，所以对任意正整数 N，当 $n>N$ 时，都有 $|a_n-a|=0<\varepsilon$，故 $\lim\limits_{n\to\infty}a_n=a$.

例 2.1.7 证明 $\lim\limits_{n\to\infty}q^n=0$，$|q|<1$.

证明 当 $q=0$ 时，该数列为常数列，因此由例 2.1.6 可知其极限为 0.

当 $q\neq0$ 时，任给 $\varepsilon>0$，要使 $|q^n-0|=|q|^n<\varepsilon$，只要 $n>\log_{|q|}\varepsilon$（不妨设 $\varepsilon<|q|$），因此取正整数 $N=[\log_{|q|}\varepsilon]+1$，当 $n>N$ 时，都有 $|q^n-0|=|q|^n<\varepsilon$，故

$$\lim_{n\to\infty}q^n=0.$$

例 2.1.8 证明 $\lim\limits_{n\to\infty}\dfrac{5n^2+n-4}{2n^2-3}=\dfrac{5}{2}$.

分析 任给 $\varepsilon>0$，要使不等式

$$\left|\frac{5n^2+n-4}{2n^2-3}-\frac{5}{2}\right|=\left|\frac{2n+7}{2(2n^2-3)}\right|<\varepsilon \tag{2.1.1}$$

成立. 从中解 n 有困难. 因为要找的 N 并不是唯一的，所以可用"放大"不等式的方法，再解不等式. 同时，我们也可限定正整数 n 大于某个正整数，使得我们放大的不等式更加简洁. 当然

"放大"和"限定"的方法也不是唯一的.

限定 $n > 7$,从而 $n^2 - 3 > 0$,进一步还有

$$\left| \frac{2n+7}{2(2n^2-3)} \right| = \frac{2n+7}{2(n^2+n^2-3)} < \frac{2n+n}{2n^2} = \frac{3}{2n}$$

显然,满足不等式 $\frac{3}{2n} < \varepsilon$ 的 n,当然也满足(2.1.1)式.

证明　任给 $\varepsilon > 0$,当限定 $n > 7$ 时,有 $n^2 - 3 > 0$,要使不等式

$$\left| \frac{5n^2+n-4}{2n^2-3} - \frac{5}{2} \right| = \left| \frac{2n+7}{2(2n^2-3)} \right| = \frac{2n+7}{2(n^2+n^2-3)} < \frac{2n+n}{2n^2} = \frac{3}{2n} < \varepsilon.$$

成立,只需 $n > \frac{3}{2\varepsilon}$. 取 $N = \max\left\{ \left[\frac{3}{2\varepsilon} \right], 7 \right\}$,于是

$$\forall \varepsilon > 0, \quad \exists N = \max\left\{ \left[\frac{3}{2\varepsilon} \right], 7 \right\} \in \mathbb{N}^*, \quad \text{s.t.} \ \forall n > N, \quad \left| \frac{5n^2+n-4}{2n^2-3} - \frac{5}{2} \right| < \varepsilon.$$

即证得 $\lim\limits_{n\to\infty} \frac{5n^2+n-4}{2n^2-3} = \frac{5}{2}$.

注　使用极限的定义 2.1.1 来证明一个数列极限存在的关键点是求出 N 满足相应的条件. 在极限的定义 2.1.1 中我们关心的是 N 的存在性,不需要求出满足条件的最小的 N. 因此也可以通过适当的不等式"放缩"来求解 N,有时还需要考虑足够大的 n,如例 2.1.8 中只需考虑比 7 大的 n.

例 **2.1.9** 设 $a > 1$ 是给定的正数,证明 $\lim\limits_{n\to\infty} \frac{n}{a^n} = 0$.

证明　设 $a = 1 + h$,则 $h > 0$,由二项式定理可得当 $n \geq 2$ 时

$$a^n = (1+h)^n = 1 + nh + \frac{n(n-1)}{2}h^2 + \cdots + h^n > \frac{n(n-1)}{2}h^2.$$

从而有

$$0 < \frac{n}{a^n} < \frac{2}{h^2} \cdot \frac{1}{n-1}.$$

任取 $\varepsilon > 0$,要使 $\left| \frac{n}{a^n} - 0 \right| < \varepsilon$,只需 $\frac{2}{h^2} \cdot \frac{1}{n-1} < \varepsilon$,只需 $n > \frac{2}{h^2} \cdot \frac{1}{\varepsilon} + 1$. 取 $N = \left[\frac{2}{h^2} \cdot \frac{1}{\varepsilon} \right] + 1$,则当 $n > N$ 时有 $n > \frac{2}{h^2} \cdot \frac{1}{\varepsilon} + 1$,从而 $\left| \frac{n}{a^n} - 0 \right| < \varepsilon$. 这就证明了结论.

使用数列极限的定义来描述极限的存在,我们也经常采用下面的形式:对一个给定的正常数 c,$\lim\limits_{n\to\infty} a_n = a$ 等价于:对任意给定的 $\varepsilon > 0$,总存在一个正整数 N,当 $n > N$ 时,都有 $|a_n - a| < c\varepsilon$. 这是因为当 $\varepsilon > 0$ 充分小时,$c\varepsilon$ 也是充分小的正数.

2.1.2　极限定义的否定形式

接下来我们讨论发散数列. 不难发现,数列 $\{a_n\}$ 不收敛于 a 可如下表述:

$$\lim\limits_{n\to\infty} a_n \neq a \Leftrightarrow \exists \varepsilon_0 > 0, \text{s.t.} \ \forall N \in \mathbb{N}^*, \exists n_0 > N, |a_{n_0} - a| \geq \varepsilon_0.$$

一个数列是发散的等价于对任何的 $a \in \mathbb{R}$,a 都不是 $\{a_n\}$ 的极限.

例 **2.1.10** 证明数列 $\{(-1)^n\}$ 发散.

证明 只需要证明,任取 $a \in \mathbb{R}$ 都不是数列 $\{(-1)^n\}$ 的极限.

任意取定 $a \in \mathbb{R}$,都可取 $\varepsilon_0 = 1$,

(1) 当 $a \geqslant 0$ 时,任取 $N \in \mathbb{N}^*$,取 n_0 为一奇数且 $n_0 > N$,则有

$$|(-1)^{n_0} - a| = |-1 - a| = 1 + a \geqslant \varepsilon_0.$$

(2) 当 $a < 0$ 时,任取 $N \in \mathbb{N}^*$,取 n_0 为一偶数且 $n_0 > N$,则有

$$|(-1)^{n_0} - a| = |1 - a| = 1 + (-a) \geqslant \varepsilon_0.$$

这说明任意 $a \in \mathbb{R}$ 都不是数列的极限,因此数列 $\{(-1)^n\}$ 发散. 结论得证!

习题 2.1

1. 下列陈述是否可以作为 $\lim\limits_{n \to \infty} a_n = a$ 的定义?若回答是肯定的,请证明之;若回答是否定的,请举出反例.

(1) 存在无限多个正数 ε,存在 $N \in \mathbb{N}^*$,使得当 $n > N$ 时,有 $|a_n - a| < \varepsilon$;

(2) 对于任意正数 ε,存在无穷多个 $n \in \mathbb{N}^*$,使得 $|a_n - a| < \varepsilon$;

(3) 对于每一个正整数 k,存在 $N_k \in \mathbb{N}^*$,使得当 $n > N_k$ 时,有 $|a_n - a| < \dfrac{1}{k}$;

(4) 对于任意正数 ε,存在 $N \in \mathbb{N}^*$,使得当 $n > N$ 时,有 $|a_n - a| < \varepsilon^2$;

(5) 对于任意正数 ε,存在 $N \in \mathbb{N}^*$,使得当 $n > N$ 时,有 $a_n - a < \varepsilon$.

2. 用极限定义证明:

(1) $\lim\limits_{n \to \infty} \dfrac{\cos n}{\sqrt{n}} = 0$;

(2) $\lim\limits_{n \to \infty} \dfrac{\sqrt{n} \cos n^2}{n+1} = 0$;

(3) $\lim\limits_{n \to \infty} \dfrac{3\sqrt{n} - 1}{2\sqrt{n} + 1} = \dfrac{3}{2}$;

(4) $\lim\limits_{n \to \infty} \dfrac{5n^2}{7n - n^2} = -5$;

(5) $\lim\limits_{n \to \infty} (\sqrt{n+1} - \sqrt{n}) = 0$;

(6) $\lim\limits_{n \to \infty} \dfrac{1 + 2 + \cdots + n}{n^2} = \dfrac{1}{2}$;

(7) $\lim\limits_{n \to \infty} \dfrac{n!}{n^n} = 0$;

(8) $\lim\limits_{n \to \infty} \dfrac{n^k}{a^n} = 0 (k > 0, a > 1)$;

(9) $\lim\limits_{n \to \infty} \dfrac{a^n}{n!} = 0 (a > 0)$.

3. 设 $\lim\limits_{n \to \infty} a_n = a$,求证:$\lim\limits_{n \to \infty} |a_n| = |a|$. 举例说明反之不真.

4. 设 $a_n \leqslant a \leqslant b_n$,$n = 1, 2, \cdots$,且有 $\lim\limits_{n \to \infty} (b_n - a_n) = 0$,证明:$\lim\limits_{n \to \infty} b_n = \lim\limits_{n \to \infty} a_n = a$.

5. 证明:若 $\lim\limits_{n \to \infty} a_n = a$,则对任何正整数 k,有 $\lim\limits_{n \to \infty} a_{n+k} = a$.

6. 已知 $a_n = n[1 + (-1)^n]$,$n = 1, 2, \cdots$,证明:数列 $\{a_n\}$ 发散.

7. 设 A 是一个非空有上界的实数集,证明:可以在 A 中取到一个数列 $\{a_n\}$,使得

$$\lim\limits_{n \to \infty} a_n = \sup A.$$

2.2 数列极限的性质和运算

本节介绍数列极限的一些重要性质,这些性质是我们进一步学习数学分析的必不可少的基础知识.

定理 2.2.1(极限唯一性) 收敛数列的极限是唯一的.

证明 假设收敛数列为 $\{a_n\}$,并设 $\lim\limits_{n \to \infty} a_n = a$ 且有 $\lim\limits_{n \to \infty} a_n = b$,往证 $a = b$. 任取 $\varepsilon > 0$,由极

限定义

$$\exists N_1 \in \mathbf{N}^*, \text{ s.t. } \forall n > N_1, |a_n - a| < \frac{\varepsilon}{2},$$

$$\exists N_2 \in \mathbf{N}^*, \text{ s.t. } \forall n > N_2, |a_n - b| < \frac{\varepsilon}{2},$$

则当 $n > N = \max\{N_1, N_2\}$ 时,有

$$|b - a| = |b - a_n + a_n - a| \leqslant |a_n - b| + |a_n - a| < \frac{\varepsilon}{2} + \frac{\varepsilon}{2} = \varepsilon.$$

由 ε 的任意性可得 $|b - a| = 0$,即有 $b = a$. 由此即证得极限的唯一性.

类似于集合有界的含义,我们可以给出数列有界的定义.

定义 2.2.1 给定数列 $\{a_n\}$,如果存在一个实数 A,使得对所有的 n 都有 $a_n \leqslant A (a_n \geqslant A)$,则称此数列有上界(下界),$A$ 称为该数列的一个上界(下界). 如果数列 $\{a_n\}$ 既有上界又有下界,则称此数列有界.

显然数列的上界、下界都不是唯一的,数列若有上界(或下界),则必有无穷多个上界(或下界). 类似于集合的有界性,同样可以得到数列 $\{a_n\}$ 有界的充要条件是:存在 $M > 0$,使得 $|a_n| \leqslant M$ 对所有的 n 成立.

定理 2.2.2(有界性) 收敛数列是有界的.

证明 设数列为 $\{a_n\}$,且 $\lim\limits_{n \to \infty} a_n = a$. 取 $\varepsilon = 1$,则由极限定义知存在正整数 N,使得当 $n > N$ 时,有 $|a_n - a| < 1$ 成立. 由此可以得到当 $n > N$ 时,

$$|a_n| < |a| + 1,$$

记 $M = \max\{|a| + 1, |a_1|, |a_2|, \cdots |a_N|\}$,不难验证 $|a_n| \leqslant M$　$(n = 1, 2, \cdots)$. 这说明数列 $\{a_n\}$ 有界.

注 (1)这里的目的只是阐明收敛数列是有界的,不强调界的大小,方便起见,这里取 $\varepsilon = 1$(当然取 $\varepsilon = 2$ 也行).

(2) 有界数列不一定是收敛的数列,例如数列 $\{(-1)^n\}$ 有界但不收敛(例 2.1.10).

定理 2.2.3(保序性)

(1) 设 $\lim\limits_{n \to \infty} a_n = a, \lim\limits_{n \to \infty} b_n = b$,若 $a > b$,则存在 $N \in \mathbf{N}^*$,使得当 $n > N$ 时,$a_n > b_n$;

(2) 若 $a_n \geqslant b_n (n = 1, 2, \cdots)$ 且 $\lim\limits_{n \to \infty} a_n = a, \lim\limits_{n \to \infty} b_n = b$,则 $a \geqslant b$.

证明 (1)在极限的定义中取 $\varepsilon = \dfrac{a - b}{2}$,则由 $\lim\limits_{n \to \infty} a_n = a$ 知,存在 $N_1 \in \mathbf{N}^*$,使得当 $n > N_1$ 时,

$$|a_n - a| < \frac{a - b}{2},$$

由此可得当 $n > N_1$ 时

$$a_n > a - \frac{a - b}{2} = \frac{b + a}{2}.$$

类似地,由 $\lim\limits_{n \to \infty} b_n = b$ 知,存在 $N_2 \in \mathbf{N}^*$,使得当 $n > N_2$ 时

$$|b_n - b| < \frac{a - b}{2},$$

由此可得当 $n>N_2$ 时

$$b_n < b + \frac{a-b}{2} = \frac{b+a}{2}.$$

取 $N = \max\{N_1, N_2\}$，则当 $n>N$ 时，

$$a_n > \frac{b+a}{2} > b_n.$$

(2)可以通过(1)使用反证法直接得到.

注 (1)在定理 2.2.3 中的性质(2)中如果条件 $a_n \geqslant b_n (n=1,2,\cdots)$ 改为 $a_n > b_n (n=1,2,\cdots)$，仍然可能有 $a=b$. 如在例 2.1.5 中有数列 $\frac{1}{n}>0$，但 $\lim\limits_{n\to\infty}\frac{1}{n}=0=\lim 0$.

(2) 我们前面已经提到过，改变数列的前面有限项，不会影响数列的敛散性，如果数列收敛，则极限也不会因为前面有限项的改动而发生改变，因此保序性(2)中的条件 $a_n \geqslant b_n (n=1,2,\cdots)$ 改为"存在 $N \in \mathbf{N}^*$，使得当 $n \geqslant N$ 时 $a_n \geqslant b_n$"，结论同样成立.

在定理 2.2.3 中通过取特殊的 $b_n=0$，不难由保序性得到如下的保号性.

推论(保号性)

(1) 若 $\lim\limits_{n\to\infty} a_n = a > 0(<0)$，则存在正整数 N，使得当 $n>N$ 时，$a_n > 0(<0)$；

(2) 若 $a_n \geqslant 0(\leqslant 0)(n=1,2,\cdots)$，且 $\lim\limits_{n\to\infty} a_n = a$，则 $a \geqslant 0(\leqslant 0)$.

例 2.2.1 设 $a_n \geqslant 0(n=1,2,\cdots)$，$\lim\limits_{n\to\infty} a_n = a$，证明 $\lim\limits_{n\to\infty}\sqrt{a_n} = \sqrt{a}$.

证明 由极限的保号性可知，$a \geqslant 0$.

若 $a=0$，则由 $\lim\limits_{n\to\infty} a_n = 0$ 可知对任意 $\varepsilon>0$，存在正整数 N，使得当 $n>N$ 时，$|a_n - 0| < \varepsilon^2$，所以当 $n>N$ 时有 $|\sqrt{a_n} - 0| < \varepsilon$，从而有 $\lim\limits_{n\to\infty}\sqrt{a_n} = 0$.

若 $a>0$，对任意 $\varepsilon>0$，存在正整数 N，使得当 $n>N$ 时，$|a_n - a| < \sqrt{a}\varepsilon$，则当 $n>N$ 时，

$$\left| \sqrt{a_n} - \sqrt{a} \right| = \left| \frac{a_n - a}{\sqrt{a_n} + \sqrt{a}} \right| \leqslant \left| \frac{a_n - a}{\sqrt{a}} \right| < \varepsilon,$$

因此 $\lim\limits_{n\to\infty}\sqrt{a_n} = \sqrt{a}$. 结论得证！

定义 2.2.2 设 $\{a_n\}$ 是一个数列，任给正整数列 $n_1 < n_2 < n_3 < \cdots$，称数列

$$a_{n_1}, a_{n_2}, a_{n_3}, \cdots$$

为数列 $\{a_n\}$ 的一个子列，记为 $\{a_{n_k}\}$，$k=1,2,\cdots$.

定理 2.2.4(数列极限与子列极限的一致性) 若数列 $\{a_n\}$ 的极限为 a，则它的任意子列的极限也为 a.

证明 设 $\lim\limits_{n\to\infty} a_n = a$，则任给 $\varepsilon>0$，存在正整数 N，使得当 $n>N$ 时，$|a_n - a| < \varepsilon$. 对 $\{a_n\}$ 的任一子列 $\{a_{n_k}\}$，对上述 $\varepsilon>0$，可取 $K=N$，当 $k>K$ 时，显然有 $n_k \geqslant k > N$，因此有 $|a_{n_k} - a| < \varepsilon$，这证明了 $\{a_{n_k}\}$ 的极限为 a，结论得证.

上述性质说明：如果一个数列存在发散的子列，或者存在两个收敛于不同极限的子列，那么此数列是发散的.

例 2.2.2 证明数列 $\left\{\sin\dfrac{n\pi}{2}\right\}$ 发散.

证明　此数列的所有第 $4k$ 项构成的子列的通项为 0，所有第 $4k+1$ 项构成的子列的通项为 1，它们的极限分别为 0 和 1，极限值不同，所以数列 $\left\{\sin \dfrac{n\pi}{2}\right\}$ 发散.

一般情况下，即使一个数列有若干个子列的极限存在并相等，也无法判定该数列是否收敛，但有下面一类特殊的结论.

例 2.2.3　若数列 $\{a_n\}$ 的三个子列 $\{a_{3n}\}$，$\{a_{3n+1}\}$ 和 $\{a_{3n+2}\}$ 都收敛且有相同极限，则数列 $\{a_n\}$ 收敛.

证明　不妨设 $\lim\limits_{n\to\infty} a_{3n}=\lim\limits_{n\to\infty} a_{3n+1}=\lim\limits_{n\to\infty} a_{3n+2}=a$，则有对任意 $\varepsilon>0$，
$$\exists N_1 \in \mathbf{N}^*,\ \text{s.t.}\ \forall n>N_1,\ |a_{3n}-a|<\varepsilon,$$
$$\exists N_2 \in \mathbf{N}^*,\ \text{s.t.}\ \forall n>N_2,\ |a_{3n+1}-a|<\varepsilon,$$
$$\exists N_3 \in \mathbf{N}^*,\ \text{s.t.}\ \forall n>N_3,\ |a_{3n+2}-a|<\varepsilon.$$
取 $N=\max\{N_1,N_2,N_3\}$，当 $n>N$ 时，以上三式同时成立，则当 $n>3N+2$ 时，就有 $|a_n-a|<\varepsilon$ 成立. 由此即得数列 $\{a_n\}$ 收敛.

类似可以证明，若子列 $\{a_{2n}\}$，$\{a_{2n+1}\}$ 收敛且有相同极限，则数列 $\{a_n\}$ 收敛. 该结论也可以推广到一般的 k 个子列的情形.

定理 2.2.5（数列极限的四则运算）

（1）若 $\lim\limits_{n\to\infty} a_n=a$，$\lim\limits_{n\to\infty} b_n=b$，则数列 $\{a_n\pm b_n\}$ 收敛，且 $\lim\limits_{n\to\infty}(a_n\pm b_n)=a\pm b$；

（2）若 $\lim\limits_{n\to\infty} a_n=a$，$\lim\limits_{n\to\infty} b_n=b$，则数列 $\{a_n b_n\}$ 收敛，且 $\lim\limits_{n\to\infty} a_n b_n=ab$；

（3）若 $\lim\limits_{n\to\infty} a_n=a$，$\lim\limits_{n\to\infty} b_n=b\neq 0$，则数列 $\left\{\dfrac{a_n}{b_n}\right\}$ 收敛，且 $\lim\limits_{n\to\infty}\dfrac{a_n}{b_n}=\dfrac{a}{b}$.

证明　（1）使用绝对值的三角不等式即可证明.

（2）通过添项减项的方法，再由三角不等式得
$$\begin{aligned}|a_n b_n-ab| &=|a_n b_n-a_n b+a_n b-ab|\\ &\leqslant |a_n b_n-a_n b|+|a_n b-ab|\\ &=|a_n||b_n-b|+|b||a_n-a|.\end{aligned}$$
由于 $\{a_n\}$ 收敛，所以 $\{a_n\}$ 有界，即存在实数 $M>0$，使得 $|a_n|\leqslant M$，$|b_n|\leqslant M(n=1,2,\cdots)$. 又由于 $\lim\limits_{n\to\infty} a_n=a$，$\lim\limits_{n\to\infty} b_n=b$，由定义，对于任意的 $\varepsilon>0$，
$$\exists N_1 \in \mathbf{N}^*,\ \text{s.t.}\ \forall n>N_1,\ |a_n-a|<\frac{\varepsilon}{2|M|},$$
$$\exists N_2 \in \mathbf{N}^*,\ \text{s.t.}\ \forall n>N_2,\ |b_n-b|<\frac{\varepsilon}{2M}.$$
取 $N=\max\{N_1,N_2\}$，当 $n>N$ 时，上述两式同时成立，进一步可得
$$\begin{aligned}|a_n b_n-ab| &\leqslant |a_n||b_n-b|+|b||a_n-a|\\ &<M|b_n-b|+|b||a_n-a|\\ &<\frac{\varepsilon}{2}+\frac{\varepsilon}{2}=\varepsilon.\end{aligned}$$
因此 $\lim\limits_{n\to\infty} a_n b_n=ab$.

（3）由于 $\lim\limits_{n\to\infty} a_n=a$，$\lim\limits_{n\to\infty} b_n=b\neq 0$，则任意给定 $\varepsilon>0$，存在正整数 N_1，使得当 $n>N_1$ 时，

$|a_n-a|<\varepsilon$,同样也存在正整数 N_2,使得当 $n>N_2$ 时,有 $|b_n-b|<\varepsilon$. 于是取 $N'=\max\{N_1,N_2\}$,当 $n>N'$ 时,$|a_n-a|<\varepsilon$ 及 $|b_n-b|<\varepsilon$ 同时成立. 下面估计

$$\left|\frac{a_n}{b_n}-\frac{a}{b}\right|=\frac{|ba_n-ab_n|}{|b_n||b|}\leqslant\frac{|b||a_n-a|+|a||b_n-b|}{|b_n||b|},$$

由于 $b\neq0$,且由(2)的乘法运算,有 $bb_n\to b^2>\dfrac{b^2}{2}(n\to\infty)$. 于是存在 N_3,使得当 $n>N_3$ 时,有 $bb_n>\dfrac{b^2}{2}$.

再取 $N=\max\{N',N_3\}$,则当 $n>N$ 时,我们有

$$\left|\frac{a_n}{b_n}-\frac{a}{b}\right|<\frac{(|b|+|a|)\varepsilon}{\dfrac{b^2}{2}}=\frac{2(|b|+|a|)}{b^2}\varepsilon,$$

因此有

$$\lim_{n\to\infty}\frac{a_n}{b_n}=\frac{a}{b}=\frac{\lim\limits_{n\to\infty}a_n}{\lim\limits_{n\to\infty}b_n}.$$

注　在乘法性质(2)中取 $b_n\equiv b$,则可得结论 $\lim\limits_{n\to\infty}ba_n=b\lim\limits_{n\to\infty}a_n$,这一性质与性质(1)合在一起我们称其为极限的线性性质.

例 2.2.4 求 $\lim\limits_{n\to\infty}\dfrac{n^2+2n+3}{2n^2+1}$.

解　分子和分母同除以 n^2,得

$$\lim_{n\to\infty}\frac{n^2+2n+3}{2n^2+1}=\lim_{n\to\infty}\frac{1+\dfrac{2}{n}+\dfrac{3}{n^2}}{2+\dfrac{1}{n^2}}$$

$$=\frac{\lim\limits_{n\to\infty}1+\lim\limits_{n\to\infty}\dfrac{2}{n}+\lim\limits_{n\to\infty}\dfrac{3}{n^2}}{\lim\limits_{n\to\infty}2+\lim\limits_{n\to\infty}\dfrac{1}{n^2}}$$

$$=\frac{\lim\limits_{n\to\infty}1+\lim\limits_{n\to\infty}2\cdot\lim\limits_{n\to\infty}\dfrac{1}{n}+\lim\limits_{n\to\infty}3\cdot\lim\limits_{n\to\infty}\dfrac{1}{n}\cdot\lim\limits_{n\to\infty}\dfrac{1}{n}}{\lim\limits_{n\to\infty}2+\lim\limits_{n\to\infty}\dfrac{1}{n}\cdot\lim\limits_{n\to\infty}\dfrac{1}{n}}$$

$$=\frac{1+0+0}{2+0}=\frac{1}{2}.$$

下面我们介绍一个求数列极限的重要方法——夹逼定理.

定理 2.2.6(夹逼定理) 假设数列 $\{a_n\}$,$\{b_n\}$,$\{c_n\}$ 满足 $a_n\leqslant b_n\leqslant c_n(n=1,2,\cdots)$,且 $\lim\limits_{n\to\infty}a_n=\lim\limits_{n\to\infty}c_n=a$,则 $\lim\limits_{n\to\infty}b_n=a$.

证明　任给 $\varepsilon>0$,由题设 $\lim\limits_{n\to\infty}a_n=\lim\limits_{n\to\infty}c_n=a$ 可知,存在 N,使得当 $n>N$ 时,有

$$|a_n-a|<\varepsilon,\quad|c_n-a|<\varepsilon.$$

也就是当 $n>N$ 时,有 $a-\varepsilon<a_n$,$c_n<a+\varepsilon$. 则由题设 $a_n\leqslant b_n\leqslant c_n$ 可知,当 $n>N$ 时,

$$a - \varepsilon < a_n \leqslant b_n \leqslant c_n < a + \varepsilon.$$

即 $|b_n - a| < \varepsilon$. 这说明 $\lim\limits_{n \to \infty} b_n = a$.

注　由于数列的前面有限项不影响数列的极限,因此夹逼定理中的条件 $a_n \leqslant b_n \leqslant c_n$ 只需要从某个 N 项开始成立即可.

一个数列 $\{b_n\}$ 的极限不易求时,可以考虑通过适当的放缩构造两个容易求极限的数列 $\{a_n\}$,$\{c_n\}$ 满足定理 2.2.6 的条件,根据夹逼定理可以将数列 $\{b_n\}$ 的极限转化为求 $\{a_n\}$ 和 $\{c_n\}$ 的极限. 下面举例说明.

例 2.2.5　设 $a_n = \dfrac{1}{n^2 + 1} + \dfrac{1}{n^2 + 2} + \cdots + \dfrac{1}{n^2 + n}$,求 $\lim\limits_{n \to \infty} a_n$.

解　由于

$$\frac{n}{n^2 + n} = \frac{1}{n^2 + n} + \frac{1}{n^2 + n} + \cdots + \frac{1}{n^2 + n} \leqslant a_n \leqslant \frac{1}{n^2} + \frac{1}{n^2} + \cdots + \frac{1}{n^2} = \frac{1}{n},$$

而 $\lim\limits_{n \to \infty} \dfrac{n}{n^2 + n} = \lim\limits_{n \to \infty} \dfrac{\frac{1}{n}}{1 + \frac{1}{n}} = 0$,$\lim\limits_{n \to \infty} \dfrac{1}{n} = 0$,所以由夹逼定理可得 $\lim\limits_{n \to \infty} a_n = 0$.

例 2.2.6　证明 $\lim\limits_{n \to \infty} \sqrt[n]{n} = 1$.

证明　令 $h_n = \sqrt[n]{n} - 1 \geqslant 0$,则

$$n = (1 + h_n)^n = 1 + n h_n + \frac{n(n-1)}{2} h_n^2 + \cdots + h_n^n \geqslant \frac{n(n-1)}{2} h_n^2,$$

故当 $n > 1$ 时,$0 \leqslant h_n \leqslant \sqrt{\dfrac{2}{n-1}}$. 因为 $\lim\limits_{n \to \infty} \dfrac{2}{n-1} = \lim\limits_{n \to \infty} \dfrac{\frac{2}{n}}{1 - \frac{1}{n}} = 0$,由前面的例 2.2.1 知,

$\lim\limits_{n \to \infty} \sqrt{\dfrac{2}{n-1}} = 0$,由夹逼定理可得 $\lim\limits_{n \to \infty} h_n = 0$,再由四则运算性质得

$$\lim\limits_{n \to \infty} \sqrt[n]{n} = \lim\limits_{n \to \infty} (h_n + 1) = 1.$$

例 2.2.7　求 $\lim\limits_{n \to \infty} \sqrt[n]{a}\ (a > 0)$.

解　若 $a \geqslant 1$,则当 $n > a$ 时,$1 \leqslant \sqrt[n]{a} \leqslant \sqrt[n]{n}$,由夹逼定理可知 $\lim\limits_{n \to \infty} \sqrt[n]{a} = 1$.

当 $0 < a < 1$ 时,$\lim\limits_{n \to \infty} \sqrt[n]{a} = \lim\limits_{n \to \infty} \dfrac{1}{\sqrt[n]{\frac{1}{a}}} = \dfrac{1}{\lim\limits_{n \to \infty} \sqrt[n]{\frac{1}{a}}} = 1$.

综上所述,当 $a > 0$ 时,$\lim\limits_{n \to \infty} \sqrt[n]{a} = 1$.

例 2.2.8　求 $\lim\limits_{n \to \infty} \sqrt[n]{\dfrac{2n \cdot (2n-2) \cdot \cdots \cdot 4 \cdot 2}{(2n+1) \cdot (2n-1) \cdot \cdots \cdot 3 \cdot 1}}$.

解　易见

$$\left[\frac{2n \cdot (2n-2) \cdot \cdots \cdot 4 \cdot 2}{(2n+1) \cdot (2n-1) \cdot \cdots \cdot 3 \cdot 1} \right]^2$$

$$= \frac{2n \cdot [2n \cdot (2n-2)] \cdot [(2n-2) \cdot (2n-4)] \cdot \cdots \cdot [4 \cdot 2] \cdot 2}{(2n+1)^2 \cdot (2n-1)^2 \cdot \cdots \cdot 3^2 \cdot 1^2} < \frac{4n}{(2n+1)^2} < \frac{1}{n},$$

$$\left[\frac{2n \cdot (2n-2) \cdot \cdots \cdot 4 \cdot 2}{(2n+1) \cdot (2n-1) \cdot \cdots \cdot 3 \cdot 1} \right]^2$$

$$= \frac{(2n)^2 \cdot (2n-2)^2 \cdot \cdots \cdot 2^2}{(2n+1) \cdot [(2n+1 \cdot (2n-1)] \cdot [(2n-1) \cdot (2n-3)] \cdot \cdots \cdot [3 \cdot 1]}$$

$$> \frac{1}{(2n+1)} > \frac{1}{3n}.$$

因此有不等式

$$\frac{1}{\sqrt{3n}} < \frac{2n \cdot (2n-2) \cdot \cdots \cdot 4 \cdot 2}{(2n+1) \cdot (2n-1) \cdot \cdots \cdot 3 \cdot 1} < \frac{1}{\sqrt{n}},$$

从而

$$\frac{1}{\sqrt{\sqrt[n]{3n}}} < \sqrt[n]{\frac{2n \cdot (2n-2) \cdot \cdots \cdot 4 \cdot 2}{(2n+1) \cdot (2n-1) \cdot \cdots \cdot 3 \cdot 1}} < \frac{1}{\sqrt{\sqrt[n]{n}}}.$$

因为 $\lim\limits_{n \to \infty} \sqrt{\sqrt[n]{n}} = \sqrt{\lim\limits_{n \to \infty} \sqrt[n]{n}} = 1, \lim\limits_{n \to \infty} \sqrt{\sqrt[n]{3n}} = \sqrt{\lim\limits_{n \to \infty} \sqrt[n]{3} \cdot \lim\limits_{n \to \infty} \sqrt[n]{3n}} = 1$,不难得到

$$\lim_{n \to \infty} \frac{1}{\sqrt{\sqrt[n]{3n}}} = \lim_{n \to \infty} \frac{1}{\sqrt{\sqrt[n]{n}}} = 1.$$

由夹逼定理有 $\lim\limits_{n \to \infty} \sqrt[n]{\dfrac{2n \cdot (2n-2) \cdot \cdots \cdot 4 \cdot 2}{(2n+1) \cdot (2n-1) \cdot \cdots \cdot 3 \cdot 1}} = 1.$

习题 2.2

1. 证明:若子列 $\{a_{2n}\}, \{a_{2n+1}\}$ 收敛且有相同极限,则数列 $\{a_n\}$ 收敛.

2. 证明:数列 $\{\sin n\}$ 发散.

3. 证明:若数列 $\{a_n\}$ 收敛,数列 $\{b_n\}$ 发散,则 $\{a_n + b_n\}$ 发散.

4. 已知 $\{a_n\}$ 极限为零,若 $b_n = a_1 a_2 \cdots a_n$,试问数列 $\{b_n\}$ 的极限是否为零.

5. 设 $\lim\limits_{n \to \infty} a_n = a$,证明 $\lim\limits_{n \to \infty} \sqrt[3]{a_n} = \sqrt[3]{a}$.

6. 求下列极限:

(1) $\lim\limits_{n \to \infty} \dfrac{1 + a + a^2 + \cdots + a^{n-1}}{1 + b + b^2 + \cdots + b^{n-1}}$,其中 $|a| < 1, |b| < 1$;

(2) $\lim\limits_{n \to \infty} \dfrac{2^n + (-1)^n}{2^{n+1} + (-1)^{n+1}}$;   (3) $\lim\limits_{n \to \infty} \left[\dfrac{1}{1 \cdot 2} + \dfrac{1}{2 \cdot 3} + \cdots + \dfrac{1}{(n-1)n} \right]$;

(4) $\lim\limits_{n \to \infty} \left(1 - \dfrac{1}{2^2} \right)\left(1 - \dfrac{1}{3^2} \right) \cdots \left(1 - \dfrac{1}{n^2} \right)$;   (5) $\lim\limits_{n \to \infty} \left(\dfrac{1}{n^2} + \dfrac{2}{n^2} + \cdots + \dfrac{n}{n^2} \right)$;

(6) $\lim\limits_{n \to \infty} \dfrac{(n-1)^2}{(n+2)^2}$;   (7) $\lim\limits_{n \to \infty} (\sqrt{n+a} - \sqrt{n})\ (a > 0)$;

(8) $\lim\limits_{n \to \infty} \sqrt{n} (\sqrt{n+1} - \sqrt{n-2})$;

(9) $\lim\limits_{n \to \infty} (1+x)(1+x^2) \cdots (1+x^{2^{n-1}})$,其中 $|x| < 1$;

(10) $\lim\limits_{n\to\infty}\left(\dfrac{1+2+\cdots+n}{n+2}-\dfrac{n}{2}\right)$;　　　　　(11) $\lim\limits_{n\to\infty}(\sqrt{n}\sqrt{n+1}-n)$;

(12) $\lim\limits_{n\to\infty}\dfrac{a_m n^m+a_{m-1}n^{m-1}+\cdots+a_1 n+a_0}{b_k n^k+b_{k-1}n^{k-1}+\cdots+b_1 n+b_0}(m\leqslant k,a_m\neq 0,b_k\neq 0),m,k\in\mathbf{N}^*.$

7. 设 $a_n\leqslant b_n\leqslant c_n$ 且 $\lim\limits_{n\to\infty}(c_n-a_n)=0$,判断数列 $\{b_n\}$ 是否收敛.

8. 求下列数列的极限:

(1) $\lim\limits_{n\to\infty}\left[\dfrac{1}{\sqrt{n^2+1}}+\dfrac{1}{\sqrt{n^2+2}}+\cdots+\dfrac{1}{\sqrt{n^2+n}}\right]$;

(2) $\lim\limits_{n\to\infty}\left[\dfrac{1}{n^2}+\dfrac{1}{(n+1)^2}+\dfrac{1}{(n+2)^2}+\cdots+\dfrac{1}{(2n)^2}\right]$;

(3) $\lim\limits_{n\to\infty}(n^2-n+2)^{1/n}$;　　　(4) $\lim\limits_{n\to\infty}(\arctan n)^{\frac{1}{n}}$;

(5) $\lim\limits_{n\to\infty}\sqrt[n]{2^n+3^n}$;　　　(6) $\lim\limits_{n\to\infty}(a_1^n+a_2^n+\cdots+a_m^n)^{\frac{1}{n}},a_i>0,i=1,\cdots,m.$

9. 设 $\lim\limits_{n\to\infty}a_n=a$,证明:

(1) $\lim\limits_{n\to\infty}\dfrac{[na_n]}{n}=a$;

(2) 若还有 $a_n>0,a>0$,则 $\lim\limits_{n\to\infty}\sqrt[n]{a_n}=1.$

2.3　无穷小和无穷大

2.3.1　无穷小

在收敛的数列中,有一类特殊的,即收敛于 0 的数列. 它在极限理论中占有重要地位.

定义 2.3.1(无穷小数列) 若数列 $\{a_n\}$ 的极限为 0,则称这个数列为**无穷小数列**,简称**无穷小**.

例如 $\left\{\dfrac{1}{n}\right\}$ 是无穷小数列,$\left\{\dfrac{1}{2^n}\right\}$ 也是无穷小数列. 注意无穷小描述的是一个变量的变化趋势,不能视为一个很小的数,特别地,不能随意地视为 0 参与运算.

根据上一节中极限的运算性质不难得到如下关于无穷小的一些性质.

定理 2.3.1

(1) 数列 $\{a_n\}$ 为无穷小的充分必要条件为数列 $\{|a_n|\}$ 是无穷小;

(2) 两个无穷小数列之和(或差)仍是无穷小数列;

(3) 设数列 $\{a_n\}$ 为无穷小,$\{c_n\}$ 为有界数列,那么数列 $\{c_n a_n\}$ 也是无穷小数列,特别地,若 c 为常数,则 $\{ca_n\}$ 也是无穷小数列;

(4) 设 $0\leqslant a_n\leqslant b_n,n\in\mathbf{N}^*$,若 $\{b_n\}$ 为无穷小,那么数列 $\{a_n\}$ 也为无穷小;

(5) $\lim\limits_{n\to\infty}a_n=a$ 的充分必要条件是 $\{a_n-a\}$ 是无穷小.

其中(1)(3)(5)可通过极限的定义直接证明;(2)可由极限的四则运算性质推出;(4)可以用夹逼定理直接得到.

由于无穷小数列一定是有界的,所以由(3)可知,两个无穷小之积必为无穷小. 但两个无穷小的商未必是无穷小,例如 $\left\{\dfrac{1}{\sqrt{n}}\right\}$ 与 $\left\{\dfrac{1}{n}\right\}$ 之商 $\{\sqrt{n}\}$ 不是无穷小.

利用无穷小,我们有时可以简化极限的计算或证明.

例 2.3.1 设 $a_1 = 1$,

$$a_{n+1} = 1 + \frac{2}{a_n}, \quad n = 1, 2, \cdots.$$

问 $\{a_n\}$ 是否收敛,如果收敛则求其极限.

解 若 $\{a_n\}$ 收敛到 a,则由极限的保序性易得 $a \geqslant 1$. 在 $a_{n+1} = 1 + \dfrac{2}{a_n}$ 中令 n 趋于无穷,则由极限的四则运算知

$$a = 1 + \frac{2}{a}.$$

解方程可得 $a = 2$（$a = -1$ 舍去）.

下证 $\lim\limits_{n \to \infty} a_n = 2$. 记 $h_n = a_n - 2$,则只需证 $\{h_n\}$ 为无穷小. 由 $\{a_n\}$ 的递推公式可得

$$h_{n+1} = a_{n+1} - 2 = 1 + \frac{2}{a_n} - 2 = \frac{2}{a_n} - 1 = \frac{2}{2 + h_n} - 1 = -\frac{h_n}{2 + h_n}.$$

由 $|h_1| = 1$, $|h_2| = 1$, $|h_3| = \dfrac{1}{3}$,进一步使用数学归纳法可得 $|h_n| \leqslant 1$ 和 $|h_{n+1}| \leqslant |h_n|$,对所有的 n 成立. 则当 $n > 3$ 时,$|h_n| \leqslant \dfrac{1}{3}$,

因此对 $n > 3$ 有,

$$|h_{n+1}| = \left| -\frac{h_n}{2 + h_n} \right| \leqslant \frac{|h_n|}{2 - |h_n|} \leqslant \frac{1}{2 - \dfrac{1}{3}} |h_n|$$

$$= \frac{3}{5} |h_n| \leqslant \left(\frac{3}{5} \right)^2 |h_{n-1}| \leqslant \cdots \leqslant \left(\frac{3}{5} \right)^{n-2} |h_3|.$$

显然有 $\lim\limits_{n \to \infty} \left(\dfrac{3}{5} \right)^{n-2} |h_3| = 0$,由夹逼定理可得 $|h_n|$ 为无穷小,从而 $\{h_n\}$ 为无穷小,这就证明了 $\lim\limits_{n \to \infty} a_n = 2$.

例 2.3.2 已知 $\lim\limits_{n \to \infty} a_n = a$,证明

$$\lim_{n \to \infty} \frac{a_1 + a_2 + \cdots + a_n}{n} = a.$$

证明 由定理 2.3.1(5),我们只要证明

$$\left\{ \frac{a_1 + a_2 + \cdots + a_n}{n} - a \right\} = \left\{ \frac{(a_1 - a) + (a_2 - a) + \cdots + (a_n - a)}{n} \right\}$$

是无穷小. 再由题设可知 $\{a_n - a\}$ 是无穷小. 因此不失一般性,只需对 $a = 0$ 也即数列 $\{a_n\}$ 是无穷小的情形证明即可.

由于 $\lim\limits_{n \to \infty} a_n = 0$,对任意的 $\varepsilon > 0$,存在正整数 N,当 $n > N$ 时,有 $|a_n| < \dfrac{\varepsilon}{2}$. 这时,

$$\left|\frac{a_1+a_2+\cdots+a_n}{n}\right|=\left|\frac{a_1+a_2+\cdots+a_N+a_{N+1}+\cdots+a_n}{n}\right|$$

$$\leqslant\frac{|a_1+a_2+\cdots+a_N|}{n}+\frac{1}{n}(|a_{N+1}|+\cdots+|a_n|)$$

$$\leqslant\frac{|a_1+a_2+\cdots+a_N|}{n}+\frac{n-N}{n}\cdot\frac{\varepsilon}{2}$$

$$\leqslant\frac{|a_1+a_2+\cdots+a_N|}{n}+\frac{\varepsilon}{2},$$

由于正整数 N 是取定的，$|a_1+a_2+\cdots+a_N|$ 是一个有限数，因此由定理 2.3.1 的 (3) 可知 $\left\{\dfrac{|a_1+a_2+\cdots+a_N|}{n}\right\}$ 也是无穷小，所以存在 $N_1>N$，使得当 $n>N_1$ 时，有

$$\frac{|a_1+a_2+\cdots+a_N|}{n}<\frac{\varepsilon}{2}.$$

因此当 $n>N_1$ 时，有

$$\left|\frac{a_1+a_2+\cdots+a_n}{n}\right|<\frac{\varepsilon}{2}+\frac{\varepsilon}{2}=\varepsilon.$$

这就证明了当 $\lim\limits_{n\to\infty}a_n=0$ 时有 $\lim\limits_{n\to\infty}\dfrac{a_1+a_2+\cdots+a_n}{n}=0$. 结论证毕！

2.3.2　无穷大

在发散的数列中，有一类特殊的数列，而且有特别的意义，即对任意大的数都会存在一个 N 使得其后项的绝对值 $|a_n|$ 大于这个给定的正数. 例如数列 $\{n^2\}$，$\{(-2)^n\}$ 等. 这类数列我们称之为无穷大，具体定义如下.

定义 2.3.2 设 $\{a_n\}$ 是一个数列. 如果对任意给定的正数 M，总存在正整数 N，使得当 $n>N$ 时，有 $|a_n|>M$，则称 $\{a_n\}$ 为无穷大. 记为

$$\lim_{n\to\infty}a_n=\infty,$$

或 $a_n\to\infty(n\to\infty)$. 如果该数列 $\{a_n\}$ 从某一项开始，a_n 都是正的（负的），则称 $\{a_n\}$ 为正无穷大（负无穷大），记为

$$\lim_{n\to\infty}a_n=+\infty\,(\lim_{n\to\infty}a_n=-\infty).$$

注　虽然我们仍旧用记号 $\lim\limits_{n\to\infty}a_n=\infty$ 表示数列 $\{a_n\}$ 是无穷大，有时甚至也说数列 $\{a_n\}$ 的极限是 ∞，但这里所说的"极限"的含义和第一节中的极限定义是不同的，只是为了今后在记号上和语言上的方便才这样说的. 还要注意的是：∞ 只是记号，不是实数，不能把它和很大的数混淆起来，特别地，不能随便参与运算. 无穷大与无穷小都刻画了数列的一种变化趋势.

例 2.3.3 设 $a_n=\dfrac{2n^3-n}{7n^2+3n+5}(n=1,2,\cdots)$，证明 $\{a_n\}$ 为正无穷大.

证明　当 $n\geqslant 2$ 时，易见 $a_n>\dfrac{n^3}{10n^2}=\dfrac{n}{10}$. 所以对任意 $M>0$，只需要取 $N=[10M]+1$，当 $n>N$ 时，就有 $n>10M$，从而 $a_n>M$. 这就证明了 $\{a_n\}$ 为正无穷大.

关于无穷大有如下性质.

性质 2.3.1

（1）若 $\{a_n\}$ 为无穷大，则 $\{a_n\}$ 无界；

（2）任何无界数列都有无穷大的子列；

（3）若 $\lim\limits_{n\to\infty} a_n = +\infty(-\infty), \lim\limits_{n\to\infty} b_n = +\infty(-\infty)$，则有

$$\lim_{n\to\infty}(a_n + b_n) = +\infty(-\infty), \lim_{n\to\infty}(a_n b_n) = +\infty.$$

证明　（1）直接由无穷大的定义可以得到.

（2）设 $\{a_n\}$ 为一个无界数列. 由数列无界的定义可知：任取 $M > 0$，存在 $n \in \mathbf{N}^*$，使得 $|a_n| > M$. 先取 $M = 1$，这时存在 n_1，使得 $|a_{n_1}| > 1$. 当 $\{a_{n_1}, a_{n_2}, \cdots, a_{n_{k-1}}\}$ 取好之后，我们可取 $M = \max\{k, |a_{n_1}|, |a_{n_2}|, \cdots, |a_{n_{k-1}}|\}$，再由无界性可知存在 $n_k > n_{k-1}$，使得 $|a_{n_k}| > M$. 由此办法可以取出 $\{a_n\}$ 的一个子列 $\{a_{n_k}\}$，这一子列满足

$$|a_{n_k}| > k, k = 1, 2, \cdots.$$

由无穷大的定义可知，这是一个无穷大子列.

（3）设 $\lim\limits_{n\to\infty} a_n = +\infty, \lim\limits_{n\to\infty} b_n = +\infty$. 任取 $M > 0$，则存在 N，使得当 $n > N$ 时有

$$a_n > \max\left\{\frac{M}{2}, \sqrt{M}\right\}, \quad b_n > \max\left\{\frac{M}{2}, \sqrt{M}\right\}.$$

则此时有

$$a_n + b_n > \frac{M}{2} + \frac{M}{2} = M, \quad a_n b_n > \sqrt{M} \cdot \sqrt{M} = M.$$

这就证明了

$$\lim_{n\to\infty}(a_n + b_n) = +\infty, \quad \lim_{n\to\infty}(a_n b_n) = +\infty.$$

负无穷大的情形类似可证.

注　性质（1）和（2）说明了无穷大数列与无界数列的区别与联系，例如数列 $\{1, 0, 2, 0, 3, 0, 4, \cdots, n, 0, \cdots\}$ 是一个无界数列，但不是无穷大数列.

关于无穷大与无穷小的关系有如下结论.

性质 2.3.2　设 $a_n \neq 0, n = 1, 2, \cdots$，则 $\{a_n\}$ 为无穷大的充分必要条件是 $\left\{\dfrac{1}{a_n}\right\}$ 为无穷小.

2.3.3　Stolz 定理

对于两个数列 $\{a_n\}, \{b_n\}$，如果有 $\lim\limits_{n\to\infty} a_n = A, \lim\limits_{n\to\infty} b_n = B$，当 A, B 为实数且 $B \neq 0$ 时，由极限的四则运算性质知 $\lim\limits_{n\to\infty} \dfrac{a_n}{b_n} = \dfrac{A}{B}$；如果有 $A \neq 0, B = 0$，则由性质 2.3.2 可知 $\lim\limits_{n\to\infty} \dfrac{a_n}{b_n} = \infty$；如果 A 为实数且 $B = \infty$，同样由性质 2.3.2 可知 $\lim\limits_{n\to\infty} \dfrac{a_n}{b_n} = 0$. 但对剩下的两种情况：（1）$A = B = 0$，（2）$A = \infty, B = \infty, \lim\limits_{n\to\infty} \dfrac{a_n}{b_n}$ 有各种可能：极限存在（是一个实数）；无穷大；虽然不是无穷大但极限不存在. 我们将这两种情况的极限 $\lim\limits_{n\to\infty} \dfrac{a_n}{b_n}$ 称为不定型极限. 当 $A = B = 0$，称为 $\dfrac{0}{0}$ 型，当 $A = \infty, B = \infty$，称为 $\dfrac{\infty}{\infty}$ 型. 不定型极限的计算没有统一的计算法则，需要具体问题具

体分析,下面我们介绍求不定型数列极限的 Stolz 定理.

定理 2. 3. 2(Stolz 定理 $\dfrac{\infty}{\infty}$ 型) 设 $\{b_n\}$ 是严格递增趋于 $+\infty$ 的数列,如果

$$\lim_{n \to \infty} \frac{a_n - a_{n-1}}{b_n - b_{n-1}} = A,$$

则 $\lim\limits_{n \to \infty} \dfrac{a_n}{b_n} = A$.

证明 不妨设 $b_n > 0$. 任取 $1 > \varepsilon > 0$,由条件知存在 $N \in \mathbf{N}^*$,使得当 $n > N$ 时,

$$\left| \frac{a_n - a_{n-1}}{b_n - b_{n-1}} - A \right| < \frac{\varepsilon}{2}.$$

当 $n > N$ 时,在上式中分别取 $N+1, N+2, \cdots, n$ 有

$$A - \frac{\varepsilon}{2} < \frac{a_{N+1} - a_N}{b_{N+1} - b_N} < A + \frac{\varepsilon}{2};$$

$$A - \frac{\varepsilon}{2} < \frac{a_{N+2} - a_{N+1}}{b_{N+2} - b_{N+1}} < A + \frac{\varepsilon}{2};$$

$$\cdots\cdots$$

$$A - \frac{\varepsilon}{2} < \frac{a_n - a_{n-1}}{b_n - b_{n-1}} < A + \frac{\varepsilon}{2}.$$

由 $\{b_n\}$ 是严格递增,可将上述不等式变形为

$$\left(A - \frac{\varepsilon}{2}\right)(b_{N+1} - b_N) < a_{N+1} - a_N < \left(A + \frac{\varepsilon}{2}\right)(b_{N+1} - b_N);$$

$$\left(A - \frac{\varepsilon}{2}\right)(b_{N+2} - b_{N+1}) < a_{N+2} - a_{N+1} < \left(A + \frac{\varepsilon}{2}\right)(b_{N+2} - b_{N+1});$$

$$\cdots\cdots$$

$$\left(A - \frac{\varepsilon}{2}\right)(b_n - b_{n-1}) < a_n - a_{n-1} < \left(A + \frac{\varepsilon}{2}\right)(b_n - b_{n-1}).$$

将这些不等式相加可得

$$\left(A - \frac{\varepsilon}{2}\right)(b_n - b_N) < a_n - a_N < \left(A + \frac{\varepsilon}{2}\right)(b_n - b_N).$$

即有

$$\left| \frac{a_n - a_N}{b_n - b_N} - A \right| < \frac{\varepsilon}{2}.$$

进一步由绝对值不等式得

$$\left| \frac{a_n - a_N}{b_n - b_N} \right| < |A| + \frac{\varepsilon}{2} < |A| + 1.$$

因此对任意的 $n > N$ 有

$$\left| \frac{a_n}{b_n} - A \right| = \left| \frac{a_n - a_N}{b_n} - A + \frac{a_N}{b_n} \right| = \left| \frac{b_n - b_N}{b_n} \cdot \frac{a_n - a_N}{b_n - b_N} - A + \frac{a_N}{b_n} \right|$$

$$= \left| \frac{a_n - a_N}{b_n - b_N} - A - \frac{b_N}{b_n} \cdot \frac{a_n - a_N}{b_n - b_N} + \frac{a_N}{b_n} \right|$$

$$\leqslant \left| \frac{a_n - a_N}{b_n - b_N} - A \right| + \frac{|b_N|}{b_n} \cdot \left| \frac{a_n - a_N}{b_n - b_N} \right| + \frac{|a_N|}{b_n}$$

$$< \frac{\varepsilon}{2} + \frac{(|A|+1)|b_N| + |a_N|}{b_n}.$$

由条件 $\{b_n\}$ 趋于 $+\infty$ 可得

$$\lim_{n\to\infty} \frac{(|A|+1)|b_N| + |a_N|}{b_n} = 0.$$

由此知存在 $N' > N$,使得当 $n > N'$ 时有

$$\frac{(|A|+1)|b_N| + |a_N|}{b_n} < \frac{\varepsilon}{2}.$$

则当 $n > N'$ 时有

$$\left| \frac{a_n}{b_n} - A \right| < \frac{\varepsilon}{2} + \frac{(|A|+1)|b_N| + |a_N|}{b_n} < \frac{\varepsilon}{2} + \frac{\varepsilon}{2} = \varepsilon.$$

这就证明了 $\lim\limits_{n\to\infty} \dfrac{a_n}{b_n} = A$.

注 (1) 当 A 是 $\pm\infty$ 时上述结论也成立,证明留给读者.

(2) 不难发现当 b_n 取成 n 时,由 Stolz 定理容易证得例 2.3.2.

例 2.3.4 设 $\lim\limits_{n\to\infty} a_n = a$,证明 $\lim\limits_{n\to\infty} \dfrac{a_1 + 2a_2 + \cdots + na_n}{n^2} = \dfrac{a}{2}$.

证明 令 $A_n = a_1 + 2a_2 + \cdots + na_n$,$B_n = n^2$,直接应用 $\dfrac{\infty}{\infty}$ 型的 Stolz 定理可得

$$\lim_{n\to\infty} \frac{a_1 + 2a_2 + \cdots + na_n}{n^2} = \lim_{n\to\infty} \frac{A_n - A_{n-1}}{B_n - B_{n-1}} = \lim_{n\to\infty} \frac{na_n}{2n-1} = \frac{a}{2}.$$

关于 $\dfrac{0}{0}$ 型的待定型极限,我们也有类似的 Stolz 定理.

定理 2.3.3$\left(\text{Stolz 定理}\dfrac{0}{0}\text{型}\right)$ 设 $\{a_n\}$,$\{b_n\}$ 都是无穷小,且 $\{b_n\}$ 严格单调. 如果

$$\lim_{n\to\infty} \frac{a_n - a_{n-1}}{b_n - b_{n-1}} = A,$$

则 $\lim\limits_{n\to\infty} \dfrac{a_n}{b_n} = A$.

证明 不妨设 $\{b_n\}$ 严格单调递减(若 $\{b_n\}$ 严格单调递增则将 b_n 换成 $-b_n$ 考虑即可). 不难发现此时有 $b_n > 0$,$n = 1, 2, \cdots$. 任取 $\varepsilon > 0$,由条件知存在 $N \in \mathbf{N}^*$,使得当 $n > N$ 时,

$$\left| \frac{a_n - a_{n-1}}{b_n - b_{n-1}} - A \right| < \varepsilon.$$

注意这个不等式等价于

$$\left| \frac{a_{n-1} - a_n}{b_{n-1} - b_n} - A \right| < \varepsilon.$$

则任取 $m > n > N$ 有

$$(A - \varepsilon)(b_{m-1} - b_m) < a_{m-1} - a_m < (A + \varepsilon)(b_{m-1} - b_m);$$

$$(A-\varepsilon)(b_{m-2}-b_{m-1})<a_{m-2}-a_{m-1}<(A+\varepsilon)(b_{m-2}-b_{m-1});$$

$$\cdots\cdots$$

$$(A-\varepsilon)(b_n-b_{n+1})<a_n-a_{n+1}<(A+\varepsilon)(b_n-b_{n+1}).$$

上式相加可得

$$(A-\varepsilon)(b_n-b_m)<a_n-a_m<(A+\varepsilon)(b_n-b_m).$$

在上式中令 $m\to\infty$，由极限的保序性可得

$$(A-\varepsilon)b_n\leqslant a_n\leqslant(A+\varepsilon)b_n.$$

即得当 $n>N$ 时有

$$\left|\frac{a_n}{b_n}-A\right|\leqslant\varepsilon.$$

这就证明了 $\lim\limits_{n\to\infty}\dfrac{a_n}{b_n}=A$.

这里我们需要着重指出的是上面的等式成立的前提是极限 $\lim\limits_{n\to\infty}\dfrac{a_n-a_{n-1}}{b_n-b_{n-1}}$ 存在，如果 $\lim\limits_{n\to\infty}\dfrac{a_n-a_{n-1}}{b_n-b_{n-1}}$ 不存在，这时不能确定 $\lim\limits_{n\to\infty}\dfrac{a_n}{b_n}$ 是否存在.

习题 2.3

1. 设 $a_1=1,a_{n+1}=2+\dfrac{1}{a_n},n=1,2,\cdots$，问 $\{a_n\}$ 是否收敛，如果收敛则求其极限.

2. 已知 $|a_n|\geqslant|b_n|,n=1,2,\cdots$，且 $\{b_n\}$ 为无穷大，证明：$\{a_n\}$ 也是无穷大.

3. 用定义证明：(1) $\lim\limits_{n\to\infty}\dfrac{n^2-1}{n+6}=+\infty$，(2) $\lim\limits_{n\to\infty}\dfrac{n}{\sin n}=\infty$.

4. 证明：$\lim\limits_{n\to\infty}n(\sqrt{n}-\sqrt{n+1})=-\infty$.

5. 求证：$\lim\limits_{n\to\infty}\sqrt{n}\arctan n=+\infty$.

6. 求证：

(1) 已知 $\lim\limits_{n\to\infty}a_n=+\infty$，用定义证明 $\lim\limits_{n\to\infty}\dfrac{a_1+a_2+\cdots+a_n}{n}=+\infty$.

(2) 设 $a_n>0,\lim\limits_{n\to\infty}a_n=0$，证明 $\lim\limits_{n\to\infty}\sqrt[n]{a_1a_2\cdots a_n}=0$.

7. 证明：若 $\lim\limits_{n\to\infty}a_{2n}=a,\lim\limits_{n\to\infty}a_{2n+1}=b$，则有 $\lim\limits_{n\to\infty}\dfrac{a_1+a_2+\cdots+a_n}{n}=\dfrac{a+b}{2}$.

8. (1) 设数列 $\{a_n\}$ 满足 $a_n>0,n=1,2,\cdots$，且 $\lim\limits_{n\to\infty}a_n=a$，求证：

$$\lim\limits_{n\to\infty}\sqrt[n]{a_1a_2\cdots a_n}=a;$$

(2) 设数列 $\{a_n\}$ 满足 $a_n>0(n=1,2,\cdots)$，且有 $\lim\limits_{n\to\infty}\dfrac{a_{n+1}}{a_n}=l$，求证：

$$\lim\limits_{n\to\infty}\sqrt[n]{a_n}=\lim\limits_{n\to\infty}\dfrac{a_{n+1}}{a_n}=l.$$

9. 设 $\lim\limits_{n\to\infty}a_n=a,\lim\limits_{n\to\infty}b_n=b$，则 $\lim\limits_{n\to\infty}\dfrac{a_1b_n+a_2b_{n-1}+\cdots+a_nb_1}{n}=ab$.

10. 若 $\lim\limits_{n\to\infty}(a_1+a_2+\cdots+a_n)=S$,证明:$\lim\limits_{n\to\infty}\dfrac{(a_1+2a_2+\cdots+na_n)}{n}=0$.

11. 计算下列极限:

(1) $\lim\limits_{n\to\infty}\dfrac{1!+2!+\cdots+n!}{n!}$;　　　　　　(2) $\lim\limits_{n\to\infty}\dfrac{n^2}{a^n}(a>1)$;

(3) $\lim\limits_{n\to\infty}\dfrac{1+\sqrt{2}+\cdots+\sqrt[n]{n}}{n}$.

12. 证明:若 p 为自然数,则

(1) $\lim\limits_{n\to\infty}\dfrac{1^p+2^p+\cdots+n^p}{n^{p+1}}=\dfrac{1}{p+1}$;　　　　(2) $\lim\limits_{n\to\infty}\left(\dfrac{1^p+2^p+\cdots+n^p}{n^p}-\dfrac{n}{p+1}\right)=\dfrac{1}{2}$.

2.4　单调数列的极限及其应用

我们已经知道,收敛数列必定是有界数列,而有界数列不一定收敛. 那什么条件下有界的数列会收敛呢? 下面我们将进行讨论.

定义 2.4.1(单调数列) 若数列 $\{a_n\}$ 满足

$$a_n\leqslant a_{n+1}(a_n\geqslant a_{n+1}),\quad n=1,2,3,\cdots$$

则称 $\{a_n\}$ 单调递增(单调递减). 若数列 $\{a_n\}$ 满足

$$a_n<a_{n+1}(a_n>a_{n+1}),\quad n=1,2,3,\cdots$$

则称 $\{a_n\}$ 严格单调递增(严格单调递减).

定理 2.4.1(单调有界定理) 若数列 $\{a_n\}$ 单调递增且有上界(或单调递减且有下界),则该数列收敛.

证明 设 $\{a_n\}$ 为单调递增有上界数列,则数列 $\{a_n\}$ 有上确界,记 $\beta=\sup\{a_n\}$,下面证明 $\lim\limits_{n\to\infty}a_n=\beta$,由上确界定义有

$$\forall\varepsilon>0,\exists N\in N^*,\quad\text{s.t. }a_N>\beta-\varepsilon,$$

当 $n>N$ 时,由数列单调性,可知

$$a_n\geqslant a_N>\beta-\varepsilon,$$

又由于 β 是上确界,显然 $a_n\leqslant\beta<\beta+\varepsilon$,因此 $n>N$ 时有 $|a_n-\beta|<\varepsilon$. 从而 $\lim\limits_{n\to\infty}a_n=\beta$,定理得证.

这是一个非常有用的定理. 它使我们只须从数列本身性质就可以判断其敛散性. 这比从定义判断数列的敛散性要方便得多. 由定理 2.4.1 的证明过程可以得到下面的推论.

推论

(1) 若数列 $\{a_n\}$ 是单调递增数列,则 $\lim\limits_{n\to\infty}a_n=\sup\{a_n\}$;

(2) 若数列 $\{a_n\}$ 是单调递减数列,则 $\lim\limits_{n\to\infty}a_n=\inf\{a_n\}$.

例 2.4.1 设数列 $\{a_n\}$ 的通项为 $a_n=\dfrac{1}{n!}$,证明此数列收敛,并求其极限.

证明 因为 $a_{n+1}=\dfrac{1}{(n+1)!}=a_n\cdot\dfrac{1}{n+1}\leqslant a_n$,所以数列 $\{a_n\}$ 是单调递减数列,且有下界 0. 由单调有界定理可知,此数列收敛.

设 $\{a_n\}$ 的极限为 a，在 $\{a_n\}$ 的递推公式 $a_{n+1}=a_n\cdot\dfrac{1}{n+1}$ 中令 n 趋于无穷，由极限的四则运算性质可得 $a=a\cdot0=0$．这求得 $\{a_n\}$ 的极限为 0．

例 **2.4.2** 设 $x_1=1$，$x_{n+1}=\sqrt{3+2x_n}$，求数列 x_n 的极限．

解　首先有 $0<x_1<3$，设 $0<x_k<3$，则 $0<x_{k+1}=\sqrt{3+2x_k}<3$，由数学归纳法可知对任意的 n 有 $0<x_n<3$．这说明数列 $\{x_n\}$ 有界．

由
$$x_{n+1}^2-x_n^2=3+2x_n-x_n^2=(3-x_n)(1+x_n)>0,$$
可知 $x_{n+1}>x_n$，因而数列是单调递增的，于是由单调有界定理知 $\{x_n\}$ 极限存在．

设 $\lim\limits_{n\to\infty}x_n=a$，在 $x_{n+1}=\sqrt{3+2x_n}$ 的两端取极限可得，$a=\sqrt{3+2a}$，解得 $a=3$，所以 $\lim\limits_{n\to\infty}x_n=3$．

例 **2.4.3** 设 $x_1\in(0,1)$，$x_{n+1}=x_n(1-x_n)$，$n=1,2,\cdots$，求极限 $\lim\limits_{n\to\infty}nx_n$．

证明　由数学归纳法可得，对所有的正整数 n，都有 $0<x_n<1$．且对任何正整数 n 有
$$x_{n+1}=x_n(1-x_n)<x_n,$$
因此 $\{x_n\}$ 是一个单调递减有下界的数列，因此 $\{x_n\}$ 收敛．设 $\lim\limits_{n\to\infty}x_n=a$，则在递推公式
$$x_{n+1}=x_n(1-x_n)$$
两边令 $n\to\infty$ 可得：$a=a(1-a)$．解方程可得 $a=0$，因此 $\{x_n\}$ 单调递减极限为 0．

由于 $\{x_n\}$ 单调递减且极限为 0，因此有 $\left\{\dfrac{1}{x_n}\right\}$ 单调递增趋于 $+\infty$．由 Stolz 定理可得

$$\lim_{n\to\infty}nx_n=\lim_{n\to\infty}\frac{n}{\dfrac{1}{x_n}}=\lim_{n\to\infty}\frac{1}{\dfrac{1}{x_{n+1}}-\dfrac{1}{x_n}}=\lim_{n\to\infty}\frac{x_nx_{n+1}}{x_n-x_{n+1}}$$

$$=\lim_{n\to\infty}\frac{x_n^2(1-x_n)}{x_n-x_n(1-x_n)}=\lim_{n\to\infty}\frac{x_n^2(1-x_n)}{x_n^2}=1.$$

Logistics 映射

下面通过单调有界定理来证明一个重要极限．

例 **2.4.4** 证明下面三个数列的极限存在且相等，其中

$$a_n=\left(1+\frac{1}{n}\right)^n,\quad b_n=\left(1+\frac{1}{n}\right)^{n+1},\quad c_n=1+\frac{1}{1!}+\frac{1}{2!}+\cdots+\frac{1}{n!}.$$

证明　显然数列 $\{c_n\}$ 是单调递增数列，且

$$c_n\leqslant1+\frac{1}{1}+\frac{1}{1\cdot2}+\frac{1}{2\cdot3}+\cdots+\frac{1}{(n-1)n}$$

$$=2+\left(\frac{1}{1}-\frac{1}{2}\right)+\left(\frac{1}{2}-\frac{1}{3}\right)+\cdots+\left(\frac{1}{n-1}-\frac{1}{n}\right)=3-\frac{1}{n}<3$$

由单调有界收敛定理可知 $\lim\limits_{n\to\infty}c_n$ 存在，设为 $\lim\limits_{n\to\infty}c_n=c$．

下面考虑数列 $\{a_n\}$ 和 $\{b_n\}$ 的极限．我们先证明 $\{a_n\}$ 严格单调递增，$\{b_n\}$ 严格单调递减．为证明其单调性，我们先引入如下的 Bernoulli 不等式：

引理（Bernoulli 不等式） 对任意的 $x>-1$，$x\neq0$，以及正整数 $n\geqslant2$，有
$$(1+x)^n>1+nx.$$

证明　当 $n=2$ 时，易见有 $(1+x)^2=1+2x+x^2>1+2x$，此时不等式成立. 假设当 $n=k$ 时不等式成立，则当 $n=k+1$ 时

$$(1+x)^{k+1}=(1+x)^k(1+x)>(1+kx)(1+x)=1+(k+1)x+kx^2>1+(k+1)x.$$

得当 $n=k+1$ 时不等式也成立. 由数学归纳法即知当 $x\neq 0$ 时，$(1+x)^n>1+nx$ 对所有的 $n\geqslant 2$ 成立.

使用上述 Bernoulli 不等式，有

$$\frac{a_{n+1}}{a_n}=\frac{(n+2)^{n+1}n^n}{(n+1)^{2n+1}}=\left[\frac{(n+2)n}{(n+1)^2}\right]^{n+1}\cdot\frac{n+1}{n}$$

$$=\left[1-\frac{1}{(n+1)^2}\right]^{n+1}\cdot\frac{n+1}{n}>\left[1-\frac{n+1}{(n+1)^2}\right]\cdot\frac{n+1}{n}=1.$$

$$\frac{b_n}{b_{n+1}}=\frac{(n+1)^{2n+3}}{n^{n+1}(n+2)^{n+2}}=\left[\frac{(n+1)^2}{n(n+2)}\right]^{n+1}\cdot\frac{n+1}{n+2}$$

$$=\left[1+\frac{1}{n(n+2)}\right]^{n+1}\cdot\frac{n+1}{n+2}>\left[1+\frac{n+1}{n(n+2)}\right]\cdot\frac{n+1}{n+2}$$

$$=\frac{n^2+3n+1}{n(n+2)}\cdot\frac{n+1}{n+2}=\frac{n^3+4n^2+4n+1}{n^3+4n^2+4n}>1.$$

这证明了 $\{a_n\}$ 严格单调递增，$\{b_n\}$ 严格单调递减. 又显然有 $a_n<b_n<b_1$，因此 $\{a_n\}$ 严格单调增加有上界. 类似地 $\{b_n\}$ 有下界，因此 $\{a_n\}$ 和 $\{b_n\}$ 都收敛，记 $\lim\limits_{n\to\infty}a_n=\mathrm{e}$，则有

$$\lim_{n\to\infty}b_n=\lim_{n\to\infty}\frac{n+1}{n}a_n=\mathrm{e}.$$

下面我们再讨论这两个极限 e 与 c 之间的关系.

使用二项式定理可得：

$$a_n=\left(1+\frac{1}{n}\right)^n$$

$$=1+n\cdot\frac{1}{n}+\frac{n(n-1)}{2!}\cdot\frac{1}{n^2}+\cdots+\frac{n(n-1)\cdots(n-n+1)}{n!}\cdot\frac{1}{n^n}$$

$$=1+\frac{1}{1!}+\frac{1}{2!}\left(1-\frac{1}{n}\right)+\cdots+\frac{1}{n!}\left(1-\frac{1}{n}\right)\cdots\left(1-\frac{n-1}{n}\right)$$

$$\leqslant 1+\frac{1}{1!}+\frac{1}{2!}+\cdots+\frac{1}{n!}=c_n$$

上述不等式即 $a_n\leqslant c_n$，由极限的保序性可知 $\mathrm{e}\leqslant c$.

另一方面，任意取定正整数 m，当 $n\geqslant m$ 时，有

$$a_n=1+\frac{1}{1!}+\frac{1}{2!}\left(1-\frac{1}{n}\right)+\cdots+\frac{1}{n!}\left(1-\frac{1}{n}\right)\cdots\left(1-\frac{n-1}{n}\right)$$

$$\geqslant 1+\frac{1}{1!}+\frac{1}{2!}\left(1-\frac{1}{n}\right)+\cdots+\frac{1}{m!}\left(1-\frac{1}{n}\right)\cdots\left(1-\frac{m-1}{n}\right),$$

不等式两边令 $n\to\infty$，由极限的保序性有 $\mathrm{e}\geqslant 1+\frac{1}{1!}+\frac{1}{2!}+\cdots+\frac{1}{m!}=c_m.$

在不等式 $\mathrm{e}\geqslant c_m$ 两端再令 $m\to\infty$ 得到 $\mathrm{e}\geqslant c$. 综上所述，$c=\mathrm{e}$，即三个数列极限相等.

需要指出的是，上述两个数列的极限实际上是自然对数的底 e.

自然对数的底

例 2.4.5 计算下列极限

(1) $\lim\limits_{n\to\infty}\left(1+\dfrac{1}{2n}\right)^n$；　　　　　　(2) $\lim\limits_{n\to\infty}\left(\dfrac{1+n}{2+n}\right)^n$.

解　(1) 令 $a_n=\left(1+\dfrac{1}{n}\right)^n$，由子列极限的性质

$$\lim_{n\to\infty}\left(1+\dfrac{1}{2n}\right)^{2n}=\lim_{n\to\infty}a_{2n}=\mathrm{e}.$$

进一步由例 2.2.1 的结论得

$$\lim_{n\to\infty}\left(1+\dfrac{1}{2n}\right)^n=\lim_{n\to\infty}\sqrt{\left(1+\dfrac{1}{2n}\right)^{2n}}=\sqrt{\mathrm{e}}.$$

(2) $\lim\limits_{n\to\infty}\left(\dfrac{1+n}{2+n}\right)^n=\lim\limits_{n\to\infty}\dfrac{1}{\left(\dfrac{2+n}{1+n}\right)^n}=\lim\limits_{n\to\infty}\dfrac{\left(1+\dfrac{1}{1+n}\right)}{\left(1+\dfrac{1}{1+n}\right)^{(1+n)}}=\mathrm{e}^{-1}.$

我们已经证明 $\left(1+\dfrac{1}{n}\right)^n$ 严格单调递增收敛于 e，$\left\{\left(1+\dfrac{1}{n}\right)^{n+1}\right\}$ 严格单调递减收敛于 e.
由上面单调有界定理的推论不难得到不等式

$$\left(1+\dfrac{1}{n}\right)^n<\mathrm{e}<\left(1+\dfrac{1}{n}\right)^{n+1},$$

两边取对数可得不等式

$$\dfrac{1}{n+1}<\ln\left(1+\dfrac{1}{n}\right)<\dfrac{1}{n}.$$

例 2.4.6 证明

$$\lim_{n\to\infty}n\ln\left(1+\dfrac{1}{n}\right)=\lim_{n\to\infty}(n+1)\ln\left(1+\dfrac{1}{n}\right)=1.$$

证明　不难发现

$$\dfrac{n}{n+1}<n\ln\left(1+\dfrac{1}{n}\right)<1,$$

$$1<(n+1)\ln\left(1+\dfrac{1}{n}\right)<\dfrac{n+1}{n}.$$

由 $\lim\limits_{n\to\infty}\dfrac{n}{n+1}=\lim\limits_{n\to\infty}\dfrac{n+1}{n}=1$ 及夹逼定理不难得到

$$\lim_{n\to\infty}n\ln\left(1+\dfrac{1}{n}\right)=\lim_{n\to\infty}(n+1)\ln\left(1+\dfrac{1}{n}\right)=1.$$

例 2.4.7 设

$$a_n=1+\dfrac{1}{2}+\cdots+\dfrac{1}{n}-\ln n\quad(n=1,2,\cdots)$$

证明：$\{a_n\}$ 是收敛数列.

证明　(1) 因为 $\dfrac{1}{n+1}<\ln\left(1+\dfrac{1}{n}\right)<\dfrac{1}{n}(n=1,2,\cdots)$，所以

$$a_{n+1} - a_n = \frac{1}{n+1} - \ln(n+1) + \ln n = \frac{1}{n+1} - \ln\left(1 + \frac{1}{n}\right) < 0$$

这说明 $\{a_n\}$ 为单调递减数列.

（2）再由 $\ln\left(1 + \frac{1}{n}\right) < \frac{1}{n}(n = 1, 2, \cdots)$ 可知

$$a_n = 1 + \frac{1}{2} + \cdots + \frac{1}{n} - \ln n$$

$$> \ln\frac{2}{1} + \ln\frac{3}{2} + \cdots + \ln\frac{n+1}{n} - \ln n$$

$$= \ln(n+1) - \ln n$$

$$> 0.$$

即 $\{a_n\}$ 有下界 0，因此数列 $\{a_n\}$ 收敛.

令

$$\gamma = \lim_{n \to \infty}\left(1 + \frac{1}{2} + \cdots + \frac{1}{n} - \ln n\right).$$

这个常数称为欧拉常数，它在 Γ 函数，ζ 函数等特殊函数理论中有重要作用. 关于欧拉常数，数学家欧拉计算出了小数点后面 15 位，

$$\gamma = 0.577215664901532\cdots,$$

但欧拉常数是有理数还是无理数仍然未得到证明.

单调数列以及它的子列的收敛性之间有如下的关系.

定理 2.4.2

（1）若单调数列有一个子列收敛，则这个数列收敛；

（2）若单调数列有一个子列趋于 $\pm\infty$，则这个数列也趋于 $\pm\infty$；

（3）一个单调数列要么极限存在，要么趋向 $\pm\infty$；

（4）单调数列收敛的充分必要条件是数列有界.

证明 （1）设 a_n 是一个单调数列，a_{n_k} 是它的一个收敛子列. 不妨设 a_n 是单调递增的. 由定理 2.4.1 知 a_{n_k} 有上界，即存在 M 使得 $a_{n_k} < M$ 对所有的正整数 k 成立.

对任意的正整数 n，由 n_k 趋于无穷知存在 k 使得 $n_k > n$，由数列的单调性有 $a_n \leqslant a_{n_k} < M$. 因此 M 也是数列 a_n 的一个上界，再由定理 2.4.1 可知数列 a_n 收敛.

（2）可以类似证明，（3）和（4）是（1）和（2）的推论.

例 2.4.8 设 $a_n = 1 + \frac{1}{2^p} + \frac{1}{3^p} + \cdots + \frac{1}{n^p}$，证明当 $p > 1$ 时，数列 $\{a_n\}$ 收敛，当 $p \leqslant 1$ 时数列 $\{a_n\}$ 发散.

证明 显然数列 $\{a_n\}$ 是单调递增的. 当 $p > 1$ 时考虑如下子列

$$a_{2^k-1} = 1 + \frac{1}{2^p} + \frac{1}{3^p} + \cdots + \frac{1}{(2^k-1)^p} = 1 + \left(\frac{1}{2^p} + \frac{1}{3^p}\right) + \left(\frac{1}{4^p} + \cdots + \frac{1}{7^p}\right) +$$

$$\left(\frac{1}{8^p} + \cdots + \frac{1}{15^p}\right) + \cdots + \left(\frac{1}{(2^{k-1})^p} + \cdots + \frac{1}{(2^k-1)^p}\right)$$

$$\leqslant 1+\frac{2}{2^p}+\frac{4}{4^p}+\frac{8}{8^p}+\cdots+\frac{2^{k-1}}{(2^{k-1})^p}=\frac{1-\left(\frac{1}{2^{p-1}}\right)^k}{1-\frac{1}{2^{p-1}}}\leqslant\frac{2^{p-1}}{2^{p-1}-1}.$$

可见该单调数列有一个子列有上界,从而有一个收敛的子列,根据定理 2.4.2,原数列收敛.

当 $p\leqslant 1$ 时,考虑子列

$$a_{2^k}=1+\frac{1}{2^p}+\frac{1}{3^p}+\cdots+\frac{1}{(2^k)^p}\geqslant 1+\frac{1}{2}+\left(\frac{1}{3}+\frac{1}{4}\right)+\left(\frac{1}{5}+\cdots+\frac{1}{8}\right)+$$

$$\left(\frac{1}{9}+\cdots+\frac{1}{16}\right)+\cdots+\left(\frac{1}{2^{k-1}+1}+\cdots+\frac{1}{2^k}\right)$$

$$>1+\frac{1}{2}+\frac{1}{2}+\frac{1}{2}+\cdots+\frac{1}{2}=1+\frac{k}{2}.$$

这个子列无界,根据定理 2.4.2,原数列发散.

习题 2.4

1. 设 $\{a_n\}$ 单调递增,$\{b_n\}$ 单调递减,且 $\lim\limits_{n\to\infty}(b_n-a_n)=0$,证明:$\lim\limits_{n\to\infty}a_n$,$\lim\limits_{n\to\infty}b_n$ 都存在且相等.

2. 证明下列数列收敛并求其极限值

(1) 设数列 $\{a_n\}$ 满足 $0<a_1<1$,$a_{n+1}=a_n(2-a_n)$;

(2) 数列 $\sqrt{2}$,$\sqrt{2+\sqrt{2}}$,$\sqrt{2+\sqrt{2+\sqrt{2}}}$,$\cdots$.

3. 证明:若 $a_n>0$,且 $\lim\limits_{n\to\infty}\frac{a_n}{a_{n+1}}=l>1$,则 $\lim\limits_{n\to\infty}a_n=0$.

4. 设 $0<x_0<\frac{1}{3}$,$x_{n+1}=x_n(2-3x_n)$,$n=0,1,2\cdots$,求极限 $\lim\limits_{n\to\infty}x_n$.

5. 设 $0<c<1$,$a_1=\frac{c}{2}$,$a_{n+1}=\frac{c}{2}+\frac{a_n^2}{2}$,证明:$\{a_n\}$ 收敛,并求其极限.

6. (1) 设 $a>0$,$x_1>0$,$x_{n+1}=\frac{1}{2}\left(x_n+\frac{a}{x_n}\right)$,$n=1,2,\cdots$,求 $\lim\limits_{n\to\infty}x_n$;

(2) 设 $a>0$,$x_1>0$,$x_{n+1}=\frac{1}{3}\left(2x_n+\frac{a}{x_n^2}\right)$,$n=1,2,\cdots$,求 $\lim\limits_{n\to\infty}x_n$.

7. 设 $0\leqslant x_n\leqslant 1$,$(1-x_n)x_{n+1}\geqslant\frac{1}{4}$,$\forall n\geqslant 1$,证明数列 $\{x_n\}$ 收敛并求其极限.

8. 求下列数列的极限:

(1) $\lim\limits_{n\to\infty}\left(1+\frac{1}{n^2}\right)^{n^2}$;　　　(2) $\lim\limits_{n\to\infty}\left(1+\frac{1}{n-2}\right)^n$;　　　(3) $\lim\limits_{n\to\infty}\left(1+\frac{1}{n}-\frac{1}{n^2}\right)^n$;

(4) $\lim\limits_{n\to\infty}\left(1-\frac{1}{n}\right)^{\frac{1}{n}}$.

9. 求下列极限:

(1) $\lim\limits_{n\to\infty}\frac{\ln n}{n}$;　　　　　　　(2) $\lim\limits_{n\to\infty}\frac{1+\frac{1}{2}+\cdots+\frac{1}{n}}{\ln n}$.

10. 求极限 $\lim\limits_{n\to\infty}\left(\dfrac{1}{n+1}+\dfrac{1}{n+2}+\cdots+\dfrac{1}{2n}\right)$.

11. 证明:(1) $\dfrac{1}{2\sqrt{n+1}}<\sqrt{n+1}-\sqrt{n}<\dfrac{1}{2\sqrt{n}}$,$(n=1,2,\cdots)$;

(2) 序列 $x_n=1+\dfrac{1}{\sqrt{2}}+\cdots+\dfrac{1}{\sqrt{n}}-2\sqrt{n}$ 的极限存在.

2.5　实数连续性的基本定理

　　单调有界数列有极限这一事实,实际上就是有界数集存在确界的特例,因此它也是实数连续性的体现. 下面介绍实数连续性的其他等价定理.

　　首先作为单调有界定理的一个应用,我们先介绍实数理论中的另外一个重要定理——闭区间套定理,也叫 Cauchy – Cantor 定理.

　　定理 2.5.1(闭区间套定理) 设 $I_n=[a_n,b_n],n=1,2,3,\cdots$ 为一列闭区间,满足

　　(1) $I_1\supset I_2\supset I_3\supset\cdots I_n\supset\cdots$;

　　(2)这些闭区间的长度满足 $\lim\limits_{n\to\infty}|I_n|=\lim\limits_{n\to\infty}(b_n-a_n)=0$.

则存在唯一的点 ξ 满足 $\xi\in\bigcap\limits_{i=1}^{\infty}I_i$.

　　通常称满足定理中条件(1)的一列闭区间是一个闭区间套.

　　证明　由条件(1)可知

$$a_1\leqslant a_2\leqslant\cdots\leqslant a_n\leqslant b_n\leqslant b_{n-1}\leqslant\cdots\leqslant b_1,$$

这说明 $\{a_n\}$ 是单调递增,且有上界 b_1 的数列,而 $\{b_n\}$ 是单调递减,且有下界 a_1 的数列. 因而 $\{a_n\}$,$\{b_n\}$ 都收敛,且设 $\lim\limits_{n\to\infty}a_n=a,\lim\limits_{n\to\infty}b_n=b$,则由单调有界定理的推论可得,

$$a_n\leqslant a,\quad b\leqslant b_n\quad(n=1,2,\cdots)$$

由条件(2) $\lim\limits_{n\to\infty}(b_n-a_n)=0$ 可知,

$$b=\lim\limits_{n\to\infty}b_n=\lim\limits_{n\to\infty}(b_n-a_n)+\lim\limits_{n\to\infty}a_n=a,$$

令 $\xi=a=b$,则由单调有界定理的推论 1 知

$$a_n\leqslant\xi\leqslant b_n\quad(n=1,2,\cdots),$$

即 $\xi\in\bigcap\limits_{i=1}^{\infty}I_i$. 下证唯一性,如果还有另一 $\xi'\in\bigcap\limits_{i=1}^{\infty}I_i$,则

$$a_n\leqslant\xi'\leqslant b_n\quad(n=1,2,\cdots).$$

由夹逼定理可得 $\xi=\xi'$.

　　注　定理中的闭区间条件是必须的,否则结论不一定成立. 例如取一列开区间 $I_n=\left(1-\dfrac{1}{n},1\right),n=1,2,\cdots$,它们构成一个开区间套,但 $\bigcap\limits_{n=1}^{\infty}I_n$ 是一个空集.

　　闭区间套定理从证明来看证明仅仅对两个端点构成的序列应用了单调有界定理,容易被人们认为是单调有界定理的一个简单应用,但实际上它的应用非常广泛,而且在下学期中我们可以看到它还可以被推广到高维空间中,而单调有界定理只对R 成立.

　　例 **2.5.1** 使用闭区间套定理证明区间 $[0,1]$ 是一个不可数集.

证明　使用反证法,假设区间[0,1]上的所有实数构成一个可数集,则可以将[0,1]上的所有实数排成一列:

$$x_1, x_2, \cdots, x_n, \cdots.$$

我们将区间[0,1]记为$[a_0,b_0]$,将$[a_0,b_0]$三等分,从分出的三个闭子区间$\left[0,\dfrac{1}{3}\right]$,$\left[\dfrac{1}{3},\dfrac{2}{3}\right]$,$\left[\dfrac{2}{3},1\right]$中一定可以找到一个子区间,使得$x_1$不在这个子区间中. 将这个不含$x_1$的子区间拿出来记为$[a_1,b_1]$,可见$x_1 \notin [a_1,b_1]$. 继续这一过程,将$[a_1,b_1]$三等分,三个子区间中至少有一个不含$x_2$. 将这个子区间记为$[a_2,b_2]$,则$x_1,x_2 \notin [a_2,b_2]$.

继续这个过程,我们依次可以找到一列闭区间$[a_n,b_n]$满足下列性质:对任意的$n=1,2,\cdots$,

(1) $[a_{n+1},b_{n+1}] \subset [a_n,b_n]$;

(2) $x_1,x_2,\cdots,x_n \notin [a_n,b_n]$;

(3) $|b_n - a_n| = \dfrac{1}{3^n}$.

由闭区间套定理,存在一个唯一的

$$\xi \in \bigcap_{n \in \mathbf{N}^*} [a_n,b_n].$$

由$[a_n,b_n]$的构造知$\xi \in [0,1]$,但它不是 $x_1,x_2,\cdots,x_n,\cdots$中的任一个,矛盾. 证毕!

使用闭区间套定理可以推出如下的实数系的列紧性定理.

定理 2.5.2(列紧性定理,Bolzano - Weierstrass) 任何有界的无穷数列中都存在收敛的子列.

证明　设数列$\{x_n\}$是一个有界无穷数列,则存在数a_1,b_1,使得

$$a_1 \leqslant x_n \leqslant b_1, \quad n=1,2,3,\cdots$$

将闭区间$[a_1,b_1]$等分为两个区间$\left[a_1,\dfrac{a_1+b_1}{2}\right]$,$\left[\dfrac{a_1+b_1}{2},b_1\right]$,则这两个区间中至少有一个含有$\{x_n\}$中的无穷多项,将其记为$[a_2,b_2]$. 再将区间$[a_2,b_2]$二等分为两个区间$\left[a_2,\dfrac{a_2+b_2}{2}\right]$,$\left[\dfrac{a_2+b_2}{2},b_2\right]$,因为$[a_2,b_2]$中有$\{x_n\}$中的无穷多项,因此这两个子区间中也至少有一个区间含$\{x_n\}$的无穷多项,取一个区间记为$[a_3,b_3]$. 一直重复该过程,可得到一个闭区间列$\{[a_n,b_n]\}$,满足

(1) $[a_{n+1},b_{n+1}] \subset [a_n,b_n]$,$n=1,2,\cdots$;

(2) $b_n - a_n = \dfrac{b_1-a_1}{2^{n-1}} \to 0 (n \to \infty)$.

即$\{[a_n,b_n]\}_{n \geqslant 1}$构成一个闭区间套,且每一个区间$[a_n,b_n]$中都含有数列$\{x_n\}$的无穷多项. 根据闭区间套定理,存在实数$\eta$,满足$\lim\limits_{n \to \infty} a_n = \lim\limits_{n \to \infty} b_n = \eta$.

下证$\{x_n\}$中有收敛于η的子列. 首先在$[a_1,b_1]$中选取一项记为x_{n_1}. 然后,因为区间$[a_2,b_2]$含有$\{x_n\}$中的无穷多项,因此必可以在其中取到x_{n_1}后的某一项,记为x_{n_2},且$n_2 > n_1$. 这样一直进行下去,因为每个区间都含有数列的无穷多项,所以可在区间$[a_k,b_k]$中选取x_{n_k},在$[a_{k+1},b_{k+1}]$中选取$x_{n_{k+1}}$,且$n_{k+1} > n_k$. 这样就得到一个子列$\{x_{n_k}\}$,满足

$$a_k \leqslant x_{n_k} \leqslant b_k, \ k=1,2,3,\cdots$$

由夹逼定理得 $\lim\limits_{n\to\infty} x_{n_k} = \eta$.

定理 2.5.2 只是论证了有界数列必有收敛的子列,不能保证数列本身的收敛性.

注意到极限的定义中涉及到了数列之外的一个数 a,有的时候我们需要考虑如何从数列本身的性质来判定其敛散性. 前面的单调有界定理是一个从数列本身的性质来判断敛散性的重要工具,下面介绍的 Cauchy 收敛准则是另一个重要而有用的从数列本身的性质来判断其收敛性的方法. 首先我们介绍 Cauchy 列或基本列的概念.

定义 2.5.1(基本列定义) 给定数列 $\{a_n\}$,如果它满足:对于任意的 $\varepsilon > 0$,都存在一个整数 N(这里 N 仅和 ε 有关),使得对任意的 $n, m > N$,都有 $|a_m - a_n| < \varepsilon$,则称 $\{a_n\}$ 为一个基本列,有时也称其是一个 Cauchy 列.

在定义 2.5.1 中,显然不妨假设有 $m > n$,这时我们可以令 $m = n + p$,这样我们就可以把基本列的定义等价地叙述为:对于任意的 $\varepsilon > 0$,都存在一个正整数 N(这里 N 仅和 ε 有关),使得对任意的 $n > N$ 都有 $|a_{n+p} - a_n| < \varepsilon$ 对一切 $p \in \mathbf{N}^*$ 成立时,则称 $\{a_n\}$ 为一个基本列.

注意定义 2.5.1 中,N 仅和 ε 有关是非常重要的事情.

例 2.5.2 证明数列 $a_n = 1 + \dfrac{1}{2^2} + \dfrac{1}{3^2} + \cdots + \dfrac{1}{n^2}$ 是基本列,而数列 $a_n = 1 + \dfrac{1}{2} + \cdots + \dfrac{1}{n}$ 不是基本列.

证明 先考虑 $a_n = 1 + \dfrac{1}{2^2} + \dfrac{1}{3^2} + \cdots + \dfrac{1}{n^2}$ 的情形. 对任意正整数 m 与 n,不妨设 $m > n$,则有

$$
\begin{aligned}
|a_m - a_n| &= \frac{1}{(n+1)^2} + \frac{1}{(n+2)^2} + \cdots + \frac{1}{m^2} \\
&< \frac{1}{n(n+1)} + \frac{1}{(n+1)(n+2)} + \cdots + \frac{1}{(m-1)m} \\
&= \frac{1}{n} - \frac{1}{n+1} + \frac{1}{n+1} - \frac{1}{n+2} + \cdots + \frac{1}{m-1} - \frac{1}{m} = \frac{1}{n} - \frac{1}{m} < \frac{1}{n}
\end{aligned}
$$

对任意的 $\varepsilon > 0$,取 $N = \left[\dfrac{1}{\varepsilon}\right]$,当 $m > n > N$ 时,有 $|a_m - a_n| < \varepsilon$. 这时数列 $\{a_n\}$ 是基本列.

再考虑 $a_n = 1 + \dfrac{1}{2} + \cdots + \dfrac{1}{n}$ 的情形. 这时对任意的 n,有

$$
|a_{2n} - a_n| = \frac{1}{n+1} + \frac{1}{n+2} + \cdots + \frac{1}{2n} > n \cdot \frac{1}{2n} = \frac{1}{2},
$$

取 $\varepsilon_0 = \dfrac{1}{2}$,无论 N 有多大,总存在正整数 $n > N, m = 2n > N$,使得

$$
|a_m - a_n| = |a_{2n} - a_n| > \varepsilon_0,
$$

因此这时 $\{a_n\}$ 不是基本列.

从上节例 2.4.8 可知,数列 $a_n = 1 + \dfrac{1}{2^2} + \dfrac{1}{3^2} + \cdots + \dfrac{1}{n^2}$ 是收敛数列,而数列 $a_n = 1 + \dfrac{1}{2} + \cdots + \dfrac{1}{n}$ 是发散数列. 一般地,我们有如下结论.

定理 2.5.3(数列极限的 Cauchy 收敛原理) 数列 $\{a_n\}$ 收敛的充分必要条件是 $\{a_n\}$ 是基

本列.

证明　必要性:设 $\lim\limits_{n\to\infty}a_n=a$,则 $\forall\varepsilon>0$,$\exists N\in\mathbb{N}^*$,s. t. $\forall n>N$,$|a_n-a|<\dfrac{\varepsilon}{2}$. 则当 $m,n>N$ 时,$|a_m-a_n|\leqslant|a_m-a|+|a_n-a|<\dfrac{\varepsilon}{2}+\dfrac{\varepsilon}{2}=\varepsilon$,因此 $\{a_n\}$ 是基本列.

充分性我们分两步进行证明,先证基本列存在一个收敛的子列,在此基础上证明数列整体收敛.

(1) 使用列紧性定理证明存在收敛子列. 对基本列 $\{a_n\}$,仅需证明 $\{a_n\}$ 有界. 取 $\varepsilon=1$,存在正整数 N,使得当 $n>N$ 时,有 $|a_n-a_{N+1}|<1$,由此可得

$$|a_n|<|a_{N+1}|+1.$$

取

$$M=\{|a_1|,|a_2|,\cdots,|a_N|,|a_{N+1}|+1\},$$

则对所有的 n,都有 $|a_n|\leqslant M$ 成立. 因此 $\{a_n\}$ 是一个有界数列,由列紧性定理(定理 2.5.2)知,$\{a_n\}$ 必有收敛子列 $\{a_{n_k}\}$. 记 $\lim\limits_{k\to\infty}a_{n_k}=a$.

(2) 再证原数列的极限为 a. 任取 $\varepsilon>0$,由基本列定义知存在 N,使得当 $n,m>N$ 时,$|a_n-a_m|<\varepsilon$,特别的当 $n>N$,$k>N$ 时,因为 $n_k>N$,有

$$|a_n-a_{n_k}|<\varepsilon.$$

在上式中令 $k\to\infty$,因为 $\lim\limits_{k\to\infty}|a_n-a_{n_k}|=|a_n-a|$,由极限的保序性可得 $|a_n-a|\leqslant\varepsilon$. 这证明了当 $n>N$ 时有 $|a_n-a|\leqslant\varepsilon$. 因此 $\lim\limits_{n\to\infty}a_n=a$.

Cauchy 收敛原理在判断数列的收敛性以及在后面函数极限、广义积分以及级数等的敛散性中发挥着重要的作用.

例 2.5.3　设数列 $\{a_n\}$ 满足:存在 $c>0$,$0<q<1$,使得

$$|a_{n+1}-a_n|\leqslant cq^n(n=1,2,\cdots),$$

证明:$\{a_n\}$ 为 Cauchy 列,从而该数列收敛.

证明　由

$$
\begin{aligned}
|a_{n+p}-a_n|&\leqslant|a_{n+p}-a_{n+p-1}|+|a_{n+p-1}-a_{n+p-2}|+\cdots+|a_{n+1}-a_n|\\
&\leqslant cq^{n+p-1}+cq^{n+p-2}+\cdots+cq^n\\
&=cq^n(1+q+\cdots+q^{p-1})<\frac{cq^n}{1-q}.
\end{aligned}
$$

由 $0<q<1$ 知 $\lim\limits_{n\to\infty}\dfrac{cq^n}{1-q}=0$,则对任意的 $\varepsilon>0$,存在 $N\in\mathbb{N}^*$,使得对任意的 $n>N$,有

$$\frac{cq^n}{1-q}<\varepsilon,$$

从而对任意的 $n>N$ 和 $p>0$ 都有

$$|a_{n+p}-a_n|<\varepsilon.$$

所以 $\{a_n\}$ 为 Cauchy 列,由 Cauchy 收敛原理知 $\{a_n\}$ 收敛.

例 2.5.4　证明下列数列是收敛数列.

$$x_n=\frac{\sin 2x}{2(2+\sin 2x)}+\frac{\sin 3x}{3(3+\sin 3x)}+\cdots+\frac{\sin nx}{n(n+\sin nx)},n\in\mathbb{N}^*,x\in\mathbb{R}$$

证明 对数列 $x_n = \dfrac{\sin 2x}{2(2+\sin 2x)} + \dfrac{\sin 3x}{3(3+\sin 3x)} + \cdots + \dfrac{\sin nx}{n(n+\sin nx)}$ 而言,

$$|x_{n+p} - x_n| = \left| \frac{\sin(n+1)x}{(n+1)(n+1+\sin(n+1)x)} + \frac{\sin(n+2)x}{(n+2)(n+2+\sin(n+2)x)} + \cdots + \right.$$

$$\left. \frac{\sin(n+p)x}{(n+p)(n+p+\sin(n+p)x)} \right|$$

$$\leqslant \frac{1}{n(n+1)} + \frac{1}{(n+1)(n+2)} + \cdots + \frac{1}{(n+p-1)(n+p)} < \frac{1}{n}.$$

任取 $\varepsilon > 0$,取自然数 $N = \left[\dfrac{1}{\varepsilon}\right]$,则对于任意的整数 $n > N$,以及正整数 p,均有

$|x_{n+p} - x_n| < \dfrac{1}{n} \leqslant \varepsilon$ 成立. 因此数列 $\{x_n\}$ 收敛.

Cauchy 收敛原理表明:任何实数集中的基本列都以一个实数为极限,这是实数系的一个基本性质,我们称其为实数系的**完备性**. 这种完备性在有理数系中是没有的. 例如 $\left\{\left(1+\dfrac{1}{n}\right)^n\right\}$ 是由有理数构成的数列,可以证明它是一个基本列,但我们已经知道它的极限是无理数 e. 它在有理数系中没有极限. 从某种意义来说,从有理数系扩充为实数系正是数系的这种完备性的需要.

现在介绍有限覆盖定理. 先说覆盖是什么意思.

定义 2.5.2 设 E 是实数集,$\aleph = \{I_\lambda \mid \lambda \in \Delta\}$ 是一个开区间族,其中 Δ 是一个指标集,如果 $E \subset \bigcup_{\lambda \in \Delta} I_\lambda$,则称 $\aleph = \{I_\lambda\}$ **覆盖**了 E,或者说 $\aleph = \{I_\lambda\}$ 是 E 的一个**开覆盖**.

这里的覆盖可等价叙述为:对集合 E 中任意一个元素 α,必存在 $\aleph = \{I_\lambda\}$ 中一个开区间 $I_{\lambda(\alpha)}$,使得 $\alpha \in I_{\lambda(\alpha)}$. 也就是说 E 中任意一个元素 α 都可以找到一个开区间覆盖它.

例 2.5.5 对于集合 $E = (1, +\infty)$,则开区间族 $\bigcup_{n \in \mathbf{N}^*} (n-1, n+1)$ 覆盖了集合 E.

定理 2.5.4(Heine - Borel 定理) 设 $\aleph = \{I_\lambda\}$ 为有限闭区间 $[a, b]$ 任意一个(无限)开覆盖,则可从 $\aleph = \{I_\lambda\}$ 中选出有限个开区间构成 $[a, b]$ 的覆盖.

证明 利用闭区间套定理和反证法证明. 将 $[a, b]$ 记为 $[a_1, b_1]$,假设结论不成立,则 $[a_1, b_1]$ 不能由 $\aleph$ 中的有限个开区间覆盖. 把这个区间二等分,则至少一个子区间不能被 $\aleph$ 中的有限个开区间覆盖,否则矛盾. 设该子区间为 $[a_2, b_2]$,进一步再将 $[a_2, b_2]$ 平分为两个子区间,因为 $[a_2, b_2]$ 不能被 $\aleph$ 中的有限个开区间覆盖,所以这两个区间中至少有一个区间不能被 $\aleph$ 中有限个开区间覆盖,将其记为 $[a_3, b_3]$,$\cdots$. 依此类推我们得到一个闭区间套 $\{[a_n, b_n]\}$,$n = 1, 2, 3, \cdots$. 其中每一个区间都不能被 $\aleph$ 中有限个开区间覆盖.

但由闭区间套定理:

$$\lim_{n \to \infty} a_n = \lim_{n \to \infty} b_n = \eta \in [a, b]$$

而 $\aleph = \{I_\lambda\}$ 为 $[a, b]$ 的一个开覆盖,对 $\eta \in [a, b]$,$\aleph$ 中必有一个开区间 (α, β),使得

$$\eta \in (\alpha, \beta)$$

取 $\varepsilon = \min\{\eta - \alpha, \beta - \eta\} > 0$,

$$\exists N_1, \forall n > N_1, \ |a_n - \eta| < \varepsilon; \quad \exists N_2, \forall n > N_2, |b_n - \eta| < \varepsilon.$$

取 $N = \max\{N_1, N_2\}$,则当 $n > N$ 时有:$\alpha \leqslant \eta - \varepsilon < a_n < b_n < \eta + \varepsilon \leqslant \beta$,说明 $[a_n, b_n] \subset (\alpha, \beta)$,

即 $\mathfrak{H}=\{I_\lambda\}$ 中有一个区间覆盖了 $[a_n,b_n]$. 这与 $\{[a_n,b_n]\}$ 的选取矛盾,定理得证.

注 定理中的闭区间不能换成开区间或无穷区间,否则不一定成立. 例如,对开区间 $\left(0,\dfrac{1}{2}\right)$,则 $\left\{\left(\dfrac{1}{n},1\right)\right\}$,$n=2,3,\cdots$ 是它的一个开覆盖,但不能选出有限个开区间覆盖 $\left(0,\dfrac{1}{2}\right)$, 无限开区间族 $\{(0,n)\}$,$n=1,2,3,\cdots$ 是区间 $(1,+\infty)$ 的一个覆盖,但不能从中选出有限个覆盖 $(1,+\infty)$.

有限覆盖定理的意义是将无穷问题转化为有限问题进行处理,在下个学期我们将见到一般的欧氏空间上也有类似的定理,它刻画了欧氏空间的紧性.

例 2.5.6 利用有限覆盖定理证明列紧性定理.

证明 设 $\{x_n\}$ 为一个有界数列,a 是它的一个下界,b 是它的一个上界. 我们先证明在闭区间 $[a,b]$ 上存在一点 x 满足性质:任取 $\delta>0$,在 $(x-\delta,x+\delta)$ 内存在数列 $\{x_n\}$ 中的无穷多项. 反设这样的 x 不存在,则对任意的 $x\in[a,b]$,都存在 $\delta_x>0$,使得 $(x-\delta_x,x+\delta_x)$ 中只含了 $\{x_n\}$ 中的有限项. 注意到

$$\bigcup_{x\in[a,b]}(x-\delta_x,x+\delta_x)$$

构成了闭区间 $[a,b]$ 的一个开覆盖,由有限覆盖定理,存在有限个点 $\{x_1,x_2,\cdots,x_k\}$,使得

$$\bigcup_{i=1}^{k}(x_i-\delta_{x_i},x_i+\delta_{x_i})$$

覆盖了 $[a,b]$. 因为每一个 $(x_i-\delta_{x_i},x_i+\delta_{x_i})$ 都只包含了 $\{x_n\}$ 中的有限项,这样的区间又只有有限的 k 个,因此它们的并集也只包含了 $\{x_n\}$ 中的有限项,这样得到 $[a,b]$ 上只有 $\{x_n\}$ 中的有限项,与 $[a,b]$ 包含了 $\{x_n\}$ 的所有项矛盾.

下面我们证明对上面找到的 x,存在 $\{x_n\}$ 的一个子列 $\{x_{n_k}\}$ 收敛于 x. 我们先取 $\delta=1$,则由 $(x-1,x+1)$ 内存在数列 $\{x_n\}$ 中的无穷多项,我们可以找到 n_1,使得 $x_{n_1}\in(x-1,x+1)$. 再取 $\delta=\dfrac{1}{2}$,则由 $\left(x-\dfrac{1}{2},x+\dfrac{1}{2}\right)$ 内存在数列 $\{x_n\}$ 中的无穷多项,我们可以找到 $n_2>n_1$,使得 $x_{n_2}\in\left(x-\dfrac{1}{2},x+\dfrac{1}{2}\right)$. 依此下去,我们可以找到一列 $n_1<n_2<n_3<\cdots<n_k<\cdots$,使得 $x_{n_k}\in\left(x-\dfrac{1}{k},x+\dfrac{1}{k}\right)$,则这样找到的子列 $\{x_{n_k}\}$ 满足 $|x_{n_k}-x|<\dfrac{1}{k}$,不难证明 $\lim\limits_{k\to\infty}x_{n_k}=x$. 列紧性定理证毕!

例 2.5.7 利用有限覆盖定理证明数列极限的 Cauchy 收敛原理.

证明 设 $\{x_n\}$ 为一个 Cauchy 列,则在 Cauchy 列定义中取 $\varepsilon=1$,则存在 N,使得当 $n,m>N$ 时有 $|x_n-x_m|<1$,特别的有 $|x_n-x_{N+1}|<1$ 对所有的 $n>N$ 成立. 取

$$a=\min\{-|x_1|,-|x_2|,\cdots,-|x_N|,x_{N+1}-1\},$$
$$b=\max\{|x_1|,|x_2|,\cdots,|x_N|,x_{N+1}+1\}$$

则对所有的正整数 n,有 $a\leqslant x_n\leqslant b$,即闭区间 $[a,b]$ 包含了 $\{x_n\}$ 的所有项. 与例 2.5.6 中采用完全一样的作法,使用有限覆盖定理我们可以证明:存在一点 $x\in[a,b]$,使得任取 $\delta>0$,在 $(x-\delta,x+\delta)$ 内存在数列 $\{x_n\}$ 中的无穷多项.

下证 $\lim\limits_{n\to\infty}x_n=x$. 任取 $\varepsilon>0$,由 Cauchy 列定义知存在 N,使得当 $n,m>N$ 时,

$\left|x_n-x_m\right|<\dfrac{\varepsilon}{2}$. 又因为 $\left(x-\dfrac{\varepsilon}{2},x+\dfrac{\varepsilon}{2}\right)$ 中含了 $\{x_n\}$ 中的无穷多项, 一定可以找到一个

$m>N$, 使得 $x_m\in\left(x-\dfrac{\varepsilon}{2},x+\dfrac{\varepsilon}{2}\right)$. 则当 $n>N$ 时, 有

$$\left|x_n-x\right|\leqslant\left|x_n-x_m\right|+\left|x_m-x\right|<\frac{\varepsilon}{2}+\frac{\varepsilon}{2}=\varepsilon.$$

这就证明了 $\lim\limits_{n\to\infty}x_n=x$.

　　本章中出现了六个重要的定理, 分别是确界存在定理、单调有界定理、闭区间套定理、列紧性定理、Cauchy 收敛原理和有限覆盖定理. 其中确界存在定理体现了实数系的连续性, Cauchy 收敛原理体现了实数系的完备性. 这六个定理中假定其中的任何一个定理成立, 都可以推出其他的五个定理, 这说明这六个定理互相等价, 特别地, 实数的连续性与完备性是等价的.

习题 2.5

实数完备性证明

　　1. 设数列满足

$$x_{n+1}=\sqrt{x_ny_n},\quad y_{n+1}=\frac{x_n+y_n}{2},\quad x_1=a>0,\quad y_1=b>0,\quad b>a,$$

证明: $\lim\limits_{n\to\infty}x_n$ 和 $\lim\limits_{n\to\infty}y_n$ 存在且相等.

　　2. 对任意给定的 $\varepsilon>0$, 存在 $N\in\mathbf{N}^*$, 凡是 $n>N$ 时有 $\left|a_n-a_N\right|<\varepsilon$ 成立, 问 $\{a_n\}$ 是不是基本列?

　　3. 若 $\{a_n\}$ 分别满足下列两种情况, 问数列 $\{a_n\}$ 是否收敛.

(1) $\left|a_{n+p}-a_n\right|\leqslant\dfrac{p}{n}$, $\forall\,n,p\in\mathbf{N}^*$;

(2) $\left|a_{n+p}-a_n\right|\leqslant\dfrac{p}{n^2}$, $\forall\,n,p\in\mathbf{N}^*$.

　　4. 证明下列数列收敛:

(1) $a_n=1-\dfrac{1}{2}+\dfrac{1}{3}-\cdots+(-1)^{n+1}\dfrac{1}{n}$, $n\in\mathbf{N}^*$;

(2) $a_n=\sin 1+\dfrac{\sin 2}{2^2}+\cdots+\dfrac{\sin n}{2^n}$, $n\in\mathbf{N}^*$;

(3) $x_n=\dfrac{\cos 1!}{1\cdot 2}+\dfrac{\cos 2!}{2\cdot 3}+\cdots+\dfrac{\cos n!}{n\cdot(n+1)}$, $n\in\mathbf{N}^*$.

　　5. 设 $x_n=a_1+a_2+\cdots+a_n$, $y_n=\left|a_1\right|+\left|a_2\right|+\cdots+\left|a_n\right|$. 证明:

(1) 当 $\{y_n\}$ 为基本列时, $\{x_n\}$ 也是基本列;

(2) 当 $\{y_n\}$ 收敛时, 一定有 $\{x_n\}$ 收敛;

(3) 当 $\{y_n\}$ 有界时, 一定有 $\{x_n\}$ 收敛.

　　6. 证明: 数列 $\{a_n\}$ 有界的充分必要条件 $\{a_n\}$ 的任意子列 $\{a_{n_k}\}$ 都有收敛的子数列.

　　7. 设数列 $\{x_n\}$ 满足: $x_n\in[a,b]$, $n=0,1,2,\cdots$ 且发散, 则 $\{x_n\}$ 中必有两个收敛于不同数的子列.

8. 设数列定义如下：$x_0 = 1, x_{n+1} = \dfrac{1}{x_n + 1}, n = 0, 1, 2, 3, \cdots$，用闭区间套定理证明

$$\lim_{n \to \infty} x_n = \frac{\sqrt{5} - 1}{2}.$$

9. 设 $E = \left\{ \left(\dfrac{1}{n+2}, \dfrac{1}{n} \right) \mid n = 1, 2, \cdots \right\}$. 问

（1）E 能否覆盖区间 $(0, 1)$；

（2）能否从 E 中选出有限个区间覆盖 $\left(0, \dfrac{1}{2} \right), \left(\dfrac{1}{2}, 1 \right)$.

10. 用闭区间套定理证明确界存在定理.

11. 用有限覆盖定理证明确界存在定理.

2.6　上极限与下极限的概念及性质

这一节我们介绍数列上极限和下极限的概念.

定义 2.6.1　设 $\{a_n\}$ 是一个有界数列，令

$$\bar{a}_n = \sup_{k \geqslant n}\{a_k\} = \sup\{a_n, a_{n+1}, a_{n+2}, \cdots\},$$

$$\underline{a}_n = \inf_{k \geqslant n}\{a_k\} = \inf\{a_n, a_{n+1}, a_{n+2}, \cdots\}.$$

称 $\{\bar{a}_n\}$，$\{\underline{a}_n\}$ 分别为 $\{a_n\}$ 的上数列和下数列.

注　上数列 $\{\bar{a}_n\}$ 和 $\{\underline{a}_n\}$ 下数列未必是数列 $\{a_n\}$ 的子列.

由确界存在定理，$\{\bar{a}_n\}$ 和 $\{\underline{a}_n\}$ 中的每一项都是确定的实数，而且

$$\underline{a}_n \leqslant a_n \leqslant \bar{a}_n \quad (n = 1, 2, \cdots).$$

再根据上下确界的定义，$\{\bar{a}_n\}$ 是单调递减有界的数列，而 $\{\underline{a}_n\}$ 是单调递增有界数列，因此由单调有界收敛定理，$\{\bar{a}_n\}$ 和 $\{\underline{a}_n\}$ 都收敛，即 $\lim\limits_{n \to \infty} \bar{a}_n$ 和 $\lim\limits_{n \to \infty} \underline{a}_n$ 都存在.

定义 2.6.2　设 $\{a_n\}$ 是一个有界数列，则称 $\lim\limits_{n \to \infty} \bar{a}_n$ 为数列 $\{a_n\}$ 的上极限，记为

$$\varlimsup_{n \to \infty} a_n$$

而称 $\lim\limits_{n \to \infty} \underline{a}_n$ 为数列 $\{a_n\}$ 的下极限. 记为

$$\varliminf_{n \to \infty} a_n.$$

上下极限的概念可以推广到一般的情况，不难发现，只要 $\{a_n\}$ 有上界，则我们就可以定义其上数列 $\{\bar{a}_n\}$，我们此时仍然可以将 $\lim\limits_{n \to \infty} \bar{a}_n$（可能会是 $-\infty$）定义成为 $\{a_n\}$ 的上极限. 当 $\{a_n\}$ 没有上界时，我们补充定义其上极限 $\varlimsup\limits_{n \to \infty} a_n = +\infty$. 类似地，我们也可以将下极限定义到一般的数列上.

例 2.6.1　求数列 $\{(-1)^n\}_{n \geqslant 1}$ 的上极限和下极限.

解　设 $a_n = (-1)^n$，$n = 1, 2, \cdots$ 则

$$\bar{a}_n = \sup_{k \geqslant n}\{a_k\} = \sup\{a_n, a_{n+1}, a_{n+2}, \cdots\} = 1, \quad n = 1, 2, \cdots;$$

$$\underline{a}_n = \inf_{k \geqslant n}\{a_k\} = \inf\{a_n, a_{n+1}, a_{n+2}, \cdots\} = -1, \quad n = 1, 2, \cdots.$$

故其上极限 $\overline{\lim\limits_{n\to\infty}}a_n = 1$,下极限 $\varliminf\limits_{n\to\infty}a_n = -1$.

例 2.6.2 求数列 $\left\{\cos\dfrac{2\pi n}{5}\right\}_{n\geqslant 1}$ 的上极限和下极限.

解 设 $a_n = \cos\dfrac{2\pi n}{5}$,$n = 1,2,\cdots$. 显然它是一个有界数列,而且

$$-1 \leqslant a_n \leqslant 1, \quad n = 1,2,\cdots,$$

注意,$\dfrac{2\pi n}{5}$ 是 $\dfrac{2\pi}{5}$ 的整数倍,$\cos x$ 是以 2π 为周期的周期函数,所以 a_n 循环地取 $\cos\dfrac{2\pi}{5}$,

$\cos\dfrac{4\pi}{5} = -\cos\dfrac{\pi}{5}$,1 这三个值. 这样

$$\bar{a}_n = 1, \quad \underline{a}_n = -\cos\frac{\pi}{5}, \quad n = 1,2,\cdots.$$

所以其上极限 $\overline{\lim\limits_{n\to\infty}}a_n = 1$,下极限 $\varliminf\limits_{n\to\infty}a_n = -\cos\dfrac{\pi}{5}$.

由定义可见,任何有界数列的上极限和下极限都存在,而且

$$\varliminf_{n\to\infty}a_n \leqslant \overline{\lim_{n\to\infty}}a_n.$$

定理 2.6.1 设 $\{a_n\}$ 是一个有界数列,则数列 $\{a_n\}$ 收敛充分必要条件为

$$\lim_{n\to\infty}a_n = \varliminf_{n\to\infty}a_n = \overline{\lim_{n\to\infty}}a_n.$$

证明 先证必要性:设 $\{a_n\}$ 收敛,且 $\lim a_n = a$. 则对任意给定的 $\varepsilon > 0$,存在一个正整数 N,使当 $n > N$ 时,都有

$$|a_n - a| < \varepsilon,$$

即当 $n > N$ 时,有

$$a - \varepsilon < a_n < a + \varepsilon.$$

于是当 $n > N$ 时,有

$$a - \varepsilon \leqslant \underline{a}_n < \overline{a_n} \leqslant a + \varepsilon.$$

即

$$|\underline{a}_n - a| \leqslant \varepsilon, \quad |\overline{a_n} - a| \leqslant \varepsilon.$$

所以

$$\lim_{n\to\infty}a_n = \varliminf_{n\to\infty}a_n = \overline{\lim_{n\to\infty}}a_n.$$

再证充分性:总有

$$\underline{a}_n \leqslant a_n \leqslant \overline{a_n} \quad (n = 1,2,\cdots).$$

由假设存在实数 a 使得

$$\overline{\lim_{n\to\infty}}a_n = \varliminf_{n\to\infty}a_n = a.$$

由夹逼定理得

$$\lim_{n\to\infty}a_n = a.$$

从定理 2.6.1 不难发现,如果能验证 $\overline{\lim\limits_{n\to\infty}}a_n \leqslant \varliminf\limits_{n\to\infty}a_n$,则 $\lim\limits_{n\to\infty}a_n$ 存在. 这给验证极限存在提供了新的思路.

关于上下数列有下列简单的性质.

定理 2.6.2 设 $\{a_n\}$，$\{b_n\}$ 是有界数列，若存在 $N \in \mathbf{N}^*$，使得当 $n > N$ 时，有 $a_n \leqslant b_n$，则 $n > N$ 时

$$\underline{a_n} \leqslant \underline{b_n}, \quad \overline{a_n} \leqslant \overline{b_n}.$$

证明 当 $n > N$ 时，由 $\underline{a_n} = \inf\{a_i \mid i \geqslant n\}$ 知任取 $i \geqslant n$ 有 $b_i \geqslant a_i \geqslant \underline{a_n}$，因此 $\underline{a_n}$ 是 $\{b_i \mid i \geqslant n\}$ 的一个下界，注意下确界是最大的下界，因此 $\underline{b_n} = \inf\{b_n \mid i \geqslant n\} \geqslant \underline{a_n}$. 类似可以证明 $\overline{a_n} \leqslant \overline{b_n}$.

从上面定理中的不等式出发运用极限的保序性可以得到下面上、下极限的保序性.

推论 1 设 $\{a_n\}$，$\{b_n\}$ 是有界数列，若存在 $N \in \mathbf{N}^*$，使得当 $n > N$ 时，有 $a_n \leqslant b_n$，则

$$\varlimsup_{n \to \infty} a_n \leqslant \varlimsup_{n \to \infty} b_n, \quad \varliminf_{n \to \infty} a_n \leqslant \varliminf_{n \to \infty} b_n.$$

进一步可以得到如下的推论.

推论 2 设 $\{a_n\}$ 是有界数列，若存在实数 m，M 及 $N \in \mathbf{N}^*$，使得当 $n > N$ 时，

$$m \leqslant a_n \leqslant M.$$

则

$$m \leqslant \varliminf_{n \to \infty} a_n \leqslant \varlimsup_{n \to \infty} a_n \leqslant M.$$

另一方面，关于上下极限的保序性，我们还有如下结论.

定理 2.6.3 设 $\{a_n\}$ 是有界数列.

(1) 对任意的 $M > \varlimsup_{n \to \infty} a_n$，都存在 $N \in \mathbf{N}^*$，使得当 $n > N$ 时有 $a_n < M$；

(2) 对任意的 $m < \varliminf_{n \to \infty} a_n$，都存在 $N \in \mathbf{N}^*$，使得当 $n > N$ 时有 $a_n > m$.

证明 因为 $M > \varlimsup_{n \to \infty} a_n = \lim_{n \to \infty} \overline{a_n}$，由数列极限的保序性知存在 N，使得 $n > N$ 时有 $\overline{a_n} < M$. 因此对任意的 $i > N$，有 $a_i \leqslant \overline{a_{N+1}} < M$. 这就证明了 (1). (2) 的证明是类似的，这里略过.

当 $\{a_n\}$ 是一个有界数列时，由列紧性定理知其存在收敛子列，这说明集合

$$E = \{x \mid 存在 \{a_n\} 的子列 \{a_{n_k}\}，使得 \lim_{k \to \infty} a_{n_k} = x\}$$

是一个非空集合，实际上我们还有如下结论.

定理 2.6.4 $\varlimsup_{n \to \infty} a_n \in E, \varliminf_{n \to \infty} a_n \in E.$

证明 因为 $\varlimsup_{n \to \infty} a_n = \lim_{n \to \infty} \overline{a_n}$，对于 $\varepsilon = 1$，可取 m_1，使得 $\varlimsup_{n \to \infty} a_n \leqslant \overline{a_{m_1}} < \varlimsup_{n \to \infty} a_n + 1$. 又因为 $\overline{a_{m_1}} = \sup\{a_i \mid i \geqslant m_1\}$，知存在 $n_1 \geqslant m_1$，使得

$$\varlimsup_{n \to \infty} a_n - 1 \leqslant \overline{a_{m_1}} - 1 < a_{n_1} \leqslant \overline{a_{m_1}} < \varlimsup_{n \to \infty} a_n + 1.$$

再取 $\varepsilon = \dfrac{1}{2}$，可取 $m_2 > n_1$，使得 $\varlimsup_{n \to \infty} a_n \leqslant \overline{a_{m_2}} < \varlimsup_{n \to \infty} a_n + \dfrac{1}{2}$. 因为 $\overline{a_{m_2}} = \sup\{a_i \mid i \geqslant m_2\}$ 知存在 $n_2 \geqslant m_2$，使得

$$\varlimsup_{n \to \infty} a_n - \frac{1}{2} \leqslant \overline{a_{m_2}} - \frac{1}{2} < a_{n_2} \leqslant \overline{a_{m_2}} < \varlimsup_{n \to \infty} a_n + \frac{1}{2}.$$

依此下去，可以找到一列正整数 $n_1 < n_2 < n_3 < \cdots$，使得

$$\varlimsup_{n \to \infty} a_n - \frac{1}{k} < a_{n_k} < \varlimsup_{n \to \infty} a_n + \frac{1}{k}.$$

由夹逼定理可得 $\lim_{k \to \infty} a_{n_k} = \varlimsup_{n \to \infty} a_n$. 这就证明了 $\varlimsup_{n \to \infty} a_n \in E$，类似可证 $\varliminf_{n \to \infty} a_n \in E$.

由定理 2.6.4 不难得到如下结论，它说明上极限是 E 中的最大元素，下极限是 E 中的最小元素.

推论 3　$\varlimsup\limits_{n\to\infty} a_n = \max E, \varliminf\limits_{n\to\infty} a_n = \min E.$

证明　任取 $M > \varlimsup\limits_{n\to\infty} a_n$，由定理 2.6.3 知存在 N，使得当 $n > N$ 时有 $a_n < M$，从而对 $\{a_n\}$ 的任一收敛子列 $\{a_{n_k}\}$，存在 K，使得 $k > K$ 时 $a_{n_k} < M$. 则由极限的保序性可知 $\lim\limits_{k\to\infty} a_{n_k} \leqslant M$，这说明 M 是 E 的一个上界. 由 M 的任意性可知 $\varlimsup\limits_{n\to\infty} a_n$ 是 E 的一个上界. 在定理 2.6.4 中已证得 $\varlimsup\limits_{n\to\infty} a_n \in E$，因此 $\varlimsup\limits_{n\to\infty} a_n = \max E$. 采用类似的过程可以证明 $\varliminf\limits_{n\to\infty} a_n = \min E$.

这个推论也可以看成上极限与下极限的一种等价刻画，在有些教材中把上极限定义成 $\max E$，把下极限定义为 $\min E$，这两种定义方式各有千秋.

前面提到，上下极限给我们证明极限存在提供了新的思路，下面我们看一个例子.

例 2.6.3　设正数列 $\{x_n\}$ 满足

$$x_{n+1} \leqslant \frac{x_n + x_{n-1}}{2}, n = 2, 3, 4, \cdots.$$

证明：$\lim\limits_{n\to\infty} x_n$ 存在.

证明　使用数学归纳法不难验证 $\{x_n\}$ 有界，因此它的上下极限都存在. 设 $a = \varlimsup\limits_{n\to\infty} x_n$，$b = \varliminf\limits_{n\to\infty} x_n$. 由定理 2.6.1 知我们只需证明 $a = b$. 假设结论不成立，则有 $a > b$. 取 $\varepsilon = \dfrac{a-b}{3}$，则有 $\varepsilon > 0$，由上极限的保序性知存在 N，使得当 $n > N$ 时有 $x_n < a + \varepsilon$. 另一方面由定理 2.6.4 可知存在 $\{x_n\}$ 子列 $\{x_{n_k}\}$，使得 $\lim\limits_{k\to\infty} x_{n_k} = b$. 因此我们可以找到一个 $n_{k_0} > N + 1$，使得 $x_{n_{k_0}} < b + \varepsilon$. 则此时不难验证

$$x_{n_{k_0}+1} \leqslant \frac{x_{n_{k_0}} + x_{n_{k_0}-1}}{2} < \frac{b + \varepsilon + a + \varepsilon}{2} < \frac{a+b}{2} + \varepsilon;$$

$$x_{n_{k_0}+2} \leqslant \frac{x_{n_{k_0}+1} + x_{n_{k_0}}}{2} < \frac{\frac{a+b}{2} + \varepsilon + b + \varepsilon}{2} < \frac{a+b}{2} + \varepsilon.$$

根据条件 $x_{n+1} \leqslant \dfrac{x_n + x_{n-1}}{2}$ 不难用数学归纳法证明对所有的 $n > n_{k_0}$，都有 $x_n < \dfrac{a+b}{2} + \varepsilon$. 再由上极限的保序性（前面的推论 2）可得

$$a = \varlimsup\limits_{n\to\infty} x_n \leqslant \frac{a+b}{2} + \varepsilon = \frac{5}{6}a + \frac{1}{6}b < a.$$

矛盾！这就证明了 $a = b$，从而 $\lim\limits_{n\to\infty} x_n$ 存在.

与数列的极限不同，极限的四则运算法则对数列的上下极限来说不再成立. 例如，设

$$a_n = (-1)^n, \quad b_n = (-1)^{n+1}, \quad n = 1, 2, \cdots.$$

则

$$a_n + b_n = 0, \quad n = 1, 2, \cdots.$$

$$\varliminf\limits_{n\to\infty} a_n = -1, \qquad \varliminf\limits_{n\to\infty} b_n = -1;$$

显然有

$$\varliminf_{n\to\infty} a_n + \varliminf_{n\to\infty} b_n \neq \varliminf_{n\to\infty}(a_n + b_n);$$

$$\varlimsup_{n\to\infty} a_n + \varlimsup_{n\to\infty} b_n \neq \varlimsup_{n\to\infty}(a_n + b_n).$$

但是我们可以得到如下稍弱的关系.

定理 2.6.5 设 $\{a_n\}$, $\{b_n\}$ 是两个有界数列,则

$$\varliminf_{n\to\infty} a_n + \varliminf_{n\to\infty} b_n \leqslant \varliminf_{n\to\infty}(a_n + b_n) \leqslant \varliminf_{n\to\infty} a_n + \varlimsup_{n\to\infty} b_n;$$

$$\varlimsup_{n\to\infty} a_n + \varliminf_{n\to\infty} b_n \leqslant \varlimsup_{n\to\infty}(a_n + b_n) \leqslant \varlimsup_{n\to\infty} a_n + \varlimsup_{n\to\infty} b_n.$$

证明　对任意的正整数 n,当 $i \geqslant n$ 时

$$a_i \leqslant \overline{a_n}, b_i \leqslant \overline{b_n},$$

进一步有

$$a_i + b_i \leqslant \overline{a_n} + \overline{b_n}$$

因此 $\overline{a_n} + \overline{b_n}$ 是 $\{a_i + b_i \mid i \geqslant n\}$ 的一个上界,由上确界是最小上界知

$$\overline{a_n + b_n} = \sup\{a_i + b_i \mid i \geqslant n\} \leqslant \overline{a_n} + \overline{b_n},$$

在上式中令 $n\to\infty$ 即得

$$\varlimsup_{n\to\infty}(a_n + b_n) \leqslant \varlimsup_{n\to\infty} a_n + \varlimsup_{n\to\infty} b_n.$$

根据上数列与下数列的性质不难得到

$$\overline{-b_n} = \sup\{-b_i \mid i \geqslant n\} = -\inf\{b_i \mid i \geqslant n\} = -\underline{b_n}, n = 1, 2, \cdots.$$

从而有

$$\varlimsup_{n\to\infty}(-b_n) = \lim_{n\to\infty} \overline{-b_n} = \lim_{n\to\infty} -\underline{b_n} = -\varliminf_{n\to\infty} b_n.$$

由前面证明的结论可得

$$\varlimsup_{n\to\infty} a_n = \varlimsup_{n\to\infty}(a_n + b_n - b_n) \leqslant \varlimsup_{n\to\infty}(a_n + b_n) + \varlimsup_{n\to\infty}(-b_n) = \varlimsup_{n\to\infty}(a_n + b_n) - \varliminf_{n\to\infty} b_n.$$

变形即得

$$\varlimsup_{n\to\infty} a_n + \varliminf_{n\to\infty} b_n \leqslant \varlimsup_{n\to\infty}(a_n + b_n).$$

定理的另一部分可类似证明,留给读者.

例 2.6.4 设数列 $\{a_n\}$ 有上界,也有一个正下界:即存在 $b > a > 0$,使得 $a < a_n < b$, $n = 1, 2, \cdots$ 成立. 证明:

$$\varlimsup_{n\to\infty} \frac{1}{a_n} = \frac{1}{\varliminf_{n\to\infty} a_n}.$$

证明　由上下确界定义不难验证对任意的正整数 n,

$$\sup\left\{\frac{1}{a_i} \mid i \geqslant n\right\} = (\inf\{a_i \mid i \geqslant n\})^{-1}.$$

取极限即得

$$\varlimsup_{n\to\infty} \frac{1}{a_n} = \lim_{n\to\infty}\left(\sup\left\{\frac{1}{a_i} \mid i \geqslant n\right\}\right) = \lim_{n\to\infty}(\inf\{a_i \mid i \geqslant n\})^{-1}$$

$$= (\lim_{n\to\infty}(\inf\{a_i \mid i \geqslant n\}))^{-1} = \frac{1}{\varliminf_{n\to\infty} a_n}.$$

例 2.6.5 设序列 $\{a_n\}$ 有界,且有 $\lim_{n\to\infty}(a_{2n} + 2a_n) = 0$. 证明: $\lim_{n\to\infty} a_n = 0$.

证明　记 $\varliminf\limits_{n\to\infty}a_n=\underline{a},\overline{\lim}\limits_{n\to\infty}a_n=\bar{a}.$ 因为

$$\sup\{a_{2i}\mid i\geqslant n\}\leqslant\sup\{a_i\mid i\geqslant n\},$$

所以

$$\overline{\lim}_{n\to\infty}a_{2n}=\lim\sup\{a_{2i}\mid i\geqslant n\}\leqslant\lim\sup\{a_i\mid i\geqslant n\}=\overline{\lim}_{n\to\infty}a_n=\bar{a}.$$

类似可证明 $\varliminf\limits_{n\to\infty}a_{2n}\geqslant\underline{a}.$

由题目所给条件，我们有

$$0=\lim_{n\to\infty}(a_{2n}+2a_n)=\overline{\lim}_{n\to\infty}(a_{2n}+2a_n)\leqslant\overline{\lim}_{n\to\infty}a_{2n}+2\overline{\lim}_{n\to\infty}a_n\leqslant\bar{a}+2\underline{a};$$

$$0=\lim_{n\to\infty}(a_{2n}+2a_n)=\varliminf_{n\to\infty}(a_{2n}+2a_n)\geqslant\varliminf_{n\to\infty}a_{2n}+2\varliminf_{n\to\infty}a_n\geqslant\underline{a}+2\bar{a}.$$

这说明 $\bar{a}+2\underline{a}\geqslant0\geqslant\underline{a}+2\bar{a}$，从而有 $\bar{a}\leqslant\underline{a}$，这证明了 $\bar{a}=\underline{a}$，因此极限 $\lim\limits_{n\to\infty}a_n$ 存在．设 $\lim\limits_{n\to\infty}a_n=a$，则 $\lim\limits_{n\to\infty}(a_{2n}+2a_n)=3a=0.$ 由此的 $\lim\limits_{n\to\infty}a_n=0.$

习题 2.6

1．求下列数列的上下极限

(1) $a_n=\sqrt[n]{1+2^{n^{(-1)^n}}}$；

(2) $a_n=1+\dfrac{n\cdot\cos\left(\dfrac{n\pi}{2}\right)}{n+1}$；

(3) $a_n=\dfrac{n}{3}-\left[\dfrac{n}{3}\right]$；

(4) $a_{n+1}=\begin{cases}\dfrac{a_n}{2}, & n\text{ 是偶数},\\[2mm]\dfrac{1+a_n}{2}, & n\text{ 是奇数}.\end{cases}$

2．设 $\{a_n\},\{b_n\}$ 是两个有界的正数列，证明

$$\overline{\lim}_{n\to\infty}a_n\cdot\varliminf_{n\to\infty}b_n\leqslant\overline{\lim}_{n\to\infty}(a_nb_n)\leqslant\overline{\lim}_{n\to\infty}a_n\cdot\overline{\lim}_{n\to\infty}b_n;$$

$$\varliminf_{n\to\infty}a_n\cdot\varliminf_{n\to\infty}b_n\leqslant\varliminf_{n\to\infty}(a_nb_n)\leqslant\overline{\lim}_{n\to\infty}a_n\cdot\varliminf_{n\to\infty}b_n.$$

3．设 $a_n>0,n=1,2,\cdots$，且有

$$\overline{\lim}_{n\to\infty}a_n\cdot\overline{\lim}_{n\to\infty}\frac{1}{a_n}=1,$$

证明：极限 $\lim\limits_{n\to\infty}a_n$ 存在．

4．设数列 $\{a_n\}$ 满足

$$a_{n+1}=A+B/a_n\,(A>0,B>0).$$

证明：$\{a_n\}$ 是收敛数列．

5．设非负数列 $\{a_n\}$ 满足如下的次可加条件：

$$a_{m+n}\leqslant a_m+a_n,\quad m,n\in\mathbf{N}^*.$$

证明：极限 $\lim\limits_{n\to\infty}\dfrac{a_n}{n}$ 存在．

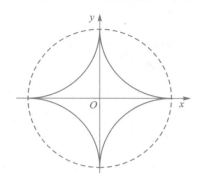

第 3 章　函数极限与连续

3.1　函数极限

3.1.1　函数极限的定义

在第 2 章中详细讨论了数列的极限,对于函数 $y=f(x)$ 我们也会关注下面的变化趋势问题:当自变量 x 趋于某个点 x_0 时,因变量 y 有什么样的变化趋势,是否会趋于某个固定的值 A. 例如:函数 $y=x^2$(见图 3.1.1),可以看出当 x 趋于 0 时,y 趋于 0. 这就是函数 $y=x^2$ 在 $x=0$ 处的极限,记为 $\lim\limits_{x\to 0}x^2=0$.

在给出函数极限的严格定义之前,先给出邻域的概念.

定义 3.1.1　给定 $x_0\in\mathbb{R}$. 称集合 $U^o(x_0;\delta)=\{x\in\mathbb{R}\mid 0<|x-x_0|<\delta\}$ 为以点 x_0 为中心,δ 为半径的去心邻域. 注意去心邻域不包含中心点 x_0. 相应地,称集合 $U(x_0;\delta)=\{x\mid|x-x_0|<\delta\}$ 为以 x_0 为中心,δ 为半径的邻域.

下面给出函数极限的定义.

定义 3.1.2　设函数 $f(x)$ 在点 x_0 的某个去心邻域 $U^o(x_0;\delta_0)$ 内有定义,A 为一个实

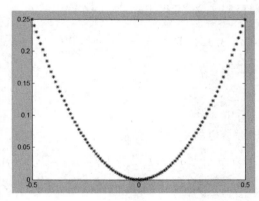

图 3.1.1

数,若对任意给定的 $\varepsilon>0$,存在正数 $\delta<\delta_0$,使得当 $0<|x-x_0|<\delta$ 时,总成立 $|f(x)-A|<\varepsilon$,则称当 $x\to x_0$ 时,$f(x)$ 收敛于 A,或称 A 为函数 $f(x)$ 在点 x_0 的极限,记为

$$\lim_{x\to x_0}f(x)=A,\quad\text{或}\quad f(x)\to A(x\to x_0).$$

如果不存在具有上述性质的实数,则称函数 $f(x)$ 在点 x_0 的极限不存在或称 $f(x)$ 在点 x_0 处发散.

注 1　函数 $f(x)$ 在一点 x_0 的极限为局部性质,只要求在点 x_0 附近的去心邻域内有定义,而与 $f(x)$ 在 x_0 点是否有定义无关,即使有定义也不关心 $f(x)$ 在 x_0 点的函数值.

注 2　对于任意给定的 ε,存在的 δ 取值与 ε 有关.

极限定义可以用"$\varepsilon-\delta$"语言简单表述为:
$$\lim_{x \to x_0} f(x) = A \Leftrightarrow \forall \varepsilon > 0, \exists \delta > 0, \text{s.t.} \ \forall x \in U^o(x_0; \delta), |f(x) - A| < \varepsilon.$$

函数极限的几何意义如图 3.1.2:对于任意给定的 $\varepsilon > 0$,存在正数 δ,去心邻域 $U^o(x_0; \delta)$ 中所有点的函数值都满足 $|f(x) - A| < \varepsilon$,也即是自变量限制在 $U^o(x_0; \delta)$ 内时函数的图像都落在以 $y = A$ 为中心线,2ε 为宽的带状区域内.

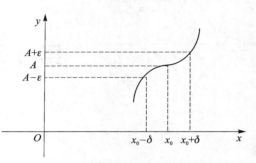

图 3.1.2

根据函数极限的定义不难验证 $\lim\limits_{x \to x_0} x = x_0$, $\lim\limits_{x \to x_0} c = c$. 下面我们再看几个例子.

例 3.1.1 证明 $\lim\limits_{x \to 1} \dfrac{x^2 - 1}{x - 1} = 2$.

证明 因为
$$\left| \frac{x^2 - 1}{x - 1} - 2 \right| = |x - 1|,$$
对任意给定的 $\varepsilon > 0$,取 $\delta = \varepsilon$,则当 $0 < |x - 1| < \delta$ 时,
$$\left| \frac{x^2 - 1}{x - 1} - 2 \right| = |x - 1| < \varepsilon,$$
按照极限定义,可得 $\lim\limits_{x \to 1} \dfrac{x^2 - 1}{x - 1} = 2$.

例 3.1.2 证明当 $x_0 > 0$ 时, $\lim\limits_{x \to x_0} \sqrt{x} = \sqrt{x_0}$.

证明 因为
$$\left| \sqrt{x} - \sqrt{x_0} \right| = \left| \frac{x - x_0}{\sqrt{x} + \sqrt{x_0}} \right| \leqslant \frac{|x - x_0|}{\sqrt{x_0}},$$
对任意给定的 $\varepsilon > 0$,要使 $\left| \sqrt{x} - \sqrt{x_0} \right| < \varepsilon$,只需 $|x - x_0| < \sqrt{x_0}\varepsilon$. 所以取 $\delta = \sqrt{x_0}\varepsilon$,当 $0 < |x - x_0| < \delta$ 时,总成立 $\left| \sqrt{x} - \sqrt{x_0} \right| < \varepsilon$,由极限定义可得 $\lim\limits_{x \to x_0} \sqrt{x} = \sqrt{x_0}$.

以上只是函数极限的一种情况,由于自变量有不同的变化过程,比如自变量 x 可能只是在 x_0 的一侧有定义,或者只是从右侧或者左侧趋于 x_0,此时函数的极限称为单侧极限.

定义 3.1.3 若对任意给定的 $\varepsilon > 0$,存在正数 δ,使得当 $x_0 < x < x_0 + \delta$ 时,成立 $|f(x) - A| < \varepsilon$,则称当自变量 x 从右侧趋近于 x_0 时,$f(x)$ 收敛于 A. A 称为函数 $f(x)$ 在 x_0 点的右极限,记为 $\lim\limits_{x \to x_0^+} f(x) = A$,或 $f(x) \to A \ (x \to x_0^+)$,也记为 $f(x_0 + 0) = A$ 或 $f(x_0^+) = A$.

若对任意给定的 $\varepsilon > 0$,存在正数 δ,使得当 $x_0 - \delta < x < x_0$ 时,成立 $|f(x) - A| < \varepsilon$,则称当自变量 x 从左侧趋近于 x_0 时,$f(x)$ 收敛于 A. A 称为函数 $f(x)$ 在 x_0 点的左极限,记为 $\lim\limits_{x \to x_0^-} f(x) = A$,或 $f(x) \to A \ (x \to x_0^-)$,也记为 $f(x_0 - 0) = A$ 或 $f(x_0^-) = A$.

左右极限的定义也可以利用符号简单表述为

$$\lim_{x \to x_0^+} f(x) = A \Leftrightarrow \forall \varepsilon > 0, \exists \delta > 0, \text{s. t.} \ \forall x \in (x_0, x_0 + \delta), |f(x) - A| < \varepsilon.$$

$$\lim_{x \to x_0^-} f(x) = A \Leftrightarrow \forall \varepsilon > 0, \exists \delta > 0, \text{s. t.} \ \forall x \in (x_0 - \delta, x_0), |f(x) - A| < \varepsilon.$$

由关系 $U^o(x_0, \delta) = (x_0 - \delta, x_0) \bigcup (x_0, x_0 + \delta)$，容易得到下面的定理.

定理 3.1.1 $\lim\limits_{x \to x_0} f(x) = A$ 的充要条件是函数 $f(x)$ 在 x_0 点的左右极限存在而且都等于 A. 即

$$\lim_{x \to x_0} f(x) = A \Leftrightarrow \lim_{x \to x_0^+} f(x) = \lim_{x \to x_0^-} f(x) = A .$$

例 3.1.3 证明 $\lim\limits_{x \to 0} \dfrac{|x|}{x}$ 不存在.

证明　由单侧极限的定义，可知

$$\lim_{x \to 0^+} \frac{|x|}{x} = \lim_{x \to 0^+} \frac{x}{x} = 1, \quad \lim_{x \to 0^-} \frac{|x|}{x} = \lim_{x \to 0^-} \frac{-x}{x} = -1,$$

从而

$$\lim_{x \to 0^+} \frac{|x|}{x} \neq \lim_{x \to 0^-} \frac{|x|}{x},$$

由定理 3.1.1，$\lim\limits_{x \to 0} \dfrac{|x|}{x}$ 不存在.

3.1.2　函数极限的性质

下面我们就 $\lim\limits_{x \to x_0} f(x)$ 来阐述函数极限的性质和运算，单侧极限也有相应的结论. 函数极限具有与数列极限相仿的唯一性、有界性、保序性、四则运算性质、夹逼定理、Cauchy 收敛原理等性质. 这些性质的证明方法与数列极限相仿，部分性质的证明留给读者.

定理 3.1.2(极限的唯一性) 若 $\lim\limits_{x \to x_0} f(x)$ 存在，则极限唯一.

证明　假设 A, B 都是函数 $f(x)$ 在点 x_0 处的极限，由函数极限的定义可知任取 $\varepsilon > 0$，存在 $\delta_1 > 0$，使得当 $0 < |x - x_0| < \delta_1$ 时

$$|f(x) - A| < \frac{\varepsilon}{2};$$

同时也存在 $\delta_2 > 0$，使得当 $0 < |x - x_0| < \delta_2$ 时

$$|f(x) - B| < \frac{\varepsilon}{2};$$

取 $\delta = \min\{\delta_1, \delta_2\}$，则当 $0 < |x - x_0| < \delta$ 时，总有

$$|A - B| \leqslant |f(x) - A| + |f(x) - B| < \varepsilon.$$

这说明任取 $\varepsilon > 0$ 均有 $|A - B| < \varepsilon$. 由 ε 的任意性可知 $A = B$. 这就证明了极限的唯一性.

定理 3.1.3(极限的局部有界性) 若 $\lim\limits_{x \to x_0} f(x)$ 存在，则函数 $f(x)$ 在 x_0 的某个去心邻域内有界.

证明　对 $\varepsilon = 1$，存在 $\delta_1 > 0$，使得当 $x \in U^o(x_0; \delta_1)$ 时有 $|f(x) - A| < 1$. 则由绝对值的三角不等式，当 $x \in U^o(x_0; \delta_1)$ 时，

$$|f(x)| \leqslant |f(x) - A| + |A| < |A| + 1.$$

这说明 $f(x)$ 在去心邻域 $U^o(x_0;\delta_1)$ 有界.

定理 3.1.4(极限的局部保序性) 若 $\lim\limits_{x\to x_0}f(x)=A$，$\lim\limits_{x\to x_0}g(x)=B$，且 $A>B$，则存在 $\delta>0$，使得当 $x\in U^o(x_0;\delta)$ 时，$f(x)>g(x)$.

证明 因为 $A>B$，此时可取 $\varepsilon=\dfrac{A-B}{2}>0$. 由 $\lim\limits_{x\to x_0}f(x)=A$ 以及极限的定义，对上面的 ε，可取到 $\delta_1>0$，使得当 $x\in U^o(x_0;\delta_1)$ 时，$|f(x)-A|<\varepsilon$，此时即有

$$f(x)>A-\varepsilon=A-\frac{A-B}{2}=\frac{A+B}{2}.$$

类似地，由 $\lim\limits_{x\to x_0}g(x)=B$ 知，可取到 $\delta_2>0$，使得当 $x\in U^o(x_0;\delta_2)$ 时，$|g(x)-B|<\varepsilon$，此时即有

$$g(x)<B+\varepsilon=B+\frac{A-B}{2}=\frac{A+B}{2}.$$

取 $\delta=\min\{\delta_1,\delta_2\}$，则当 $x\in U^o(x_0;\delta)$ 时，$g(x)<\dfrac{A+B}{2}<f(x)$. 结论得证！

在上面的定理中取 $B=0$，则有如下的局部保号性.

定理 3.1.5 若 $\lim\limits_{x\to x_0}f(x)=A$，且 $A>0$（或 $A<0$），则存在 $\delta>0$，使得当 $x\in U^o(x_0;\delta)$ 时，$f(x)>0$（或 $f(x)<0$）.

由定理 3.1.4 可以得到如下定理.

定理 3.1.6 若 $\lim\limits_{x\to x_0}f(x)=A$，$\lim\limits_{x\to x_0}g(x)=B$，且存在 $\delta>0$，使得当 $x\in U^o(x_0;\delta)$ 时，$f(x)\geqslant g(x)$，则 $A\geqslant B$.

注 与数列的极限类似，定理 3.1.6 中即便条件加强为当 $x\in U^o(x_0;\delta)$ 时，$f(x)>g(x)$，我们也只能得到结论 $A\geqslant B$，而不能得到结论 $A>B$.

关于函数极限也有类似数列极限的四则运算性质，其证明留给读者.

定理定理 3.1.7(函数极限的四则运算) 设 $\lim\limits_{x\to x_0}f(x)=A$，$\lim\limits_{x\to x_0}g(x)=B$，则

(1) $\lim\limits_{x\to x_0}[f(x)\pm g(x)]=A\pm B$；

(2) $\lim\limits_{x\to x_0}[f(x)\cdot g(x)]=AB$；

(3) 又若 $B\neq 0$，则 $\dfrac{f(x)}{g(x)}$ 当 $x\to x_0$ 时极限也存在，且有 $\lim\limits_{x\to x_0}\dfrac{f(x)}{g(x)}=\dfrac{A}{B}$.

利用极限的四则运算性质，我们可以通过已有的函数极限来计算一些稍为复杂的极限.

例 3.1.4 求极限 $\lim\limits_{x\to 1}\left(\dfrac{1}{x-1}-\dfrac{3}{x^3-1}\right)$.

解 根据 $\lim\limits_{x\to 1}x=1$，$\lim\limits_{x\to 1}c=c$，再由极限的四则运算性质可得

$$\lim_{x\to 1}\left(\frac{1}{x-1}-\frac{3}{x^3-1}\right)=\lim_{x\to 1}\frac{x^2+x-2}{x^3-1}=\lim_{x\to 1}\frac{(x-1)(x+2)}{(x-1)(x^2+x+1)}$$

$$=\lim_{x\to 1}\frac{x+2}{x^2+x+1}=\frac{\lim\limits_{x\to 1}x+2}{\lim\limits_{x\to 1}x\cdot\lim\limits_{x\to 1}x+\lim\limits_{x\to 1}x+1}=\frac{1+2}{1\cdot 1+1+2}=1.$$

例 3.1.5 求极限 $\lim\limits_{x\to 1}\dfrac{x-1}{\sqrt{x}-1}$.

解　由极限的四则运算性质和例 3.1.2 的结论可得

$$\lim_{x\to 1}\frac{x-1}{\sqrt{x}-1}=\lim_{x\to 1}\frac{(\sqrt{x}-1)(\sqrt{x}+1)}{\sqrt{x}-1}=\lim_{x\to 1}(\sqrt{x}+1)=\sqrt{1}+1=2.$$

定理 3.1.8(夹逼定理)　若存在 $\delta>0$，使得当 $x\in U^o(x_0;\delta)$ 时，函数 $f(x),g(x),h(x)$ 满足如下性质：

(1) $g(x)\leqslant f(x)\leqslant h(x)$；

(2) $\lim\limits_{x\to x_0}g(x)=A$，$\lim\limits_{x\to x_0}h(x)=A$，

则 $\lim\limits_{x\to x_0}f(x)$ 存在，且极限也为 A.

证明　任取 $\varepsilon>0$，由 $\lim\limits_{x\to x_0}g(x)=A$ 可知：存在 $\delta_1>0$，使得当 $0<|x-x_0|<\delta_1$ 时

$$|g(x)-A|<\varepsilon;$$

由 $\lim\limits_{x\to x_0}h(x)=A$ 可知：存在 $\delta_2>0$，使得当 $0<|x-x_0|<\delta_2$ 时

$$|h(x)-A|<\varepsilon;$$

取 $\delta=\min\{\delta_1,\delta_2\}$，则当 $0<|x-x_0|<\delta$ 时，

$$A-\varepsilon<g(x)\leqslant f(x)\leqslant h(x)<A+\varepsilon.$$

因此当 $0<|x-x_0|<\delta$ 时有 $|f(x)-A|<\varepsilon$. 由极限定义可知 $\lim\limits_{x\to x_0}f(x)=A$. 结论得证！

例 3.1.6 证明 $\lim\limits_{x\to 0}\dfrac{\sin x}{x}=1$.

证明　如图 3.1.3，在单位圆中，当 $0<x<\dfrac{\pi}{2}$ 时，由三角函数的几何含义有不等式

$$\sin x<x<\tan x,$$

进一步由 $\sin x<x$ 可得 $\dfrac{\sin x}{x}<1$，由 $x<\tan x$ 可得 $\dfrac{\sin x}{x}>\cos x$，综合起来即有

$$\cos x<\frac{\sin x}{x}<1\left(0<x<\frac{\pi}{2}\right).$$

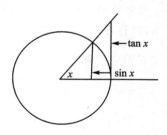

图 3.1.3

当 $-\dfrac{\pi}{2}<x<0$ 时，由这些函数的奇偶性不难验证同样有 $\cos x<\dfrac{\sin x}{x}<1$.

另一方面 $0<1-\cos x=2\sin^2\dfrac{x}{2}<\dfrac{x^2}{2}$，由 $\lim\limits_{x\to 0}\dfrac{x^2}{2}=0$，再由夹逼定理可知

$$\lim_{x\to 0}(\cos x-1)=0,$$

从而 $\lim\limits_{x\to 0}\cos x=1$. 再对 $\cos x<\dfrac{\sin x}{x}<1\left(0<|x|<\dfrac{\pi}{2}\right)$ 使用夹逼定理可得

$$\lim_{x\to 0}\frac{\sin x}{x}=1.$$

结论得证！

$\lim\limits_{x\to 0}\dfrac{\sin x}{x}=1$ 是一个十分重要的函数极限. 给定单位圆上长度为 $2x$ 的一段弧,不难验证连接这段弧的两个端点的弦的长度为 $2\sin x$. 因此这个极限的几何含义是在一个圆上一段弧的长度与连接弧的端点的弦的长度之比在弧长趋于 0 时极限为 1.

例 3.1.7 求极限 $\lim\limits_{x\to 0}\dfrac{\tan x}{x}$.

解 由上面的结论,使用极限的四则运算性质可得

$$\lim_{x\to 0}\frac{\tan x}{x}=\lim_{x\to 0}\frac{\sin x}{x}\cdot\frac{1}{\cos x}=\lim_{x\to 0}\frac{\sin x}{x}\cdot\frac{1}{\lim\limits_{x\to 0}\cos x}=1.$$

下面的两个定理建立了函数极限与数列极限之间的关系.

定理 3.1.9(Heine 定理) $\lim\limits_{x\to x_0}f(x)=A$ 的充要条件是对任意以 x_0 为极限的数列 $\{x_n\}$, $x_n\neq x_0(n=1,2,3,\cdots)$,其相应的函数值数列 $\{f(x_n)\}$ 满足 $\lim\limits_{n\to\infty}f(x_n)=A$.

证明 **必要性** 设 $\{x_n\}$ 是一个满足条件 $x_n\neq x_0(n=1,2,3,\cdots)$ 且收敛于 x_0 的数列. 任取 $\varepsilon>0$,由条件 $\lim\limits_{x\to x_0}f(x)=A$ 可知存在 $\delta>0$,使得当 $0<|x-x_0|<\delta$ 时,

$$|f(x)-A|<\varepsilon.$$

因为 $\lim\limits_{n\to\infty}x_n=x_0$,且 $x_n\neq x_0(n=1,2,3,\cdots)$,对上述 $\delta>0$,存在正整数 N,使得当 $n>N$ 时,

$$0<|x_n-x_0|<\delta.$$

所以当 $n>N$ 时,成立 $|f(x_n)-A|<\varepsilon$,即有 $\lim\limits_{n\to\infty}f(x_n)=A$.

充分性 假设满足条件的函数 $f(x)$ 在点 x_0 不以 A 为极限,则存在 $\varepsilon_0>0$,使得对任意 $\delta>0$,都存在 x',使得 $0<|x'-x_0|<\delta$,且有 $|f(x')-A|\geqslant\varepsilon_0$.

下面分别取 $\delta_n=\dfrac{1}{n}$,$n=1,2,3,\cdots$.

对于 $\delta_1=1$,存在 x_1,满足 $0<|x_1-x_0|<1$,且有 $|f(x_1)-A|\geqslant\varepsilon_0$;

对于 $\delta_2=\dfrac{1}{2}$,存在 x_2,满足 $0<|x_2-x_0|<\dfrac{1}{2}$,且有 $|f(x_2)-A|\geqslant\varepsilon_0$;

……

一般地,对于 $\delta_n=\dfrac{1}{n}$,存在 x_n,满足 $0<|x_n-x_0|<\dfrac{1}{n}$,且有 $|f(x_n)-A|\geqslant\varepsilon_0$;

……

于是得到数列 $\{x_n\}$,满足 $\lim\limits_{n\to\infty}x_n=x_0$,$x_n\neq x_0$,但是 $\lim\limits_{n\to\infty}f(x_n)\neq A$,这与已知条件矛盾,假设不成立,所以 $\lim\limits_{x\to x_0}f(x)=A$.

Heine 定理说明如果我们能够取一个以 x_0 为极限的数列,其对应的函数值数列不收敛,或者取两个以 x_0 为极限的数列,它们对应的函数值数列收敛到不同的极限,那么函数在点 x_0 肯定不收敛. 这个性质常常用来证明函数极限不存在,我们可以看如下例子.

例 3.1.8 证明 $\lim\limits_{x\to 0}\cos\dfrac{1}{x}$ 不存在.

证明　取点列 $\{x_n^{(1)}\}$，$\{x_n^{(2)}\}$，其中 $x_n^{(1)}=\dfrac{1}{2n\pi}$，$x_n^{(2)}=\dfrac{1}{2n\pi+\dfrac{\pi}{2}}$，$n=1,2,3,\cdots$.

显然 $\lim\limits_{n\to\infty}x_n^{(1)}=\lim\limits_{n\to\infty}x_n^{(2)}=0$，且 $x_n^{(1)}\neq0$，$x_n^{(2)}\neq0$，但是

$$\lim_{n\to\infty}\cos\frac{1}{x_n^{(1)}}=1,\quad\lim_{n\to\infty}\cos\frac{1}{x_n^{(2)}}=0,$$

由海涅定理知 $\lim\limits_{x\to0}\cos\dfrac{1}{x}$ 不存在.

如果不关心函数极限的具体值，只考察其存在性时，定理 3.1.9 还可以进一步叙述为如下形式：

定理 3.1.10　极限 $\lim\limits_{x\to x_0}f(x)$ 存在的充要条件是对任意以 x_0 为极限的数列 $\{x_n\}$，$x_n\neq x_0$ $(n=1,2,3,\cdots)$，其相应的函数值数列 $\{f(x_n)\}$ 收敛.

证明　必要性已在定理 3.1.9 中证明. 下证充分性，由定理 3.1.9，我们只需证明对任意两个以 x_0 为极限的数列 $\{x_n\}$ 和 $\{y_n\}$（$x_n\neq x_0$，$y_n\neq x_0$，$n=1,2,3,\cdots$），有 $\{f(x_n)\}$，$\{f(y_n)\}$ 收敛到同一个极限. 由假设条件知 $\{f(x_n)\}$，$\{f(y_n)\}$ 都收敛，假设

$$\lim_{n\to\infty}f(x_n)=A,\quad\lim_{n\to\infty}f(y_n)=B,$$

构造新数列 $\{x_1,y_1,x_2,y_2,\cdots,x_n,y_n,\cdots\}$，记为 $\{z_n\}$. 显然

$$\lim_{n\to\infty}z_n=x_0,\text{且 }z_n\neq x_0(n=1,2,3,\cdots).$$

因此 $\{f(z_n)\}$ 也收敛. 假设 $\lim\limits_{n\to\infty}f(z_n)=C$，由于 $\{f(x_n)\}$，$\{f(y_n)\}$ 为 $\{f(z_n)\}$ 的子列，可得 $A=B=C$，这就说明了 $\{f(x_n)\}$，$\{f(y_n)\}$ 收敛到同一个极限. 结论得证！

与数列极限类似，函数极限也有相应的 Cauchy 收敛原理. 其证明可以借用数列极限的 Cauchy 收敛定理和数列极限与函数极限的关系得到.

定理 3.1.11（函数极限 Cauchy 收敛原理）　假设函数 $f(x)$ 在 x_0 的某个去心邻域有定义，则 $\lim\limits_{x\to x_0}f(x)$ 存在的充分必要条件是：对任给的 $\varepsilon>0$，存在正数 δ，使得当 $0<|x_1-x_0|<\delta$，$0<|x_2-x_0|<\delta$ 时，成立

$$|f(x_1)-f(x_2)|<\varepsilon.$$

证明　必要性：

假设 $\lim\limits_{x\to x_0}f(x)=A$，则 $\forall\varepsilon>0$，$\exists\delta>0$，使得当 $0<|x-x_0|<\delta$ 时，成立

$$|f(x)-A|<\frac{\varepsilon}{2}.$$

则当 $0<|x_1-x_0|<\delta$，$0<|x_2-x_0|<\delta$ 时，

$$|f(x_1)-f(x_2)|\leqslant|f(x_1)-A|+|f(x_2)-A|<\varepsilon.$$

充分性：

已知 $\forall\varepsilon>0$，$\exists\delta>0$，当 $0<|x_1-x_0|<\delta$，$0<|x_2-x_0|<\delta$ 时，

$$|f(x_1)-f(x_2)|<\varepsilon.$$

设 $\{x_n\}$ 为任意收敛到 x_0 的数列，$x_n\neq x_0(n=1,2,3,\cdots)$，则对上面的 $\delta>0$，$\exists N\in\mathbf{N}^*$，使得当 $n,m>N$ 时，$0<|x_n-x_0|<\delta$，$0<|x_m-x_0|<\delta$，从而由条件可得

$$|f(x_n)-f(x_m)|<\varepsilon,$$

所以 $\{f(x_n)\}$ 为 Cauchy 基本列,从而 $\{f(x_n)\}$ 收敛. 由定理 3.1.10,$\lim\limits_{x \to x_0} f(x)$ 存在,定理得证!

除了四则运算之外,函数之间还可以进行复合运算,关于复合函数的极限有下面结论.

定理 3.1.12(复合函数的极限) 设 $u = g(x)$,$\lim\limits_{u \to u_0} f(u) = A$,$\lim\limits_{x \to x_0} g(x) = u_0$,且在 x_0 的某个去心邻域内总有 $g(x) \neq u_0$,则

$$\lim_{x \to x_0} f(g(x)) = \lim_{u \to u_0} f(u) = A.$$

证明 已知 $\lim\limits_{u \to u_0} f(u) = A$,由定义,任取 $\varepsilon > 0$,存在 $\sigma > 0$,使得当 $0 < |u - u_0| < \sigma$ 时,

$$|f(u) - A| < \varepsilon.$$

又 $\lim\limits_{x \to x_0} g(x) = u_0$,对上述 $\sigma > 0$,存在 $\delta > 0$,使得当 $0 < |x - x_0| < \delta$ 时,有

$$0 < |g(x) - u_0| < \sigma.$$

从而当 $0 < |x - x_0| < \delta$ 时成立 $|f(g(x)) - A| < \varepsilon$. 结论得证!

注 定理中在某个去心邻域 $U^0(x_0; \delta')$ 内,$g(x) \neq u_0$ 的条件不能少,例如函数

$$f(u) = \begin{cases} 1, & u = 0, \\ 0, & u \neq 0, \end{cases}$$

$$u = g(x) = x \sin \frac{1}{x},$$

可知 $\lim\limits_{u \to 0} f(u) = 0$,$\lim\limits_{x \to 0} g(x) = 0$,但 $\lim\limits_{x \to 0} f(g(x))$ 不存在(习题 3.1.10).

例 3.1.9 求极限

(1) $\lim\limits_{x \to 0} \dfrac{\tan 3x}{x}$;   (2) $\lim\limits_{x \to 0} \dfrac{\sin ax}{\sin bx}$($a, b$ 为非零常数);

(3) $\lim\limits_{x \to 0} \dfrac{\arctan x}{x}$;   (4) $\lim\limits_{x \to 0} \dfrac{\arcsin x}{x}$.

解 由例 3.1.7,可得

(1) $\lim\limits_{x \to 0} \dfrac{\tan 3x}{x} = \lim\limits_{x \to 0} 3\left(\dfrac{\tan 3x}{3x}\right) = 3 \lim\limits_{x \to 0}\left(\dfrac{\tan 3x}{3x}\right) = 3$;

(2) $\lim\limits_{x \to 0} \dfrac{\sin ax}{\sin bx} = \dfrac{a}{b} \lim\limits_{x \to 0}\left(\dfrac{\sin ax}{ax} \cdot \dfrac{bx}{\sin bx}\right) = \dfrac{a}{b} \lim\limits_{x \to 0} \dfrac{\sin ax}{ax} \lim\limits_{x \to 0} \dfrac{bx}{\sin bx} = \dfrac{a}{b}$;

(3) 令 $y = \arctan x$,则 $\lim\limits_{x \to 0} \dfrac{\arctan x}{x} = \lim\limits_{y \to 0} \dfrac{y}{\tan y} = 1$;

(4) 令 $y = \arcsin x$,则 $\lim\limits_{x \to 0} \dfrac{\arcsin x}{x} = \lim\limits_{y \to 0} \dfrac{y}{\sin y} = 1$.

习题 3.1

1. 用"$\varepsilon - \delta$" 定义证明下列极限:

(1) $\lim\limits_{x \to 2} (x^2 - 6x + 10) = 2$; (2) $\lim\limits_{x \to 1} \dfrac{x - 1}{x^2 - 1} = \dfrac{1}{2}$; (3) $\lim\limits_{x \to x_0} \cos x = \cos x_0$.

2. 设 $\lim\limits_{x \to x_0^+} f(x) = A$,$\lim\limits_{x \to x_0^+} g(x) = B$,若 $A > B$,证明存在 $\delta > 0$,使得当 $0 < x - x_0 < \delta$ 时,

成立 $f(x) > g(x)$.

3. 已知 $\lim\limits_{x \to x_0} f(x) = A$，证明：$\lim\limits_{x \to x_0} |f(x)| = |A|$.

4. 证明：$\lim\limits_{x \to x_0} f(x) = 0$ 等价于 $\lim\limits_{x \to x_0} |f(x)| = 0$.

5. 证明函数极限的运算性质：若 $\lim\limits_{x \to x_0} f(x) = A$，$\lim\limits_{x \to x_0} g(x) = B \neq 0$，则 $\lim\limits_{x \to x_0} \dfrac{f(x)}{g(x)} = \dfrac{A}{B}$.

6. 使用夹逼定理求下列极限：

(1) $\lim\limits_{x \to 0^+} x \left[\dfrac{1}{x} \right]$；
　　　　　　　　　　(2) $\lim\limits_{x \to 0^+} \left(\dfrac{1}{x} \right)^x$.

7. 计算下列极限：

(1) $\lim\limits_{x \to 1} \dfrac{x^2 - 1}{x^2 + x - 2}$；
　　(2) $\lim\limits_{x \to 0} \dfrac{(x+1)^{10} - 1}{x}$；
　　(3) $\lim\limits_{x \to 1} \dfrac{\sqrt{x} - 1}{\sqrt[3]{x} - 1}$；

(4) $\lim\limits_{x \to 7} \dfrac{\sqrt{x+2} - 3}{x - 7}$；
　　(5) $\lim\limits_{x \to 1} \dfrac{x + x^2 + \cdots + x^k - k}{x - 1} (k \in \mathbf{N}^*)$；

(6) $\lim\limits_{x \to 0} \dfrac{\sqrt{x+1} - \sqrt[3]{x+1}}{x}$；
　　(7) $\lim\limits_{x \to 1} \left(\dfrac{k}{x^k - 1} - \dfrac{l}{x^l - 1} \right), k, l \in \mathbf{N}^*$.

8. 设 $\lim\limits_{x \to x_0} f(x) = A$，$f(x) > 0$，证明 $\lim\limits_{x \to x_0} \sqrt[n]{f(x)} = \sqrt[n]{A}$，其中 $n \geqslant 2$ 为正整数.

9. 已知 $f(x) = \begin{cases} \cos x, & x > 0 \\ 1 & x = 0 \\ x^2 + 2, & x < 0 \end{cases}$，求 $f(x)$ 在 $x = 0$ 的左右极限.

10. 设函数，

$$f(u) = \begin{cases} 1, & u = 0, \\ 0, & u \neq 0, \end{cases} \quad u = g(x) = x \sin \dfrac{1}{x},$$

证明：$\lim\limits_{x \to 0} f(g(x))$ 不存在.

11. 计算下列极限：

(1) $\lim\limits_{x \to 0} \dfrac{\sin 3x - \sin x}{\sin 2x}$；
　　　　(2) $\lim\limits_{x \to 0} \dfrac{x^2}{1 - \cos x}$；

(3) $\lim\limits_{x \to 0} \dfrac{1 - \cos x \cdot \cos 3x}{x^2}$；
　　(4) $\lim\limits_{x \to 0} \dfrac{\cos x - \cos 3x}{2x^2}$；

(5) $\lim\limits_{x \to 0} \dfrac{\sin(\sin x)}{x}$；
　　　　(6) $\lim\limits_{x \to 0} \dfrac{\tan(\tan x)}{x}$；

(7) $\lim\limits_{n \to \infty} \dfrac{2^n}{x} \sin \dfrac{x}{2^n}$ $(x \neq 0)$；
　　(8) $\lim\limits_{x \to 1} (x-1) \tan \dfrac{\pi x}{2}$.

12. 求极限 $\lim\limits_{n \to \infty} \sin\left(\pi \sqrt{n^2 + \sqrt{n}} \right)$ 和 $\lim\limits_{n \to \infty} 2n \sin\left(\pi \sqrt{4n^2 + 1} \right)$，$n$ 为正整数.

13. 证明 $\lim\limits_{x \to 0} \left[\lim\limits_{n \to \infty} \left(\cos x \cos \dfrac{x}{2} \cdot \cos \dfrac{x}{4} \cdots \cos \dfrac{x}{2^n} \right) \right] = 1$，$n$ 为正整数.

3.2　其他过程的函数极限

我们考虑函数的变化趋势时，自变量的极限过程有六种情况：$x \to x_0$，$x \to x_0^+$，$x \to x_0^-$，

$x \to \infty$, $x \to +\infty$, $x \to -\infty$；函数的极限值有四种情况：$f(x) \to A$, ∞, $+\infty$, $-\infty$. 上节讨论了当 $x \to x_0$ 时函数极限的定义，这节将讨论当 x 趋于 ∞ 时，函数的变化趋势.

定义 3.2.1 设函数 $f(x)$ 定义在区间 $[a, +\infty)$ 上，A 为常数. 若对任意给定的 $\varepsilon > 0$，存在正数 $X > a$，当 $x > X$ 时，成立

$$|f(x) - A| < \varepsilon.$$

则称函数 $f(x)$ 当 $x \to +\infty$ 时以 A 为极限，记为 $\lim\limits_{x \to +\infty} f(x) = A$ 或 $f(x) \to A (x \to +\infty)$.

类似可以定义 $\lim\limits_{x \to -\infty} f(x) = A$ 或 $\lim\limits_{x \to \infty} f(x) = A$，只需把上面定义中刻画自变量变化过程的式子改为 $x < -X$ 或 $|x| > X$.

上一节中，以 $\lim\limits_{x \to x_0} f(x)$ 为例讨论了的函数极限的保序性、四则运算法则、夹逼定理、复合函数极限定理，这些结论对其他极限形式仍然成立，Heine 定理、Cauchy 收敛原理也有各自相应的版本，读者可以自己总结并证明.

例 3.2.1 证明 $\lim\limits_{x \to \infty} \dfrac{x-1}{2x+1} = \dfrac{1}{2}$.

证明 易见当 $|x| > 1$ 时，

$$\left| \frac{x-1}{2x+1} - \frac{1}{2} \right| = \frac{3}{|2(2x+1)|} \leqslant \frac{3}{2(2|x|-1)} < \frac{3}{2|x|}.$$

任取 $\varepsilon > 0$，为使 $\left| \dfrac{x-1}{2x+1} - \dfrac{1}{2} \right| < \varepsilon$，只需 $\dfrac{3}{2|x|} < \varepsilon$，取 $X = \max\left\{ 1, \dfrac{3}{2\varepsilon} \right\}$，则当 $|x| > X$ 时，

$$\left| \frac{x-1}{2x+1} - \frac{1}{2} \right| < \frac{3}{2|x|} < \varepsilon.$$

由此即证得 $\lim\limits_{x \to \infty} \dfrac{x-1}{2x+1} = \dfrac{1}{2}$.

例 3.2.2 求 $\lim\limits_{x \to \infty} \left(1 + \dfrac{1}{x} \right)^x$, $\lim\limits_{x \to 0} (1+x)^{\frac{1}{x}}$.

解 在数列极限中，我们已经知道 $\lim\limits_{n \to \infty} \left(1 + \dfrac{1}{n} \right)^n = \mathrm{e}$，从这个结论出发我们首先证明函数极限 $\lim\limits_{x \to +\infty} \left(1 + \dfrac{1}{[x]} \right)^{[x]} = \mathrm{e}$. 任取 $\varepsilon > 0$，由 $\lim\limits_{n \to \infty} \left(1 + \dfrac{1}{n} \right)^n = \mathrm{e}$ 可知，存在 $N \in \mathbf{N}^*$，使得当 $n > N$ 时，

$$\left| \left(1 + \frac{1}{n} \right)^n - \mathrm{e} \right| < \varepsilon,$$

则当 $x > N+1$ 时，有 $[x] > N$，从而有

$$\left| \left(1 + \frac{1}{[x]} \right)^{[x]} - \mathrm{e} \right| < \varepsilon.$$

这就证明了 $\lim\limits_{x \to +\infty} \left(1 + \dfrac{1}{[x]} \right)^{[x]} = \mathrm{e}$. 又由极限的四则运算性质以及 $\lim\limits_{x \to +\infty} \left(1 + \dfrac{1}{[x]+1} \right) = 1$ 可得 $\lim\limits_{x \to +\infty} \left(1 + \dfrac{1}{[x]+1} \right)^{[x]+1} \left(1 + \dfrac{1}{[x]+1} \right)^{-1} = \mathrm{e}$.

对任意的正数 x，因为 $[x] \leqslant x \leqslant [x]+1$，由幂函数和指数函数的单调性知

$$\left(1 + \frac{1}{[x]+1} \right)^{[x]} \leqslant \left(1 + \frac{1}{x} \right)^x \leqslant \left(1 + \frac{1}{[x]} \right)^{[x]+1}.$$

由上面的结论及夹逼定理知

$$\lim_{x \to +\infty} \left(1 + \frac{1}{x}\right)^x = e.$$

再通过换元,令 $y = -(x+1)$ 可得

$$\lim_{x \to -\infty} \left(1 + \frac{1}{x}\right)^x = \lim_{x \to -\infty} \left(1 - \frac{1}{x+1}\right)^{-x} = \lim_{x \to -\infty} \left(1 - \frac{1}{x+1}\right)^{-(x+1)} \left(1 - \frac{1}{x+1}\right)$$

$$= \lim_{y \to +\infty} \left(1 + \frac{1}{y}\right)^y \left(1 + \frac{1}{y}\right) = e.$$

综上可知 $\lim\limits_{x \to \infty} \left(1 + \frac{1}{x}\right)^x = e.$ 再令 $y = \frac{1}{x}$ 可得

$$\lim_{x \to 0} (1 + x)^{\frac{1}{x}} = \lim_{y \to \infty} \left(1 + \frac{1}{y}\right)^y = e.$$

注 $\lim\limits_{x \to \infty} \left(1 + \frac{1}{x}\right)^x = \lim\limits_{x \to 0}(1+x)^{\frac{1}{x}} = e$ 和数列极限 $\lim\limits_{n \to \infty} \left(1 + \frac{1}{n}\right)^n = e$ 一样,可作为已知结论来求解这种类型函数的极限.

例 **3.2.3** 求 $\lim\limits_{x \to \infty} \left(1 - \frac{1}{x}\right)^x$ 和 $\lim\limits_{x \to 0}(1-x)^{\frac{1}{x}}$.

解 令 $y = -x$,则有

$$\lim_{x \to \infty} \left(1 - \frac{1}{x}\right)^x = \lim_{y \to \infty} \left(1 + \frac{1}{y}\right)^{-y} = e^{-1}.$$

类似可得 $\lim\limits_{x \to 0}(1-x)^{\frac{1}{x}} = e^{-1}.$

例 **3.2.4** 设 a 是给定的实数,证明: $\lim\limits_{x \to +\infty} (\sin\sqrt{x+a} - \sin\sqrt{x}) = 0.$

证明 由三角函数的和差化积公式可得

$$0 \leqslant \left| \sin\sqrt{x+a} - \sin\sqrt{x} \right| = \left| 2\sin\frac{\sqrt{x+a} - \sqrt{x}}{2} \cos\frac{\sqrt{x+a} + \sqrt{x}}{2} \right|$$

$$\leqslant \left| \sqrt{x+a} - \sqrt{x} \right| \leqslant \frac{|a|}{\sqrt{x+a} + \sqrt{x}}.$$

通过定义可以证明 $\lim\limits_{x \to +\infty} \dfrac{1}{\sqrt{x+a} + \sqrt{x}} = 0$,从而 $\lim\limits_{x \to +\infty} \dfrac{|a|}{\sqrt{x+a} + \sqrt{x}} = 0.$ 由夹逼定理可得

$$\lim_{x \to +\infty} \left| \sin\sqrt{x+a} - \sin\sqrt{x} \right| = 0.$$

从而有 $\lim\limits_{x \to +\infty} (\sin\sqrt{x+a} - \sin\sqrt{x}) = 0.$

例 **3.2.5** 设 $f(x)$ 是 $(a, +\infty)$ 上的单调递增函数,证明 $\lim\limits_{x \to +\infty} f(x)$ 存在的充要条件是 $f(x)$ 在 $(a, +\infty)$ 上有上界.

证明 必要性:

设 $\lim\limits_{x \to +\infty} f(x) = A$,由极限定义,对 $\varepsilon = 1$,存在 $X > a$,使得当 $x > X$ 时,成立

$$|f(x) - A| < 1,$$

即

$$A - 1 < f(x) < A + 1.$$

所以对 $\forall x \in (a, +\infty)$，由函数的单调性知 $f(x) \leqslant \max\{f(X), A+1\}$，所以 $f(x)$ 在 $(a, +\infty)$ 上有上界.

充分性：

因为 $f(x)$ 是 $(a, +\infty)$ 上的单调递增有上界的函数，任选数列 $\{x_n\}$，满足

$$x_1 \leqslant x_2 \leqslant \cdots \leqslant x_n \leqslant \cdots, \quad \text{且} \lim_{n \to \infty} x_n = +\infty.$$

其对应的函数数列 $\{f(x_n)\}$ 单调递增有上界，从而必有极限，假设 $\lim\limits_{n \to +\infty} f(x_n) = A$. 则对任意的 $\varepsilon > 0$，存在 $N \in \mathbf{N}^*$，使得当 $n > N$ 时，成立

$$|f(x_n) - A| < \varepsilon.$$

当 $x > x_{N+1}$ 时，必存在某个 $x_K (K > N+1)$，使得 $x_{N+1} < x < x_K$，因为 $f(x)$ 在 $(a, +\infty)$ 上单调递增，从而有

$$A - \varepsilon < f(x_{N+1}) < f(x) < f(x_K) < A + \varepsilon.$$

即证得 $\lim\limits_{x \to +\infty} f(x) = A$. 结论得证！

习题 3.2

1. 用函数极限的定义来证明：

(1) $\lim\limits_{x \to \infty} \dfrac{x-1}{x+2} = 1$；　　　(2) $\lim\limits_{x \to \infty} \dfrac{x-2}{2x+3} = \dfrac{1}{2}$；　　　(3) $\lim\limits_{x \to +\infty} (x - \sqrt{x^2-1}) = 0$；

(4) $\lim\limits_{x \to -\infty} e^x = 0$；　　　(5) $\lim\limits_{x \to \infty} \sqrt[x]{a} = 1 (a > 0)$；　　　(6) $\lim\limits_{x \to \infty} \dfrac{\sin x}{x} = 0$.

2. 已知常数 $a_k (k = 1, 2, \cdots n)$ 满足 $\sum\limits_{k=1}^{n} a_k = 0$，求证：$\lim\limits_{x \to +\infty} \sum\limits_{k=1}^{n} a_k \sin\sqrt{x+k} = 0$.

3. 求下列极限：

(1) $\lim\limits_{x \to +\infty} \left(1 - \dfrac{2}{x}\right)^{-x}$；　　　(2) $\lim\limits_{x \to +\infty} \left(1 + \dfrac{1}{2x^2}\right)^x$；　　　(3) $\lim\limits_{x \to 0} \left(\dfrac{1+x}{1-x}\right)^{\frac{1}{x}}$；

(4) $\lim\limits_{x \to 0^+} (1+x)^{\frac{1}{x}}$.

4. 利用海涅定理证明 $\lim\limits_{x \to +\infty} \cos x$ 不存在.

5. 已知极限 $\lim\limits_{x \to +\infty} \left(\dfrac{x-a}{x+a}\right)^x = e^2$，求常数 a.

6. 证明 $\lim\limits_{x \to +\infty} f(x) = A$ 的充要条件是：对任意严格单调增加的正无穷大数列 $\{x_n\}$，都有 $\lim\limits_{n \to +\infty} f(x_n) = A$.

7. 证明极限 $\lim\limits_{x \to +\infty} f(x)$ 存在的充要条件是：对任意的 $\varepsilon > 0$，存在 $X > 0$，使得当 $x_1, x_2 > X$ 时有 $|f(x_1) - f(x_2)| < \varepsilon$.

8. 设 $f(x)$ 为周期函数且有 $\lim\limits_{x \to +\infty} f(x) = A$，证明：$f(x) \equiv A$.

3.3　连续函数

3.3.1　连续函数的定义

从几何直观上来看，函数图像在某一点处"连结"起来、"不间断"称之为函数在这一点处连续. 从分析的角度来讲，函数 $f(x)$ 在一点 x_0 是否具有连续特性，就是指自变量 x 在点 x_0 附近微小变化时，函数 $f(x)$ 是否也在 $f(x_0)$ 附近微小变化. 借助函数极限的概念，连续有如下定义.

定义 3.3.1 设函数 $f(x)$ 在点 x_0 的某个邻域内有定义，且 $\lim\limits_{x \to x_0} f(x) = f(x_0)$，则称函数 $f(x)$ 在点 x_0 处连续，或者称 x_0 为函数 $f(x)$ 的连续点.

函数 $f(x)$ 在点 x_0 处连续的"$\varepsilon - \delta$"语言为：
$$\forall \varepsilon > 0, \exists \delta > 0, \text{s. t. } \forall x \in U(x_0, \delta), |f(x) - f(x_0)| < \varepsilon.$$

函数在一点连续反映的是函数在这点附近的微小变化，是局部概念. 但是我们可以逐点考察，来描述函数在区间上的连续性.

定义 3.3.2 若函数 $f(x)$ 在 (a, b) 的每一点都连续，则称函数 $f(x)$ 在开区间 (a, b) 内连续.

例 3.3.1 证明函数 $f(x) = \dfrac{1}{x}$ 在区间 $(0, 1)$ 内连续.

证明 在 $(0, 1)$ 内任取一点 x_0，对 $\forall \varepsilon > 0$，注意到
$$|f(x) - f(x_0)| = \left| \frac{1}{x} - \frac{1}{x_0} \right| = \left| \frac{x - x_0}{x x_0} \right|,$$

首先设定 $|x - x_0| < \dfrac{x_0}{2}$，可得 $x > \dfrac{x_0}{2}$，则 $x x_0 > \dfrac{x_0^2}{2}$. 从而
$$\left| \frac{x - x_0}{x x_0} \right| < \frac{2}{x_0^2} |x - x_0|,$$

取 $\delta = \min\left\{ \dfrac{x_0}{2}, \dfrac{x_0^2}{2} \varepsilon \right\}$，则当 $|x - x_0| < \delta$ 时，
$$|f(x) - f(x_0)| < \frac{2}{x_0^2} |x - x_0| < \varepsilon.$$

由 x_0 的任意性可知 $f(x) = \dfrac{1}{x}$ 在区间 $(0, 1)$ 内连续.

为了讨论函数在闭区间上的连续性，我们首先给出单侧连续的概念.

定义 3.3.3

若 $\lim\limits_{x \to x_0^-} f(x) = f(x_0)$，则称函数 $f(x)$ 在点 x_0 左连续；

若 $\lim\limits_{x \to x_0^+} f(x) = f(x_0)$，则称函数 $f(x)$ 在点 x_0 右连续.

由连续和左、右连续的定义易得：

定理 3.3.1 函数 $f(x)$ 在点 x_0 连续的充要条件是函数 $f(x)$ 在点 x_0 既左连续又右连续.

定义 3.3.4 若函数 $f(x)$ 在开区间 (a,b) 内连续,且在区间左端点 a 处右连续,在区间右端点 b 处左连续,则称函数 $f(x)$ 在闭区间 $[a,b]$ 上连续. 记为 $f(x) \in C[a,b]$.

例 3.3.2 已知函数 $f(x) = \begin{cases} \cos x, & x<0, \\ a+x, & x \geqslant 0, \end{cases}$ 在点 $x=0$ 连续,问常数 a 为何值.

解 已知 $f(0)=a$,由左右连续的定义可得

$$\lim_{x \to 0^-} f(x) = \lim_{x \to 0^-} \cos x = 1,$$
$$\lim_{x \to 0^+} f(x) = \lim_{x \to 0^+} (a+x) = a,$$

已知函数在点 $x=0$ 连续,则 $\lim\limits_{x \to 0^-} f(x) = \lim\limits_{x \to 0^+} f(x) = f(0)$,从而 $a=1$.

例 3.3.3 余弦函数 $f(x) = \cos x$ 在 $(-\infty, +\infty)$ 上连续.

证明 在 $(-\infty, +\infty)$ 中任取一点 x_0,因为

$$|f(x) - f(x_0)| = |\cos x - \cos x_0| = 2\left| \sin \frac{x+x_0}{2} \sin \frac{x-x_0}{2} \right| \leqslant |x - x_0|,$$

对 $\forall \varepsilon > 0$,取 $\delta = \varepsilon$,则当 $|x - x_0| < \delta$ 时,

$$|\cos x - \cos x_0| < \varepsilon.$$

这证明了 $\cos x$ 在 x_0 处连续,由 x_0 的任意性知 $f(x) = \cos x$ 在 $(-\infty, +\infty)$ 上连续.

类似方法可以证明正弦函数 $f(x) = \sin x$ 在 $(-\infty, +\infty)$ 上连续.

对点 x_0,若存在 $\delta > 0$,使得在 $U(x_0, \delta)$ 内,函数 $f(x)$ 仅在点 x_0 处有定义,对于这样的点,我们约定函数在点 x_0 连续. 根据此约定,若函数 $f(x)$ 的定义域是一个有限点集,则 $f(x)$ 在其定义域内连续.

3.3.2 连续函数的性质

因为在连续点 x_0 处函数极限存在并且极限就是 $f(x_0)$,由函数极限的性质,可以得到连续函数的性质.

定理 3.3.2(连续函数的局部有界性) 若函数 $f(x)$ 在点 x_0 连续,则 $f(x)$ 在点 x_0 的某个邻域内有界.

定理 3.3.3(连续函数的局部保号性) 若函数 $f(x)$ 在点 x_0 连续,且 $f(x_0) > 0$,则存在 $\delta > 0$,使得当 $|x - x_0| < \delta$ 时,$f(x) > 0$.

定理 3.3.4(连续函数的四则运算) 设 $\lim\limits_{x \to x_0} f(x) = f(x_0)$, $\lim\limits_{x \to x_0} g(x) = g(x_0)$,则

(1) $\lim\limits_{x \to x_0} [f(x) \pm g(x)] = f(x_0) \pm g(x_0)$;

(2) $\lim\limits_{x \to x_0} [f(x) \cdot g(x)] = f(x_0) g(x_0)$;

(3) 又若 $g(x_0) \neq 0$,则 $\dfrac{f(x)}{g(x)}$ 也在点 x_0 处连续,且

$$\lim_{x \to x_0} \frac{f(x)}{g(x)} = \frac{f(x_0)}{g(x_0)}.$$

定理 3.3.4 说明,在某区间连续的有限多个函数,它们之间进行有限次的和、差、积、商,所得到的函数在该区间除去使分母为零的点后余下的范围内连续. 对于常函数 $f(x) = c$ 和恒

等函数 $g(x)=x$，由定义容易得到它们在 $(-\infty,+\infty)$ 上的连续性，再应用定理 3.3.4，可知：

例 3.3.4

(1) 多项式函数 $p_n(x)=a_nx^n+a_{n-1}x^{n-1}+\cdots+a_1x+a_0$ 在 $(-\infty,+\infty)$ 上连续；

(2) 有理函数

$$Q(x)=\frac{a_nx^n+a_{n-1}x^{n-1}+\cdots+a_1x+a_0}{b_mx^m+b_{m-1}x^{m-1}+\cdots+b_1x+b_0},(m,n\in\mathbf{N}^*)$$

在其定义域内连续.

例 3.3.5　由三角函数 $\sin x$ 与 $\cos x$ 的连续性，以及连续函数的四则运算法则，可知正切函数 $\tan x=\dfrac{\sin x}{\cos x}$，正割函数 $\sec x=\dfrac{1}{\cos x}$，余切函数 $\cot x=\dfrac{\cos x}{\sin x}$，余割函数 $\csc x=\dfrac{1}{\sin x}$，分别在其定义域内连续.

定理 3.3.5(复合函数的连续性)　若函数 $g(x)$ 在点 x_0 连续，$g(x_0)=u_0$，$f(u)$ 在点 u_0 连续，则复合函数 $f(g(x))$ 在点 x_0 连续.

从定理条件可以看出，复合函数的连续性，比复合函数的极限性质少了在 x_0 附近 $g(x)\ne u_0$ 的限制.

定理 3.3.6(反函数的连续性)　设函数 $f(x)$ 是区间 $[a,b]$ 上的严格单调递增(递减)的连续函数，假设它的反函数 $x=f^{-1}(y)$ 存在[①]，则 $f^{-1}(y)$ 是 $[f(a),f(b)]([f(b),f(a)])$ 上的严格单调递增(递减)连续函数.

证明　不妨设 $f(x)$ 在区间 $[a,b]$ 上严格单调递增，则此时反函数 $f^{-1}(y)$ 的定义域为 $[f(a),f(b)]$. 任取一点 $y_0\in(f(a),f(b))$，我们证明 $f^{-1}(y)$ 在 y_0 点连续. 先考虑 y_0 不为端点的情形. 设 $x_0=f^{-1}(y_0)$，则 $x_0\in(a,b)$. 任取 $\varepsilon>0$，可选取 $x_1,x_2\in(a,b)$ 使得

$$x_0-\varepsilon<x_1<x_0<x_2<x_0+\varepsilon.$$

设 $y_1=f(x_1),y_2=f(x_2)$，由 $f(x)$ 的单调性知 $y_1<y_0<y_2$. 令 $\delta=\min\{y_2-y_0,y_0-y_1\}$，则对任意的 $|y-y_0|<\delta$，对应的 $x_1<x=f^{-1}(y)<x_2$，则

$$|f^{-1}(y)-f^{-1}(y_0)|=|x-x_0|<\varepsilon.$$

即 $x=f^{-1}(y)$ 在 y_0 点连续.

类似可以证明端点处的左连续性和右连续性，所以 $x=f^{-1}(y)$ 在 $[f(a),f(b)]$ 上连续. 进一步证明单调性，任取 $y,y'\in[f(a),f(b)]$，设 $y=f(x),y'=f(x')$，则有 $x=f^{-1}(y)$，$x'=f^{-1}(y')$. 若有 $y<y'$，则必有 $x<x'$，否则由 $x\geqslant x'$ 再由 $f(x)$ 严格单调递增知 $y=f(x)\geqslant f(x')=y'$，矛盾！这说明 $f^{-1}(y)$ 也是严格单调递增的. 结论得证！

例 3.3.3，例 3.3.5 说明正弦余弦等三角函数在实数域上连续，从而反三角函数在定义域上也连续. 常函数显然是连续的，其他几类基本初等函数的连续性讨论如下.

例 3.3.6　指数函数 $f(x)=a^x(a>0,a\ne1)$ 在 $(-\infty,+\infty)$ 上连续.

---

① 由后面学到的闭区间上连续函数的性质可知，当 $f(x)$ 是闭区间 $[a,b]$ 上的严格单调递增的连续函数时，$f(x)$ 是一个从 $[a,b]$ 到 $[f(a),f(b)]$ 的满射，又由单调性可知 $f(x)$ 是一个单射，因此是一个一一对应，一定存在反函数，严格单调递减连续时结论也成立.

证明　在$(-\infty,+\infty)$中任取一点x_0,由于$a^x-a^{x_0}=a^{x_0}(a^{x-x_0}-1)$,所以证明函数在点$x_0$连续等价于证明$\lim\limits_{t\to 0}a^t=1$.

若$t>0$,则当$a>1$时,成立

$$1<a^t<a^{1/\left[\frac{1}{t}\right]},$$

由$\lim\limits_{n\to\infty}\sqrt[n]{a}=1$及夹逼定理可得$\lim\limits_{t\to 0^+}a^t=1$.

当$0<a<1$时,

$$\lim_{t\to 0^+}a^t=\lim_{t\to 0^+}\frac{1}{\left(\dfrac{1}{a}\right)^t}=\frac{1}{\lim\limits_{t\to 0^+}\left(\dfrac{1}{a}\right)^t}=1.$$

下面再讨论$t\to 0^-$的情形,令$u=-t$,则

$$\lim_{t\to 0^-}a^t=\lim_{u\to 0^+}\frac{1}{a^u}=1.$$

由以上讨论,我们得到$\lim\limits_{t\to 0}a^t=1$,从而有$\lim\limits_{x\to x_0}a^x=a^{x_0}$.由$x_0$的任意性,可知指数函数$f(x)=a^x(a>0,a\neq 1)$在$(-\infty,+\infty)$上连续.

由指数函数的连续性及反函数的连续性定理,可知对数函数也在相应的定义域上连续,而幂函数可以看成指数函数及对数函数的复合函数,连续性自然也可以得到. 初等函数是基本初等函数经过有限次四则运算和复合形成的能用一个式子表示的函数,由连续函数的四则运算性质及复合函数、反函数的连续性,我们可以得到初等函数在其自然定义域内连续.

3.3.3　不连续点的类型

按照连续的定义,函数$f(x)$在点x_0连续必须满足以下三个条件:

(1) 函数$f(x)$在点x_0有定义;

(2) 函数$f(x)$在点x_0的极限存在;

(3) 函数$f(x)$在点x_0的极限等于$f(x_0)$.

若上述条件有一个不满足,则点x_0是函数$f(x)$的不连续点,这时也称x_0为间断点. 按照单侧极限存在与否可以将间断点可分为两大类:第一类间断点和第二类间断点.

1. 函数$f(x)$在点x_0左右极限都存在,

(1) 若$\lim\limits_{x\to x_0^-}f(x)\neq\lim\limits_{x\to x_0^+}f(x)$,则称点$x_0$为函数$f(x)$的跳跃间断点.

(2) 若$\lim\limits_{x\to x_0^-}f(x)=\lim\limits_{x\to x_0^+}f(x)$,但是极限值与$f(x_0)$不相等,或者$f(x)$在点$x_0$无定义,则称点$x_0$为函数$f(x)$的可去间断点.

跳跃间断点与可去间断点统称为第一类间断点.

2. 函数$f(x)$在点x_0处的左右极限至少有一个不存在,则称点x_0为函数$f(x)$的第二类间断点.

例 **3.3.7**　讨论以下函数在点$x=0$处的间断点的类型:

(1) $f(x)=\begin{cases}-x, & x\leqslant 0,\\ 1+x, & x>0.\end{cases}$
　　　　(2) $f(x)=\begin{cases}2\sqrt{x}, & 0\leqslant x<1,\\ 1, & x=1,\\ 1+x, & x>1.\end{cases}$

(3) $f(x)=\sin\dfrac{1}{x}$;　　　　　　　(4) $f(x)=\mathrm{e}^{\frac{1}{x}}$.

解

(1) 计算 $f(x)$ 在 $x=0$ 点的左右极限可得：
$$\lim_{x\to0^-}f(x)=\lim_{x\to0^-}(-x)=0,\ \lim_{x\to0^+}f(x)=\lim_{x\to0^+}(1+x)=1,$$
由 $\lim\limits_{x\to0^-}f(x)\neq\lim\limits_{x\to0^+}f(x)$，知 $x=0$ 是函数的跳跃间断点；

(2) 因为 $\lim\limits_{x\to1^-}f(x)=\lim\limits_{x\to1^-}2\sqrt{x}=2$，$\lim\limits_{x\to1^+}f(x)=\lim\limits_{x\to1^+}(1+x)=2$，但是 $f(1)=1$，所以 $x=1$ 是函数的可去间断点；

(3) 函数 $f(x)=\sin\dfrac{1}{x}$ 在 $x=0$ 处的左右极限都不存在，所以 $x=0$ 是函数的第二类间断点；

(4) 因为 $\lim\limits_{x\to0^-}f(x)=\lim\limits_{x\to0^-}\mathrm{e}^{\frac{1}{x}}=0$，$\lim\limits_{x\to0^+}f(x)=\lim\limits_{x\to0^+}\mathrm{e}^{\frac{1}{x}}=+\infty$，所以 $x=0$ 是函数的第二类间断点.

例 3.3.8 讨论 Riemann 函数
$$R(x)=\begin{cases}\dfrac{1}{q}, & x=\dfrac{p}{q},p,q\text{ 为互素的整数},q>0,\\[2mm] 0, & x\text{ 为无理数},\end{cases}$$
的连续性.

证明　首先证明对任意点 $x_0\in\mathbb{R}$，都有 $\lim\limits_{x\to x_0}R(x)=0$.

任取 $\varepsilon>0$，对有理数 $x=\dfrac{p}{q}$，想要成立 $|R(x)-0|=\dfrac{1}{q}<\varepsilon$，只需 $q>\dfrac{1}{\varepsilon}$. 先取 $\delta_1=1$，则在 (x_0-1,x_0+1) 内满足 $q\leqslant\dfrac{1}{\varepsilon}$ 且不取 x_0 的有理数 $\dfrac{p}{q}$ 至多只有有限多个，记这有限多个有理数分别为 $x_1,x_2,\cdots,x_k$，再取
$$\delta=\min\{\delta_1,|x_1-x_0|,|x_2-x_0|,\cdots,|x_k-x_0|\}.$$
则在集合 $(x_0-\delta,x_0)\bigcup(x_0,x_0+\delta)$ 中没有满足 $q\leqslant\dfrac{1}{\varepsilon}$ 的有理数 $\dfrac{p}{q}$.

当 $0<|x-x_0|<\delta$ 时，

(1) 若 x 为有理数 $\dfrac{p}{q}$，由 δ 的选取一定有 $q>\dfrac{1}{\varepsilon}$，则有 $|R(x)-0|=\dfrac{1}{q}<\varepsilon$；

(2) 若 x 为无理数，则显然有 $|R(x)-0|=0<\varepsilon$. 所以有 $\lim\limits_{x\to x_0}R(x)=0$.

由此进一步可得 Riemann 函数在所有无理数点处连续，而在所有有理数点不连续，且为可去间断点.

例 3.3.9 已知 $f(x)$ 为区间 (a,b) 上的单调函数，证明 $f(x)$ 的间断点一定是跳跃间断点.

证明　不妨假设函数 $f(x)$ 在 (a,b) 单调递增.

设 x_0 为 (a,b) 中的任意一点. 考虑函数值的集合 $A=\{f(x)\,|\,x\in(a,x_0)\}$，由 $f(x)$ 单

调递增,A 有上界 $f(x_0)$,从而必有上确界 $\alpha=\sup\{f(x)\,|\,x\in(a,x_0)\}$,且 $\alpha\leqslant f(x_0)$.

由上确界的定义可知,对任意的 $x\in(a,x_0)$,$f(x)\leqslant\alpha$;对任给的 $\varepsilon>0$,存在 $x'\in(a,x_0)$,使得 $f(x')>\alpha-\varepsilon$. 取 $\delta=x_0-x'>0$,则当 $-\delta<x-x_0<0$ 时,$x'<x<x_0$,由函数单调递增可得

$$-\varepsilon<f(x')-\alpha\leqslant f(x)-\alpha\leqslant 0<\varepsilon,$$

由左极限定义知 $\lim\limits_{x\to x_0^-}f(x)=\alpha$. 同理可证 $\lim\limits_{x\to x_0^+}f(x)=\beta$,其中 $\beta=\inf\{f(x)\,|\,x\in(x_0,b)\}$. 这说明单调函数在任意点的左右极限都存在.

若 $x_0\in(a,b)$ 是函数 $f(x)$ 的间断点,任取 x_0 两侧的点 $x<x_0<x'$,由单调性知,

$$f(x)\leqslant f(x_0)\leqslant f(x').$$

令 $x\to x_0^-$,$x'\to x_0^+$,由单侧极限的存在性以及极限的保序性可得

$$f(x_0^-)\leqslant f(x_0)\leqslant f(x_0^+).$$

因为 x_0 为间断点,上式两边不能同时取等号,所以有 $f(x_0^-)<f(x_0^+)$,x_0 是跳跃间断点.

结论得证!

3.3.4　利用连续性求函数极限

若函数 $f(x)$ 在点 x_0 连续,则 $\lim\limits_{x\to x_0}f(x)=f(x_0)$,这说明我们可以通过代入这点的值来求连续函数在一点处的极限,或者说这时函数运算和极限运算可以交换顺序.

对于复合函数来说,定理 3.3.5 中已有结论:当 $f(x)$,$g(x)$ 在相应的 $g(x_0)$ 和 x_0 连续时,有 $\lim\limits_{x\to x_0}f(g(x))=f(g(x_0))=f(\lim\limits_{x\to x_0}g(x))$. 实际上,如果这里有 $g(x)$ 在 x_0 点极限存在,$f(x)$ 在 $u_0=\lim\limits_{x\to x_0}g(x)$ 连续,我们仍然有 $\lim\limits_{x\to x_0}f(g(x))=f(\lim\limits_{x\to x_0}g(x))$,同样函数运算和极限运算可以交换顺序. 我们看以下例子.

例 3.3.10　求极限

(1) $\lim\limits_{x\to 1}\sin\sqrt{e^x-1}$;　　　　　(2) $\lim\limits_{x\to 0}\dfrac{\sqrt{1+x^2}-1}{x^2}$.

解

(1) $\lim\limits_{x\to 1}\sin\sqrt{e^x-1}=\sin\left(\lim\limits_{x\to 1}\sqrt{e^x-1}\right)=\sin\left(\sqrt{\lim\limits_{x\to 1}e^x-1}\right)=\sin\left(\sqrt{e-1}\right)$;

(2) $\lim\limits_{x\to 0}\dfrac{\sqrt{1+x^2}-1}{x^2}=\lim\limits_{x\to 0}\dfrac{(\sqrt{1+x^2}-1)(\sqrt{1+x^2}+1)}{x^2(\sqrt{1+x^2}+1)}=\lim\limits_{x\to 0}\dfrac{1}{\sqrt{1+x^2}+1}=\dfrac{1}{2}$.

例 3.3.11　求极限

(1) $\lim\limits_{x\to 0}\dfrac{\ln(1+x)}{x}$;　　　　(2) $\lim\limits_{x\to 0}\dfrac{a^x-1}{x}$;　　　　(3) $\lim\limits_{x\to 0}\dfrac{(1+x)^\lambda-1}{x}$.

解

(1) $\lim\limits_{x\to 0}\dfrac{\ln(1+x)}{x}=\lim\limits_{x\to 0}\ln(1+x)^{\frac{1}{x}}=\ln\lim\limits_{x\to 0}(1+x)^{\frac{1}{x}}=\ln e=1$;

(2) 令 $a^x-1=t$,则 $x=\log_a(1+t)$,且 $x\to 0$ 时,$t\to 0$,则有

$$\lim_{x\to 0}\frac{a^x-1}{x}=\lim_{t\to 0}\frac{t}{\log_a(1+t)}=\lim_{t\to 0}\frac{t\ln a}{\ln(1+t)}=\ln a.$$

特别地，$\lim_{x\to 0}\dfrac{\mathrm{e}^x-1}{x}=1$.

（3）$\lim_{x\to 0}\dfrac{(1+x)^\lambda-1}{x}=\lim_{x\to 0}\dfrac{\mathrm{e}^{\lambda\ln(1+x)}-1}{x}=\lim_{x\to 0}\dfrac{\mathrm{e}^{\lambda\ln(1+x)}-1}{\lambda\ln(1+x)}\cdot\dfrac{\lambda\ln(1+x)}{x}=\lambda.$

这里（3）的证明用到了（1）（2）的结论. （2）（3）的计算过程用到的复合函数的极限定理，也可以看做"变量替换".

例 **3.3.12** 求下列极限

（1）$\lim_{x\to 0}\dfrac{\sin(x\,\mathrm{e}^x)}{\ln(\sqrt{1+x^2}-x)}$；　　　　　（2）$\lim_{x\to 0}(1+\sin x)^{\frac{1}{x}}$.

解

（1）$\lim_{x\to 0}\dfrac{\sin(x\,\mathrm{e}^x)}{\ln(\sqrt{1+x^2}-x)}=\lim_{x\to 0}\dfrac{\lim\sin(x\mathrm{e}^x)\cdot x\mathrm{e}^x}{x\mathrm{e}^x\left[\ln\sqrt{1+x^2}+\ln\left(1-\dfrac{x}{\sqrt{1+x^2}}\right)\right]}$

$$=\lim_{x\to 0}\frac{\sin(x\mathrm{e}^x)}{x\mathrm{e}^x}\cdot\frac{1}{\dfrac{1}{2}\lim_{x\to 0}\left[\dfrac{\ln(1+x^2)}{x^2}\cdot\dfrac{x}{\mathrm{e}^x}\right]+\lim_{x\to 0}\left[\dfrac{\ln\left(1-\dfrac{x}{\sqrt{1+x^2}}\right)}{-\dfrac{x}{\sqrt{1+x^2}}}\cdot\dfrac{-1}{\mathrm{e}^x\sqrt{1+x^2}}\right]}$$

$$=-1.$$

（2）$\lim_{x\to 0}(1+\sin x)^{\frac{1}{x}}=\lim_{x\to 0}\mathrm{e}^{\frac{1}{x}\ln(1+\sin x)}=\mathrm{e}^{\lim_{x\to 0}\frac{1}{x}\ln(1+\sin x)}=\mathrm{e}^{\lim_{x\to 0}\frac{\sin x}{x}\cdot\frac{\ln(1+\sin x)}{\sin x}}=\mathrm{e}.$

习题 **3.3**

1. 若 $f(x)$ 恒正，且在 $[a,b]$ 连续，按定义证明 $\dfrac{1}{f(x)}$ 在 $[a,b]$ 连续.

2. 若 $f(x)$ 在点 x_0 连续，则 $|f(x)|$ 和 $f^2(x)$ 是否也在点 x_0 连续？反过来，若 $|f(x)|$ 和 $f^2(x)$ 在点 x_0 连续，则 $f(x)$ 是否在点 x_0 连续？

3. 讨论下列函数的不连续点：

（1）$y=\dfrac{x^2-4}{x^3-3x+2}$；　　　　　　（2）$f(x)=\begin{cases}\mathrm{e}^{\frac{1}{x}}, & x<0;\\ \sin x, & x\geqslant 0\end{cases}$

（3）$y=\dfrac{x}{\tan x}$；　　　　　　　　（4）$y=x\left[\dfrac{1}{x}\right]$.

4. 计算极限

（1）$\lim_{x\to 1}\dfrac{\sqrt[3]{x}-1}{\sqrt[2]{x}-1}$；　　　　　　　（2）$\lim_{x\to 0}\dfrac{1-\sqrt[n]{1-2x}}{x}$，$n\in\mathbf{N}^*$；

（3）$\lim_{x\to 0}\dfrac{\sqrt[m]{1+x}-\sqrt[n]{1-2x}}{x}$，$m,n\in\mathbf{N}^*$；　（4）$\lim_{x\to 0}\dfrac{\sqrt{1+\tan x}-\sqrt{1+\sin x}}{x^3}$；

(5) $\lim\limits_{x\to 0}\dfrac{\sqrt{\cos x}-\sqrt[3]{\cos x}}{x\sin 2x}$;　　　　　　　(6) $\lim\limits_{x\to 0}\dfrac{\ln(e^x-2x^3)}{\ln(e^{3x}+x^2)}$.

5. 若存在正数 a, $a\neq 1$, 使得定义在 $(0,+\infty)$ 上的函数 $f(x)$ 满足 $f(ax)=f(x)$, 证明: 若极限 $\lim\limits_{x\to 0^+}f(x)$ 或 $\lim\limits_{x\to +\infty}f(x)$ 存在, 则 $f(x)$ 为常值函数.

6. 已知 $(0,+\infty)$ 上定义的函数 $f(x)$ 在 $x=1$ 处连续, 且 $f(x)=f(\sqrt{x})$ 对所有的 x 都成立, 证明 $f(x)$ 为常函数.

7. 已知定义在 $\mathbb{R}$ 上的函数 $f(x)$ 在某个 $x=x_0$ 处连续, 且 $f(x+y)=f(x)+f(y)$ 对所有的 x,y 成立, 证明: $f(x)=f(1)x$.

8. 已知函数 $f(x)=a_1\sin x+a_2\sin 2x+\cdots+a_k\sin kx$ (k 为正整数), 且 $|f(x)|\leqslant |\sin x|$ 对所有的 x 都成立, 证明: $|a_1+2a_2+\cdots+ka_k|\leqslant 1$.

9. 设 $f(x)\in C[a,b]$ 单调递增, 且对任意的 $x\in[a,b]$, $a<f(x)<b$. 取一点 $x_1\in[a,b]$, $\{x_n\}$ 由递推公式 $x_{n+1}=f(x_n)$ ($n=1,2,\cdots$) 确定. 求证: $\lim\limits_{n\to\infty}x_n$ 存在, 且其极限 c 满足 $c=f(c)$.

10. 设函数 $f(x)$ 满足 $|f(x)-f(y)|\leqslant k|x-y|$, $\forall x,y\in(-\infty,+\infty)$, 其中 $0<k<1$. 求证: 存在唯一的 $\xi\in(-\infty,+\infty)$, 使得 $f(\xi)=0$.

3.4　无穷小与无穷大的阶

与数列的极限类似, 函数极限同样有无穷小和无穷大的概念.

3.4.1　无穷小的阶

我们首先讨论无穷小量. 无穷小量是以 0 为极限的变量, 这里自变量的极限过程可以是 $x\to x_0$, 也可以扩展到 $x\to x_0^+$, $x\to x_0^-$, $x\to\infty$, $x\to+\infty$, $x\to-\infty$. 以 $x\to x_0$ 为例, 有如下定义.

定义 3.4.1 若 $\lim\limits_{x\to x_0}f(x)=0$, 则称 $f(x)$ 是 $x\to x_0$ 时的无穷小.

两个无穷小趋于 0 的速度快慢的比较可以通过它们之间商的极限来考察.

定义 3.4.2(无穷小阶的比较) 设 $f(x)$, $g(x)$ 是当 $x\to x_0$ 时的无穷小, 且在 x_0 的某个去心邻域内 $g(x)\neq 0$,

(1) 若 $\lim\limits_{x\to x_0}\dfrac{f(x)}{g(x)}=0$, 则称当 $x\to x_0$ 时 $f(x)$ 是 $g(x)$ 的高阶无穷小;

(2) 若 $\lim\limits_{x\to x_0}\dfrac{f(x)}{g(x)}=l$, $l\neq 0$, 则称当 $x\to x_0$ 时 $f(x)$ 是 $g(x)$ 的同阶无穷小;

(3) 若 $\lim\limits_{x\to x_0}\dfrac{f(x)}{g(x)}=1$, 则称当 $x\to x_0$ 时 $f(x)$ 是 $g(x)$ 的等价无穷小, 记为

$$f(x)\sim g(x)\quad(x\to x_0).$$

不难发现无穷小之间的等价 "$\sim$" 满足等价性质的三条要求: 自反性, 对称性和传递性.

例 3.4.1 证明(1) 当 $x\to 0$ 时 $\ln(1+x^2)$ 是 x 的高阶无穷小; (2) 当 $x\to 0$ 时, $1-\cos x$ 是 $\dfrac{1}{2}x^2$ 的等价无穷小.

证明　(1) 因为

$$\lim_{x \to 0} \frac{\ln(1+x^2)}{x} = \lim_{x \to 0} \left[\frac{\ln(1+x^2)}{x^2} \cdot x \right] = 0,$$

所以当 $x \to 0$ 时 $\ln(1+x^2)$ 是 x 的高阶无穷小；

(2) 因为

$$\lim_{x \to 0} \frac{1-\cos x}{\frac{1}{2}x^2} = \lim_{x \to 0} \frac{2\sin^2 \frac{x}{2}}{\frac{1}{2}x^2} = \lim_{x \to 0} \left(\frac{\sin \frac{x}{2}}{\frac{x}{2}} \right)^2 = 1,$$

所以当 $x \to 0$ 时 $1-\cos x$ 是 $\frac{1}{2}x^2$ 的等价无穷小，当然也是同阶无穷小.

在无穷小阶的比较中，若自变量的变化过程为 $x \to x_0$（或 $x \to x_0^{\pm}$），我们经常选取 $g(x) = (x-x_0)^k (k>0)$ 为标准，对无穷小的阶进行量化. 若自变量的变化过程为 $x \to +\infty$，则可以选择 $g(x) = x^{-k}(k>0)$ 作为标准来进行量化.

定义 3.4.3(无穷小阶的量化) 若

$$\lim_{x \to x_0} \frac{f(x)}{(x-x_0)^k} = l \neq 0, \quad k > 0,$$

则称 $f(x)$ 是当 $x \to x_0$ 时的 k 阶无穷小.

若

$$\lim_{x \to +\infty} \frac{f(x)}{x^{-k}} = \lim_{x \to +\infty} x^k f(x) = l \neq 0, \quad k > 0,$$

则称 $f(x)$ 是当 $x \to +\infty$ 时的 k 阶无穷小.

例 3.4.2 求当 $x \to 0$ 时下列无穷小的阶：

(1) $x \tan^3 x$；　　　(2) $\tan x - \sin x$.

解　(1) 因为

$$\lim_{x \to 0} \frac{x \tan^3 x}{x^4} = \lim_{x \to 0} \left(\frac{\tan x}{x} \right)^3 = 1,$$

所以当 $x \to 0$ 时 $x \tan^3 x$ 为 4 阶无穷小；

(2) 因为

$$\lim_{x \to 0} \frac{\tan x - \sin x}{x^3} = \lim_{x \to 0} \left(\frac{\tan x}{x} \cdot \frac{1-\cos x}{x^2} \right) = \frac{1}{2},$$

所以当 $x \to 0$ 时 $\tan x - \sin x$ 为 3 阶无穷小.

3.4.2　无穷大的阶

当 $x \to x_0$ 时，若函数 $|f(x)|$ 无限增大，则称 $f(x)$ 为 $x \to x_0$ 时的无穷大. 具体地，无穷大的定义如下：

定义 3.4.4 设 $f(x)$ 在 x_0 的某个去心邻域内有定义，如果对任给的正数 M，存在 $\delta > 0$，使得当 $0 < |x-x_0| < \delta$ 时，$|f(x)| > M$，则称 $f(x)$ 为 $x \to x_0$ 时的无穷大，记为

$$\lim_{x \to x_0} f(x) = \infty, \quad \text{或} \quad f(x) \to \infty (x \to x_0).$$

　　如果任给正数 M,存在 $\delta>0$,使得当 $0<|x-x_0|<\delta$ 时,$f(x)>M$,则称 $f(x)$ 为 $x\to x_0$ 时的正无穷大,记为

$$\lim_{x\to x_0} f(x)=+\infty, \text{ 或 } f(x)\to+\infty(x\to x_0).$$

类似还可以定义负无穷大.

　　读者可以自行定义自变量变换过程为 $x\to x_0^+, x\to x_0^-, x\to+\infty, x\to-\infty, x\to\infty$ 时的无穷大(或正、负无穷大),分别可以表示为:

$$\lim_{x\to x_0^+} f(x)=\infty\ (\pm\infty); \lim_{x\to x_0^-} f(x)=\infty\ (\pm\infty); \lim_{x\to\infty} f(x)=\infty(\pm\infty);$$

$$\lim_{x\to+\infty} f(x)=\infty(\pm\infty); \lim_{x\to-\infty} f(x)=\infty(\pm\infty).$$

　　根据无穷大的定义不难证明当 $k>0$ 时,$\lim\limits_{x\to+\infty} x^k=+\infty$,$\lim\limits_{x\to x_0^+}(x-x_0)^{-k}=+\infty$. 由此出发,根据函数极限的四则运算性质,我们可以得到如下有理函数的极限:

例 3.4.3

$$\lim_{x\to\infty} \frac{a_n x^n+a_{n-1}x^{n-1}+\cdots+a_1 x+a_0}{b_m x^m+b_{m-1}x^{m-1}+\cdots+b_1 x+b_0}=\begin{cases} \dfrac{a_n}{b_m} & n=m \\ 0 & n<m \\ \infty & n>m \end{cases} \quad (a_n\neq 0, b_m\neq 0);$$

$$\lim_{x\to 0} \frac{a_n x^n+a_{n+1}x^{n+1}+\cdots+a_{n+k}x^{n+k}}{b_m x^m+b_{m+1}x^{m+1}+\cdots+b_{m+l}x^{m+l}}=\begin{cases} \dfrac{a_n}{b_m} & n=m \\ \infty & n<m \\ 0 & n>m \end{cases} \quad (a_n\neq 0, b_m\neq 0), (k,l\in\mathbf{N}^*).$$

　　与无穷小类似,我们可以通过两个无穷大的商来比较和量化无穷大的阶.

定义 3.4.5(无穷大阶的比较)

设 $f(x)$,$g(x)$ 为当 $x\to x_0$ 时的无穷大.

(1) 若 $\lim\limits_{x\to x_0} \dfrac{f(x)}{g(x)}=0$,则称当 $x\to x_0$ 时 $g(x)$ 是 $f(x)$ 的高阶无穷大;

(2) 若 $\lim\limits_{x\to x_0} \dfrac{f(x)}{g(x)}=l$,$l\neq 0$,则称当 $x\to x_0$ 时 $f(x)$ 是 $g(x)$ 的同阶无穷大;

(3) 若 $\lim\limits_{x\to x_0} \dfrac{f(x)}{g(x)}=1$,则称当 $x\to x_0$ 时 $f(x)$ 是 $g(x)$ 的等价无穷大,记为

$$f(x)\sim g(x)(x\to x_0).$$

　　同样的,自变量 $x\to x_0$ 时我们能以 $(x-x_0)^{-k}$ 为标准,当 $x\to+\infty$ 时,我们以 x^k 为标准给出无穷大阶的量化.

定义 3.4.6(无穷大阶的量化) 若

$$\lim_{x\to x_0} \frac{f(x)}{(x-x_0)^{-k}}=l\neq 0, \quad k>0,$$

则称 $f(x)$ 是当 $x\to x_0$ 时的 k 阶无穷大. 若

$$\lim_{x\to+\infty} \frac{f(x)}{x^k}=l\neq 0, \quad k>0,$$

则称 $f(x)$ 是当 $x\to+\infty$ 时的 k 阶无穷大.

例 3.4.4 求相应自变量变化过程中下列无穷大的阶：

(1) $\dfrac{x^2+x+2}{(x^2-1)^2}(x\to 1)$;　　　　　(2) $\dfrac{x^6}{x^3-2x+1}(x\to\infty)$.

解　(1) 因为

$$\lim_{x\to 1}\frac{\dfrac{x^2+x+2}{(x^2-1)^2}}{\dfrac{1}{(x-1)^2}}=\lim_{x\to 1}\frac{x^2+x+2}{(x+1)^2}=1,$$

所以当 $x\to 1$ 时，$\dfrac{x^2+x+2}{(x^2-1)^2}$ 为 2 阶无穷大；

(2) 因为

$$\lim_{x\to\infty}\frac{\dfrac{x^6}{x^3-2x+1}}{x^3}=\lim_{x\to\infty}\frac{x^3}{x^3-2x+1}=1,$$

所以当 $x\to\infty$ 时，$\dfrac{x^6}{x^3-2x+1}$ 为 3 阶无穷大.

3.4.3　无穷小和无穷大的表示及 1^∞ 型极限求解

为了方便地表示无穷大和无穷小的阶的比较，下面我们再引入两个相关的记号.

定义 3.4.7 设函数 $f(x)$ 和 $g(x)$ 在点 x_0 的某个去心邻域内有定义，且 $g(x)\neq 0$,

(1) 若存在 $M>0$，使得在 x_0 的某个去心邻域内有 $\left|\dfrac{f(x)}{g(x)}\right|\leqslant M$，则记

$$f(x)=O(g(x))(x\to x_0);$$

(2) 若当 $x\to x_0$ 时，$\dfrac{f(x)}{g(x)}\to 0$，则用 $f(x)=o(g(x))(x\to x_0)$ 表示.

由该定义，当 $g(x)$ 是 $x\to x_0$ 的无穷小时，$o(g(x))$ 就表示其高阶无穷小. 有了上面两个记号，可以方便的表示一些无穷大或无穷小的关系，例如：

$$x=O(\sin x)(x\to 0),\quad x^2-2x+1=O(x^2)(x\to\infty),$$

$$x^2\sin\frac{1}{x}=o(x)(x\to 0),x^2\sin\frac{1}{x}=O(x^2)(x\to 0).$$

在定义 3.4.7 中取 $g(x)\equiv 1$，则可以用 $f(x)=o(1)$ 表示无穷小量，$f(x)=O(1)$ 表示有界量. 下面使用记号 $o(\cdot)$ 和 $O(\cdot)$ 表示几个关于无穷小或无穷大的运算性质，其中无穷小的运算性质在 Taylor 公式计算中有重要应用.

定理 3.4.1 设 $n,m>0,n>m$，则

(1) 当 $x\to 0$ 时，$o(x^n)+o(x^m)=o(x^m)$，$o(x^n)o(x^m)=o(x^{n+m})$.

(2) 当 $x\to+\infty$ 时，$O(x^n)+O(x^m)=O(x^n)$，　$O(x^n)O(x^m)=O(x^{n+m})$;

(3) 若 $x\to x_0$ 时，$\alpha=o(1)$，且在 x_0 的某个去心邻域内 $\alpha(x)\neq 0$，则

$$o(\alpha)+o(\alpha)=o(\alpha);\qquad (o(\alpha))^k=o(\alpha^k).$$

(4) 若 $x\to x_0$ 时，$\alpha=o(1)$，且在 x_0 的某个去心邻域内 $\alpha(x)\neq 0$，则对任意 $c\neq 0$，

$$c\alpha+o(\alpha)\sim c\alpha\ (x\to x_0).$$

注意这里的"="表示"是"的意思. 式子"$o(x^n)+o(x^m)=o(x^m)$"表示的是"若 $f(x)=o(x^n),g(x)=o(x^m)(x\to 0)$,则有 $f(x)+g(x)=o(x^m)(x\to 0)$". 这四个性质通过极限的四则运算性质不难得到,在此不再赘述其证明.

最后我们给出等价无穷小,无穷大在求函数极限中的应用.

定理 3.4.2 设函数 $f(x),g(x),h(x)$ 在点 x_0 的某个去心邻域内有定义,且有 $f(x)\sim g(x)(x\to x_0)$.

(1) 若 $\lim\limits_{x\to x_0}g(x)h(x)=a$,则有 $\lim\limits_{x\to x_0}f(x)h(x)=a$;

(2) 若 $\lim\limits_{x\to x_0}\dfrac{h(x)}{g(x)}=a$,则 $\lim\limits_{x\to x_0}\dfrac{h(x)}{f(x)}=a$.

证明 由极限的四则运算性质得

$$\lim_{x\to x_0}g(x)h(x)=\lim_{x\to x_0}\frac{f(x)}{g(x)}g(x)h(x)=a.$$

类似可得

$$\lim_{x\to x_0}\frac{h(x)}{f(x)}=\lim_{x\to x_0}\frac{h(x)}{g(x)}.$$

定理 3.4.2 说明在求两个函数的积或商的极限时,可以用等价代换来简化运算. 由前面的例题我们知道:

$$\lim_{x\to 0}\frac{\sin x}{x}=\lim_{x\to 0}\frac{1-\cos x}{\dfrac{x^2}{2}}=\lim_{x\to 0}\frac{\tan x}{x}=\lim_{x\to 0}\frac{\arcsin x}{x}=\lim_{x\to 0}\frac{\arctan x}{x}$$

$$=\lim_{x\to 0}\frac{\ln(1+x)}{x}=\lim_{x\to 0}\frac{e^x-1}{x}=\lim_{x\to 0}\frac{(1+x)^\lambda-1}{\lambda x}=1.$$

用等价无穷小的语言可以相应描述为,当 $x\to 0$ 时,

$$\sin x\sim x,\quad 1-\cos x\sim\frac{1}{2}x^2,\quad \tan x\sim x,\quad \arcsin x\sim x,\quad \arctan x\sim x,$$

$$\ln(1+x)\sim x,\quad e^x-1\sim x,\quad (1+x)^\lambda-1\sim\lambda x.$$

我们通过下面两个例子来看一下等价代换在极限计算中的应用.

例 3.4.5 求极限 $\lim\limits_{x\to 0}\dfrac{1-\cos x}{x\ln(1+x)}$.

解 $\lim\limits_{x\to 0}\dfrac{1-\cos x}{x\ln(1+x)}=\lim\limits_{x\to 0}\dfrac{\dfrac{1}{2}x^2}{x^2}=\dfrac{1}{2}$.

例 3.4.6 求极限 $\lim\limits_{x\to 0}\dfrac{\tan x-\sin x}{x^2(e^x-1)}$.

解 由例 3.4.2 可得

$$\lim_{x\to 0}\frac{\tan x-\sin x}{x^2(e^x-1)}=\lim_{x\to 0}\frac{x^3}{x^2(e^x-1)}\frac{\tan x-\sin x}{x^3}$$

$$=\lim_{x\to 0}\frac{x}{e^x-1}\lim_{x\to 0}\frac{\tan x-\sin x}{x^3}=\frac{1}{2}.$$

注 用等价代换来计算极限的时候,一定要注意只能对分子分母参与了乘除的项整体替

换,如例 3.4.6 中,如果运用 $\sin x \sim x, \tan x \sim x (x \to 0)$ 分别代换分子中的两项,我们得到

$$\lim_{x \to 0} \frac{\tan x - \sin x}{x^2 (e^x - 1)} = \lim_{x \to 0} \frac{x - x}{x^3} = 0,$$

结果是错误的! 我们在学习了 Taylor 公式之后会对其理解得更为深刻.

1^∞ 型极限指的是如下类型的函数极限:

$$\lim_{x \to x_0} u(x)^{v(x)}, \quad \text{其中} \lim_{x \to x_0} u(x) = 1, \lim_{x \to x_0} v(x) = \infty, u(x) > 0.$$

由 $u(x)^{v(x)} = e^{v(x) \ln u(x)}$ 及函数 e^x 的连续性知只需求出 $v(x) \ln u(x)$ 的极限即可. 由上面的等价代换定理得

$$\lim_{x \to x_0} v(x) \ln u(x) = \lim_{x \to x_0} v(x) \ln[1 + (u(x) - 1)] = \lim_{x \to x_0} v(x) [u(x) - 1],$$

因此若 $\lim\limits_{x \to x_0} v(x) [u(x) - 1] = A$,则由函数的连续性知,$\lim\limits_{x \to x_0} u(x)^{v(x)} = e^A$.

例 3.4.7 求 $\lim\limits_{x \to \infty} \left(\cos \dfrac{1}{x} \right)^{x^2}$.

解 1 设 $u(x) = \cos \dfrac{1}{x}, v(x) = x^2$,则

$$\lim_{x \to \infty} (u(x) - 1) v(x) = \lim_{x \to \infty} \left(\cos \frac{1}{x} - 1 \right) x^2 = \lim_{t \to 0} \frac{\cos t - 1}{t^2} = -\frac{1}{2}.$$

所以 $\lim\limits_{x \to 0} \left(\cos \dfrac{1}{x} \right)^{x^2} = e^{-\frac{1}{2}}$.

解 2 因为 $\lim\limits_{x \to \infty} \left(\cos \dfrac{1}{x} \right)^{x^2} = \lim\limits_{x \to \infty} e^{x^2 \ln \cos \frac{1}{x}} = e^{\lim\limits_{x \to \infty} x^2 \ln \cos \frac{1}{x}}$,而

$$\lim_{x \to \infty} x^2 \ln \cos \frac{1}{x} = \lim_{x \to \infty} \frac{\ln \left[1 + \left(\cos \dfrac{1}{x} - 1 \right) \right]}{\dfrac{1}{x^2}}$$

$$= \lim_{t \to 0} \frac{\ln[1 + (\cos t - 1)]}{t^2} = \lim_{t \to 0} \frac{\cos t - 1}{t^2} = -\frac{1}{2},$$

所以 $\lim\limits_{x \to \infty} \left(\cos \dfrac{1}{x} \right)^{x^2} = e^{-\frac{1}{2}}$.

习题 3.4

1. 求下列无穷小或无穷大的阶

(1) $x - 3x^2 + x^6 (x \to 0)$;

(2) $\sqrt[5]{3x^2 - 4x^3} (x \to 0)$;

(3) $x^3 - 3x + 2 (x \to 1)$;

(4) $\sqrt{1 + \tan x} - \sqrt{1 - \sin x} (x \to 0)$;

(5) $\sqrt{1 + \sqrt{1 + \sqrt{x}}} - \sqrt{2} (x \to 0^+)$;

(6) $\sqrt{x + \sqrt{x + \sqrt{x}}} (x \to 0^+)$;

(7) $x^x - 1 (x \to 1)$;

(8) $x - x^2 + 3x^8 (x \to \infty)$;

(9) $\dfrac{x - 2}{x^4 + 1} (x \to \infty)$;

(10) $(1 + x)(1 + x^2) \cdots (1 + x^n) (x \to \infty)$.

2. 当 $x \to 0$ 时,下列式子成立吗?

(1) $o(x^2)=o(x)$; (2) $O(x^2)=o(x)$;

(3) $xo(x^2)=o(x^3)$; (4) $\dfrac{o(x^2)}{x}=o(x)$;

(5) $\dfrac{o(x^2)}{o(x)}=o(x)$.

3. 分别求满足下列条件的常数 a,b:

(1) $\lim\limits_{x\to+\infty}\left(\dfrac{x^2+1}{x+1}-ax-b\right)=0$; (2) $\lim\limits_{x\to-\infty}(\sqrt{x^2-x+1}-ax-b)=0$.

4. 用等价无穷小替换求下列极限:

(1) $\lim\limits_{x\to0}\dfrac{\sqrt{1+x\tan x}-1}{1-\cos x}$; (2) $\lim\limits_{x\to0}\dfrac{\mathrm{e}^{\sin x}-1}{\arctan(2x)}$; (3) $\lim\limits_{x\to0}\dfrac{(1+x)^x-1}{x\arcsin x}$;

(4) $\lim\limits_{x\to0}\dfrac{\ln\cos ax}{\ln\cos bx}$; (5) $\lim\limits_{x\to0}\dfrac{\sqrt{1+x\sin x}-1}{\mathrm{e}^{x^2}-1}$;

(6) $\lim\limits_{x\to0}\dfrac{(1+x^2-2x^3)^{\frac{1}{n}}-1}{\cos x-1}$, $n\in\mathbf{N}^*$.

5. 计算下列极限:

(1) $\lim\limits_{x\to\infty}\left(\sin\dfrac{1}{x}+\cos\dfrac{1}{x}\right)^x$; (2) $\lim\limits_{x\to0}\left(\dfrac{1+\sin x}{1+\tan x}\right)^{\frac{1}{x(1-\cos x)}}$;

(3) $\lim\limits_{x\to\frac{\pi}{4}}(\tan x)^{\tan 2x}$; (4) $\lim\limits_{x\to1}\left(3\mathrm{e}^{\frac{x-1}{x+2}}-2\right)^{\frac{2x^2}{x-1}}$.

6. 求极限 $\lim\limits_{x\to0}\left(\dfrac{a_1^x+a_2^x+\cdots+a_n^x}{n}\right)^{\frac{1}{x}}$, 其中常数 $a_i>0$, $i=1,2,\cdots,n$.

3.5 函数的一致连续性

函数 $f(x)$ 在区间 I 上连续,是指 $f(x)$ 在区间 I 上的每一点处都连续. $f(x)$ 在一点 x_0 连续的定义为:对任意给定的 $\varepsilon>0$,存在 $\delta>0$,使得当 $|x-x_0|<\delta$ 时,成立 $|f(x)-f(x_0)|<\varepsilon$. 这里的 δ 不仅依赖于 ε,还依赖于点 x_0,可以表示为 $\delta=\delta(x_0,\varepsilon)$. 一般来说,即使对于同一个正数 ε,在不同的点 x_0 处,满足 $|f(x)-f(x_0)|<\varepsilon$ 的 x 的范围可能相差很大. 我们自然会提出一个问题,能否找到一个只依赖于 ε,而对区间上的一切点都适用的 $\delta=\delta(\varepsilon)$,使得只要 $|x'-x''|<\delta$,就能保证 $|f(x')-f(x'')|<\varepsilon$ 成立?答案是不一定的. 如果满足上面的条件,我们称函数在区间 I 上一致连续.

函数的一致连续性概念在微积分发展进程中起到关键作用,如同函数极限的提出一样. 在后续课程中一些积分的计算问题和函数项级数的收敛问题中,这一概念起着重要的应用.

定义 3.5.1 设函数 $f(x)$ 在区间 I 上有定义,若对任意给定的 $\varepsilon>0$,存在 $\delta>0$,只要 $x',x''\in I$,满足 $|x'-x''|<\delta$,就有 $|f(x')-f(x'')|<\varepsilon$,则称函数 $f(x)$ 在区间 I 上一致连续.

不一致连续举例

上面的定义中，若取定 $x''=x_0 \in I$，即可得到 $f(x)$ 在 x_0 连续. 所以可以得出，若 $f(x)$ 在区间 I 上一致连续，则 $f(x)$ 在区间 I 上连续.

例 3.5.1 证明 $f(x)=\sin x$ 在 $(-\infty,+\infty)$ 上一致连续.

证明 任取 $\varepsilon>0$，注意到

$$|\sin x' - \sin x''| = 2\left|\cos \frac{x'+x''}{2}\sin \frac{x'-x''}{2}\right| \leqslant 2\left|\sin \frac{x'-x''}{2}\right| \leqslant |x'-x''|,$$

取 $\delta=\varepsilon$，当 $|x'-x''|<\delta$ 时，就有 $|\sin x' - \sin x''|<\varepsilon$. 结论得证！

例 3.5.2 证明：若函数 $f(x)$ 在开区间 (a,b) 上一致连续，则 $f(x)$ 在区间端点处的单侧极限 $\lim\limits_{x \to a^+} f(x)$，$\lim\limits_{x \to b^-} f(x)$ 存在.

证明 由于函数 $f(x)$ 在区间 (a,b) 上一致连续，则任取 $\varepsilon>0$，存在 $\delta>0$，使得任意 x'，$x'' \in (a,b)$，只要 $|x'-x''|<\delta$，都有 $|f(x')-f(x'')|<\varepsilon$. 此时对任意的 $x_1,x_2 \in (a,a+\delta)$，显然有 $|x_1-x_2|<\delta$，从而成立

$$|f(x_1)-f(x_2)|<\varepsilon.$$

由函数极限存在的 Cauchy 收敛定理知 $\lim\limits_{x \to a^+} f(x)$ 存在. 同理可证 $\lim\limits_{x \to b^-} f(x)$ 存在.

这个结论告诉我们在有限开区间上的一致连续函数，可以通过延拓变成相应闭区间上的连续函数，从而它具有闭区间上连续函数所具有的某些性质.

对函数一致连续的定义进行否定陈述，可以得到如下函数不一致连续的定义.

定义 3.5.2 设函数 $f(x)$ 在区间 I 上有定义，若存在 $\varepsilon_0>0$，使得对任意的 $\delta>0$，都存在 x'，$x'' \in I$，满足 $|x'-x''|<\delta$，但 $|f(x')-f(x'')| \geqslant \varepsilon_0$，则称函数 $f(x)$ 在区间 I 上不一致连续.

对很多函数来说，用定义来判别不一致连续往往并不实用，下面的定理为判断不一致连续提供了比较便利的方法.

定理 3.5.1 设函数 $f(x)$ 在区间 I 有定义，则 $f(x)$ 在 I 上一致连续的充要条件是：对 I 中的任意两个数列 $\{x_n'\}$，$\{x_n''\}$，只要 $\lim\limits_{n \to \infty}(x_n'-x_n'')=0$，就有 $\lim\limits_{n \to \infty}(f(x_n')-f(x_n''))=0$.

证明 必要性：

假设 $f(x)$ 在 I 上一致连续，则任取 $\varepsilon>0$，存在 $\delta>0$，对任意的 x'，$x'' \in I$，只要满足 $|x'-x''|<\delta$，就有 $|f(x')-f(x'')|<\varepsilon$.

又 $\lim\limits_{n \to \infty}(x_n'-x_n'')=0$，由数列极限的 Cauchy 收敛原理，对上述的 $\delta>0$，存在 $N \in \mathbf{N}^*$，使得当 $n>N$ 时，$|x_n'-x_n''|<\delta$，从而可得

$$|f(x_n')-f(x_n'')|<\varepsilon.$$

这就证明了对任意的 $\varepsilon>0$，存在 $N \in \mathbf{N}^*$，使得当 $n>N$ 时

$$|f(x_n')-f(x_n'')|<\varepsilon$$

因此 $\lim\limits_{n \to \infty}[f(x_n')-f(x_n'')]=0$.

充分性：

采用反证法，若满足右边条件的函数 $f(x)$ 在区间 I 上不一致连续，则 $\exists \varepsilon_0>0$，使得对任意的 $\delta>0$，都存在 x'，$x'' \in I$，满足 $|x'-x''|<\delta$，但 $|f(x')-f(x'')| \geqslant \varepsilon_0$.

分别取 $\delta_n=\dfrac{1}{n}$ $(n=1,2,\cdots)$，则存在 x_n'，$x_n'' \in I$，满足 $|x_n'-x_n''|<\dfrac{1}{n}$，但

$$|f(x'_n) - f(x''_n)| \geqslant \varepsilon_0.$$

即存在数列 $\{x'_n\}$, $\{x''_n\}$, 满足 $\lim\limits_{n \to \infty}(x'_n - x''_n) = 0$, 但 $\{f(x'_n) - f(x''_n)\}$ 不收敛于 0. 与已知矛盾. 结论得证!

例 3.5.3 证明函数 $f(x) = \dfrac{1}{x}$ 在区间 $(0,1)$ 上不一致连续, 但对任意的 $1 > c > 0$, 函数在 $[c,1]$ 上一致连续.

证明 取

$$x'_n = \frac{1}{n}, x''_n = \frac{1}{n+1},$$

则

$$\lim_{n \to \infty}(x'_n - x''_n) = \lim_{n \to \infty}\left(\frac{1}{n} - \frac{1}{n+1}\right) = \lim_{n \to \infty}\frac{1}{n(n+1)} = 0,$$

$$f(x'_n) - f(x''_n) = n - (n+1) = -1.$$

两个数列满足 $\lim\limits_{n \to \infty}(x'_n - x''_n) = 0$, 但 $\lim\limits_{n \to \infty}(f(x'_n) - f(x''_n)) \neq 0$. 由定理 3.5.1 知, 函数 $f(x) = \dfrac{1}{x}$ 在区间 $(0,1)$ 上不一致连续.

在区间 $[c,1]$ 上任取 x', x'', 有

$$\left|\frac{1}{x'} - \frac{1}{x''}\right| = \frac{|x' - x''|}{x'x''} < \frac{|x' - x''|}{c^2}.$$

对任意的 $\varepsilon > 0$, 取 $\delta = c^2 \varepsilon$, 则对任意的 x', $x'' \in [c,1]$, 当 $|x' - x''| < \delta$ 时, 成立

$$\left|\frac{1}{x'} - \frac{1}{x''}\right| < \frac{|x' - x''|}{c^2} < \varepsilon.$$

由定义可知 $f(x) = \dfrac{1}{x}$ 在 $[c,1]$ 上一致连续.

例 3.5.4 证明 $f(x) = x^2$ 在 $[0, +\infty)$ 上不一致连续, 但是在 $[0,A]$(A 为任意正数)上一致连续.

证明 取 $x'_n = \sqrt{n+1}$, $x''_n = \sqrt{n}$, 则

$$\lim_{n \to \infty}(x'_n - x''_n) = \lim_{n \to \infty}(\sqrt{n+1} - \sqrt{n}) = \lim_{n \to \infty}\frac{1}{\sqrt{n+1} + \sqrt{n}} = 0,$$

$$f(x'_n) - f(x''_n) = (x'_n)^2 - (x''_n)^2 = 1.$$

两个数列满足 $\lim\limits_{n \to \infty}(x'_n - x''_n) = 0$, 但 $\lim\limits_{n \to \infty}(f(x'_n) - f(x''_n)) = 1 \neq 0$. 由定理 3.5.1 知函数 $f(x) = x^2$ 在 $[0, +\infty)$ 上不一致连续.

考虑区间 $[0,A]$($A > 0$)的情形, 任取 $\varepsilon > 0$, 注意到

$$|x'^2 - x''^2| = 2|(x' + x'')(x' - x'')| \leqslant 2A|x' - x''|,$$

取 $\delta = \dfrac{\varepsilon}{2A}$, 则当 $|x' - x''| < \delta$ 时, 成立 $|x'^2 - x''^2| < \varepsilon$. 所以 $f(x) = x^2$ 在 $[0,A]$(A 为任意正数)上一致连续.

上面的题目说明开区间上的连续函数未必一致连续, 但是对闭区间来说, 连续一定满足一致连续, 可见定理 3.6.6. 我们在下一节可以看到相关讨论.

习题 3.5

1. 证明两个在区间 I 上一致连续的函数之和仍然一致连续.

2. 证明函数 $\sqrt{x}$ 在区间 $[0, +\infty)$ 上一致连续.

3. 讨论下列函数在相应区间上的一致连续性：

(1) $f(x) = \sin x^2$, (a) $(-\infty, +\infty)$; (b) $[0, A]$ $(A > 0)$;

(2) $f(x) = \ln x$, (a) $(0, +\infty)$; (b) $[1, +\infty)$;

(3) $f(x) = \sin \dfrac{1}{x}$, (a) $(0, +\infty)$; (b) $(\delta, +\infty)$ $(\delta > 0)$.

4. 设 $f(x)$ 是定义在区间 I 上的函数，若存在正常数 L，使得

$$| f(x) - f(y) | \leqslant L | x - y |$$

对任意 $x, y \in I$ 都成立，则称 $f(x)$ 在 I 上满足 Lipschitz 条件，或称 $f(x)$ 在 I 上是 Lipschitz 连续的. 试证如果函数 f 在 I 上满足 Lipschitz 条件，则 f 在 I 上一致连续.

5. 研究函数 $f(x) = \dfrac{x}{1 + x \cos^2 x}$ 在 $[0, +\infty)$ 上的一致连续性.

3.6 有限闭区间上连续函数的性质

有限闭区间上的连续函数具有一些重要的性质，这些性质是开区间上的连续函数所不一定具有的，在后面的学习中有重要应用.

定理 3.6.1 闭区间上的连续函数一定有界.

证明（法一） 已知函数 $f(x)$ 在闭区间 $[a, b]$ 上连续.

假设函数 $f(x)$ 在 $[a, b]$ 上没有上界，则由上界的定义可知，任取正整数 n，都存在 $x_n \in [a, b]$，使得 $f(x_n) > n$. 这样我们得到一个数列 $\{x_n\}$，满足对任意的 n，都有 $f(x_n) > n$. 由 $\{x_n\}$ 有界及列紧性定理，可得 $\{x_n\}$ 必有收敛子列，取它的一个收敛子列 $\{x_{n_k}\}$，令 $\lim\limits_{k \to \infty} x_{n_k} = s$.

由于 $a \leqslant x_{n_k} \leqslant b, k = 1, 2, \cdots$，由极限的保序性可知 $s \in [a, b]$. 又因为

$$f(x_{n_k}) \geqslant n_k, \quad k = 1, 2, 3, \cdots.$$

所以 $\lim\limits_{k \to \infty} f(x_{n_k}) = +\infty$. 由函数的连续性及 Heine 定理可得 $\lim\limits_{k \to \infty} f(x_{n_k}) = f(s)$. 这就产生了矛盾. 类似可证明 $f(x)$ 在闭区间 $[a, b]$ 上也有下界. 结论得证！

证明（法二） 由连续函数的局部有界性（定理 3.3.2），对任意的 $x \in [a, b]$，存在 $\delta_x > 0$ 和 $M_x > 0$，使得当 $z \in [a, b] \bigcap U(x, \delta_x)$ 时，有 $| f(z) | \leqslant M_x$. 易见 $\{U(x, \delta_x) \,|\, x \in [a, b]\}$ 形成闭区间 $[a, b]$ 的一个开覆盖，由有限覆盖定理，存在有限个点 $x_1, x_2, \cdots, x_n$，使得

$$[a, b] \subset \bigcup_{i=1}^{n} (x_i, \delta_{x_i}).$$

取 $M = \max\{M_{x_i} \,|\, 1 \leqslant i \leqslant n\}$，则任取 $x \in [a, b]$，存在 i 使得 $x \in U(x_i, \delta_{x_i})$，从而有 $| f(x) | \leqslant M_{x_i} \leqslant M$. 这就证明了 $f(x)$ 在闭区间 $[a, b]$ 上有界.

开区间上的连续函数不一定有界，例如 $f(x) = \dfrac{1}{x}$ 在 $(0, 1)$ 连续但是无界. 但是对于开区间上的一致连续函数，有界性依然成立.

定理 3.6.2 若函数 $f(x)$ 在开区间 (a,b) 上一致连续,则 $f(x)$ 在 (a,b) 有界.

证明 由例 3.5.2 知,$\lim\limits_{x\to a+}f(x)$,$\lim\limits_{x\to b^-}f(x)$ 存在. 构造函数

$$F(x)=\begin{cases}\lim\limits_{x\to a^+}f(x),&x=a,\\ f(x),&x\in(a,b),\\ \lim\limits_{x\to b^-}f(x),&x=b.\end{cases}$$

则 $F(x)$ 在 $[a,b]$ 上连续,由定理 3.6.1 知 $F(x)$ 在 $[a,b]$ 上有界,从而 $f(x)$ 在 (a,b) 有界. 结论得证!

定理 3.6.3(最值定理) 若函数 $f(x)$ 在闭区间 $[a,b]$ 上连续. 则它在 $[a,b]$ 上必能取到最大值和最小值. 即存在 $\xi,\eta\in[a,b]$,使得对一切 $x\in[a,b]$,都有

$$f(\xi)\leqslant f(x)\leqslant f(\eta).$$

证明 由定理 3.6.1 知,函数的值域

$$R_f=\{f(x)\mid x\in[a,b]\}$$

有界. 由确界存在定理知 R_f 必有上、下确界,记

$$\alpha=\inf R_f,\quad \beta=\sup R_f.$$

下面证明存在 $\xi,\eta\in[a,b]$,使得 $f(\xi)=\alpha,f(\eta)=\beta$.

由上确界的定义,首先对任意 $x\in[a,b]$,$f(x)\leqslant\beta$;另外对任意的 $\varepsilon>0$,都存在 $x\in[a,b]$,使得 $f(x)>\beta-\varepsilon$. 分别取 $\varepsilon_n=\dfrac{1}{n}$,$n=1,2,3,\cdots$,相应地可以得到一个数列 $\{x_n\}\subseteq[a,b]$ 满足 $f(x_n)>\beta-\dfrac{1}{n}$. 由列紧性定理,有界数列 $\{x_n\}$ 存在收敛子列,记为 $\{x_{n_k}\}$,设 $\lim\limits_{k\to\infty}x_{n_k}=\eta$,由极限的保序性知 $\eta\in[a,b]$. 子列对应的函数值数列满足

$$\beta-\frac{1}{n_k}<f(x_{n_k})\leqslant\beta,k=1,2,3,\cdots,$$

上式中令 $k\to\infty$,由函数的连续性及夹逼定理可得 $f(\eta)=\beta$. 同理可证存在 $\xi\in[a,b]$ 使得 $f(\xi)=\alpha$. 这说明闭区间上的连续函数可以取到最大值和最小值. 结论得证!

注 开区间上的连续函数即使有界,也未必能取到它的最大(小)值. 例如 $f(x)=x$ 在 $(0,1)$ 连续且有界,但是在 $(0,1)$ 上取不到最大值 1 和最小值 0.

对无穷区间上连续函数的最值问题,可以转化为有限闭区间上的最值问题解决.

最值定理证明 II

例 3.6.1 设函数 $f(x)$ 在区间 $[a,+\infty)$ 上连续,且 $\lim\limits_{x\to+\infty}f(x)=+\infty$,则函数 $f(x)$ 在区间 $[a,+\infty)$ 上存在最小值.

证明 取正数 $M>f(a)$. 由 $\lim\limits_{x\to+\infty}f(x)=+\infty$,可知对正数 M,存在 $X>a$,使得对任意的 $x>X$,有 $f(x)>M$. 另一方面,由于 $f(x)$ 在 $[a,X]$ 上连续,因此 $f(x)$ 在此区间上一点 ξ 处取得最小值. 则对任意的 $x\in[a,+\infty)$,若 $x\in[a,X]$,自然有 $f(\xi)\leqslant f(a)$;若 $x>X$,则有

$$f(\xi)\leqslant f(a)<M<f(x).$$

这说明 $f(x)$ 在区间 $[a,+\infty)$ 上的最小值为 $f(\xi)$.结论得证!

定理 3.6.4(零点存在定理) 设函数 $f(x)$ 在闭区间 $[a,b]$ 上连续，且 $f(a)f(b)<0$，则一定存在 $\xi\in(a,b)$，使得 $f(\xi)=0$.

证明　不妨假设 $f(a)<0<f(b)$，记 $I_0=[a,b]$，将区间 $[a,b]$ 二等分.

若 $f\left(\dfrac{a+b}{2}\right)=0$，则取 $\xi=\dfrac{a+b}{2}$，命题得证.

若 $f\left(\dfrac{a+b}{2}\right)<0$，则取 $I_1=\left[\dfrac{a+b}{2},b\right]$；

若 $f\left(\dfrac{a+b}{2}\right)>0$，则取 $I_1=\left[a,\dfrac{a+b}{2}\right]$. 记 $I_1=[a_1,b_1]$，则总有 $f(a_1)<0<f(b_1)$.

依次类推，若在小区间中点处函数值为零，则结论成立，否则可以得到闭区间列
$$I_n=[a_n,b_n],n=1,2,\cdots$$
满足：

(1) $I_0\supset I_1\supset I_2\supset\cdots\supset I_n\supset\cdots$

(2) $0<|I_n|=b_n-a_n=\dfrac{b-a}{2^n}\to 0(n\to\infty)$；

且 $f(a_n)<0,f(b_n)>0,n=1,2,\cdots$ 由闭区间套定理知 $\lim\limits_{n\to\infty}a_n=\lim\limits_{n\to\infty}b_n=\xi\in[a,b]$，对 $f(a_n)<0,f(b_n)>0$ 两边分别对 $n\to\infty$ 取极限，利用极限的保号性及函数的连续性，可同时得到 $f(\xi)\leqslant 0$ 和 $f(\xi)\geqslant 0$. 因此 $f(\xi)=0$. 结论得证！

例 3.6.2 设函数 $f(x)$ 在闭区间 $[a,b]$ 上连续，$f([a,b])\subset[a,b]$，证明存在点 $c\in[a,b]$，使得 $f(c)=c$.

证明　令 $F(x)=f(x)-x$，则 $F(x)$ 在闭区间 $[a,b]$ 上连续. 又已知条件 $f([a,b])\subset[a,b]$，因此

零点存在定理证明 II

$$F(a)=f(a)-a\geqslant 0,F(b)=f(b)-b\leqslant 0.$$
由零点存在定理可知存在点 $c\in[a,b]$，使得 $F(c)=0$，即 $f(c)=c$. 结论成立！

定理 3.6.4 的证明方法通常称为二分法，二分法是求非线性方程的近似解的一个非常直观的方法. 由零点定理，可以证明如下介值定理.

定理 3.6.5(介值定理) 设函数 $f(x)$ 在闭区间 $[a,b]$ 上连续，γ 是介于 $f(a),f(b)$ 之间的一个实数，则必存在 $c\in[a,b]$，使得 $f(c)=\gamma$.

证明　不妨设 $f(a)<\gamma<f(b)$. 令 $F(x)=f(x)-\gamma$，则 $F(x)$ 在 $[a,b]$ 上连续，且
$$F(a)F(b)=(f(a)-\gamma)(f(b)-\gamma)<0,$$
由定理 3.6.4 知存在 $c\in[a,b]$，使得 $F(c)=0$，此时即有 $f(c)=\gamma$.

由定理 3.6.3 和定理 3.6.5 可得如下推论：

推论　设函数 $f(x)$ 在闭区间 $[a,b]$ 上连续，M,m 分别为 $f(x)$ 在 $[a,b]$ 上的最大值和最小值，则对任意介于 M,m 之间的数 γ，都存在 $c\in[a,b]$，使得 $f(c)=\gamma$.

这个推论告诉我们，闭区间 $[a,b]$ 上的连续函数把区间 $[a,b]$ 映射成区间 $[m,M]$. 特别地，若 $f(x)$ 是 $[a,b]$ 上的连续严格单调递增函数，则 $f(x)$ 是从 $[a,b]$ 到 $[f(a),f(b)]$ 的一一映射；若 $f(x)$ 是 $[a,b]$ 上连续的严格单调递减函数，则 $f(x)$ 是从 $[a,b]$ 到 $[f(b),f(a)]$ 的一一映射.

例 3.6.3 设 $f(x)\in C[0,1]$ 且 $f(0)=f(1)$，证明：对任何 $n\in \mathbf{N}^*$，存在 $x_n\in[0,1]$，

满足

$$f(x_n) = f(x_n + \frac{1}{n}).$$

证明 令 $F(x) = f\left(x + \frac{1}{n}\right) - f(x)$，则 $F(x)$ 在 $\left[0, \frac{n-1}{n}\right]$ 上连续. 不难验证

$$\sum_{k=0}^{n-1} F\left(\frac{k}{n}\right) = \sum_{k=0}^{n-1} \left[f\left(\frac{k+1}{n}\right) - f\left(\frac{k}{n}\right)\right] = f(1) - f(0) = 0.$$

若存在 $0 \leqslant k \leqslant n-1$，使得 $F\left(\frac{k}{n}\right) = 0$，则取 $x_n = \frac{k}{n}$，此时有 $F(x_n) = f\left(x_n + \frac{1}{n}\right) - f(x_n) =$

0，即有 $f\left(x_n + \frac{1}{n}\right) = f(x_n)$. 若所有 $F\left(\frac{k}{n}\right)$ 都不为 0，则存在 $0 \leqslant i < j \leqslant n-1$，使得

$$F\left(\frac{i}{n}\right) F\left(\frac{j}{n}\right) < 0.$$

由零点定理知存在 x_n 满足 $\frac{i}{n} < x_n < \frac{j}{n}$，使得 $F(x_n) = f\left(x_n + \frac{1}{n}\right) - f(x_n) = 0$，即

$f\left(x_n + \frac{1}{n}\right) = f(x_n)$. 结论得证！

从例 3.6.2 和例 3.6.3 的证明过程可以看出，在应用零点存在定理或介值定理证明某些问题时，选取合适的辅助函数，能够起到事半功倍的效果.

在上一节中我们介绍了一致连续性的概念，且已知所有的一致连续函数都是连续函数，连续函数不一定一致连续. 如下的 Cantor 定理告诉我们，如果函数定义在有限闭区间上且连续，则该函数必一致续性.

定理 3.6.6（Cantor 定理） 若函数 $f(x)$ 在闭区间 $[a, b]$ 上连续，则它在区间 $[a, b]$ 上一致连续.

证明 假设闭区间 $[a, b]$ 上的连续函数 $f(x)$ 在 $[a, b]$ 上不一致连续，则 $\exists \varepsilon_0 > 0$，则对任意 $\delta_n = \frac{1}{n}$（$n = 1, 2, \cdots$），都存在 $x'_n, x''_n \in [a, b]$，满足 $|x'_n - x''_n| < \frac{1}{n}$，但 $|f(x'_n) - f(x''_n)| \geqslant \varepsilon_0$.

因为 $\{x'_n\} \subset [a, b]$，由列紧性定理，必有收敛子列，记为 $\{x'_{n_k}\}$，$\{x'_{n_k}\} \to s$（$k \to \infty$）. 在 $\{x''_n\}$ 中取对应的子列 $\{x''_{n_k}\}$，则

$$|x'_{n_k} - x''_{n_k}| < \frac{1}{n_k},$$

从而

$$\lim_{k \to \infty} x''_{n_k} = \lim_{k \to \infty} \left[(x''_{n_k} - x'_{n_k}) + x'_{n_k}\right] = \lim_{k \to \infty} (x''_{n_k} - x'_{n_k}) + \lim_{k \to \infty} x'_{n_k} = s,$$

由函数 $f(x)$ 的连续性可知

$$\lim_{k \to \infty} f(x''_{n_k}) = \lim_{k \to \infty} f(x'_{n_k}) = f(s),$$

这与 $|f(x'_n) - f(x''_n)| \geqslant \varepsilon_0$（$n = 1, 2, \cdots$）矛盾，所以假设不成立，闭区间上的连续函数一定一致连续.

由定理 3.6.2 证明中辅助函数的构造，很容易得到以下推论：

推论 函数 $f(x)$ 在开区间 (a, b) 上一致连续的充分必要条件是 $f(x)$ 在开区间 (a, b) 上

连续，并且 $\lim\limits_{x \to a^+} f(x)$，$\lim\limits_{x \to b^-} f(x)$ 存在.

对于无穷区间上的连续函数，若当 $x \to \infty$ 时极限存在，则也能保证函数在该区间上的一致连续性.

例 3.6.4 设 $f(x) \in C[0, +\infty)$，且 $\lim\limits_{x \to +\infty} f(x) = A$（有限数），求证：$f(x)$ 在 $[0, +\infty)$ 上一致连续.

证明　由 $\lim\limits_{x \to +\infty} f(x) = A$ 知，$\forall \varepsilon > 0$，$\exists X > 0$，对任意的 $x_1, x_2 > X$ 时，有

$$|f(x_1) - f(x_2)| < \varepsilon.$$

由 Cantor 定理，函数 $f(x)$ 在区间 $[0, X+1]$ 上一致连续，对上述 $\varepsilon > 0$，存在 $\delta_1 > 0$，使得当 $|x_1 - x_2| < \delta_1$ 时，有 $|f(x_1) - f(x_2)| < \varepsilon$.

因此在区间 $[0, +\infty)$ 上，对上述 $\varepsilon > 0$，取 $\delta = \min\{\delta_1, 1\}$，当 $|x_1 - x_2| < \delta_1$ 时，有

$$|f(x_1) - f(x_2)| < \varepsilon.$$

即函数 $f(x)$ 在 $[0, +\infty)$ 上一致连续.

本节讨论的几个定理：有界性定理、最值定理、零点定理、介值定理、Cantor 定理是有限闭区间上连续函数的重要性质.

习题 3.6

1. 设 $f(x)$ 在 $[a, b]$ 上连续，且存在实数 $q \in (0, 1)$，使得对于区间 $[a, b]$ 的每一个点 x，总存在 $y \in [a, b]$，使得

$$|f(y)| \leqslant q|f(x)|,$$

求证：至少存在一点 $\xi \in [a, b]$，使得 $f(\xi) = 0$.

2. 设 $f(x) \in C[0, +\infty)$，且 $\lim\limits_{x \to +\infty} f(x) = A$（有限数），求证：$f(x)$ 在 $[0, +\infty)$ 上有界.

3. 设 $f(x)$ 在 (a, b) 上连续，且 $\lim\limits_{x \to a^+} f(x) = \lim\limits_{x \to b^-} f(x) = +\infty$，求证：$f(x)$ 在 (a, b) 内能够取到它的最小值.

4. 设 $f(x) \in C(-\infty, +\infty)$，且 $\lim\limits_{x \to \infty} f(x) = -\infty$，求证：$f(x)$ 在 $(-\infty, +\infty)$ 内能够取到它的最大值.

5. 设 $f(x) \in C[a, b)$，$\lim\limits_{x \to b^-} f(x) = B$. 证明：若存在 $x_1 \in [a, b)$，使得 $f(x_1) > B$，则 $f(x)$ 在 $[a, b)$ 上取到最大值.

6. 设 $f(x) \in C[a, b]$，且 $f(x)$ 的最小值在唯一的点 x^* 取到，又设 $x_n \in [a, b] (n = 1, 2, \cdots)$ 满足 $f(x_n) \to f(x^*) (n \to \infty)$. 求证：$x_n \to x^* (n \to \infty)$.

7. 证明方程 $2^x - 4x = 0$ 在 $(0, \dfrac{1}{2})$ 内至少有一个根.

8. 证明方程 $x^3 + px + q = 0 (p > 0)$ 有且仅有一个根.

9. 设 $f(x)$ 在 (a, b) 上连续，若 $x_n, y_n \in (a, b) (n = 1, 2, \cdots)$ 且 $\lim\limits_{n \to \infty} x_n = \lim\limits_{n \to \infty} y_n = b$，使得 $\lim\limits_{n \to \infty} f(x_n) = A < B = \lim\limits_{n \to \infty} f(y_n)$. 证明：任取 $A < \eta < B$，存在数列 $\{z_n\}$，使得 $\lim\limits_{n \to \infty} z_n = b$，且 $f(z_n) = \eta, n = 1, 2, \cdots$.

10. 设函数 $f(x)$ 在闭区间 $[a, b]$ 上连续，且 $|f(x)|$ 在 $[a, b]$ 上单调，证明：$f(x)$ 在 $[a, b]$ 上单调.

11. 设函数 $f(x)$ 在闭区间 $[a,b]$ 上连续，$x_1,x_2,\cdots,x_n\in[a,b]$，已知正数 $\lambda_i,i=1,2,\cdots,n$ 满足 $\lambda_1+\lambda_2+\cdots+\lambda_n=1$，则一定存在一点 $c\in[a,b]$，使得

$$f(c)=\lambda_1 f(x_1)+\lambda_2 f(x_2)+\cdots+\lambda_n f(x_n).$$

12. 设 $f(x)\in C(-\infty,+\infty)$，且 $\lim\limits_{x\to\infty}f(x)$ 存在，求证：$f(x)$ 在 $(-\infty,+\infty)$ 上一致连续.

13. 设 $f(x)$ 是 $\mathbb{R}$ 上的连续周期函数，证明 $f(x)$ 在 $\mathbb{R}$ 上一致连续.

14. 使用有限覆盖定理证明零点定理和 Cantor 定理.

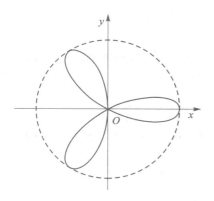

第 4 章　函数的导数

导数是微分学中的一个核心概念,它表示了函数随自变量变化的变化率,有着非常广泛的应用. 在自然科学中凡是涉及到某个量的变化快慢的,比如力学中功的变化速度、物理学中光热磁电的各种传导速度、化学中的反应速度、经济学中的资金流动、生物学中的种群变化、人口学中的人口增长等都可以使用导数这一概念来刻画. 因此导数在数学研究以及实际应用中都扮演着重要的角色. 本章将给出导数的定义及其基本理论,然后使用导数来研究函数的性质.

4.1　导数的定义

牛顿是微积分的发明人之一,他最早使用导数研究运动物体的瞬时速度. 设一个运动物体沿着数轴运动,在时刻 t 时它的位置为 $s(t)$,如何求出其在时刻 t 时的瞬时速度呢?

固定时刻 t,因为物体在时间 $[t, t+\Delta t]$ 段内的位移为 $\Delta s = s(t+\Delta t) - s(t)$,我们可以求出这一段时间之内的平均速度为

$$\overline{v} = \frac{\Delta s}{\Delta t} = \frac{s(t+\Delta t) - s(t)}{\Delta t}.$$

当 Δt 很小时,可用此平均速度来近似时刻 t 时的瞬时速度,当 Δt 越小时,逼近的程度应该越高. 当 $\Delta t \to 0$ 时,若平均速度 $\overline{v}$ 的极限存在,该极限即为瞬时速度

$$v = \lim_{\Delta t \to 0} \frac{\Delta s}{\Delta t} = \lim_{\Delta t \to 0} \frac{s(t+\Delta t) - s(t)}{\Delta t}.$$

导数研究的另一个驱动来源于数学本身——如何求给定曲线上某点处的切线?

设 $y = f(x)$ 是平面上的一条曲线,$P(x_0, f(x_0))$ 是曲线上的一定点. 考虑曲线上的另一动点 $Q(x_0 + \Delta x, f(x_0 + \Delta x))$,当 $\Delta x \neq 0$ 时,总可以引一条连接 PQ 的割线,如图 4.1.1 所示的这条割线的斜率为

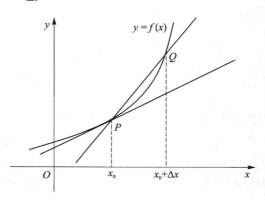

图 4.1.1　通过割线逼近切线

$$k_{PQ} = \frac{f(x_0 + \Delta x) - f(x_0)}{\Delta x}.$$

当 Q 点沿着曲线无限接近 P 点时,$\Delta x \to 0$,如果割线存在一个极限位置,这个极限位置就是我们所指的切线. 此时切线的斜率是上面那些割线斜率的极限,即有

$$k = \lim_{\Delta x \to 0} \frac{f(x_0 + \Delta x) - f(x_0)}{\Delta x}.$$

这两个问题虽然来自不同的领域,但都是函数变化率的问题,最终都归结为求如下的函数极限

$$\lim_{\Delta x \to 0} \frac{f(x_0 + \Delta x) - f(x_0)}{\Delta x}.$$

这个极限就是我们将要介绍的导数.

定义 4.1.1 设函数 $y = f(x)$ 在点 x_0 的某个邻域 $U(x_0, \delta_0)$ 内有定义,如果极限

$$\lim_{\Delta x \to 0} \frac{f(x_0 + \Delta x) - f(x_0)}{\Delta x}$$

存在,则称函数在 x_0 处可导,并称这个极限为函数 $f(x)$ 在 x_0 处的导数,记为 $f'(x_0)$$\left(\text{或 } y'(x_0), f'|_{x=x_0}, y'|_{x=x_0}, \dfrac{\mathrm{d}f}{\mathrm{d}x}\Big|_{x=x_0}, \dfrac{\mathrm{d}y}{\mathrm{d}x}\Big|_{x=x_0}\right)$.

导数定义还有如下的等价形式:

$$f'(x_0) = \lim_{x \to x_0} \frac{f(x) - f(x_0)}{x - x_0}, f'(x_0) = \lim_{h \to 0} \frac{f(x_0 + h) - f(x_0)}{h}.$$

有了导数的概念,我们可以写出函数 $y = f(x)$ 的图像在点 $P(x_0, f(x_0))$ 处的切线方程:

$$y - f(x_0) = f'(x_0)(x - x_0).$$

例 4.1.1 求抛物线 $y^2 = 2px$($p > 0$ 为常数)上任意一点 (x_0, y_0)($x_0 > 0$)处的切线方程.

解 设 (x_0, y_0) 是抛物线上的一点,不妨设 $y_0 > 0$($y_0 < 0$ 时可类似讨论),此时可将抛物线方程改为

$$y = f(x) = \sqrt{2px} \ (x \geqslant 0),$$

则它在 (x_0, y_0) 处的切线斜率为

$$f'(x_0) = \lim_{\Delta x \to 0} \frac{f(x_0 + \Delta x) - f(x_0)}{\Delta x} = \lim_{\Delta x \to 0} \frac{\sqrt{2p(x_0 + \Delta x)} - \sqrt{2px_0}}{\Delta x}$$

$$= \lim_{\Delta x \to 0} \frac{2p \cdot \Delta x}{(\sqrt{2p(x_0 + \Delta x)} + \sqrt{2px_0}) \cdot \Delta x} = \frac{\sqrt{p}}{\sqrt{2x_0}}.$$

因此抛物线在 (x_0, y_0) 处的切线方程为

$$y - y_0 = \frac{\sqrt{p}}{\sqrt{2x_0}}(x - x_0).$$

类似地,当 $y_0 < 0$ 时抛物线在 (x_0, y_0) 处的切线方程为

$$y - y_0 = -\frac{\sqrt{p}}{\sqrt{2x_0}}(x - x_0).$$

根据 x_0 与 y_0 的关系可统一成

$$y - y_0 = \frac{p}{y_0}(x - x_0).$$

从这个结论出发可以得到抛物线的一个重要的光学性质. 记抛物线的方程为 $y^2 = 2px$，则它在 $P(x_0, y_0)$ 处的法线斜率为 $-\dfrac{y_0}{p}$，因此法线平行于向量 $v_1 = \left(1, -\dfrac{y_0}{p}\right)$. 记 Q 为抛物线的焦点 $\left(\dfrac{p}{2}, 0\right)$，则直线 PQ 平行于向量 $v_2 = \left(\dfrac{p}{2} - x_0, -y_0\right)$，设直线 PQ 与 P 点处法线的夹角为 θ_1，则

$$\cos\theta_1 = \frac{v_1 \cdot v_2}{|v_1| \cdot |v_2|} = \frac{\dfrac{p}{2} - x_0 + \dfrac{y_0^2}{p}}{|v_1| \cdot \sqrt{\left(\dfrac{p}{2} - x_0\right)^2 + y_0^2}} = \frac{1}{|v_1|}.$$

设法线与 x 轴的夹角为 θ_2，则

$$\cos\theta_2 = \frac{v_1 \cdot (1, 0)}{|v_1|} = \frac{1}{|v_1|}.$$

由此可见法线与 PQ 连线夹角 θ_1 和法线与 x 轴的夹角 θ_2 相等. 根据光的反射定律，入射角（入射光线与反射面的法线的夹角）等于反射角（反射光线与反射面的法线的夹角），可知任意一束从抛物线焦点处出发的光线，经抛物线的反射，反射光线与抛物线的对称轴（这里为 x 轴）平行. 根据这一原理，人们将探照灯、卫星天线、伞形太阳灶等设计成旋转抛物面的形状.

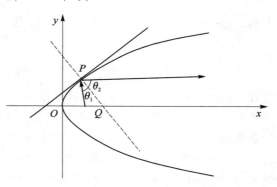

图 4.1.2　抛物线的反射性质

当仅在点 x_0 的左半邻域（或右半邻域）内研究函数在 x_0 处的变化率时，类似于导数的定义我们还可以给出左导数和右导数的概念.

定义 4.1.2 设函数 $y = f(x)$ 在点 x_0 的某一个右半邻域 $[x_0, x_0 + \delta_0)$ 内有定义，如果极限

$$\lim_{\Delta x \to 0^+} \frac{f(x_0 + \Delta x) - f(x_0)}{\Delta x}$$

存在，则称 $f(x)$ 在 x_0 处右可导，称该极限为 $f(x)$ 在 x_0 处的**右导数**，记为 $f'_+(x_0)$ 或 $f'(x_0+)$. 类似地，如果 $y = f(x)$ 在点 x_0 的某一个左半邻域 $(x_0 - \delta_0, x_0]$ 内有定义且极限

$$\lim_{\Delta x \to 0^-} \frac{f(x_0 + \Delta x) - f(x_0)}{\Delta x}$$

存在，则称 $f(x)$ 在 x_0 处左可导，称该极限为 $f(x)$ 在 x_0 处的**左导数**，记为 $f'_-(x_0)$ 或 $f'(x_0-)$.

与导数的定义类似，左右导数也可等价的定义为：

$$f'_+(x_0) = \lim_{x \to x_0^+} \frac{f(x) - f(x_0)}{x - x_0}, \quad f'_-(x_0) = \lim_{x \to x_0^-} \frac{f(x) - f(x_0)}{x - x_0}.$$

根据单侧极限与极限的关系可以得到如下左右导数与导数的关系.

定理 4.1.1 函数 $f(x)$ 在 x_0 处可导的充分必要条件是它在 x_0 处左右导数都存在并且 $f'_+(x_0) = f'_-(x_0)$.

该定理说明若函数 $f(x)$ 在 x_0 处有一个单侧导数不存在或者两个单侧导数存在但不相等，则 $f(x)$ 在 x_0 处必不可导.

单侧导数的记号说明

例 4.1.2 研究函数 $f(x)=|x|$ 在 $x=0$ 处的导数.

解 函数 $f(x)$ 在 $x=0$ 处的左导数为

$$f'_-(0)=\lim_{x\to 0^-}\frac{f(x)-f(0)}{x}=\lim_{x\to 0^-}\frac{-x-0}{x}=-1,$$

右导数为

$$f'_+(0)=\lim_{x\to 0^+}\frac{f(x)-f(0)}{x}=\lim_{x\to 0^+}\frac{x-0}{x}=1.$$

左右导数存在但不相等，因此 $f(x)=|x|$ 在 $x=0$ 处不可导.

例 4.1.3 研究函数 $f(x)=\begin{cases}x\cos\dfrac{1}{x}, & x>0 \\ 0, & x\leqslant 0\end{cases}$ 在 $x=0$ 处的导数.

解 因为极限

$$\lim_{x\to 0^+}\frac{f(x)-f(0)}{x}=\lim_{x\to 0^+}\frac{x\cos\dfrac{1}{x}-0}{x}=\lim_{x\to 0^+}\cos\frac{1}{x}$$

不存在，所以函数 $f(x)$ 在 $x=0$ 处不可导.

类似于区间上的连续函数，我们也可以定义区间上的可导函数.

定义 4.1.3 如果函数 $f(x)$ 在区间 (a,b) 内任意一点都可导，则称 $f(x)$ 在区间 (a,b) 可导；若 $f(x)$ 在区间 (a,b) 可导，且在端点 $x=a$，$x=b$ 处分别存在右导数和左导数，则称 $f(x)$ 在区间 $[a,b]$ 可导. 类似地，还可以定义函数在半开半闭区间上可导. 如果函数 $f(x)$ 在一个区间 I 可导，则可得到一个区间 I 上定义的函数 $f'(x)\left(\text{或记为 } y', \dfrac{\mathrm{d}y}{\mathrm{d}x}, \dfrac{\mathrm{d}f}{\mathrm{d}x}\right)$，称之为 $f(x)$ 的导函数，简称导数.

从例 4.1.2 和例 4.1.3 可以看出，不是所有连续函数都可导，但反过来，所有可导函数都连续.

定理 4.1.2 如果函数 $f(x)$ 在 $x=x_0$ 处可导，则 $f(x)$ 在 $x=x_0$ 处连续.

证明 设 $f(x)$ 在 $x=x_0$ 处可导，则

$$\lim_{x\to x_0}(f(x)-f(x_0))=\lim_{x\to x_0}\frac{f(x)-f(x_0)}{x-x_0}\cdot(x-x_0)=f'(x_0)\cdot 0=0,$$

因此有 $\lim_{x\to x_0}f(x)=f(x_0)$，从而 $f(x)$ 在 $x=x_0$ 处连续.

类似地，还可以证明如果 $f(x)$ 在 $x=x_0$ 处左（右）可导，则 $f(x)$ 在 $x=x_0$ 处左（右）连续.

下面通过导数的定义来求几个常见初等函数的导数.

例 4.1.4 求常值函数 $f(x)\equiv C$ 的导函数 $f'(x)$.

解 在任意 x 处

$$f'(x)=\lim_{\Delta x\to 0}\frac{f(x+\Delta x)-f(x)}{\Delta x}=\lim_{\Delta x\to 0}\frac{C-C}{\Delta x}=0.$$

例 4.1.5 求正弦函数 $y = \sin x$ 的导函数 y'.

解 使用和差化积公式可得

$$\sin(x + \Delta x) - \sin x = 2\cos\left(x + \frac{\Delta x}{2}\right)\sin\frac{\Delta x}{2},$$

因此有

$$y' = \lim_{\Delta x \to 0} \frac{\sin(x + \Delta x) - \sin x}{\Delta x} = \lim_{\Delta x \to 0}\cos\left(x + \frac{\Delta x}{2}\right) \cdot \frac{\sin\frac{\Delta x}{2}}{\frac{\Delta x}{2}}$$

$$= \lim_{\Delta x \to 0}\cos\left(x + \frac{\Delta x}{2}\right) \cdot \lim_{\Delta x \to 0}\frac{\sin\frac{\Delta x}{2}}{\frac{\Delta x}{2}} = \cos x.$$

类似地,还可以求出 $(\cos x)' = -\sin x$.

例 4.1.6 求指数函数 $y = a^x (a > 0, a \neq 1)$ 的导函数 y'.

解 根据等价关系 $a^{\Delta x} - 1 \sim \Delta x \cdot \ln a (\Delta x \to 0)$,可得

$$y' = \lim_{\Delta x \to 0}\frac{a^{x+\Delta x} - a^x}{\Delta x} = \lim_{\Delta x \to 0}a^x \cdot \frac{a^{\Delta x} - 1}{\Delta x} = (\ln a)a^x.$$

特别地,有 $(e^x)' = e^x$.

例 4.1.7 求对数函数 $y = \log_a x (a > 0, a \neq 1)$ 的导函数 y'.

解 因为

$$\log_a(x + \Delta x) - \log_a x = \log_a\frac{x + \Delta x}{x} = \log_a\left(1 + \frac{\Delta x}{x}\right),$$

又由等价关系 $\log_a\left(1 + \frac{\Delta x}{x}\right) \sim \frac{\Delta x}{x\ln a}(\Delta x \to 0)$ 可得

$$y' = \lim_{\Delta x \to 0}\frac{\log_a(x + \Delta x) - \log_a x}{\Delta x} = \lim_{\Delta x \to 0}\frac{\log_a\left(1 + \frac{\Delta x}{x}\right)}{\Delta x} = \frac{1}{\ln a} \cdot \frac{1}{x}.$$

特别地,有 $(\ln x)' = \frac{1}{x}$.

例 4.1.8 求幂函数 $y = x^\mu (x > 0)$ 的导函数 y'.

解 利用等价关系 $\left(1 + \frac{\Delta x}{x}\right)^\mu - 1 \sim \mu\frac{\Delta x}{x}(\Delta x \to 0)$ 可得

$$y' = \lim_{\Delta x \to 0}\frac{(x + \Delta x)^\mu - x^\mu}{\Delta x} = \lim_{\Delta x \to 0}x^\mu \cdot \frac{\left(1 + \frac{\Delta x}{x}\right)^\mu - 1}{\Delta x} = \lim_{\Delta x \to 0}x^\mu \cdot \frac{\mu\frac{\Delta x}{x}}{\Delta x} = \mu x^{\mu-1}.$$

对于一些定义域为 $(-\infty, +\infty)$ 的幂函数,结论仍然成立,例如:当 n 为正整数时, $y = x^n$ 在 $(-\infty, +\infty)$ 上可导,导数为 nx^{n-1}; $y = x^{-n}$ 的定义域为 $(-\infty, 0) \bigcup (0, +\infty)$,它也在定义域上可导,导数为 $-nx^{-n-1}$. 幂函数 $y = x^{\frac{1}{3}}$ 的定义域为 $(-\infty, +\infty)$,但它仅在 $(-\infty, 0) \bigcup$

$(0,+\infty)$ 上可导,其导数为 $\dfrac{1}{3}x^{-\frac{2}{3}}$.

习题 4.1

1. 设函数 $f(x)$ 在 $x=0$ 可导,且 $f(0)=0$,$f'(0)=1$,求极限 $\lim\limits_{n\to\infty}nf\left(\dfrac{1}{n}\right)$.

2. 求实数 a,使得曲线 $y=ax^3$ 和曲线 $y=\ln x$ 相切(两条曲线相切意指它们有一条共同的切线).

3. 证明:

(1) 若 $f(x)$ 是一可导的偶函数,则 $f'(x)$ 是一个奇函数;

(2) 若 $f(x)$ 是一可导的奇函数,则 $f'(x)$ 是一个偶函数;

(3) 若 $f(x)$ 是一可导的周期函数,则 $f'(x)$ 仍然是一个周期函数.

4. 设函数 $f(x)$ 在 x_0 可导,λ_1,λ_2 是满足 $\lambda_1+\lambda_2=1$ 的一对实数,证明:

$$\lim_{h\to 0}\frac{f(x_0+\lambda_1 h)-f(x_0-\lambda_2 h)}{h}=f'(x_0).$$

5. 试问在抛物线 $y^2=4x$ 上哪些点处的切线

(1) 平行于直线 $y=x$;

(2) 垂直于直线 $x-4y+5=0$.

6. 证明:从椭圆的一个焦点发出的任一束光线,经椭圆反射后,反射光必定经过它的另一个焦点.

7. 已知在原点的某个邻域内有 $|f(x)|\leqslant|g(x)|$,且有 $g'(0)=g(0)=0$,求 $f'(0)$.

8. 设 $f(x)$ 为 $(-\infty,+\infty)$ 上的可导函数,且在 $x=0$ 的某个邻域上成立

$$f(1+\sin x)-3f(1-\sin x)=8x+\alpha(x)$$

其中 $\alpha(x)$ 是当 $x\to 0$ 时比 x 高阶的无穷小量,求 $y=f(x)$ 在 $(1,f(1))$ 处的切线方程.

9. 已知 $f'(0)=a$,$f(0)=b\neq 0$,求数列极限

$$\lim_{n\to\infty}\left[\frac{f\left(\dfrac{1}{n}\right)}{f(0)}\right]^n.$$

10. 已知 $f(0)=0$,$f'(0)$ 存在. 定义数列

$$x_n=f\left(\frac{1}{n^2}\right)+f\left(\frac{2}{n^2}\right)+\cdots+f\left(\frac{n}{n^2}\right),n=1,2,\cdots.$$

求极限 $\lim\limits_{n\to\infty}x_n$. 并据此结论计算:

(1) $\lim\limits_{n\to\infty}\left(\sin\dfrac{1}{n^2}+\sin\dfrac{2}{n^2}+\cdots+\sin\dfrac{n}{n^2}\right)$;

(2) $\lim\limits_{n\to\infty}\left[\left(1+\dfrac{1}{n^2}\right)\left(1+\dfrac{2}{n^2}\right)\cdots\left(1+\dfrac{n}{n^2}\right)\right]$.

11. 判断函数

$$f(x)=\begin{cases}0, & \text{当 } x=0 \text{ 时}\\[2mm] \dfrac{x}{1+e^{\frac{1}{x}}}, & \text{当 } x\neq 0 \text{ 时}\end{cases}$$

在 $x=0$ 处的可导性.

12. 确定常数 a,b,使得函数

$$f(x)=\begin{cases} x^2+b, & x>2 \\ ax+1, & x\leqslant 2 \end{cases}$$

在 $x=2$ 处可导.

13. 设

$$f(x)=\begin{cases} 0, & \text{当 } x=0 \text{ 时} \\ |x|^{\lambda}\cos\dfrac{1}{x}, & \text{当 } x\neq 0 \text{ 时} \end{cases}.$$

求证:(1) 当 $\lambda>1$ 时,$f'(0)$ 存在;(2) 当 $0\leqslant\lambda\leqslant 1$ 时,$f(x)$ 在 $x=0$ 处不可导.

14. 证明:函数 $f(x)$ 在 x_0 处可导的充分必要条件是存在在 x_0 处连续的函数 $g(x)$,使得 $f(x)-f(x_0)=(x-x_0)g(x)$,且此时成立等式 $f'(x_0)=g(x_0)$.

15. 设 $f(x)$ 在 $[a,b]$ 连续,满足 $f(a)=f(b)=0$,且 $f'_+(a)\cdot f'_-(b)>0$,证明 $f(x)$ 在 (a,b) 至少存在一个零点.

16. 举例说明如下结论不一定成立:函数 $f(x)$ 在 $x=x_0$ 处可导,则函数 $f(x)$ 在 x_0 附近的某个邻域内连续.

4.2 导数的运算规则

除了少数几个简单的函数之外,大部分函数使用定义求导数都很困难,需要通过已知函数的导数同时运用一些运算规则来间接计算. 本节将介绍一些求导的运算规则,主要包括四则运算的求导法则、复合函数求导的链式法则和反函数的求导法则.

定理 4.2.1 若函数 $f(x),g(x)$ 都在 x_0 处可导,则函数 $f(x)\pm g(x)$,$f(x)\cdot g(x)$ 都在 x_0 处可导,且有

(1) $f(x)\pm g(x)$ 在 x_0 处的导数为 $f'(x_0)\pm g'(x_0)$;

(2) $f(x)\cdot g(x)$ 在 x_0 处的导数为 $f'(x_0)g(x_0)+f(x_0)g'(x_0)$;

(3) 若更进一步有 $g(x_0)\neq 0$,则函数 $\dfrac{f(x)}{g(x)}$ 也在 x_0 处可导,且 $\dfrac{f(x)}{g(x)}$ 在 x_0 处的导数为 $\dfrac{f'(x_0)g(x_0)-f(x_0)g'(x_0)}{(g(x_0))^2}$.

证明 (1)的证明比较简单,我们在此略过. 下面仅证明(2)和(3). 由导数的定义

$$\left[f(x)\cdot g(x)\right]'_{x=x_0}$$

$$=\lim_{\Delta x\to 0}\frac{f(x_0+\Delta x)g(x_0+\Delta x)-f(x_0)g(x_0)}{\Delta x}$$

$$=\lim_{\Delta x\to 0}\frac{f(x_0+\Delta x)g(x_0+\Delta x)-f(x_0+\Delta x)g(x_0)+f(x_0+\Delta x)g(x_0)-f(x_0)g(x_0)}{\Delta x}$$

$$=\lim_{\Delta x\to 0}\left[f(x_0+\Delta x)\frac{g(x_0+\Delta x)-g(x_0)}{\Delta x}+g(x_0)\frac{f(x_0+\Delta x)-f(x_0)}{\Delta x}\right]$$

$$=\lim_{\Delta x\to 0}f(x_0+\Delta x)\lim_{\Delta x\to 0}\frac{g(x_0+\Delta x)-g(x_0)}{\Delta x}+g(x_0)\lim_{\Delta x\to 0}\frac{f(x_0+\Delta x)-f(x_0)}{\Delta x}$$

$$= f'(x_0) g(x_0) + f(x_0) g'(x_0).$$

$$\left[\frac{f(x)}{g(x)}\right]'_{x=x_0} = \lim_{\Delta x \to 0} \frac{\dfrac{f(x_0+\Delta x)}{g(x_0+\Delta x)} - \dfrac{f(x_0)}{g(x_0)}}{\Delta x}$$

$$= \lim_{\Delta x \to 0} \frac{f(x_0+\Delta x) g(x_0) - g(x_0+\Delta x) f(x_0)}{g(x_0+\Delta x) g(x_0) \Delta x}$$

$$= \lim_{\Delta x \to 0} \frac{f(x_0+\Delta x) g(x_0) - f(x_0) g(x_0) - [g(x_0+\Delta x) f(x_0) - f(x_0) g(x_0)]}{g(x_0+\Delta x) g(x_0) \Delta x}$$

$$= \lim_{\Delta x \to 0} \left[\frac{g(x_0)}{g(x_0+\Delta x) g(x_0)} \frac{f(x_0+\Delta x) - f(x_0)}{\Delta x} - \right.$$

$$\left. \frac{f(x_0)}{g(x_0+\Delta x) g(x_0)} \frac{g(x_0+\Delta x) - g(x_0)}{\Delta x}\right]$$

$$= \frac{f'(x_0) g(x_0) - f(x_0) g'(x_0)}{(g(x_0))^2}.$$

公式(2)和(3)证毕.

由定理 4.2.1 可知,若 $f(x),g(x)$ 在某个区间 I 可导,则有

(1) $[f(x) \pm g(x)]' = f'(x) \pm g'(x)$;

(2) $[f(x) \cdot g(x)]' = f'(x) g(x) + f(x) g'(x)$;

(3) $\left[\dfrac{f(x)}{g(x)}\right]' = \dfrac{f'(x) g(x) - f(x) g'(x)}{(g(x))^2}$ $(x \in I, g(x) \neq 0)$.

特别地,在公式(2)中取 $g(x) \equiv C$,则我们可以得到

(4) $[Cf(x)]' = Cf'(x)$.

在公式(3)中取 $f(x) \equiv 1$,则可得

(5) $\left[\dfrac{1}{g(x)}\right]' = -\dfrac{g'(x)}{(g(x))^2}$.

上述公式中的(1)和(4)合起来人们一般称为导数的线性性质.

公式(1)和(2)还可以推广到有限个函数相加或相乘时的情况:当 $f_1(x), f_2(x), \cdots, f_n(x)$ 都是区间 I 上的可导函数时,则有

(1) $\left[\sum\limits_{i=1}^{n} f_i(x)\right]' = \sum\limits_{i=1}^{n} f'_i(x)$;

(2) $\left[\prod\limits_{i=1}^{n} f_i(x)\right]' = \sum\limits_{i=1}^{n} f'_i(x) \prod\limits_{\substack{k=1 \\ k \neq i}}^{n} f_k(x)$.

例 4.2.1 $f(x) = \tan x$,求 $f'(x)$.

解 由导数的四则运算性质,

$$f'(x) = \left(\frac{\sin x}{\cos x}\right)' = \frac{\cos x \cos x - (-\sin x)\sin x}{(\cos x)^2} = \frac{1}{(\cos x)^2} = \sec^2 x.$$

类似可求得 $(\cot x)' = -\dfrac{1}{\sin^2 x} = -\csc^2 x$.

例 4.2.2 $f(x) = \sec x$,求 $f'(x)$.

解　由导数的四则运算性质，

$$f'(x) = \left(\frac{1}{\cos x}\right)' = -\frac{(\cos x)'}{\cos^2 x} = \frac{\sin x}{\cos^2 x} = \sec x \cdot \tan x.$$

类似可求得 $(\csc x)' = -\csc x \cdot \cot x$.

例 4.2.3　$f(x) = \dfrac{1+\mathrm{e}^x}{1-\mathrm{e}^x}$，求 $f'(x)$.

解　由导数的四则运算性质，

$$f'(x) = \frac{(1-\mathrm{e}^x)\mathrm{e}^x - (1+\mathrm{e}^x)(-\mathrm{e}^x)}{(1-\mathrm{e}^x)^2} = \frac{2\mathrm{e}^x}{(1-\mathrm{e}^x)^2}.$$

例 4.2.4　$f(x) = \dfrac{\ln x}{x}$，求 $f'(x)$.

解　由导数的四则运算性质，

$$f'(x) = \frac{\dfrac{1}{x} \cdot x - \ln x}{x^2} = \frac{1-\ln x}{x^2}.$$

定理 4.2.2(复合函数的链式求导法则)　设函数 $u = g(x)$ 在 $x = x_0$ 处可导，函数 $f(u)$ 在 $u = u_0 = g(x_0)$ 处可导，则复合函数 $f(g(x))$ 在 $x = x_0$ 处可导，且有

$$[f(g(x))]'_{x=x_0} = f'(u_0)g'(x_0) = f'(g(x_0))g'(x_0).$$

证明　当 $\Delta u \neq 0$ 时，令

$$\alpha(\Delta u) = \frac{f(u_0 + \Delta u) - f(u_0)}{\Delta u} - f'(u_0).$$

由导数的定义知 $\lim\limits_{\Delta u \to 0}\alpha(\Delta u) = 0$. 补充定义 $\alpha(0) = 0$. 则函数 $\alpha(\Delta u)$ 在 $\Delta u = 0$ 处连续，且

$$f(u_0 + \Delta u) - f(u_0) = f'(u_0)\Delta u + \alpha(\Delta u)\Delta u$$

在 $\Delta u = 0$ 的某个邻域内成立.

设 $\Delta u = g(x_0 + \Delta x) - g(x_0) = g(x_0 + \Delta x) - u_0$，则

$$f(g(x_0 + \Delta x)) - f(g(x_0)) = f(u_0 + \Delta u) - f(u_0) = f'(u_0)\Delta u + \alpha(\Delta u)\Delta u$$

由导数的定义

$$\begin{aligned}
[f(g(x))]'_{x=x_0} &= \lim_{\Delta x \to 0}\frac{f(g(x_0 + \Delta x)) - f(g(x_0))}{\Delta x}\\
&= \lim_{\Delta x \to 0}\frac{f'(u_0)\Delta u + \alpha(\Delta u)\Delta u}{\Delta x} = \lim_{\Delta x \to 0}f'(u_0)\frac{\Delta u}{\Delta x} + \lim_{\Delta x \to 0}\alpha(\Delta u)\frac{\Delta u}{\Delta x}.
\end{aligned}$$

由条件知 $\lim\limits_{\Delta x \to 0}\dfrac{\Delta u}{\Delta x} = \lim\limits_{\Delta x \to 0}\dfrac{g(x_0 + \Delta x) - g(x_0)}{\Delta x} = g'(x_0)$，又由 $\alpha(\Delta u)$ 在 $\Delta u = 0$ 处连续且 $\alpha(0) = 0$ 及 $\lim\limits_{\Delta x \to 0}\Delta u = 0$，由复合函数的极限性质知 $\lim\limits_{\Delta x \to 0}\alpha(\Delta u) = 0$. 因此

$$[f(g(x))]'_{x=x_0} = f'(u_0)g'(x_0) = f'(g(x_0))g'(x_0).$$

由定理 4.2.2 知如果 $u = g(x)$ 是区间 I 到区间 J 的可导函数，$y = f(u)$ 是区间 J 上的可导函数，则复合函数 $y = f(g(x))$ 是区间 I 的可导函数且其导函数

$$(f(g(x)))' = f'(g(x))g'(x).$$

使用导数的另一记号，可以将复合函数的求导公式写成

$$\frac{\mathrm{d}y}{\mathrm{d}x}\bigg|_{x=x_0} = \frac{\mathrm{d}y}{\mathrm{d}u}\bigg|_{u=u_0} \cdot \frac{\mathrm{d}u}{\mathrm{d}x}\bigg|_{x=x_0},$$

简写为

$$\frac{\mathrm{d}y}{\mathrm{d}x} = \frac{\mathrm{d}y}{\mathrm{d}u} \cdot \frac{\mathrm{d}u}{\mathrm{d}x}.$$

这一公式可以推导到多重复合的情形,例如 $y=f(u),u=g(x),x=h(t)$,则有公式

$$\frac{\mathrm{d}y}{\mathrm{d}t} = \frac{\mathrm{d}y}{\mathrm{d}u} \cdot \frac{\mathrm{d}u}{\mathrm{d}x} \cdot \frac{\mathrm{d}x}{\mathrm{d}t}$$

成立,这也是将复合函数求导法则称为链式法则的原因.

例 4.2.5 $f(x)=x^\mu\ (x>0)$,求 $f'(x)$.

解 之前我们用定义计算过 $f'(x)$,这里我们使用链式法则再计算一次. 易见

$$f(x) = x^\mu = \mathrm{e}^{\mu\ln x}.$$

因此我们可以把它视为 $y=\mathrm{e}^u$ 和 $u=\mu\ln x$ 的复合,由链式法则

$$f'(x) = \frac{\mathrm{d}y}{\mathrm{d}x} = \frac{\mathrm{d}y}{\mathrm{d}u} \cdot \frac{\mathrm{d}u}{\mathrm{d}x} = \mathrm{e}^u \cdot \frac{\mu}{x} = x^\mu \cdot \frac{\mu}{x} = \mu x^{\mu-1}.$$

例 4.2.6 已知函数 $y=\sqrt{a^2+x^2}$,求 y'.

解 函数可看成 $y=\sqrt{u}$,$u=a^2+x^2$ 的复合,由链式法则

$$y' = \frac{\mathrm{d}y}{\mathrm{d}u} \cdot \frac{\mathrm{d}u}{\mathrm{d}x} = \frac{1}{2\sqrt{u}} \cdot 2x = \frac{x}{\sqrt{a^2+x^2}}.$$

例 4.2.7 求函数 $y=\ln\dfrac{\sqrt{x^2+1}}{\sqrt[3]{x-2}}\ (x>2)$ 的导数.

解 经过变形有

$$y = \frac{1}{2}\ln(x^2+1) - \frac{1}{3}\ln(x-2).$$

这是两个函数作减法,使用求导的四则运算法则再使用链式法则,有

$$y' = \frac{1}{2}\left[\ln(x^2+1)\right]' - \frac{1}{3}\left[\ln(x-2)\right]'$$

$$= \frac{1}{2} \cdot \frac{1}{x^2+1} \cdot 2x - \frac{1}{3} \cdot \frac{1}{x-2} = \frac{x}{x^2+1} - \frac{1}{3(x-2)}.$$

例 4.2.8 求函数 $y=\mathrm{e}^{\cos\frac{1}{x}}$ 的导数.

解 由链式法则,

$$y' = \mathrm{e}^{\cos\frac{1}{x}} \cdot \left(\cos\frac{1}{x}\right)' = \mathrm{e}^{\cos\frac{1}{x}} \cdot \left(-\sin\frac{1}{x}\right) \cdot \left(\frac{1}{x}\right)' = \frac{1}{x^2} \cdot \mathrm{e}^{\cos\frac{1}{x}} \cdot \sin\frac{1}{x}.$$

例 4.2.9 求函数 $y=\sqrt{x+\sqrt{x+\sqrt{x}}}$ 的导数.

解 由链式法则,

$$y' = \frac{1}{2\sqrt{x+\sqrt{x+\sqrt{x}}}} \cdot \left(x+\sqrt{x+\sqrt{x}}\right)'$$

$$= \frac{1}{2\sqrt{x + \sqrt{x + \sqrt{x}}}} \cdot \left(1 + \frac{1}{2\sqrt{x + \sqrt{x}}} \cdot (x + \sqrt{x})'\right)$$

$$= \frac{1}{2\sqrt{x + \sqrt{x + \sqrt{x}}}} \cdot \left(1 + \frac{1}{2\sqrt{x + \sqrt{x}}} \cdot \left(1 + \frac{1}{2\sqrt{x}}\right)\right)$$

$$= \frac{4\sqrt{x^2 + x\sqrt{x}} + 2\sqrt{x} + 1}{8\sqrt{x + \sqrt{x + \sqrt{x}}} \cdot \sqrt{x^2 + x\sqrt{x}}}.$$

下面我们给出幂指函数

$$y = f(x) = u(x)^{v(x)} \quad (u(x) > 0)$$

的一种求导方法. 通过取对数可得

$$\ln y = v(x)\ln(u(x)).$$

两边都对 x 求导, 根据复合函数求导法则以及四则运算求导法则可得

$$\frac{y'}{y} = (v(x)\ln(u(x)))' = v'(x)\ln(u(x)) + \frac{v(x)u'(x)}{u(x)},$$

因此

$$y' = y \cdot (v(x)\ln(u(x)))' = y \cdot \left(v'(x)\ln(u(x)) + \frac{v(x)u'(x)}{u(x)}\right)$$

$$= u(x)^{v(x)} \cdot \left(v'(x)\ln(u(x)) + \frac{v(x)u'(x)}{u(x)}\right).$$

这种求导的方法称为对数求导法.

例 4.2.10 求函数 $y = x + x^x + x^{x^x}$ 的导数.

解 由上述的对数求导法

$$(x^x)' = x^x \cdot (x\ln x)' = x^x \cdot (1 + \ln x);$$

$$(x^{x^x})' = x^{x^x} \cdot (x^x\ln x)' = x^{x^x} \cdot \left(x^x \cdot (1 + \ln x) \cdot \ln x + x^x \cdot \frac{1}{x}\right)$$

$$= x^{x^x} \cdot x^{x-1} \cdot (x\ln^2 x + x\ln x + 1);$$

因此

$$y' = 1 + x^x \cdot (1 + \ln x) + x^{x^x} \cdot x^{x-1} \cdot (x\ln^2 x + x\ln x + 1).$$

例 4.2.11 使用对数求导法求函数

$$y = \frac{x^3}{2 - x}\sqrt[3]{\frac{3 - x}{(4 + x)^2}}$$

的导数.

解 将 y 取绝对值, 求对数可得

$$\ln|y| = 3\ln|x| - \ln|2 - x| + \frac{1}{3}\ln|3 - x| - \frac{2}{3}\ln|4 + x|.$$

再根据 $(\ln|x|)' = \frac{1}{x}$, 两边对 x 求导可得

$$\frac{y'}{y} = \frac{3}{x} + \frac{1}{2 - x} - \frac{1}{3(3 - x)} - \frac{2}{3(4 + x)}.$$

因此当 y 不取到 0,即 $x \neq 0, 3$ 时有

$$y' = \frac{x^3}{2-x} \sqrt[3]{\frac{3-x}{(4+x)^2}} \cdot \left(\frac{3}{x} + \frac{1}{2-x} - \frac{1}{3(3-x)} - \frac{2}{3(4+x)} \right).$$

由极限定义可知 $y'|_{x=0} = 0$,但是 $y'|_{x=3}$ 不存在.

定理 4.2.3(反函数的求导法则) 设函数 $y = f(x)$ 在区间 I 上连续且严格单调,则它存在反函数 $x = f^{-1}(y)$. 如果 $y = f(x)$ 在 $x = x_0$ 可导且 $f'(x_0) \neq 0$,则它的反函数 $f^{-1}(y)$ 在 $y_0 = f(x_0)$ 处可导,且有

$$\left[f^{-1}(y) \right]' \big|_{y = y_0} = \frac{1}{f'(x_0)}.$$

证明 由反函数连续性定理知 $f^{-1}(y)$ 在它的定义域上严格单调并连续. 设 $\Delta x = f^{-1}(y_0 + \Delta y) - f^{-1}(y_0) = f^{-1}(y_0 + \Delta y) - x_0$,则由严格单调性知当 $\Delta y \neq 0$ 时,$\Delta x \neq 0$;由连续性知 $\Delta y \to 0$ 时,$\Delta x \to 0$.

由导数的定义

$$\left[f^{-1}(y) \right]' \big|_{y = y_0} = \lim_{\Delta y \to 0} \frac{\Delta x}{\Delta y} = \lim_{\Delta y \to 0} \frac{1}{\dfrac{\Delta y}{\Delta x}}$$

$$= \frac{1}{\lim\limits_{\Delta y \to 0} \dfrac{y_0 + \Delta y - y_0}{\Delta x}} = \frac{1}{\lim\limits_{\Delta y \to 0} \dfrac{f(x_0 + \Delta x) - f(x_0)}{\Delta x}}$$

$$= \frac{1}{\lim\limits_{\Delta x \to 0} \dfrac{f(x_0 + \Delta x) - f(x_0)}{\Delta x}} = \frac{1}{f'(x_0)}.$$

注意这里倒数第二个等式的得到是使用了复合函数的极限性质. 结论得证!

例 4.2.12 求函数 $y = \arcsin x$ 的导数.

解 因为 $x = \sin y$ 在区间 $I_y = \left[-\dfrac{\pi}{2}, \dfrac{\pi}{2} \right]$ 内单调可导,且在区间 $\left(-\dfrac{\pi}{2}, \dfrac{\pi}{2} \right)$ 上有 $(\sin y)' = \cos y > 0$. 因此 $y = \arcsin x$ 在区间 $(-1, 1)$ 内可导,并且有

$$(\arcsin x)' = \frac{1}{(\sin y)'} = \frac{1}{\cos y} = \frac{1}{\sqrt{1 - \sin^2 y}} = \frac{1}{\sqrt{1 - x^2}}.$$

类似地,可求得

$$(\arccos x)' = -\frac{1}{\sqrt{1 - x^2}}, \quad (\arctan x)' = \frac{1}{1 + x^2}, \quad (\text{arccot } x)' = -\frac{1}{1 + x^2}.$$

例 4.2.13 求对数函数 $y = \log_a x$ 的导数.

解 此前我们使用导数的定义求出了它的导数,这里我们用反函数求导法则再求一次,$y = \log_a x$ 是 $x = a^y$ 的反函数,而 $(a^y)' = (\ln a) \cdot a^y$. 因此

$$(\log_a x)' = \frac{1}{(a^y)'} = \frac{1}{(\ln a) \cdot a^y} = \frac{1}{x \ln a}.$$

例 4.2.14 求函数 $y = \dfrac{x}{2} \sqrt{a^2 - x^2} + \dfrac{a^2}{2} \arcsin \dfrac{x}{a} \ (a > 0)$ 的导数.

解　由前面所求的公式 $(\arcsin x)' = \dfrac{1}{\sqrt{1-x^2}}$，并运用求导的运算性质，有

$$y' = \left(\frac{x}{2}\sqrt{a^2-x^2}\right)' + \left(\frac{a^2}{2}\arcsin\frac{x}{a}\right)'$$

$$= \frac{1}{2}\sqrt{a^2-x^2} + \frac{x}{2}\cdot\frac{-x}{\sqrt{a^2-x^2}} + \frac{a^2}{2}\cdot\frac{1}{\sqrt{a^2-x^2}}$$

$$= \sqrt{a^2-x^2}.$$

在本节的最后，我们列出一些前面求过的基本初等函数的导数公式：

$(C)' = 0$ 　　　　　　　　$(x^\mu)' = \mu x^{\mu-1}$

$(\sin x)' = \cos x$ 　　　　　　$(\cos x)' = -\sin x$

$(\tan x)' = \sec^2 x$ 　　　　　$(\cot x)' = -\csc^2 x$

$(\sec x)' = \tan x \sec x$ 　　　　$(\csc x)' = -\cot x \csc x$

$(\arcsin x)' = \dfrac{1}{\sqrt{1-x^2}}$ 　　　$(\arccos x)' = -\dfrac{1}{\sqrt{1-x^2}}$

$(\arctan x)' = \dfrac{1}{1+x^2}$ 　　　$(\text{arccot } x)' = -\dfrac{1}{1+x^2}$

$(a^x)' = \ln a \cdot a^x$ 　　　　　$(e^x)' = e^x$

$(\log_a x)' = \dfrac{1}{x\ln a}$ 　　　　$(\ln x)' = \dfrac{1}{x}$

从表中可以看出，所有基本初等函数的导函数仍然是初等函数，通过上面这些求导的基本公式、导数的四则运算法则以及复合运算法，求出所有初等函数的导数. 这里的初等函数及其导数都需要在它们的定义域内进行讨论.

习题 4.2

1. 求下列函数的导函数：

(1) $x\sin x + 2e^x - \sqrt{x}$；

(2) $\sec x + \tan x - \dfrac{1}{\sqrt{x}}$

(3) $e^x(\tan x - x^3 + 2\cos x)$；

(4) $(x^3 + 2x^2 - 3)\ln x$；

(5) $(2^x + \log_3 x)\cos x$；

(6) $\dfrac{x^2\cos x - \ln x}{\sqrt{x}+3}$；

(7) $\dfrac{3x - 2\cot x}{\ln x}$；

(8) $\dfrac{x^2 + \sec x}{x - \csc x}$.

2. 证明多项式求导之后仍然是多项式.

3. 设函数 $f(x)$ 可导且无零点，证明：曲线 $y = f(x)$ 和 $y = f(x)\sin x$ 在相交点处相切.

4. 求下列函数的导数：

(1) $e^{ax}\sin bx$；

(2) $\ln[\ln(\ln x)]$；

(3) $\sqrt{1+x^2}$；

(4) $\sqrt{1-x^2}$；

(5) $\arctan(1+x^2)$；

(6) $\ln(\cos x + \sin x)$；

(7) $a^{\sin x}\,(a>0,a\neq 1)$;

(8) $\dfrac{\arcsin x}{\sqrt{1-x^2}}$;

(9) $x(\cos(\ln x)-\sin(\ln x))$;

(10) $\ln(x+\sqrt{a^2+x^2}\,)$;

(11) $x\sqrt{a^2-x^2}+\dfrac{x}{\sqrt{a^2-x^2}}$;

(12) $\dfrac{1}{2}\left[x\sqrt{x^2-a^2}-a^2\ln(x+\sqrt{x^2-a^2}\,)\right]$;

(13) $\mathrm{e}^{ax}\ \dfrac{a\sin bx-b\cos bx}{\sqrt{a^2+b^2}}$;

(14) $\ln\left[\dfrac{1}{x}+\ln\left(\dfrac{1}{x}+\ln\dfrac{1}{x}\right)\right]$.

5. 记 $\sinh x=\dfrac{\mathrm{e}^x-\mathrm{e}^{-x}}{2}$，$\cosh x=\dfrac{\mathrm{e}^x+\mathrm{e}^{-x}}{2}$，分别称为双曲正弦函数和双曲余弦函数，证明：

(1) $\cosh^2 x-\sinh^2 x=1$;

(2) $(\sinh x)'=\cosh x$，$(\cosh x)'=\sinh x$.

并分别求出它们的反函数 $\operatorname{arcsinh} x$ 和 $\operatorname{arccosh} x$ 的导数.

6. 求下列函数的导数：

(1) $\sqrt[x]{x}\ (x>0)$;

(2) $(x^3+\cos x)^{\frac{1}{x}}$;

(3) $|\cos x|^x$;

(4) $y=(x-x_1)(x-x_2)\cdots(x-x_n)$;

(5) $x\ \dfrac{\sqrt{1-x^2}}{\sqrt{1+x^3}}$;

(6) $x^{\sin x}+\mathrm{e}^{x^x}$.

7. 设 $f(x)$ 是 n 次多项式，它有 k 个相异实根 $x_1,x_2,\cdots,x_k$，对应重数为 $n_1,n_2,\cdots,n_k$，且有 $n_1+n_2+\cdots+n_k=n$. 证明：

$$f'(x)=f(x)\left(\sum_{i=1}^{k}\frac{n_i}{x-x_i}\right).$$

8. 已知 $f(x),g(x)$ 为 x 的可导函数，求下列函数（在可导点处）的导数：

(1) $\sqrt{(f(x))^2+(g(x))^2}$;

(2) $\tan\dfrac{f(x)}{g(x)}$;

(3) $\log_{f(x)}g(x)$;

(4) $f([g(x)]^2)$.

9. 设 $f(x)$ 在 $x=x_0$ 处可导，$g(x)$ 在 $x=x_0$ 处不可导，证明 $f(x)+g(x)$ 在 $x=x_0$ 处不可导.

10. 在 μ 满足什么条件下函数 $f(x)=\begin{cases}|x|^{\mu}\sin\dfrac{1}{x}, & \text{当 }x\neq 0\text{ 时}\\[2mm] 0, & \text{当 }x=0\text{ 时}\end{cases}$.

(1) 在 $x=0$ 处连续；(2) 在 $x=0$ 处可导；(3) 在 $x=0$ 处其导函数连续.

11. 在 μ 满足什么条件下函数 $f(x)=\begin{cases}|x|^{\mu}\arctan\dfrac{1}{x}, & \text{当 }x\neq 0\text{ 时}\\[2mm] 0, & \text{当 }x=0\text{ 时}\end{cases}$.

(1) 在 $x=0$ 处连续；(2) 在 $x=0$ 处可导；(3) 在 $x=0$ 处其导函数连续.

4.3　隐函数求导和参数方程求导

4.3.1　隐函数求导

上一节介绍了当函数使用显式表达时求其导数的方法,本节将介绍隐式表达或者使用参数方程表示的函数的求导方法. 这些方法仍然来源于上一节中介绍的求导法则.

如果函数 $y=y(x)$ 是通过方程 $F(x,y)=0$ 所确定的隐函数,则有 $F(x,y(x))\equiv 0$. 如果已经知道 $y=y(x)$ 是可导的(下册教材中的隐函数定理将要从理论上解决这一问题),则可以在方程 $F(x,y(x))\equiv 0$ 的两侧都对 x 求导,左侧出现了 $y(x)$ 的地方可以用复合函数的求导法则来处理,这样可以得到一个含有 $y'(x)$ 的方程,通过解方程可以求得 $y'(x)$.

例 4.3.1 设函数 $y=y(x)$ 由 Kepler 方程 $y=x+\varepsilon\sin y(0<\varepsilon<1)$ 决定,求 $\dfrac{\mathrm{d}y}{\mathrm{d}x}$.

解 在方程的两侧都对 x 求导,可得

$$\frac{\mathrm{d}y}{\mathrm{d}x}=1+\varepsilon\cos y\ \frac{\mathrm{d}y}{\mathrm{d}x}.$$

求解关于 $\dfrac{\mathrm{d}y}{\mathrm{d}x}$ 的方程得

$$\frac{\mathrm{d}y}{\mathrm{d}x}=\frac{1}{1-\varepsilon\cos y}.$$

例 4.3.2 已知函数 $y=y(x)$ 由方程 $y^7+2y-x-4x^6=0$ 所确定,求 $\dfrac{\mathrm{d}y}{\mathrm{d}x}$.

解 在方程的两侧都对 x 求导,可得

$$7y^6\ \frac{\mathrm{d}y}{\mathrm{d}x}+2\ \frac{\mathrm{d}y}{\mathrm{d}x}-1-24x^5=0,$$

求解关于 $\dfrac{\mathrm{d}y}{\mathrm{d}x}$ 的方程得

$$\frac{\mathrm{d}y}{\mathrm{d}x}=\frac{1+24x^5}{7y^6+2}.$$

例 4.3.3 已知函数 $y=y(x)$ 由方程 $2xy-\mathrm{e}^x+\mathrm{e}^y=0$ 所确定,求 $\dfrac{\mathrm{d}y}{\mathrm{d}x}$ 和 $\dfrac{\mathrm{d}y}{\mathrm{d}x}\bigg|_{x=0}$.

解 在方程的两侧都对 x 求导,可得

$$2y+2x\ \frac{\mathrm{d}y}{\mathrm{d}x}-\mathrm{e}^x+\mathrm{e}^y\ \frac{\mathrm{d}y}{\mathrm{d}x}=0,$$

求解关于 $\dfrac{\mathrm{d}y}{\mathrm{d}x}$ 的方程得

$$\frac{\mathrm{d}y}{\mathrm{d}x}=\frac{\mathrm{e}^x-2y}{2x+\mathrm{e}^y}.$$

将 $x=0$ 代入原方程有 $\mathrm{e}^y=1$,因此当 $x=0$ 时 $y=0$. 代入上式得

$$\frac{\mathrm{d}y}{\mathrm{d}x}\bigg|_{x=0}=\frac{\mathrm{e}^x-2y}{2x+\mathrm{e}^y}\bigg|_{\substack{x=0\\y=0}}=1.$$

例 4.3.4 设曲线 C 的方程为 $x^3 + y^3 = 3xy$，求曲线 C 点 $\left(\dfrac{3}{2}, \dfrac{3}{2}\right)$ 处的切线方程，并证明曲线 C 在该点的法线通过原点.

解 首先求 $x^3 + y^3 = 3xy$ 所确定的隐函数 $y = y(x)$ 的导数. 在方程两侧都对 x 求导得

$$3x^2 + 3y^2 y' = 3y + 3xy'.$$

解方程得

$$y' = \frac{y - x^2}{y^2 - x}.$$

又由 $y\left(\dfrac{3}{2}\right) = \dfrac{3}{2}$，所以在 $x = \dfrac{3}{2}$ 处有

$$y'\left(\frac{3}{2}\right) = \left(\frac{(y - x^2)}{y^2 - x}\bigg|_{x = \frac{3}{2}, y = \frac{3}{2}}\right) = -1.$$

所求切线方程为 $y - \dfrac{3}{2} = -\left(x - \dfrac{3}{2}\right)$，化简为 $x + y - 3 = 0$.

因为切线斜率为 -1，所以法线斜率为 1，法线方程为 $y - \dfrac{3}{2} = x - \dfrac{3}{2}$ 即 $y = x$，显然通过原点.

4.3.2 参数方程求导

设自变量 x 和因变量 y 的函数关系是由参数方程

$$\begin{cases} x = \varphi(t) \\ y = \psi(t) \end{cases}, \quad \alpha \leqslant t \leqslant \beta,$$

所确定，其中 $\varphi(t)$ 和 $\psi(t)$ 都是 $t \in [\alpha, \beta]$ 的可导函数，$\varphi(t)$ 在 $[\alpha, \beta]$ 上严格单调且 $\varphi'(t) \neq 0$. 则可以通过下面的办法求出 y 对 x 的导数：由于 $x = \varphi(t)$ 严格单调且连续，它有一个连续的反函数 $t = \varphi^{-1}(x)$. 由反函数的求导法则知

$$\frac{\mathrm{d}t}{\mathrm{d}x} = \frac{1}{\dfrac{\mathrm{d}x}{\mathrm{d}t}} = \frac{1}{\varphi'(t)},$$

而 $y = \psi(t) = \psi(\varphi^{-1}(x))$，进一步根据复合函数求导法则

$$\frac{\mathrm{d}y}{\mathrm{d}x} = \frac{\mathrm{d}y}{\mathrm{d}t} \cdot \frac{\mathrm{d}t}{\mathrm{d}x} = \frac{\psi'(t)}{\varphi'(t)}.$$

一种便于记忆的形式是

$$\frac{\mathrm{d}y}{\mathrm{d}x} = \frac{\dfrac{\mathrm{d}y}{\mathrm{d}t}}{\dfrac{\mathrm{d}x}{\mathrm{d}t}}.$$

例 4.3.5 求旋轮线 $\begin{cases} x = a(t - \sin t) \\ y = a(1 - \cos t) \end{cases}$ 在 $t = \dfrac{\pi}{2}$ 处的切线方程.

解 根据参数方程的求导公式，

$$\frac{\mathrm{d}y}{\mathrm{d}x} = \frac{\dfrac{\mathrm{d}y}{\mathrm{d}t}}{\dfrac{\mathrm{d}x}{\mathrm{d}t}} = \frac{a\sin t}{a(1-\cos t)}.$$

因此

$$\left.\frac{\mathrm{d}y}{\mathrm{d}x}\right|_{t=\frac{\pi}{2}} = \left.\frac{a\sin t}{a(1-\cos t)}\right|_{t=\frac{\pi}{2}} = 1.$$

当 $t = \dfrac{\pi}{2}$ 时，$x = a\left(\dfrac{\pi}{2}-1\right)$，$y = a$，所求切线方程为 $y - a = x - a\left(\dfrac{\pi}{2}-1\right)$.

例 4.3.6 不计空气的阻力，以初速度 v_0，发射角 α 发射炮弹，其运动方程为

$$\begin{cases} x = v_0 t \cos\alpha \\ y = v_0 t \sin\alpha - \dfrac{1}{2}gt^2, \end{cases}$$

问什么时候炮弹的飞行倾角为零.

解　由切线的几何意义，炮弹在任意时刻 t 的飞行倾角 θ 应为

$$\theta = \arctan\frac{\mathrm{d}y}{\mathrm{d}x} = \arctan\frac{\left(v_0 t\sin\alpha - \dfrac{1}{2}gt^2\right)'}{(v_0 t\cos\alpha)'} = \arctan\left(\frac{v_0\sin\alpha - gt}{v_0\cos\alpha}\right).$$

要使飞行倾角与地面平行，即要 $\theta = 0$，只要

$$\frac{v_0\sin\alpha - gt}{v_0\cos\alpha} = 0,$$

即 $t = \dfrac{v_0\sin\alpha}{g}$. 因此当 $t = \dfrac{v_0\sin\alpha}{g}$ 时炮弹的飞行倾角为零.

习题 4.3

1. 求下列方程所决定的隐函数 $y = y(x)$ 的导数：

(1) $\sqrt{x^2+y^2} = \mathrm{e}^{\arctan\frac{y}{x}}$；

(2) $\tan(x+y) + x^2 y = 0$；

(3) $x^{\frac{2}{3}} + y^{\frac{2}{3}} = a^{\frac{2}{3}}$ $(a>0)$；

(4) $\mathrm{e}^{x^2+y} - xy^2 = 0$；

(5) $\mathrm{e}^y + xy - \mathrm{e} = 0$；

(6) $\dfrac{x^2}{a^2} + \dfrac{y^2}{b^2} = 1$；

(7) $\sqrt{x} + \sqrt{y} = 2$；

(8) $\sqrt{x^2+y^2} = \ln(x+y)$.

2. 求由下列参数方程所表示的函数 $y = y(x)$ 的导数：

(1) $\begin{cases} x = \mathrm{e}^t \cos^2 t \\ y = \mathrm{e}^t \sin^2 t \end{cases}$；

(2) $\begin{cases} x = \arcsin\dfrac{t}{\sqrt{1+t^2}} \\ y = \arccos\dfrac{1}{\sqrt{1+t^2}} \end{cases}$；

(3) $\begin{cases} x = a\cos^3 t \\ y = a\sin^3 t \end{cases}$；

(4) $\begin{cases} x = \sqrt{1+t} \\ y = \sqrt{1-t} \end{cases}$.

3. 求曲线 $xy + e^y = 1$ 在点 $M(1,0)$ 点的切线和法线方程.

4. 求曲线 $x = \dfrac{t}{1+t^3}$，$y = \dfrac{1}{1+t^3}$ 上与 $t=1$ 对应的点处的切线和法线方程.

5. 若曲线有极坐标方程 $r = f(\theta)$ 表示，则可得参数方程 $x = f(\theta)\cos\theta$，$y = f(\theta)\sin\theta$，求 $y'(x)$.

6. 证明 Archimedes 螺线 $r = a\theta$ 与双曲螺线 $r = a\theta^{-1}$ 在相交处的切线互相垂直.

4.4　高阶导数

如果一个函数 $f(x)$ 在区间 I 上可导，则得到了一个新的函数 $f'(x)$，如果有必要的话，可以对 $f'(x)$ 继续求导. 许多实际问题的研究中都会遇到这种必要，比如在力学中对速度函数再求一次导数，就是我们所熟知的加速度. 通过这样求一次导数再求一次导数，产生了二阶导数以及更进一步的高阶导数的概念.

定义 4.4.1　如果函数 $y = f(x)$ 的导函数 $f'(x)$ 仍然可导，则称 $f'(x)$ 的导数为 $f(x)$ 的二阶导数，记为 $f''(x)\left(\text{或 } y'', \dfrac{\mathrm{d}^2 y}{\mathrm{d}x^2}, \dfrac{\mathrm{d}^2 f}{\mathrm{d}x^2}\right)$. 若 $f''(x)$ 仍然可导，则称 $f''(x)$ 的导数为 $f(x)$ 的三阶导数，记为 $f'''(x)\left(\text{或 } y''', \dfrac{\mathrm{d}^3 y}{\mathrm{d}x^3}, \dfrac{\mathrm{d}^3 f}{\mathrm{d}x^3}\right)$. 一般地，可归纳定义 $f(x)$ 的 n 阶导数：若 $f(x)$ 的 $(n-1)$ 阶导数仍然可导，对这个 $(n-1)$ 阶导数再进一步求导即得 $f(x)$ 的 n 阶导数. $f(x)$ 的 n 阶导数记为 $f^{(n)}(x)\left(\text{或 } y^{(n)}, \dfrac{\mathrm{d}^n y}{\mathrm{d}x^n}, \dfrac{\mathrm{d}^n f}{\mathrm{d}x^n}\right)$. 一般地，二阶及二阶以上的导数称为高阶导数.

由高阶导数的定义可知，一般函数的高阶导数只需按照求导法则逐阶计算下去即可.

例 4.4.1　设 $f(x) = \arctan x$，求 $f''(0)$，$f'''(0)$.

解　不难逐阶算出

$$f'(x) = \frac{1}{1+x^2}, \quad f''(x) = -\frac{2x}{(1+x^2)^2}, \quad f'''(x) = -\left(\frac{2x}{(1+x^2)^2}\right)' = \frac{6x^2 - 2}{(1+x^2)^3}.$$

从而有

$$f''(0) = -\frac{2x}{(1+x^2)^2}\bigg|_{x=0} = 0,$$

$$f'''(0) = \frac{6x^2 - 2}{(1+x^2)^3}\bigg|_{x=0} = -2.$$

对于一些特殊的函数，可以通过计算前几阶导数找出相应的规律，最后求出高阶导数的通项表达式.

例 4.4.2　设 $f(x) = e^{ax}$ $(a \neq 0)$，求 $f^{(n)}(x)$.

解　不难逐阶算出

$$f'(x) = a e^{ax}, \quad f''(x) = a^2 e^{ax}, \quad f'''(x) = a^3 e^{ax}.$$

依此类推并使用数学归纳法可得

$$f^{(n)}(x) = a^n e^{ax}.$$

特别地，从这个例子可得 $(e^x)^{(n)} = e^x$。

例 4.4.3 设 $f(x) = \cos x$，求 $f^{(n)}(x)$。

解 因为

$$(\cos x)' = -\sin x = \cos\left(x + \frac{\pi}{2}\right),$$

使用复合函数求导法则可得

$$(\cos x)'' = \left(\cos\left(x + \frac{\pi}{2}\right)\right)' = \cos\left(x + \frac{\pi}{2} + \frac{\pi}{2}\right) = \cos\left(x + \frac{2\pi}{2}\right).$$

依此类推并使用数学归纳法可得

$$(\cos x)^{(n)} = \cos\left(x + \frac{n\pi}{2}\right).$$

通过类似地计算可以得到

$$(\sin x)^{(n)} = \sin\left(x + \frac{n\pi}{2}\right).$$

例 4.4.4 设 $f(x) = (1+x)^\lambda$ $(x > 0, \lambda$ 为常数)，求 $f^{(n)}(x)$。

解 当 λ 不是正整数时，逐阶求导可得

$$((1+x)^\lambda)' = \lambda(1+x)^{\lambda-1};$$
$$((1+x)^\lambda)'' = \lambda(\lambda-1)(1+x)^{\lambda-2};$$
$$\cdots\cdots$$
$$((1+x)^\lambda)^{(n)} = \lambda(\lambda-1)\cdots(\lambda-n+1)(1+x)^{\lambda-n}.$$

当 λ 是正整数 m 时，有

$$((1+x)^m)^{(n)} = \begin{cases} m(m-1)\cdots(m-n+1)(1+x)^{m-n}, & n < m; \\ m!, & n = m; \\ 0, & n > m. \end{cases}$$

例 4.4.5 设 $f(x) = \ln(1+x)$ $(x > -1)$，求 $f^{(n)}(x)$。

解 逐阶算出

$$f'(x) = \frac{1}{1+x}, \quad f''(x) = -\frac{1}{(1+x)^2}, \quad f'''(x) = (-1)\cdot(-2)\cdot\frac{1}{(1+x)^3}.$$

依此类推并使用数学归纳法可得

$$f^{(n)} = (-1)^{n-1}\cdot(n-1)!\ (1+x)^{-n}.$$

例 4.4.6 设 $f(x) = e^{ax}\sin bx$ $(a, b$ 为常数)，求 $f^{(n)}(x)$。

解 $f(x)$ 的导数为：

$$f'(x) = ae^{ax}\sin bx + be^{ax}\cos bx$$
$$= e^{ax}(a\sin bx + b\cos bx)$$
$$= \sqrt{a^2 + b^2}\,e^{ax}\sin(bx + \varphi)$$

其中 φ 满足 $\cos\varphi = \dfrac{a}{\sqrt{a^2 + b^2}}$，$\sin\varphi = \dfrac{b}{\sqrt{a^2 + b^2}}$。进一步地

$$
\begin{aligned}
f''(x) &= \left(\sqrt{a^2+b^2}\,\mathrm{e}^{ax}\sin(bx+\varphi)\right)' \\
&= \sqrt{a^2+b^2}\,(\mathrm{e}^{ax}\sin(bx+\varphi))' \\
&= \sqrt{a^2+b^2}\,(a\,\mathrm{e}^{ax}\sin(bx+\varphi)+b\,\mathrm{e}^{ax}\cos(bx+\varphi)) \\
&= \left(\sqrt{a^2+b^2}\right)^2\mathrm{e}^{ax}\sin(bx+2\varphi).
\end{aligned}
$$

设当 $n-1$ 时有

$$
f^{(n-1)}(x) = \left(\sqrt{a^2+b^2}\right)^{n-1}\mathrm{e}^{ax}\sin(bx+(n-1)\varphi)
$$

则

$$
\begin{aligned}
f^{(n)}(x) &= \left(\sqrt{a^2+b^2}\right)^{n-1}(\mathrm{e}^{ax}\sin(bx+(n-1)\varphi))' \\
&= \left(\sqrt{a^2+b^2}\right)^{n-1}(a\,\mathrm{e}^{ax}\sin(bx+(n-1)\varphi)+b\,\mathrm{e}^{ax}\cos(bx+(n-1)\varphi)) \\
&= \left(\sqrt{a^2+b^2}\right)^n\mathrm{e}^{ax}\sin(bx+n\varphi).
\end{aligned}
$$

由数学归纳法知对所有的正整数 n, 有

$$
f^{(n)}(x) = \left(\sqrt{a^2+b^2}\right)^n\mathrm{e}^{ax}\sin(bx+n\varphi).
$$

我们同样可以求由隐函数和参数方程所表示的函数的高阶导数, 例如若函数由参数方程

$$
\begin{cases} x=\varphi(t) \\ y=\psi(t), \end{cases} \alpha\leqslant t\leqslant\beta,
$$

给出, 由上一节已知

$$
\frac{\mathrm{d}y}{\mathrm{d}x}=\frac{\psi'(t)}{\varphi'(t)},
$$

则进一步由复合函数求导公式有

$$
\begin{aligned}
\frac{\mathrm{d}^2y}{\mathrm{d}x^2} &= \frac{\mathrm{d}}{\mathrm{d}x}\left(\frac{\psi'(t)}{\varphi'(t)}\right)=\frac{\mathrm{d}}{\mathrm{d}t}\left(\frac{\psi'(t)}{\varphi'(t)}\right)\cdot\frac{\mathrm{d}t}{\mathrm{d}x} \\
&= \frac{\psi''(t)\varphi'(t)-\psi'(t)\varphi''(t)}{(\varphi'(t))^2}\cdot\frac{1}{\varphi'(t)} \\
&= \frac{\psi''(t)\varphi'(t)-\psi'(t)\varphi''(t)}{(\varphi'(t))^3}.
\end{aligned}
$$

在此基础上可以求三阶及以上的高阶导数, 这里就不再一一列出了. 实际上, 只要很好地掌握了求复合函数、隐函数和参数方程所表示函数的一阶导数的方法, 就不难求出它们的高阶导数.

例 4.4.7 求由方程 $\begin{cases} x=a\cos^3 t \\ y=a\sin^3 t \end{cases}$ 表示的函数的二阶导数.

解 由参数方程求一阶导数的公式

$$
\frac{\mathrm{d}y}{\mathrm{d}x}=\frac{\dfrac{\mathrm{d}y}{\mathrm{d}t}}{\dfrac{\mathrm{d}x}{\mathrm{d}t}}=\frac{(a\sin^3 t)'}{(a\cos^3 t)'}=\frac{3a\sin^2 t\cos t}{3a\cos^2 t\cdot(-\sin t)}=-\tan t.
$$

因此

$$
\frac{\mathrm{d}^2y}{\mathrm{d}x^2}=\frac{\mathrm{d}}{\mathrm{d}x}(-\tan t)=\frac{\mathrm{d}}{\mathrm{d}t}(-\tan t)\cdot\frac{\mathrm{d}t}{\mathrm{d}x}=\frac{(-\tan t)'}{(a\cos^3 t)'}
$$

$$= \frac{-\sec^2 t}{3a \cos^2 t \cdot (-\sin t)} = \frac{\sec^4 t}{3a \sin t}.$$

例 4.4.8 设方程 $\sin y + e^x - xy - 1 = 0$ 确定了一个满足 $y(0) = 0$ 的函数 $y = y(x)$，求 $y''(0)$.

解法一 在方程两侧对 x 求导可得

$$\cos y \cdot y' + e^x - y - xy' = 0.$$

从而

$$y' = \frac{y - e^x}{\cos y - x}.$$

注意这个表达式中的 y 是 x 的函数. 进一步求导得

$$y'' = \left(\frac{y - e^x}{\cos y - x} \right)' = \frac{(y' - e^x)(\cos y - x) - (y - e^x)(-\sin y \cdot y' - 1)}{(\cos y - x)^2}.$$

因为 $y(0) = 0$，因此

$$y'(0) = \frac{y - e^x}{\cos y - x} \bigg|_{\substack{x=0 \\ y=0}} = -1,$$

$$y''(0) = \frac{(y' - e^x)(\cos y - x) - (y - e^x)(-\sin y \cdot y' - 1)}{(\cos y - x)^2} \bigg|_{\substack{x=0 \\ y=0}} = -3.$$

解法二 在方程两侧对 x 求导可得

$$\cos y \cdot y' + e^x - y - xy' = 0.$$

再进一步求导可得

$$-\sin y \cdot (y')^2 + \cos y \cdot y'' + e^x - 2y' - xy'' = 0.$$

同解法一，先求得 $y'(0) = -1$，同时将 $x = 0, y = 0$ 代入解上述方程可求得 $y''(0) = -3$.

容易得到，两个函数的线性组合的高阶导数满足如下运算规则：

$$(c_1 f(x) + c_2 g(x))^{(n)} = c_1 f^{(n)}(x) + c_2 g^{(n)}(x).$$

对于两个函数乘积的高阶导数，有如下运算规则：

定理 4.4.1(Leibniz 求导法则) 设函数 $f(x), g(x)$ 在区间 I 上有 n 阶导数，则它们的乘积 $f(x)g(x)$ 也在区间 I 上有 n 阶导数，且有公式

$$(f(x) \cdot g(x))^{(n)} = \sum_{k=0}^{n} C_n^k f^{(n-k)}(x) g^{(k)}(x),$$

其中 $C_n^k = \dfrac{n!}{k!(n-k)!}$ 是组合数，$f^{(0)}(x) = f(x)$.

证明 使用数学归纳法. $n = 1$ 时公式即

$$(f(x) \cdot g(x))' = f'(x)g(x) + f(x)g'(x).$$

这是我们已知的求导公式.

下面假设 $n = m$ 时公式成立. 则当 $n = m + 1$ 时，有

$$(f(x) \cdot g(x))^{(m+1)} = ((f(x) \cdot g(x))^{(m)})' = \left(\sum_{k=0}^{m} C_m^k f^{(m-k)}(x) g^{(k)}(x) \right)'$$

$$= \sum_{k=0}^{m} C_m^k (f^{(m-k)}(x) g^{(k)}(x))'$$

$$= \sum_{k=0}^{m} C_m^k \left[f^{(m-k+1)}(x) g^{(k)}(x) + f^{(m-k)}(x) g^{(k+1)}(x) \right]$$

$$= \sum_{k=0}^{m} C_m^k f^{(m-k+1)}(x) g^{(k)}(x) + \sum_{k=0}^{m} C_m^k f^{(m-k)}(x) g^{(k+1)}(x)$$

对和式里面第二项使用字母 l 表示 $k+1$,则有

$$\sum_{k=0}^{m} C_m^k f^{(m-k)}(x) g^{(k+1)}(x) = \sum_{l=1}^{m+1} C_m^{l-1} f^{(m+1-l)}(x) g^{(l)}(x)$$

$$= \sum_{k=1}^{m+1} C_m^{k-1} f^{(m+1-k)}(x) g^{(k)}(x).$$

代入原和式,则有

$$(f(x) \cdot g(x))^{(m+1)} = \sum_{k=0}^{m} C_m^k f^{(m-k+1)}(x) g^{(k)}(x) + \sum_{k=1}^{m+1} C_m^{k-1} f^{(m+1-k)}(x) g^{(k)}(x)$$

$$= f^{(m+1)}(x) g(x) + \sum_{k=1}^{m} (C_m^k + C_m^{k-1}) f^{(m-k+1)}(x) g^{(k)}(x) + f(x) g^{(m+1)}(x)$$

利用恒等式 $C_m^k + C_m^{k-1} = C_{m+1}^k$ 以及 $C_{m+1}^0 = C_{m+1}^{m+1} = 1$,即有

$$(f(x) \cdot g(x))^{(m+1)} = \sum_{k=0}^{m+1} C_{m+1}^k f^{(m+1-k)}(x) g^{(k)}(x).$$

因此公式对 $n=m+1$ 时也成立,所以公式对所有正整数 n 都成立.

对一些特殊的函数,可以利用上面的计算规则以及一些已知的高阶导数公式求出其高阶导数的表达式.

例 4.4.9 设 $y = \dfrac{1}{x^2-1}$,求 $y^{(50)}$.

解 由恒等变形

$$y = \frac{1}{x^2-1} = \frac{1}{2}\left(\frac{1}{x-1} - \frac{1}{x+1} \right),$$

不难算出

$$y^{(50)} = \frac{1}{2}\left[\left(\frac{1}{x-1} \right)^{(50)} - \left(\frac{1}{x+1} \right)^{(50)} \right] = \frac{1}{2}\left[\frac{50!}{(x-1)^{51}} - \frac{50!}{(x+1)^{51}} \right].$$

例 4.4.10 设 $y = \sin^6 x + \cos^6 x$,求 $y^{(n)}$.

解 进行恒等变形,有

$$y = \sin^6 x + \cos^6 x = (\sin^2 x + \cos^2 x)(\sin^4 x - \sin^2 x \cos^2 x + \sin^4 x)$$

$$= \sin^4 x - \sin^2 x \cos^2 x + \sin^4 x = (\sin^2 x + \cos^2 x)^2 - 3\sin^2 x \cos^2 x = 1 - \frac{3}{4}\sin^2 2x$$

$$= 1 - \frac{3}{4} \cdot \frac{1-\cos 4x}{2} = \frac{5}{8} + \frac{3}{8}\cos 4x.$$

因此

$$y^{(n)} = \left(\frac{5}{8} + \frac{3}{8}\cos 4x \right)^{(n)} = \frac{3}{8} \cdot 4^n \cdot \cos\left(4x + \frac{n\pi}{2} \right).$$

如果函数 $f(x)$ 形如 $x^k g(x)$,其中 k 是一个比较小的正整数,$g(x)$ 可以写出高阶导数的通项公式,注意到当 $n \geqslant k+1$ 时,$(x^k)^{(n)} = 0$,此时可以通过 Leibniz 求导公式求出 $f(x)$ 的高

阶导数的通项公式.

例 4.4.11 设 $y = x^2 e^{2x}$,求 $y^{(20)}$.

解 由 Leibniz 求导公式,有

$$y^{(20)} = C_{20}^0 \cdot x^2 \cdot (e^{2x})^{(20)} + C_{20}^1 \cdot (x^2)' \cdot (e^{2x})^{(19)} + C_{20}^2 \cdot (x^2)'' \cdot (e^{2x})^{(18)} + 0$$
$$= 2^{20} x^2 e^{2x} + 20 \cdot 2^{20} x e^{2x} + 95 \cdot 2^{20} e^{2x}$$
$$= (x^2 + 20x + 95) 2^{20} e^{2x}.$$

对于有些函数,高阶导数的通项公式并不容易得到. 但是可以通过函数的具体形式得到特定点处的高阶导数的递推公式.

例 4.4.12 设 $y = \arctan x$,计算 $y^{(n)}(0)$.

解 对 y 求一阶导数得

$$y' = \frac{1}{1+x^2},$$

即 $(1+x^2)y' = 1$,两侧求 n 阶导数,使用 Leibniz 公式可得

$$C_n^0 \cdot (1+x^2)(y')^{(n)} + C_n^1 \cdot (1+x^2)'(y')^{(n-1)} + C_n^2 \cdot (1+x^2)''(y')^{(n-2)} = 0,$$

即

$$(1+x^2)y^{(n+1)} + n \cdot 2x \cdot y^{(n)} + n(n-1) \cdot y^{(n-1)} = 0.$$

将 $x = 0$ 代入可得递推公式

$$y^{(n+1)}(0) = -n(n-1)y^{(n-1)}(0), n \geqslant 1.$$

由 $y(0) = 0, y'(0) = 1$ 可得

$$y^{(n)}(0) = \begin{cases} 0, & n = 2k \\ (-1)^k (2k)!, & n = 2k+1 \end{cases}, \quad k = 0, 1, 2, \cdots.$$

习题 4.4

1. 求下列函数的二阶导数:

(1) $y = x\sqrt{1-x^2}$; (2) $y = e^{-x^2}$; (3) $y = (1+x^2)$.

2. 求下列函数的 n 阶导数:

(1) $y = \dfrac{x^2}{x^2-1}$; (2) $y = \dfrac{1}{x^2-3x+2}$;

(3) $y = \sin^4 x + \cos^4 x$; (4) $y = \dfrac{ax+b}{cx+d}$;

(5) $y = \sin ax \sin bx$; (6) $y = \dfrac{1+x}{\sqrt{1-x}}$;.

(7) $y = e^x (\sin x + \cos x)$; (8) $y = \ln \dfrac{a+bx}{a-bx}$.

3. 求下列函数的 n 阶导数:

(1) $y = x^2 e^{3x}$; (2) $y = x^2 \sin 3x$; (3) $y = (2x^2+1)\sin hx$.

4. 对下列方程所确定的隐函数 $y = y(x)$,求 $\dfrac{d^2 y}{dx^2}$:

(1) $\tan(x+y)-xy=0$；　　　　　(2) $x^3+y^3-3axy=0$.

5. 对下列参数方程确定的函数 $y=y(x)$，求 $\dfrac{\mathrm{d}^2 y}{\mathrm{d}x^2}$：

(1) $\begin{cases} x=at^2 \\ y=at^3 \end{cases}$；　　　　　(2) $\begin{cases} x=at\cos t \\ y=at\sin t \end{cases}$.

6. 设 $y=(\arcsin x)^2$，

(1) 证明：$(1-x^2)y''-xy'=2$；(2) 求 $y^{(n)}(0)$.

7. 证明：切比雪夫多项式 $T_n(x)=\dfrac{1}{2^{n-1}}\cos(n\arccos x)$ 满足方程

$$(1-x^2)T_n''(x)-xT_n'(x)+n^2 T_n(x)=0.$$

8. 证明函数

$$f(x)=\begin{cases} x^{2n}\sin\dfrac{1}{x}, & x\neq 0 \\ 0, & x=0 \end{cases}$$

在零点有 n 阶导数，但无 $n+1$ 阶导数(n 为正整数).

9. 设函数

$$f(x)=\begin{cases} x^{2n}\sin\dfrac{1}{x}, & x\neq 0 \\ 0, & x=0 \end{cases}$$

求 $f^{(n)}(0)$.

10. 设函数 $f(x)$ 可以求任意阶导数，使用数学归纳法证明等式：

$$\left(x^{n-1}f\left(\dfrac{1}{x}\right)\right)^{(n)}=\dfrac{(-1)^n}{x^{n+1}}f^{(n)}\left(\dfrac{1}{x}\right),n=1,2,3,\cdots.$$

4.5　微分中值定理

导数的重要应用是研究函数的性质，而微分中值定理是使用导数来研究函数性质的重要的理论基础，在以数学分析为基础的许多后继课程中也发挥重要的作用. 在本节中将对一系列微分中值定理进行介绍，在介绍微分中值定理之前，先给出函数极值的概念.

定义 4.5.1 如果函数 $f(x)$ 在点 x_0 的某个邻域内有定义，且存在 $\delta>0$，使得任取 $x\in U(x_0,\delta)$ 都有 $f(x)\leqslant f(x_0)$，则称 x_0 为 $f(x)$ 的一个极大值点，$f(x_0)$ 为 $f(x)$ 的一个极大值. 如果函数 $f(x)$ 在点 x_0 的某个邻域内有定义，且存在 $\delta>0$，使得任取 $x\in U(x_0,\delta)$ 都有 $f(x)\geqslant f(x_0)$，则称 x_0 为 $f(x)$ 的一个极小值点，$f(x_0)$ 为 $f(x)$ 的一个极小值，统称极大值点和极小值点为极值点，极大值和极小值为极值.

从定义可以看出，极大值和极小值都只是局部的概念，仅需要比较函数在局部范围内函数值的大小. 一个极大值点处的函数值可能比一个极小值点处的函数值小. 函数的极大值和极小值也有可能有多个，甚至无穷多个，例如我们将来可以证明函数 $f(x)=\sin\dfrac{1}{x}$ 在区间 $(0,1)$ 上有无穷多个极值点 $x=\dfrac{2}{(2n+1)\pi}$，当 n 为偶数时为极大值，n 为奇数时为极小值.

　　不难看出极值点与最值点既有区别又有联系,考虑定义在一个区间上的函数,从极值点的定义不难发现极值点一定不能取在区间的端点,反过来如果定义在一个区间上的函数的最值点不在区间的端点,则这个最值点一定是一个极值点,如果最值点取在区间的端点,则一定不是极值点.

　　极值点的定义并不涉及前面学过的函数的连续性以及可导性,例如不难通过定义验证狄利克雷函数在所有有理点处取极大值,在所有无理点处取极小值,而狄利克雷函数在所有点处都不连续.

　　若函数在极值点可导,则可得如下重要结论.

　　定理 4.5.1(Fermat 引理)　若 x_0 是函数 $f(x)$ 的一个极值点,且 $f(x)$ 在 x_0 点可导,则 $f'(x_0)=0$.

　　证明　不妨设 x_0 是一个极大值点.由条件 $f(x)$ 在 x_0 点可导,因此在 x_0 点左右导数都存在并且有

$$f'(x_0)=f'_+(x_0)=f'_-(x_0).$$

由于 x_0 是一个极大值点,存在 $\delta>0$ 使得当 $x\in(x_0-\delta,x_0+\delta)$ 时,$f(x)\leqslant f(x_0)$. 从而当 $x\in(x_0-\delta,x_0)$ 时,

$$\frac{f(x)-f(x_0)}{x-x_0}\geqslant 0;$$

当 $x\in(x_0,x_0+\delta)$ 时,

$$\frac{f(x)-f(x_0)}{x-x_0}\leqslant 0.$$

由极限的保号性知

$$f'(x_0)=f'_-(x_0)=\lim_{x\to x_0^-}\frac{f(x)-f(x_0)}{x-x_0}\geqslant 0;$$

$$f'(x_0)=f'_+(x_0)=\lim_{x\to x_0^+}\frac{f(x)-f(x_0)}{x-x_0}\leqslant 0.$$

因此 $f'(x_0)=0$. 当 x_0 是一个极小值点时定理的结论类似可证,定理证毕.

　　不难看出,Fermat 引理的几何意义是:若曲线 $y=f(x)$ 在 $f(x)$ 的极值点 x_0 对应的点 $(x_0,f(x_0))$ 处存在切线,则在这点的切线斜率为 0,因此这点的切线平行于 x 轴. 其物理意义是:当一个物体沿直线做变速运动时,其在折返的时候速度为 0.

　　定义 4.5.2(驻点)　若函数 $f(x)$ 在点 x_0 处有 $f'(x_0)=0$,则称 x_0 是 $f(x)$ 的一个驻点.

　　Fermat 引理告诉我们在可导的前提下,驻点是极值点的必要条件. 但驻点不是极值点的充分条件,如 $x=0$ 是函数 $f(x)=x^3$ 的驻点但非极值点. 在下一节中我们将讨论在何种情况下驻点是极值点.

　　从 Fermat 引理出发,可得到如下的 Rolle 中值定理.

　　定理 4.5.2(Rolle 中值定理)　设函数 $f(x)$ 在闭区间 $[a,b]$ 连续,在开区间 (a,b) 可导,且 $f(a)=f(b)$,则存在一点 $\xi\in(a,b)$,使得 $f'(\xi)=0$.

　　证明　因为 $f(x)$ 在闭区间 $[a,b]$ 上连续,因此一定存在最大值 M 和最小值 m.

　　如果 $M=m$,则 $f(x)$ 在闭区间 $[a,b]$ 上为常值函数,因此在区间 (a,b) 上导数处处为 0,对 (a,b) 上任意的点 ξ 都有 $f'(\xi)=0$,因此这种情况下定理的结论成立.

如果 $M \neq m$，则由条件 $f(a) = f(b)$ 知最大值和最小值中总有一个不在端点 a, b 取到. 不妨设最大值不在端点取到，在 $\xi \in (a, b)$ 取到，则 ξ 是一个极大值点，由 Fermat 引理即得 $f'(\xi) = 0$. 定理证毕!

Rolle 定理的几何意义是一个函数如果满足定理中的三个条件，则在区间内部至少存在一点，过该点的切线与 x 轴平行，如图 4.5.1 所示.

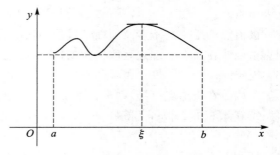

图 4.5.1　Rolle 定理的几何意义

定理的三个条件是定理结论成立的充分条件，当其中有一个条件不满足时，都有可能导致定理的结论不再成立. 例如：(1) 函数 $f_1(x) = |x|$ 在区间 $[-1, 1]$ 上连续，在端点函数值相等，但不满足在开区间 $(-1, 1)$ 上可导的条件，它也在 $(-1, 1)$ 上没有驻点，因而得不到定理的结论；(2) 函数 $f_2(x) = x$ 在 $[0, 1]$ 连续，在 $(0, 1)$ 可导，但在端点处函数值不相等，同样在 $(-1, 1)$ 上没有驻点，也不能得到定理的结论；(3) 函数 $f_3(x) = x, x \in [0, 1); f_3(1) = 0$ 在 $(0, 1)$ 可导，在端点处函数值相等，但不在闭区间 $[0, 1]$ 连续，不难发现它也不能得到定理的结论.

从 Rolle 定理的陈述可以看出，它可以被用来讨论一个函数及其导函数在某个范围内的零点问题.

例 4.5.1 证明：若函数 $f(x)$ 可导，则在 $f(x)$ 的任意两个零点之间存在 $f'(x)$ 的一个零点.

证明　设 x_1, x_2 是 $f(x)$ 的两个零点. 由条件知 $f(x)$ 在闭区间 $[x_1, x_2]$ 上连续，在开区间 (x_1, x_2) 上可导，且 $f(x_1) = f(x_2) = 0$，由 Rolle 定理，存在 $\xi \in (x_1, x_2)$，使得 $f'(\xi) = 0$. 结论证毕!

这一结论不难推广到如下情形：若函数 $f(x)$ 有 n 个零点，且 n 阶可导，则对任意正整数 $k < n, f^{(k)}(x) = 0$ 至少有 $n-k$ 个实根.

例 4.5.2 设多项式 $Q(x) = (x-a)^n (x-b)^n$，其中 $a < b, n \in \mathbb{N}^*$，证明：多项式 $Q^{(n)}(x)$ 在 (a, b) 上至少有 n 个互不相同的零点.

证明　使用 Leibniz 求导公式，当 $0 \leqslant m < n$ 时

$$Q^{(m)}(x) = \sum_{i=0}^{m} C_m^i ((x-a)^n)^{(i)} ((x-b)^n)^{(m-i)}$$

$$= \sum_{i=0}^{m} C_m^i \cdot \frac{n!}{(n-i)!} \cdot \frac{n!}{(n+i-m)!} (x-a)^{n-i} (x-b)^{n+i-m}.$$

因为和式的各项中 $x-a$ 的幂和 $x-b$ 的幂都不为零，因此当 $0 \leqslant m < n$ 时 $Q^{(m)}(a) = Q^{(m)}(b) = 0$.

由 Rolle 定理，由条件 $Q(a) = Q(b) = 0$ 知存在 $\xi_1^1 \in (a, b)$，使得 $Q'(\xi_1^1) = 0$. 接下来对 $Q'(x)$ 使用 Rolle 定理，由条件 $Q'(a) = Q'(\xi_1^1) = Q'(b) = 0$ 知存在 $\xi_1^2 \in (a, \xi_1^1)$ 和 $\xi_2^2 \in (\xi_1^1, b)$ 使得 $Q''(\xi_1^2) = Q''(\xi_2^2) = 0$，因此 $Q''(x)$ 有 a, ξ_1^2, ξ_2^2, b 四个互不相同的零点.

反复使用 Rolle 定理，再数学归纳法可以证明，当 $1 \leqslant m < n$ 时，$Q^{(m)}(x)$ 有 $m+2$ 个零点，

其中有两个零点分别是 a,b. 特别地, $Q^{(n-1)}(x)$ 有 $n+1$ 个互不相同的零点, 最后再用一次 Rolle 定理, 在 $Q^{(n-1)}(x)$ 的两个相邻的零点之间存在 $Q^{(n)}(x)$ 的至少一个零点, 因此 $Q^{(n)}(x)$ 至少有 n 个零点.

对于一些含有函数导数的等式, 可以通过构造辅助函数, 使用 Rolle 定理来证明.

例 4.5.3 设 $f(x)$ 在 $[0,1]$ 连续, 在 $(0,1)$ 内可导, 且 $f(1)=0$, 求证存在 $c\in(0,1)$, 使得 $f'(c)=-\dfrac{f(c)}{c}$.

证明 令 $F(x)=xf(x)$. 则由 $f(x)$ 满足的条件知 $F(x)$ 在 $[0,1]$ 连续, 在 $(0,1)$ 可导, 且 $F(0)=F(1)=0$. 由 Rolle 定理, 存在 $c\in(0,1)$, 使得

$$F'(c)=f(c)+cf'(c)=0.$$

变形可得 $f'(c)=-\dfrac{f(c)}{c}$. 结论证毕!

下面我们再从几何的视角看 Rolle 定理, 如果没有 $f(a)=f(b)$ 这个条件, 则没有了连接 $A(a,f(a))$ 和 $B(b,f(b))$ 的直线是平行于 x 轴这一条件. 这时我们可以将一般情况下的函数图像通过适当的旋转, 使得直线 AB 变得平行于 x 轴, 此时根据 Rolle 定理我们知道存在曲线上一点, 使得该点处曲线的切线平行于直线 AB. 又知道旋转不会改变两条直线平行这一性质, 因此在未旋转之前就应该存在一点 $\xi\in(a,b)$, 使得在 $(\xi,f(\xi))$ 处函数的切线平行于直线 AB, 使用斜率来表示这一现象即有 $f'(\xi)=\dfrac{f(b)-f(a)}{b-a}$. 这就是接下来的 Lagrange 中值定理.

定理 4.5.3(Lagrange 中值定理) 设函数 $f(x)$ 在闭区间 $[a,b]$ 连续, 在开区间 (a,b) 可导, 则存在 $\xi\in(a,b)$, 使得

$$f'(\xi)=\frac{f(b)-f(a)}{b-a}.$$

证明 采用构造辅助函数的方式进行证明. 注意到连接 $A(a,f(a))$ 和 $B(b,f(b))$ 的割线 AB 的方程为

$$y=f(a)+\frac{f(b)-f(a)}{b-a}(x-a).$$

令

$$F(x)=f(x)-\left[f(a)+\frac{f(b)-f(a)}{b-a}(x-a)\right],$$

则 $F(x)$ 在闭区间 $[a,b]$ 连续, 在开区间 (a,b) 可导且 $F(a)=F(b)=0$, 由 Rolle 定理知存在 $\xi\in(a,b)$, 使得

$$F'(\xi)=f'(\xi)-\frac{f(b)-f(a)}{b-a}=0.$$

整理可得 ξ 满足

$$f'(\xi)=\frac{f(b)-f(a)}{b-a}.$$

与 Rolle 定理类似, Lagrange 定理中的两个条件中有一个不满足, 则定理的结论就有可能不成立.

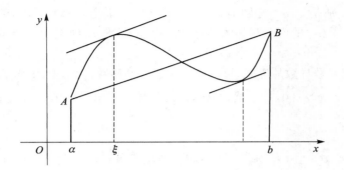

图 4.5.2　Lagrange 中值定理的几何意义

Lagrange 中值定理的结论

$$f'(\xi) = \frac{f(b) - f(a)}{b - a}$$

经常又被称为 Lagrange 中值公式. 这个式子又经常被改写成

$$f(b) - f(a) = f'(\xi)(b - a)$$

或

$$f(b) = f(a) + f'(\xi)(b - a).$$

因为这里的 $\xi \in (a,b)$,总可以找到一个 $\theta \in (0,1)$,使得

$$\xi = a + \theta(b - a),$$

因此 Lagrange 中值公式又常写成

$$f(b) - f(a) = f'(a + \theta(b - a))(b - a).$$

若用 x 记 a, Δx 记 $b - a$,上式可写成

$$f(x + \Delta x) - f(x) = f'(x + \theta \Delta x) \cdot \Delta x.$$

这是另一种经常用到的 Lagrange 公式的形式.

罗尔中值
定理的联想

　　进一步地,通过类似的构造辅助函数的方法,我们可以用 Rolle 中值定理证明如下的 Cauchy 中值定理.

　　定理 4.5.4(Cauchy 中值定理) 设函数 $f(x)$ 和 $g(x)$ 都在闭区间 $[a,b]$ 连续,在开区间 (a,b) 可导,且对于任意的 $x \in (a,b)$ 都有 $g'(x) \neq 0$. 则存在 $\xi \in (a,b)$,使得

$$\frac{f'(\xi)}{g'(\xi)} = \frac{f(b) - f(a)}{g(b) - g(a)}.$$

　　证明 令

$$F(x) = (f(b) - f(a))g(x) - (g(b) - g(a))f(x).$$

则由 $f(x)$ 和 $g(x)$ 满足的条件知 $F(x)$ 在闭区间 $[a,b]$ 连续,在开区间 (a,b) 可导且有 $F(a) = F(b) = f(b)g(a) - g(b)f(a)$. 由 Rolle 定理知存在 $\xi \in (a,b)$,使得

$$F'(\xi) = (f(b) - f(a))g'(\xi) - (g(b) - g(a))f'(\xi) = 0.$$

整理可得

$$(f(b) - f(a))g'(\xi) = (g(b) - g(a))f'(\xi).$$

又因为 $g(b) - g(a) \neq 0$(否则存在 η,使得 $g'(\eta) = 0$,与 $g'(x)$ 在开区间 (a,b) 上不取 0 矛盾),在等式两边除以 $(g(b) - g(a))g'(\xi)$ 得

$$\frac{f'(\xi)}{g'(\xi)} = \frac{f(b) - f(a)}{g(b) - g(a)}.$$

结论证毕!

Cauchy 中值有如下的几何意义:如图 4.5.3 所示,在定理的条件之下,曲线 $\begin{cases} x = g(t) \\ y = f(t) \end{cases}$ 上一定存在一点 $(g(\xi), f(\xi))$,使得这点的切线平行于连接 $(g(a), f(a))$ 和 $(g(b), f(b))$ 的直线.

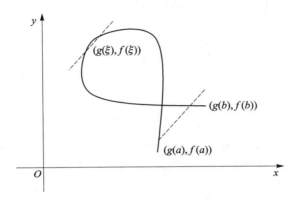

图 4.5.3　Cauchy 中值定理的几何意义

不难发现 Cauchy 中值定理是 Lagrange 中值定理的推广:在 Cauchy 中值定理中令 $g(x) = x$ 就得到了 Lagrange 中值定理. Lagrange 中值定理是 Rolle 中值定理的推广:在 Lagrange 中值定理中如果有条件 $f(b) = f(a)$,就得到了 Rolle 中值定理的结论.

下面介绍 Lagrange 中值定理的几个应用. 我们已经知道当 $f(x)$ 在闭区间 $[a, b]$ 上恒为常数 C 时,则 $f'(x) \equiv 0$. 通过 Lagrange 中值定理,就可以证明这个结论的逆命题.

定理 4.5.5 若 $f(x)$ 在闭区间 $[a, b]$ 连续,在开区间 (a, b) 可导且有 $f'(x) \equiv 0$,则 $f(x)$ 在 $[a, b]$ 上恒为常数.

证明 任取 $a \leqslant x_1 < x_2 \leqslant b$,由 Lagrange 中值公式,存在 $\xi \in (x_1, x_2)$,使得
$$f(x_2) - f(x_1) = f'(\xi)(x_2 - x_1) = 0.$$
因此 $f(x_2) = f(x_1)$. 由 x_1, x_2 的任意性知 $f(x)$ 在 $[a, b]$ 上恒为常数.

定理 4.5.5 中的闭区间 $[a, b]$ 换成开区间或半开半闭的区间时相应的结论也成立. 进一步从这个定理可得如下推论,这个推论将在下一章不定积分的讨论中起着非常重要的作用.

推论 4.5.6 设 $f(x)$ 和 $g(x)$ 都是区间 I 上的可导函数,则 $f'(x) = g'(x)$,$\forall x \in I$ 等价于存在常数 C 使得 $f(x) - g(x) \equiv C$.

例 4.5.4 证明:当 $x \in (-\infty, 1)$ 时,恒等式
$$\arctan \frac{1+x}{1-x} = \arctan x + \frac{\pi}{4}$$
成立.

证明 令 $f(x) = \arctan \frac{1+x}{1-x}$,$g(x) = \arctan x$,则 $f(0) = \arctan 1 = \frac{\pi}{4}$,$g(0) = \arctan 0 = 0$. 且有

$$f'(x) = \frac{1}{1+\left(\dfrac{1+x}{1-x}\right)^2} \cdot \left(\frac{1+x}{1-x}\right)' = \frac{1}{1+\left(\dfrac{1+x}{1-x}\right)^2} \cdot \frac{2}{(1-x)^2} = \frac{1}{1+x^2} = g'(x).$$

由推论 4.5.6 知 $f(x)-g(x) \equiv f(0)-g(0) = \dfrac{\pi}{4}$. 因此在区间 $(-\infty, 1)$ 上

$$\arctan \frac{1+x}{1-x} = \arctan x + \frac{\pi}{4}.$$

下面我们再看几个应用 Lagrange 中值定理的例子.

例 4.5.5 证明:当 $x > 0$ 时,

$$\frac{x}{1+x} < \ln(1+x) < x.$$

证明　不等式可变形为

$$\frac{1}{1+x} < \frac{\ln(1+x)}{x} < 1.$$

考虑函数 $f(t) = \ln(1+t)$,则使用 Lagrange 中值定理,任取 $x > 0$,存在 $\xi \in (0, x)$,使得

$$\frac{f(x)-f(0)}{x} = f'(\xi),$$

即

$$\frac{\ln(1+x)}{x} = \frac{1}{1+\xi},$$

由 $\xi \in (0, x)$ 有

$$\frac{1}{1+\xi} \in \left(\frac{1}{1+x}, 1\right),$$

因此不等式

$$\frac{1}{1+x} < \frac{\ln(1+x)}{x} < 1.$$

成立.

例 4.5.6 设函数 $f(x)$ 在区间 I 上连续,在除了 I 的端点之外的点处可导,且存在 $L > 0$,使得 $|f'(x)| \leqslant L$ 对所有可导的点 x 成立,证明 $f(x)$ 在区间 I 上一致连续.

证明　任取 $x_1 < x_2 \in I$,由 Lagrange 中值定理,存在 $\xi \in (x_1, x_2)$,使得

$$|f(x_2)-f(x_1)| = |f'(\xi)(x_2-x_1)| \leqslant L|x_2-x_1|.$$

所以对于任意的 $\varepsilon > 0$,可取 $\delta = \dfrac{\varepsilon}{L}$,则任取 $x_1, x_2 \in I$,当 $|x_2-x_1| < \delta$ 时,

$$|f(x_2)-f(x_1)| \leqslant L|x_2-x_1| < L\delta = \varepsilon,$$

因此 $f(x)$ 在 I 上一致连续.

由这个例题不难验证 $\sin x$ 和 $\arctan x$ 在 $(-\infty, +\infty)$ 上一致连续.

例 4.5.7 设 $f(x)$ 在 $[0, 1]$ 上连续,在 $(0, 1)$ 上可导,且有 $f(0) = f(1) = 1$,$f\left(\dfrac{1}{2}\right) = 0$. 证明:(1) 存在 $\xi \in \left(0, \dfrac{1}{2}\right)$,使得 $f(\xi) = \xi$;

(2) 存在 $\eta \in (0,1)$，使得 $f'(\eta) + 2\eta[f(\eta) - \eta] = 1$.

证明 (1) 令 $F(x) = f(x) - x$，由条件知 $F(x)$ 在 $[0,1]$ 上连续，且有

$$F(0) = 1 > 0, \quad F\left(\frac{1}{2}\right) = -\frac{1}{2} < 0,$$

由零点定理知 $F(x)$ 在 $\left(0, \frac{1}{2}\right)$ 上存在一个零点，即存在 $\xi \in \left(0, \frac{1}{2}\right)$，使得 $F(\xi) = 0$，该 ξ 即满足 $f(\xi) = \xi$.

(2) 构造函数 $G(x) = \mathrm{e}^{x^2}[f(x) - x]$，则有
$$G(1) = \mathrm{e}[f(1) - 1] = 0 = G(\xi).$$
由 Rolle 中值定理知存在 $\eta \in (\xi, 1) \subset (0,1)$，使得 $G'(\eta) = 0$. 即有
$$G'(\eta) = \mathrm{e}^{\eta^2}[f'(\eta) - 1] + 2\eta \mathrm{e}^{\eta^2}[f(\eta) - \eta] = 0,$$
由 $\mathrm{e}^{\eta^2} \neq 0$，知
$$f'(\eta) + 2\eta[f(\eta) - \eta] = 1.$$

Rolle 定理是在有限闭区间上给出的，对于开区间、半开半闭区间或者无穷区间，满足一定的条件，我们同样可以得到相应的结论.

例 4.5.8(广义 Rolle 定理) 设函数 $f(x)$ 在 $(-\infty, +\infty)$ 上可导，若成立 $\lim\limits_{x \to \infty} f(x) = A$，则存在 $\xi \in (-\infty, +\infty)$，使得 $f'(\xi) = 0$.

证明 由条件易见 $f(x)$ 在 $(-\infty, +\infty)$ 上连续. 若 $f(x) \equiv A$，则在 $(-\infty, +\infty)$ 上 $f'(x) \equiv 0$，结论显然成立.

若 $f(x)$ 在 $(-\infty, +\infty)$ 上不恒等于 A，则存在 $x_0 \in (-\infty, +\infty)$ 使得 $f(x_0) \neq A$. 不妨设 $f(x_0) > A$，则可取 $\mu = \frac{1}{2}[f(x_0) + A] \in (A, f(x_0))$. 由条件 $\lim\limits_{x \to -\infty} f(x) = A$ 以及 $f(x_0) > \mu > A$，根据函数极限的保序性，存在 $X < x_0$，使得当 $x < X$ 时，$f(x) < \mu$. 取一点 $a < X$，则 $f(a) < \mu < f(x_0)$，在区间 $[a, x_0]$ 上使用连续函数的介值性，知存在 $x_1 \in (a, x_0)$ 使得 $f(x_1) = \mu$. 类似可以证明在区间 $[x_0, +\infty)$ 也可以找到一点 x_2，使得 $f(x_2) = \mu = f(x_1)$. 在区间 $[x_1, x_2]$ 上 Rolle 定理的条件成立，因此存在 $\xi \in (x_1, x_2) \subset (-\infty, +\infty)$ 使得 $f'(\xi) = 0$. 结论证毕！

类似的结论还可以推广到其他的半开半闭区间以及开区间上.

例 4.5.9 设函数 $f(x)$ 在 $(0,1]$ 上连续，在区间 $(0,1)$ 上可导，若存在 $a \in [0,1)$ 使得极限 $\lim\limits_{x \to 0^+} x^a f'(x)$ 存在，则 $f(x)$ 在 $(0,1]$ 上一致连续.

证明 由极限 $\lim\limits_{x \to 0^+} x^a f'(x)$ 存在，又从函数极限的局部保序性可知存在 $M > 0$ 和 $c \in (0,1)$，使得
$$|x^a f'(x)| \leqslant M, \forall x \in (0, c).$$
这时在 $(0, c)$ 中任取 x_1, x_2，对函数 $f(x)$ 和 x^{1-a} 应用 Cauchy 中值定理可得在 x_1, x_2 之间存在 ξ（易见此时 $\xi \in (0, c)$），使得
$$\left| \frac{f(x_1) - f(x_2)}{x_1^{1-a} - x_2^{1-a}} \right| = \left| \frac{f'(\xi)}{(1-a)\xi^{-a}} \right| \leqslant \frac{M}{1-a}.$$

则有

$$|f(x_1) - f(x_2)| \leqslant \frac{M}{1-a} |x_1^{1-a} - x_2^{1-a}|.$$

函数 x^{1-a} 在区间 $[0,c]$ 上连续, 故在区间 $[0,c]$ 上一致连续. 任取 $\varepsilon > 0$, 由 x^{1-a} 的一致连续性, 存在 $\delta > 0$, 使得任取 $x_1, x_2 \in (0, c]$, 当 $|x_1 - x_2| < \delta$ 时就有 $|x_1^{1-a} - x_2^{1-a}| < \frac{1-a}{M}\varepsilon$. 则进一步有

$$|f(x_1) - f(x_2)| \leqslant \frac{M}{1-a} |x_1^{1-a} - x_2^{1-a}| < \varepsilon.$$

这证明了 $f(x)$ 在区间 $(0,c]$ 上一致连续, 又由 $f(x)$ 在 $(0,1]$ 上连续蕴含了 $f(x)$ 在 $\left[\frac{c}{2}, 1\right]$ 上一致连续, 因此有 $f(x)$ 在 $(0,1]$ 上一致连续.

习题 4.5

1. (Darboux 定理) 设 $f(x)$ 在闭区间 $[a,b]$ 可导, 且 $f'_+(a) \cdot f'_-(b) < 0$, 证明: 存在 $\xi \in (a,b)$, 使得 $f'(\xi) = 0$. 进一步根据此结论证明一个函数的导函数满足介值性: 若函数 $f(x)$ 在区间 I 上可导, 则对 I 上任意两点 x_1, x_2, 以及 $f'(x_1)$ 和 $f'(x_2)$ 之间的任一实数 c, 都存在 x_1 和 x_2 之间的 ξ, 使得 $f'(\xi) = c$.

2. 设 $f(x)$ 在区间 (a,b) 上可导且导函数单调, 证明其导函数连续.

3. 证明: 方程 $(n+1)a_n x^n + na_{n-1}x^{n-1} + \cdots + 3a_2 x^2 + 2a_1 x = a_n + a_{n-1} + \cdots + a_1$ 在区间 $(0,1)$ 上至少有一个根.

4. 设函数 $f(x)$ 在区间 $[a,b]$ 上连续, 在区间 (a,b) 上可导, 且存在 $c \in (a,b)$, 使得 $f(a) + f(c) = 2f(b)$, 证明: 存在 $\theta \in (a,b)$, 使得 $f'(\theta) = 0$.

5. 证明: 勒让德多项式 $P_n(x) = \frac{1}{2^n n!} [(x^2 - 1)^n]^{(n)} (n = 0, 1, 2, \cdots)$ 在区间 $(-1, 1)$ 上有 n 个不同的零点.

6. 设函数 $f(x)$ 在区间 $[0,1]$ 上有 n 阶导函数, 且 $f(0) = f(1) = 0$, 设 $F(x) = x^{n-1}f(x)$, 求证: 存在 $\xi \in (0,1)$, 使得 $F^{(n)}(\xi) = 0$.

7. 设 $f(x)$ 在区间 $[0,1]$ 上连续, 在区间 $(0,1)$ 内可导, $f(0) = 0$, $f(x) \neq 0$, $\forall x \in (0,1)$, 证明: 任取 $a > 0$, 都存在 $\theta \in (0,1)$, 使得 $\frac{f'(1-\theta)}{f(1-\theta)} = a \frac{f'(\theta)}{f(\theta)}$.

8. 设 $f(x)$ 在 $[a,b]$ 上连续, 在 (a,b) 内可导, 且 $f(a) = f(b) = 0$, 证明: 对任意的 $k \in \mathbb{R}$, 存在 $\theta \in (a,b)$, 使得 $f'(\theta) = kf(\theta)$.

9. 设 $f(x)$ 在不含零点的区间 $[a,b]$ 上连续, 在 (a,b) 内可导, 证明存在 $\xi \in (a,b)$, 使得

$$2\xi(f(b) - f(a)) = (b^2 - a^2)f'(\xi).$$

10. 设非线性函数在 $[a,b]$ 上连续, 在 (a,b) 内可导, 则在 (a,b) 上至少存在一点 η, 使得

$$|f'(\eta)| > \left| \frac{f(b) - f(a)}{b-a} \right|.$$

11. 设 $f(x)$ 在区间 (a,b) 上可导, 证明: 对任意的 $x_0 \in (a,b)$, 存在趋于 x_0 的两个数列 $\{x_n\}$, $\{y_n\}$, 其中 $x_n < x_0 < y_n$, 使得 $\{f'(x_n)\}$ 和 $\{f'(y_n)\}$ 都趋于 $f'(x_0)$.

12. 求数列极限 $\lim\limits_{n\to\infty} n^2\left(\arctan\dfrac{a}{n}-\arctan\dfrac{a}{n+1}\right)$，其中 $a\neq 0$ 为常数.

13. 讨论函数 $f(x)=x^{a}(a>0)$ 在区间 $[0,+\infty)$ 上的一致连续性.

14. 设 $f(x)$ 在区间 $[a,b]$ 定义，且对任意 $x_1,x_2\in[a,b]$ 都有 $|f(x_1)-f(x_2)|\leqslant(x_1-x_2)^2$，证明 $f(x)$ 在 $[a,b]$ 上恒为常数.

15. 证明下列恒等式：

(1) $2\arctan x+\arcsin\dfrac{2x}{1+x^2}=\pi,x\in[1,+\infty)$；

(2) $\arctan x=\arcsin\dfrac{x}{\sqrt{1+x^2}},x\in(-\infty,+\infty)$.

16. 利用 Lagrange 公式证明不等式：

(1) $|\sin x-\sin y|\leqslant|x-y|,x,y\in\mathbb{R}$；

(2) $|\arctan b-\arctan a|\leqslant|b-a|,a,b\in\mathbb{R}$；

(3) $\dfrac{\beta-\alpha}{\cos^2\alpha}<\tan\beta-\tan\alpha<\dfrac{\beta-\alpha}{\cos^2\beta}$，其中 $0<\alpha<\beta<\dfrac{\pi}{2}$.

17. 设 $x_2>x_1>0$，证明：存在 $\xi\in(x_1,x_2)$，满足
$$x_1 e^{x_2}-x_2 e^{x_1}=(1-\xi)e^{\xi}(x_1-x_2).$$

18. 设 $f(x)$ 在闭区间 $[a,b]$ 连续，在开区间 (a,b) 二阶可导，且
$$f(a)=f(b)=0,f'_+(a)f'_-(b)>0.$$
证明：(1) 存在 $\xi\in(a,b)$，使得 $f(\xi)=0$；(2) 存在 $\eta\in(a,b)$，使得 $f''(\eta)=f(\eta)$.

19. 证明如下的广义 Rolle 定理：函数 $f(x)$ 在 $(a,+\infty)$ 上可导，若 $\lim\limits_{x\to a^+}f(x)$ 和 $\lim\limits_{x\to+\infty}f(x)$ 都存在且相等，则存在 $\xi\in(a,+\infty)$，使得 $f'(\xi)=0$.

20. 证明：拉盖尔多项式 $L_n(x)=e^x(x^n e^{-x})^{(n)}$ 有 n 个不同的零点.

4.6 利用导数研究函数的性质

本节我们研究使用导数来刻画函数的性质，其中涉及到的函数性质包括函数的单调性、凹凸性、函数的极值等. 同时也对这里涉及的性质给出几个简单的相关应用.

4.6.1 函数的单调性

首先看一下如何用导数刻画函数的单调性. 从图 4.6.1 可以看出，当函数单调递增时，它的切线方向从左下指向右上，因此切线的斜率为正，即导数为正；当函数单调递减时，它的切线方向从左上指向右下，因此切线的斜率为负，即导数为负. 下面我们对这一观察给出严谨的数学论证.

定理 4.6.1 若 $f(x)$ 在闭区间 $[a,b]$ 连续，在开区间 (a,b) 可导，则 $f(x)$ 在闭区间 $[a,b]$ 单调递增的充要条件是：对于任意的 $x\in(a,b),f'(x)\geqslant 0$. 类似地，$f(x)$ 在闭区间 $[a,b]$ 单调递减的充要条件是：对于任意的 $x\in(a,b),f'(x)\leqslant 0$.

证明 充分性：设对于任意的 $x\in(a,b)$ 都有 $f'(x)\geqslant 0$，往证 $f(x)$ 在闭区间 $[a,b]$ 单调递增. 设 $x_1<x_2$ 是 $[a,b]$ 上的任意两点，在闭区间 $[x_1,x_2]$ 上应用 Lagrange 中值定理，知存

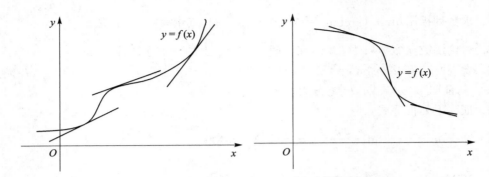

图 4.6.1　函数单调性与导数的关系

在 $\xi \in (x_1, x_2)$，使得

$$f(x_2) - f(x_1) = f'(\xi)(x_2 - x_1) \geqslant 0.$$

由 x_1, x_2 的任意性知 $f(x)$ 在闭区间 $[a, b]$ 单调递增. 类似地可以证明若对于任意的 $x \in (a, b)$ 都有 $f'(x) \leqslant 0$，则 $f(x)$ 在闭区间 $[a, b]$ 单调递减. 充分性得证！

必要性：设 $f(x)$ 在闭区间 $[a, b]$ 单调递增，往证 $f'(x) \geqslant 0, \forall x \in (a, b)$. 任取 $x \in (a, b)$，由 $f(x)$ 单调递增，对任意的 $\Delta x \neq 0$ 有

$$\frac{f(x + \Delta x) - f(x)}{\Delta x} \geqslant 0;$$

由函数极限的保号性可得

$$f'(x) = \lim_{\Delta x \to 0} \frac{f(x + \Delta x) - f(x)}{\Delta x} \geqslant 0.$$

类似方法可以证明当 $f(x)$ 在闭区间 $[a, b]$ 单调递减时，$f'(x) \leqslant 0, \forall x \in (a, b)$. 必要性得证！

使用上述定理中充分性的证明方法，我们可以得到如下判断函数严格单调的充分条件.

定理 4.6.2 若 $f(x)$ 在闭区间 $[a, b]$ 连续，在开区间 (a, b) 可导，且对任意的 $x \in (a, b)$，$f'(x) > 0 (f'(x) < 0)$，则 $f(x)$ 在闭区间 $[a, b]$ 严格单调递增（递减）.

注　（1）这一定理的逆命题不成立，例如函数 $y = x^3$ 在 $[-1, 1]$ 上严格单调递增，但存在一点 0，使得 $f'(0) = 0$.

（2）如果函数 $f(x)$ 在闭区间 $[a, b]$ 连续，在开区间 (a, b) 可导且导数始终不取到 0，则由习题 4.5 中的 Darboux 定理不难得到 $f'(x)$ 不改变符号，由定理 4.6.2 可得 $f(x)$ 在区间 $[a, b]$ 上严格单调.

定理 4.6.2 中只是给出了判断函数严格单调的一个充分条件，我们可以将其中的条件减弱，推广成如下情形.

定理 4.6.3 若 $f(x)$ 在闭区间 $[a, b]$ 连续，在开区间 (a, b) 可导，且在 (a, b) 内除了有限个点之外都有 $f'(x) > 0 (f'(x) < 0)$，则 $f(x)$ 在闭区间 $[a, b]$ 严格单调递增（递减）.

证明　设 $f(x)$ 在除了 $a \leqslant x_1 < x_2 < \cdots < x_n \leqslant b$ 之外的其他所有点 x 处都有 $f'(x) > 0$. 则由定理 4.6.2，在子区间 $[a, x_1], [x_1, x_2], \cdots, [x_{n-1}, x_n], [x_n, b]$ 上 $f(x)$ 都严格单调递增. 因此 $f(x)$ 在区间 $[a, b]$ 上严格单调递增. 类似可证明导数在除了有限个点外均为负数时 $f(x)$ 一定严格单调递减.

定理的证明中并没有用到 $x_i (1 \leqslant i \leqslant n)$ 的导数，因此将这里的条件变为：除了有限个点外

导数严格为正或严格为负,对剩下的那些有限个点我们可以允许其导数不存在,结论仍然成立.

上述定理只是严格单调性的充分条件,下面给出函数严格单调性的充要条件. 在实际应用中我们使用更多的仍然是定理 4.6.2 或定理 4.6.3 这两个充分条件.

定理 4.6.4 设 $f(x)$ 在闭区间 $[a,b]$ 连续,在开区间 (a,b) 可导,则 $f(x)$ 在闭区间 $[a,b]$ 严格单调递增(递减)的充要条件是 $f(x)$ 同时满足:

(1) 任取 $x \in (a,b), f'(x) \geqslant 0$ $(f'(x) \leqslant 0)$;

(2) 数集 $\{x \in (a,b) \mid f'(x) = 0\}$ 中不含长度大于 0 的区间.

证明 我们仅考虑严格单调递增的情形,严格单调递减的情形类似可证. 先证充分性. 由条件(1),$f(x)$ 在闭区间 $[a,b]$ 单调递增,若 $f(x)$ 不是严格单调递增,则在闭区间 $[a,b]$ 上存在 $x_1 < x_2$,使得 $f(x_1) = f(x_2)$,则由单调性 $f(x)$ 在闭区间 $[x_1,x_2]$ 上恒为常数,$f'(x)$ 在开区间 (x_1,x_2) 上恒为 0,与条件(2)矛盾,因此 $f(x)$ 在闭区间 $[a,b]$ 严格单调递增.

再证必要性. 设 $f(x)$ 在闭区间 $[a,b]$ 严格单调递增,则由定理 4.6.1 知条件(1)成立. 若条件(2)不成立,则存在区间 $(c,d) \subset (a,b)$,使得 $f'(x) = 0, \forall x \in (c,d)$. 由定理 4.5.5 知在区间 $[c,d]$ 上,$f(x)$ 恒为某个常数 C,与 $f(x)$ 严格单调递增矛盾,因此条件(2)成立. 必要性得证!

例 4.6.1 求函数 $y = (x-3)\mathrm{e}^{\frac{\pi}{2} + \arctan x}$ 的单调区间.

解 求导可得

$$y' = \mathrm{e}^{\frac{\pi}{2} + \arctan x} + (x-3) \cdot \mathrm{e}^{\frac{\pi}{2} + \arctan x} \cdot \frac{1}{1+x^2} = \frac{x^2 + x - 2}{1 + x^2} \cdot \mathrm{e}^{\frac{\pi}{2} + \arctan x},$$

易见函数在 $(-\infty, +\infty)$ 可导. 令 $y' = 0$ 解方程可得函数有两个驻点 $x_1 = -2, x_2 = 1$,两个点将 $(-\infty, +\infty)$ 分成三个子区间. 在区间 $(-\infty, -2)$ 上 $y' > 0$;在区间 $(-2, 1)$ 上 $y' < 0$,在区间 $(1, +\infty)$ 上 $y' > 0$. 因此函数 $y = (x-1)\mathrm{e}^{\frac{\pi}{2} + \arctan x}$ 在区间 $(-\infty, -2]$ 上严格单调递增,在区间 $[-2,1]$ 上严格单调递减,在区间 $[1, +\infty)$ 上严格单调递增.

我们可以用函数的单调性来研究不等式.

例 4.6.2 证明 Jordan 不等式:$\dfrac{2}{\pi} < \dfrac{\sin x}{x} < 1, x \in \left(0, \dfrac{\pi}{2}\right)$.

证明 令

$$f(x) = \begin{cases} \dfrac{\sin x}{x}, & x \in \left(0, \dfrac{\pi}{2}\right], \\ 1, & x = 0 \end{cases}$$

则 $f(x) \in C\left[0, \dfrac{\pi}{2}\right]$. 进一步有 $f(x)$ 在 $\left(0, \dfrac{\pi}{2}\right)$ 可导且有 $\forall x \in \left(0, \dfrac{\pi}{2}\right)$,

$$f'(x) = \frac{x\cos x - \sin x}{x^2} = \frac{\cos x}{x^2}(x - \tan x) < 0.$$

因此 $f(x)$ 在 $\left[0, \dfrac{\pi}{2}\right]$ 上严格单调递减,因此任取 $x \in \left(0, \dfrac{\pi}{2}\right)$,

$$\frac{2}{\pi} = f\left(\frac{\pi}{2}\right) < \frac{\sin x}{x} = f(x) < f(0) = 1,$$

不等式得证.

例 4.6.3 证明：$e^x > 1 + x + \dfrac{x^2}{2} + \cdots + \dfrac{x^n}{n!}$ 对所有的 $x > 0, n \in \mathbf{N}^*$ 成立.

证明　使用数学归纳法来证明这一结论. 记

$$\varphi_n(x) = e^x - \left(1 + x + \frac{x^2}{2} + \cdots + \frac{x^n}{n!}\right),$$

要证的结论即当 $x > 0$ 时，$\varphi_n(x) > 0$. 当 $n = 1$ 时，因为 $\forall x \in (0, +\infty)$

$$\varphi_1'(x) = (e^x - x - 1)' = e^x - 1 > 0,$$

所以 $\varphi_1(x)$ 在 $[0, +\infty)$ 上严格单调递增，因此当 $x > 0$ 时，$\varphi_1(x) > \varphi_1(0) = 0$.

假设当 $n = k$ 时结论成立，即任取 $x > 0$，都有 $\varphi_k(x) > 0$. 则 $n = k + 1$ 时，任取 $x \in (0, +\infty)$，

$$\varphi_{k+1}'(x) = \varphi_k(x) > 0,$$

所以 $\varphi_{k+1}(x)$ 在 $[0, +\infty)$ 上严格单调递增，因此当 $x > 0$ 时，$\varphi_{k+1}(x) > \varphi_{k+1}(0) = 0$. 结论在 $n = k + 1$ 时也成立. 不等式得证！

例 4.6.4 设函数 $f(x)$ 在 $[a, b]$ 上可导，且有（1）$f(a) < 0, f(b) > 0$；（2）$f'(x) > 0$，$f''(x) > 0$ 对 $\forall x \in [a, b]$ 成立. 如下递归构造数列：$x_0 = b, x_{n+1} = x_n - \dfrac{f(x_n)}{f'(x_n)}$. 证明：

（1）函数 $f(x)$ 在区间 (a, b) 上存在一个唯一的零点 ξ；

（2）数列 $\{x_n\}$ 严格单调递减，以 ξ 为极限.

证明　（1）由连续函数的零点定理知 $f(x)$ 在区间 (a, b) 上存在零点 ξ，又由条件 $f'(x) > 0$ 知 $f(x)$ 在 $[a, b]$ 上严格单调递增，因此零点唯一.

（2）当 $x_n > \xi$ 时，由 Lagrange 中值定理知存在 $\theta \in (0, 1)$ 使得

$$f(x_n) = f(x_n) - f(\xi) = f'(\xi + \theta(x_n - \xi))(x_n - \xi).$$

又由条件 $f''(x) > 0$ 知 $f'(x)$ 在 $[a, b]$ 上严格单调递增，因此有

$$f(x_n) = f'(\xi + \theta(x_n - \xi))(x_n - \xi) < f'(x_n)(x_n - \xi).$$

从而有

$$x_{n+1} = x_n - \frac{f(x_n)}{f'(x_n)} > \xi.$$

又由初始条件 $x_0 = b > \xi$，使用数学归纳法得 $x_n > \xi$ 对所有 n 成立. 进一步有 $f(x_n) > f(\xi) = 0$，从而

$$x_{n+1} = x_n - \frac{f(x_n)}{f'(x_n)} < x_n.$$

这证明了 $\{x_n\}$ 严格单调递减，以 ξ 为下界. 由单调有界定理知 $\{x_n\}$ 存在极限，设 $\lim\limits_{x \to x_0} x_n = \eta$. 在 $x_{n+1} = x_n - \dfrac{f(x_n)}{f'(x_n)}$ 中令 $n \to \infty$ 可得 $\eta = \eta - \dfrac{f(\eta)}{f'(\eta)}$，从而有 $f(\eta) = 0$. 由零点的唯一性知 $\eta = \xi$，这就证明了 $\{x_n\}$ 以 ξ 为极限.

Newton 迭代法

注　这个例题的结论给出了一个求方程的根的迭代算法，这种算法称为 Newton 迭代法.

4.6.2 函数的极值

在第 5 节中我们已经得到了极值点的一个结论:若函数 $f(x)$ 在极值点 x_0 处可导,则 $f'(x_0)=0$,即 x_0 是函数的驻点. 因此函数的极值点只能是驻点或不可导的点. 下面我们给出判断极值点的一个充分条件. 不难发现,若函数 $f(x)$ 在点 x_0 处连续,且在 x_0 左右两侧函数的单调性发生了改变,则 x_0 是 $f(x)$ 的一个极值点. 由上一小节中单调性的刻画,可以得到如下判断极值点的方法.

定理 4.6.5 设函数 $f(x)$ 在包含 x_0 的某一个邻域内连续,则

(1) 若存在 $\delta>0$,使得当 $x\in(x_0-\delta,x_0)$ 时有 $f'(x)\geqslant0$,当 $x\in(x_0,x_0+\delta)$ 时有 $f'(x)\leqslant0$,则 x_0 是 $f(x)$ 的极大值点;

(2) 若存在 $\delta>0$,使得当 $x\in(x_0-\delta,x_0)$ 时有 $f'(x)\leqslant0$,当 $x\in(x_0,x_0+\delta)$ 时有 $f'(x)\geqslant0$,则 x_0 是 $f(x)$ 的极小值点.

注 (1) 如果 $f'(x)$ 在 x_0 的左右两侧导数不改变符号且不取到 0,则 x_0 一定不是一个极值点.

(2) 在定理 4.6.5 的条件中,如果严格不等号成立,则 x_0 是一个严格极值点.

(3) 一个自然的问题是,如果 x_0 为 $f(x)$ 的极小值点,是否必存在 x_0 的某个邻域,在此邻域内,$f(x)$ 在 x_0 的左侧单调递减,在 x_0 的右侧单调递增? 答案是否定的,比如 $x=0$ 是函数

$$f(x)=\begin{cases} x^2\left(2+\sin\dfrac{1}{x}\right), & x\neq0 \\ 0, & x=0 \end{cases}$$

的一个极小值点,但根据导数的符号可以判断函数在 0 的左右两侧的任意小邻域内都不具有单调性,其在 0 点附近的图像如图 4.6.2 所示.

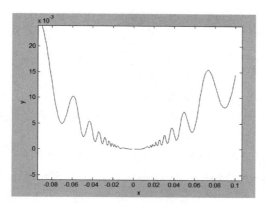

图 4.6.2

例 4.6.5 设 $f(x)=\sqrt[3]{(x-1)^2(7-x)}$,求 $f(x)$ 的极值.

解 对 $f(x)$ 求导可得,当 $x\neq1$ 和 7 时,函数可导且

$$f'(x)=\sqrt[3]{(x-1)^2(7-x)}\left(\frac{2}{3(x-1)}-\frac{1}{3(7-x)}\right)=\frac{5-x}{\sqrt[3]{x-1}\cdot\sqrt[3]{(7-x)^2}}.$$

解方程 $f'(x)=0$ 可得 $f(x)$ 有一个驻点 $x=5$. $f(x)$ 可能在驻点 $x_1=5$ 或不可导点 $x_2=1$,

$x_3=7$ 取到极值. x_1,x_2,x_3 将 $(-\infty,+\infty)$ 分成四个子区间. 在区间 $(-\infty,1)$ 上 $f'(x)<0$, 在区间 $(1,5)$ 上 $f'(x)>0$, 在区间 $(5,7)$ 上 $f'(x)<0$, 在区间 $(7,+\infty)$ 上 $f'(x)<0$（见下表）. 因此 $f(x)$ 在 $x=1$ 处取得极小值 $f(0)=0$, 在 $x=5$ 处取得极大值 $f(4)=2\sqrt[3]{4}$.

表 4.6.1   例 4.6.5 中函数的增减区间及其极值

x	$(-\infty,1)$	1	$(1,5)$	5	$(5,7)$	7	$(7,+\infty)$
f'	−	不可导	+	0	−	不可导	−
f	单减	极小值	单增	极大值	单减	不是极值	单减

定理 4.6.5 是通过观察函数的一阶导数在 x_0 左右两侧的符号来判断极值点的情况, 对于驻点 x_0 处, 若二阶导数存在, 则可以通过该点处二阶导数的符号来判断极值的类型.

定理 4.6.6 设 x_0 是 $f(x)$ 的一个驻点, 且在 x_0 处 $f''(x_0)\neq0$, 则

(1) 若 $f''(x_0)<0$, 则 x_0 是 $f(x)$ 的一个极大值点;

(2) 若 $f''(x_0)>0$, 则 x_0 是 $f(x)$ 的一个极小值点.

证明   这里只证明结论(1), 结论(2)的证明是类似的, 在此略过. 因为 x_0 是 $f(x)$ 的驻点, 所以 $f'(x_0)=0$. 由条件 $f''(x_0)<0$, 知

$$f''(x_0)=\lim_{x\to x_0}\frac{f'(x)-f'(x_0)}{x-x_0}=\lim_{x\to x_0}\frac{f'(x)}{x-x_0}<0.$$

由极限的保号性, 存在 $\delta>0$, 使得当 $0<|x-x_0|<\delta$ 时

$$\frac{f'(x)}{x-x_0}<0,$$

因此当 $x\in(x_0-\delta,x_0)$ 时, $f'(x)>0$; 当 $x\in(x_0,x_0+\delta)$ 时, $f'(x)<0$, 由定理 4.6.5 知 x_0 是 $f(x)$ 的一个极大值点. 定理证毕!

定理 4.6.6 成立的条件是驻点 x_0 处二阶导数存在且不为 0. 如果二阶导数 $f''(x_0)=0$, 则无法进行判断. 不难观察到:

(1) $f(x)=x^3$ 时, $f''(0)=0$, 0 不是 $f(x)$ 的极值点;

(2) $f(x)=x^4$ 时, $f''(0)=0$, 0 是 $f(x)$ 的极小值点;

(3) $f(x)=-x^4$ 时, $f''(0)=0$, 0 是 $f(x)$ 的极大值点.

对于 $f''(x_0)=0$ 的情形, 我们可以通过更高阶的导数来研究和判断 x_0 是否是极值点以及极值的类型. 这将在下一章中展开讨论.

在极值的基础上, 可以进一步研究函数的最值. 如果考虑的是一个闭区间 $[a,b]$ 上的连续函数 $f(x)$, 则上一章中我们已经知道 $f(x)$ 一定存在最大值和最小值. 如果最值不在区间的端点处取到, 则最大值一定是一个极大值, 最小值一定是一个极小值. 为求出函数的最值, 我们只需求出所有的极值, 然后与端点处的函数值进行比较, 其中最大的就是最大值, 最小的就是最小值. 又由前面判断极值的必要条件, 极值只可能在驻点或不可导点取到. 因此函数在闭区间 $[a,b]$ 上的最大值 M（最小值 m）是函数在端点, 不可导点以及驻点这些点的函数值中最大（小）的那一个. 如果函数只有有限个驻点和不可导点, 则 $f(x)$ 在闭区间 $[a,b]$ 上的最大值和最小值分别为

$$M=\max\{f(a),f(b),f(t_1),f(t_2),\cdots,f(t_k),f(s_1),f(s_2),\cdots,f(s_l)\};$$

$$m=\min\{f(a),f(b),f(t_1),f(t_2),\cdots,f(t_k),f(s_1),f(s_2),\cdots,f(s_l)\},$$

其中 $t_1, t_2, \cdots, t_k$ 为 $f(x)$ 在 (a, b) 上的所有驻点，$s_1, s_2, \cdots, s_l$ 是 $f(x)$ 在 (a, b) 上的所有不可导点.

例 4.6.6 求函数 $f(x) = |x^3 - 6x^2 + 9x|$ 在区间 $\left[-\dfrac{1}{4}, \dfrac{7}{2}\right]$ 上的最大值与最小值.

解 函数 $f(x)$ 在区间 $\left[-\dfrac{1}{4}, \dfrac{7}{2}\right]$ 上连续，因此存在最大值与最小值. 由

$$f(x) = |x| \cdot (x-3)^2 = \begin{cases} -(2x^3 - 12x^2 + 18x), & -\dfrac{1}{4} \leqslant x \leqslant 0; \\ 2x^3 - 12x^2 + 18x, & 0 < x < \dfrac{7}{2}, \end{cases}$$

可得在区间 $\left(-\dfrac{1}{4}, \dfrac{7}{2}\right)$ 上除了 $x = 0$ 之外的点都可导，且

$$f'(x) = \begin{cases} -3x^2 + 12x - 9, & -\dfrac{1}{4} < x < 0; \\ 3x^2 - 12x + 9, & 0 < x < \dfrac{7}{2}. \end{cases}$$

令 $f'(x) = 0$ 并求解方程可得 $f(x)$ 在区间 $\left(-\dfrac{1}{4}, \dfrac{7}{2}\right)$ 上有两个驻点 $x = 1$ 和 $x = 3$. 因此 $f(x)$ 在区间 $\left[-\dfrac{1}{4}, \dfrac{7}{2}\right]$ 上的最大值与最小值分别为

$$M = \max\left\{ f(0), f(1), f(3), f\left(-\dfrac{1}{4}\right), f\left(\dfrac{7}{2}\right) \right\} = 4;$$

$$m = \min\left\{ f(0), f(1), f(3), f\left(-\dfrac{1}{4}\right), f\left(\dfrac{7}{2}\right) \right\} = 0.$$

当所考虑的区间不是有限闭区间时，可以通过函数的性质来研究函数的最值.

例 4.6.7 求函数 $f(x) = x\,\mathrm{e}^x$ 在 $(-\infty, +\infty)$ 上的最值.

解 因为 $x \to +\infty$ 时，$f(x) \to +\infty$，所以函数在 $(-\infty, +\infty)$ 上没有最大值. 下面讨论最小值. 求导可得

$$f'(x) = (x+1)\mathrm{e}^x.$$

令 $f'(x) = 0$ 并解方程可得 $f(x)$ 在 $(-\infty, +\infty)$ 上有唯一的驻点 $x = -1$. 当 $x \in (-\infty, -1)$ 时，$f'(x) < 0$，所以 $f(x)$ 在 $(-\infty, -1]$ 上严格单调递减，因此当 $x < -1$ 时，$f(x) > f(-1)$. 当 $x \in (-1, +\infty)$ 时，$f'(x) > 0$，所以 $f(x)$ 在 $[-1, +\infty)$ 上严格单调递增，因此当 $x > -1$ 时，$f(x) > f(-1)$. 综上可得 $x = -1$ 时，$f(x)$ 取到最小值 $f(-1) = -\mathrm{e}^{-1}$.

例 4.6.8 已知方程 $ax + \dfrac{1}{x^2} = 3$ 只有一个实根且为正，求 a 的范围.

解 记 $f(x) = ax^3 - 3x^2 + 1$，则 $ax + \dfrac{1}{x^2} = 3$ 与 $f(x) = 0$ 有相同的实数解. 下求 a 使得 $f(x)$ 只有一个零点，且该零点为正. 不难验证 $a = 0$ 不满足条件，下面假设 $a \neq 0$. 此时

$$f'(x) = 3ax^2 - 6x.$$

解方程 $f'(x) = 0$ 可得 $f(x)$ 有两个驻点 $x = 0$ 和 $x = \dfrac{2}{a}$.

当 $a>0$ 时，$f(0)=1>0$，$\lim\limits_{x\to-\infty}f(x)=-\infty$，因此 $f(x)$ 在 $(-\infty,0)$ 有一个实根，因此 $a>0$ 也不满足条件.

当 $a<0$ 时，$f(0)=1>0$，$\lim\limits_{x\to+\infty}f(x)=-\infty$，因此 $f(x)$ 在 $(0,+\infty)$ 有一个零点，且在 $(0,+\infty)$ 上 $f'(x)<0$，由严格单调性可知 $f(x)$ 在 $(0,+\infty)$ 有一个唯一的零点. 因此我们需要 $f(x)$ 在 $(-\infty,0)$ 上没有零点. 当 $x\in\left(-\infty,\dfrac{2}{a}\right)$ 时，$f'(x)<0$，当 $x\in\left(\dfrac{2}{a},0\right)$ 时，$f'(x)>0$，因此 $f(x)$ 在 $(-\infty,0)$ 上的最小值在 $x=\dfrac{2}{a}$ 处取到，最小值为 $f\left(\dfrac{2}{a}\right)=1-\dfrac{4}{a^2}$. 因为 $\lim\limits_{x\to-\infty}f(x)=+\infty$，由此可得当且仅当 $f(x)$ 在 $(-\infty,0)$ 的最小值

$$f\left(\frac{2}{a}\right)=1-\frac{4}{a^2}>0$$

时，$f(x)$ 在 $(-\infty,0)$ 上没有零点. 由此可得当且仅当 $a<-2$ 时方程 $ax+\dfrac{1}{x^2}=3$ 只有一个实根且为正.

实际应用中的很多问题，都可以通过求解函数的最值来解决.

例 4.6.9 在一个区域内平原和草原以一条直线为分界线，一辆汽车在平原上的行驶速度为 v_1，在草原上的行驶速度为 v_2，问从平原上的 A 点到草原上的 B 点，怎么走花费的时间最短？

解 如图 4.6.3 建立坐标系，取草原与平原的分界线为 x 轴，平原在 x 轴上方，草原在 x 轴下方，A 点在 y 轴上，坐标为 $(0,h_1)$，B 点在第四象限，坐标为 $(l,-h_2)$（其中 l,h_1,h_2 均为正数）.

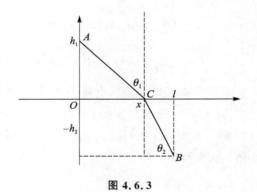

图 4.6.3

显然在同一种地形上汽车应沿直线前进，所以它从 A 到 B 的前进路线应该是两条直线段组成的折线，其转折点在平原和草原的分界线上. 设行进路线的转折点 C 处坐标为 $(0,x)$，则汽车的整个行驶时间应为

$$T(x)=\frac{\sqrt{h_1^2+x^2}}{v_1}+\frac{\sqrt{h_2^2+(l-x)^2}}{v_2}.$$

想要找到路线使得从 A 到 B 所花时间最少，即要找到 $T(x)$ 的最小值点. 对 $T(x)$ 求导可得

$$T'(x)=\frac{x}{v_1\sqrt{h_1^2+x^2}}-\frac{l-x}{v_2\sqrt{h_2^2+(l-x)^2}}.$$

又由于任取 $x\in\mathbb{R}$，有

$$T''(x)=\frac{1}{v_1}\cdot\frac{h_1^2}{(h_1^2+x^2)^{\frac{3}{2}}}+\frac{1}{v_2}\cdot\frac{h_2^2}{(h_2^2+(l-x)^2)^{\frac{3}{2}}}>0$$

因此 $T'(x)$ 严格单调递增. 由严格单调性又由 $T'(0)<0,T'(l)>0$ 知 $T'(x)$ 有一个唯一的零点 $x_0\in(0,l)$. 因此 $T(x)$ 有一个唯一的驻点 x_0. 当 $x\to\infty$ 时有 $T(x)\to+\infty$，因此 $T(x)$ 在 $(-\infty,+\infty)$ 上存在最小值（习题 3.6.3），这个最小值一定是一个极小值，又因为 $T(x)$ 处处可

导,因此这个最小值点一定是一个驻点. 由前面已知 $T(x)$ 有一个唯一的驻点 x_0,因此最小值一定在这个驻点 x_0 处达到. 选取转折点 $C(0,x_0)$ 沿着折线 ACB 行进即花费时间最少的路线.

由于光线在传播过程中所花的时间总是最短的,所以光线的传播问题在本质上与本题是相同的. 我们可以将本题中汽车的行驶换成光线的传播,将平原和草原换成光线传播过程中的不同的介质. 记 θ_1 为直线 AC 与 y 轴的夹角,θ_2 为直线 CB 与 y 轴的夹角. 则 x_0 满足的条件为

$$\frac{x_0}{v_1\sqrt{h_1^2+x_0^2}}=\frac{l-x_0}{v_2\sqrt{h_2^2+(l-x_0)^2}},$$

即

$$\frac{\sin\theta_1}{v_1}=\frac{\sin\theta_2}{v_2}.$$

在光学中,θ_1 即光线的入射角,θ_2 即光线的折射角,入射光线和折射光线应满足上述条件,这就是光学中著名的折射定律.

4.6.3　函数的凹凸性

对于定义在区间 I 上的函数,如果在区间 I 中的任意两点 x_1,x_2 间对应的函数图像都落在 $(x_1,f(x_1))$ 和 $(x_2,f(x_2))$ 这两点连线的下方,则称函数在区间 I 上是一个凸函数;如果区间 I 中的任意两点 x_1,x_2 间对应的函数图像都落在 $(x_1,f(x_1))$ 和 $(x_2,f(x_2))$ 这两点连线的上方,则称函数在区间 I 上是一个凹函数,如图 4.6.4 所示.

给定 x_1,x_2 后,可以用 $(1-\lambda)x_1+\lambda x_2\,(0<\lambda<1)$ 表示 x_1 与 x_2 之间的数,而 $((1-\lambda)x_1+\lambda x_2,(1-\lambda)f(x_1)+\lambda f(x_2))$ 是连接 $(x_1,f(x_1))$ 和 $(x_2,f(x_2))$ 的直线上 x 取 $(1-\lambda)x_1+\lambda x_2$ 时对应的点的坐标,由此可以给出函数凹凸性的数学描述.

定义 4.6.1 设函数 $f(x)$ 在区间 I 上定义,若对区间 I 中的任意两点 x_1 和 x_2 以及任意 $\lambda\in(0,1)$,都有

$$f((1-\lambda)x_1+\lambda x_2)\leqslant(1-\lambda)f(x_1)+\lambda f(x_2),$$

则称函数 $f(x)$ 在区间 I 上是凸函数. 如果对区间 I 中的任意两点 x_1 和 x_2 和任意 $\lambda\in(0,1)$,都有

$$f((1-\lambda)x_1+\lambda x_2)\geqslant(1-\lambda)f(x_1)+\lambda f(x_2),$$

则称函数 $f(x)$ 在区间 I 上是凹函数.

如果上面定义中的不等号为严格不等号,则称函数为严格凸或严格凹. 即若对区间 I 中的任意两点 $x_1\neq x_2$ 和任意 $\lambda\in(0,1)$,都有

$$f((1-\lambda)x_1+\lambda x_2)<(1-\lambda)f(x_1)+\lambda f(x_2),$$

则称函数 $f(x)$ 在区间 I 上是严格凸函数. 类似地还可以定义严格凹函数.

下面我们给出使用函数的导数来判断函数凹凸性的方法. 首先我们建立如下引理.

引理 4.6.7 函数 $f(x)$ 在区间 I 上是凸函数等价于在 I 上任取三个点 $x_1<x<x_2$,都有

$$\frac{f(x)-f(x_1)}{x-x_1}\leqslant\frac{f(x_2)-f(x_1)}{x_2-x_1}\leqslant\frac{f(x_2)-f(x)}{x_2-x}.$$

如果是严格凸,则上面的不等式替换成严格不等式(图 4.6.5).

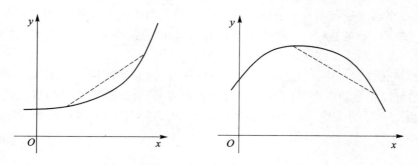

图 4.6.4　凸函数与凹函数

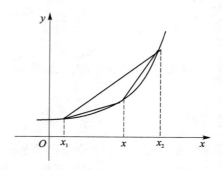

图 4.6.5　函数凹凸性的等价刻画

证明　我们这里只证明一般的凸函数的情形，对应严格凸函数的结论留给读者. 由不等式：若四个正数 a,b,c,d 满足 $\dfrac{a}{b}\leqslant\dfrac{c}{d}$，则 $\dfrac{a}{b}\leqslant\dfrac{a+c}{b+d}\leqslant\dfrac{c}{d}$.

因此只需证明：函数是凸函数等价于任取 I 中 $x_1<x<x_2$，总有

$$\frac{f(x)-f(x_1)}{x-x_1}\leqslant\frac{f(x_2)-f(x)}{x_2-x}. \tag{4.6.1}$$

通过简单的变形得不等式（4.6.1）等价于

$$\left(\frac{1}{x-x_1}+\frac{1}{x_2-x}\right)f(x)\leqslant\frac{f(x_1)}{x-x_1}+\frac{f(x_2)}{x_2-x},$$

进一步等价于

$$(x_2-x_1)f(x)\leqslant(x_2-x)f(x_1)+(x-x_1)f(x_2),$$

即

$$f(x)\leqslant\frac{x_2-x}{x_2-x_1}f(x_1)+\frac{x-x_1}{x_2-x_1}f(x_2). \tag{4.6.2}$$

若函数为凸函数，则任取 I 上三点 $x_1<x<x_2$，可令 $\lambda=\dfrac{x-x_1}{x_2-x_1}$，则 $\lambda\in(0,1)$ 且有

$$1-\lambda=\frac{x_2-x}{x_2-x_1},\quad x=(1-\lambda)x_1+\lambda x_2,$$

不等式（4.6.2）即

$$f((1-\lambda)x_1+\lambda x_2)\leqslant(1-\lambda)f(x_1)+\lambda f(x_2).$$

由凸函数定义知上式成立，因此不等式（4.6.2）成立，从而不等式（4.6.1）成立. 反过来，如果

对于 I 上任意三点 $x_1 < x < x_2$ 不等式(4.6.1)成立,则对于任意的 x_1 , x_2,以及 $\lambda \in (0,1)$,可令 $x = (1-\lambda)x_1 + \lambda x_2$,则 $x_1 < x < x_2$,且有 $\lambda = \dfrac{x_2 - x}{x_2 - x_1}$,$1-\lambda = \dfrac{x - x_1}{x_2 - x_1}$,不等式(4.6.2)即等价于凸函数定义中要求的不等式

$$f((1-\lambda)x_1 + \lambda x_2) \leqslant (1-\lambda)f(x_1) + \lambda f(x_2).$$

因此函数满足凸函数定义. 等价性得证.

定理 4.6.8 设函数 $f(x)$ 在在闭区间 $[a,b]$ 连续,在开区间 (a,b) 可导,则函数在闭区间 $[a,b]$ 上是凸函数(严格凸函数)的充分必要条件是 $f'(x)$ 在区间 (a,b) 上单调递增(严格单调递增).

证明 先证必要性. 如果 $f(x)$ 在闭区间 $[a,b]$ 上是凸函数,取定 (a,b) 中的两点 $x_1 < x_2$,由引理 4.6.7 知任取 $x_1 < x < x_2$,总有

$$\frac{f(x) - f(x_1)}{x - x_1} \leqslant \frac{f(x_2) - f(x_1)}{x_2 - x_1} \leqslant \frac{f(x_2) - f(x)}{x_2 - x}.$$

在不等式中分别令 $x \to x_1^+$ 和 $x \to x_2^-$,由极限的保序性有

$$f'(x_1) \leqslant \frac{f(x_2) - f(x_1)}{x_2 - x_1} \leqslant f'(x_2).$$

因此 $f'(x)$ 在区间 (a,b) 上为单调递增函数. 如果 $f(x)$ 在闭区间 $[a,b]$ 上是严格凸函数,则取定 (a,b) 中的两点 $x_1 < x_2$ 之后,可再取一点 $x_3 \in (x_1,x_2)$,由引理 4.6.7,当 $x \in (x_1,x_3)$ 时

$$\frac{f(x) - f(x_1)}{x - x_1} < \frac{f(x_3) - f(x_1)}{x_3 - x_1},$$

令 $x \to x_1^+$,由函数极限的保序性可得

$$f'(x_1) \leqslant \frac{f(x_3) - f(x_1)}{x_3 - x_1}.$$

类似还可证明

$$\frac{f(x_2) - f(x_3)}{x_2 - x_3} \leqslant f'(x_2).$$

再由引理 4.6.7,有

$$f'(x_1) \leqslant \frac{f(x_3) - f(x_1)}{x_3 - x_1} < \frac{f(x_2) - f(x_3)}{x_2 - x_3} \leqslant f'(x_2),$$

因此 $f'(x)$ 在区间 (a,b) 上为严格单调递增函数. 必要性得证.

下证充分性. 若 $f'(x)$ 为单调递增函数,则任取 $[a,b]$ 上三点 $x_1 < x < x_2$,由 Lagrange 中值定理,存在 $\xi_1 \in (x_1,x)$ 以及 $\xi_2 \in (x,x_2)$,使得

$$\frac{f(x) - f(x_1)}{x - x_1} = f'(\xi_1) , \frac{f(x_2) - f(x)}{x_2 - x} = f'(\xi_2) ,$$

由 $f'(x)$ 单调性知

$$\frac{f(x) - f(x_1)}{x - x_1} \leqslant \frac{f(x_2) - f(x)}{x_2 - x}.$$

由引理 4.6.1 知 $f(x)$ 在闭区间 $[a,b]$ 上为凸函数.

类似可以证明当 $f'(x)$ 为严格单调递增函数时 $f(x)$ 在闭区间 $[a,b]$ 上为严格凸函数. 充分性得证.

由前面定理 4.6.1 和定理 4.6.4 中关于单调函数和导数的关系,可得如下推论.

推论 4.6.9 设函数 $f(x)$ 在闭区间 $[a,b]$ 连续,在开区间 (a,b) 上二阶可导,则

(1) 函数在闭区间 $[a,b]$ 上是凸函数的充分必要条件是在开区间 (a,b) 上任意 x 处有 $f''(x) \geqslant 0$;

(2) 函数在闭区间 $[a,b]$ 上是严格凸函数的充分必要条件是在开区间 (a,b) 上任意 x 处有 $f''(x) \geqslant 0$,并且集合 $\{x \in (a,b) \mid f''(x) = 0\}$ 中不含长度大于 0 的区间.

因为 $f(x)$ 是一个凸函数等价于 $-f(x)$ 是一个凹函数,因此在定理 4.6.8 的同样前提下,从定理 4.6.8 可以得到当 $f'(x)$ 单调递减时 $f(x)$ 为一个凹函数,当 $f'(x)$ 严格单调递减时 $f(x)$ 为一个严格凹函数.

定义 4.6.2 如果函数 $f(x)$ 在 x_0 的某个邻域内有定义,且在 x_0 的左右两侧分别有不同的凹凸性:在一侧为严格凸,在另一侧为严格凹,则称 $(x_0, f(x_0))$ 是曲线 $y = f(x)$ 的一个拐点.

根据凸函数的性质,当 x_0 是 $f(x)$ 的拐点且 $f(x)$ 在 x_0 有二阶导数时,$f'(x)$ 在 x_0 左右两侧的单调性发生了变化,则 x_0 是 $f'(x)$ 的一个极值点,因此必有 $f''(x_0) = 0$. 这是确定拐点的通常方法.

例 4.6.10 求函数 $y = (x-3)e^{\frac{\pi}{2} + \arctan x}$ 的凹凸区间和拐点.

解 求导可得

$$y'' = \frac{7x-1}{(1+x^2)^2} \cdot e^{\frac{\pi}{2} + \arctan x},$$

拐点的进一步分析

求解方程 $y'' = 0$ 得唯一的解 $x = \frac{1}{7}$. 当 $x < \frac{1}{7}$ 时 $y'' < 0$;当 $x > \frac{1}{7}$ 时,$y'' > 0$,因此函数在 $\left(-\infty, \frac{1}{7}\right)$ 上为凹函数,在 $\left(\frac{1}{7}, +\infty\right)$ 上为凸函数. $\left(\frac{1}{7}, -\frac{20}{7}e^{\frac{\pi}{2} + \arctan \frac{1}{7}}\right)$ 是曲线 $y = (x-3)e^{\frac{\pi}{2} + \arctan x}$ 的拐点.

下面我们给出函数凹凸性的一个重要应用——证明不等式. 首先使用数学归纳法,从凸函数的定义出发,我们有如下的结论.

定理 4.6.10(Jensen 不等式) 设函数 $f(x)$ 是区间 I 上的凸函数,则对任意的 $x_1, x_2, \cdots, x_n \in I$,以及满足条件 $\lambda_1 + \lambda_2 + \cdots + \lambda_n = 1$ 的任意正数 $\lambda_1, \lambda_2, \cdots, \lambda_n$,成立

$$f(\lambda_1 x_1 + \lambda_2 x_2 + \cdots + \lambda_n x_n) \leqslant \lambda_1 f(x_1) + \lambda_2 f(x_2) + \cdots + \lambda_n f(x_n).$$

如果 $f(x)$ 是严格凸函数且 $x_1, x_2, \cdots, x_n$ 不全相等时,则成立严格不等号

$$f(\lambda_1 x_1 + \lambda_2 x_2 + \cdots + \lambda_n x_n) < \lambda_1 f(x_1) + \lambda_2 f(x_2) + \cdots + \lambda_n f(x_n).$$

证明 仅对一般的凸函数进行证明,严格凸的情形类似可证. 使用数学归纳法:

当 $n = 2$ 时,不等式即凸函数定义中的要求.

假设当 $n = k$ 时命题成立,即对任意的 $x_1, x_2, \cdots, x_k \in I$,以及满足条件 $\mu_1 + \mu_2 + \cdots + \mu_k = 1$ 的正数 $\mu_1, \mu_2, \cdots, \mu_k$,不等式

$$f(\mu_1 x_1 + \mu_2 x_2 + \cdots + \mu_k x_k) \leqslant \mu_1 f(x_1) + \mu_2 f(x_2) + \cdots + \mu_k f(x_k)$$

成立. 则当 $n = k+1$ 时,设 $x_1, x_2, \cdots, x_{k+1}$ 是 I 中任意 $k+1$ 个数,$\lambda_1, \lambda_2, \cdots, \lambda_{k+1}$ 是满足条件 $\lambda_1 + \lambda_2 + \cdots + \lambda_{k+1} = 1$ 的 $k+1$ 个正数. 令 $\mu_i = \dfrac{\lambda_i}{\lambda_1 + \lambda_2 + \cdots + \lambda_k} = \dfrac{\lambda_i}{1 - \lambda_{k+1}}, i = 1, 2, \cdots, k$,则

$\mu_1,\mu_2,\cdots,\mu_k$ 是满足条件 $\mu_1+\mu_2+\cdots+\mu_k=1$ 的 k 个正数. 使用归纳假设可得

$$f(\lambda_1 x_1+\lambda_2 x_2+\cdots\lambda_{k+1}x_{k+1})=f\left[(1-\lambda_{k+1})\sum_{i=1}^{k}\mu_i x_k+\lambda_{k+1}x_{k+1}\right]$$

$$\leqslant(1-\lambda_{k+1})f\left(\sum_{i=1}^{k}\mu_k x_k\right)+\lambda_{k+1}f(x_{k+1})$$

$$\leqslant(1-\lambda_{k+1})\sum_{i=1}^{k}\mu_k f(x_k)+\lambda_{k+1}f(x_{k+1})=\sum_{i=1}^{k+1}\lambda_i f(x_i).$$

因此 $n=k+1$ 时命题也成立. 结论得证.

给定任意 n 个正数 $\alpha_1,\alpha_2,\cdots,\alpha_n$,令 $\lambda_i=\dfrac{\alpha_i}{\alpha_1+\alpha_2+\cdots+\alpha_n}$,$i=1,2,\cdots,n$,则 $\lambda_1+\lambda_2+\cdots+\lambda_n=1$,Jensen 不等式又可以写成如下形式.

推论 4.6.11　设函数 $f(x)$ 是区间 I 上的凸函数,则对任意的 $x_1,x_2,\cdots,x_n\in I$,以及正数 $\alpha_1,\alpha_2,\cdots,\alpha_n$,成立

$$f\left(\frac{\alpha_1 x_1+\alpha_2 x_2+\cdots+\alpha_n x_n}{\alpha_1+\alpha_2+\cdots+\alpha_n}\right)\leqslant\frac{\alpha_1 f(x_1)+\alpha_2 f(x_2)+\cdots+\alpha_n f(x_n)}{\alpha_1+\alpha_2+\cdots+\alpha_n}.$$

当 $f(x)$ 严格凸且 $x_1,x_2,\cdots,x_n$ 不全相等时,上面的不等式严格成立.

类似的结论对凹函数也成立. 通过 Jensen 不等式,可以得到一些复杂的不等式. 首先我们证明著名的均值不等式.

例 4.6.11　设 $x_1,x_2,\cdots,x_n$ 是 n 个正数,证明:$(x_1 x_2\cdots x_n)^{\frac{1}{n}}\leqslant\dfrac{x_1+x_2+\cdots+x_n}{n}$.

证明　不等号两边取对数,由对数函数的单调性,问题即要证

$$\frac{1}{n}(\ln x_1+\ln x_2+\cdots+\ln x_n)\leqslant\ln\frac{x_1+x_2+\cdots+x_n}{n}.$$

取函数 $y=\ln x$,则 $y''=-\dfrac{1}{x^2}<0$,因此 $y=\ln x$ 在 $(0,+\infty)$ 为凹函数. 对给定的 n 个正数 $x_1,x_2,\cdots,x_n$,取 $\lambda_i=\dfrac{1}{n}$,$i=1,2,\cdots,n$,则由 Jensen 不等式有

$$\ln\sum_{i=1}^{n}\lambda_i x_i\geqslant\sum_{i=1}^{n}\lambda_i\ln x_i,$$

整理即得

$$\frac{1}{n}(\ln x_1+\ln x_2+\cdots+\ln x_n)\leqslant\ln\frac{x_1+x_2+\cdots+x_n}{n}.$$

进一步,由 Jensen 不等式知当 $x_1,x_2,\cdots,x_n$ 不全相等时,不等式严格成立. 因此不等式的等号成立当且仅当 $x_1=x_2=\cdots=x_n$.

我们对 $\dfrac{1}{x_1},\dfrac{1}{x_2},\cdots,\dfrac{1}{x_n}$ 使用例子中得到的不等式,还可以得到

$$\sqrt[n]{\frac{1}{x_1 x_2\cdots x_n}}\leqslant\frac{\dfrac{1}{x_1}+\dfrac{1}{x_2}+\cdots+\dfrac{1}{x_n}}{n},$$

变形可得

$$\frac{n}{\dfrac{1}{x_1}+\dfrac{1}{x_2}+\cdots+\dfrac{1}{x_n}} \leqslant \sqrt[n]{x_1 x_2 \cdots x_n}.$$

与例子中得到的不等式合起来即得：当 $x_1,x_2,\cdots,x_n$ 是 n 个正数时，

$$\frac{n}{\dfrac{1}{x_1}+\dfrac{1}{x_2}+\cdots+\dfrac{1}{x_n}} \leqslant \sqrt[n]{x_1 x_2 \cdots x_n} \leqslant \frac{x_1+x_2+\cdots+x_n}{n}.$$

其中等号成立当且仅当 $x_1=x_2=\cdots=x_n$. 这个不等式中出现的三项从左到右分别称为调和平均值、几何平均值和算术平均值，这个不等式也称为均值不等式.

例 4.6.12 设 $a_i>0,b_i>0,i=1,2,\cdots,n,p>1,q>1,\dfrac{1}{p}+\dfrac{1}{q}=1$, 证明不等式：

$$\sum_{i=1}^{n} a_i b_i \leqslant \left(\sum_{i=1}^{n} a_i^p\right)^{\frac{1}{p}} \left(\sum_{i=1}^{n} b_i^q\right)^{\frac{1}{q}}.$$

证明 要证的不等式等价于

$$\left(\sum_{i=1}^{n} a_i b_i\right)^p \leqslant \left(\sum_{i=1}^{n} a_i^p\right) \left(\sum_{i=1}^{n} b_i^q\right)^{\frac{p}{q}},$$

等价于

$$\left(\sum_{i=1}^{n} a_i b_i\right)^p \left(\sum_{i=1}^{n} b_i^q\right)^{-p} \leqslant \left(\sum_{i=1}^{n} a_i^p\right) \left(\sum_{i=1}^{n} b_i^q\right)^{\frac{p}{q}-p}.$$

由于 $\dfrac{p}{q}-p=p\left(\dfrac{1}{q}-1\right)=-1$, 上式等价于

$$\left(\sum_{i=1}^{n} a_i b_i\right)^p \left(\sum_{i=1}^{n} b_i^q\right)^{-p} \leqslant \left(\sum_{i=1}^{n} a_i^p\right) \left(\sum_{i=1}^{n} b_i^q\right)^{-1}. \qquad (4.6.3)$$

令 $f(x)=x^p$, 则在 $(0,+\infty)$ 上 $f''(x)=p(p-1)x^{p-2}>0$. 因此 $f(x)=x^p$ 在 $(0,+\infty)$ 上为凸函数. 使用推论 4.6.7 中的 Jensen 不等式，令 $\alpha_i=b_i^q$, $x_i=a_i b_i^{1-q}$, 则

$$f\left(\frac{\alpha_1 x_1+\alpha_2 x_2+\cdots+\alpha_n x_n}{\alpha_1+\alpha_2+\cdots+\alpha_n}\right) \leqslant \frac{\alpha_1 f(x_1)+\alpha_2 f(x_2)+\cdots+\alpha_n f(x_n)}{\alpha_1+\alpha_2+\cdots+\alpha_n},$$

代入即得

$$\left(\sum_{i=1}^{n} a_i b_i\right)^p \left(\sum_{i=1}^{n} b_i^q\right)^{-p} \leqslant \left(\sum_{i=1}^{n} b_i^q (a_i b_i^{1-q})^p\right) \left(\sum_{i=1}^{n} b_i^q\right)^{-1} = \left(\sum_{i=1}^{n} a_i^p b_i^{p+q-pq}\right) \left(\sum_{i=1}^{n} b_i^q\right)^{-1}.$$

由条件 $\dfrac{1}{p}+\dfrac{1}{q}=1$ 即可得 $p+q-pq=0$, 代入上式即得不等式(4.6.3)，因此原不等式得证.

此例中的不等式称为 Hölder 不等式，它的一种特殊情形是 $p=q=2$, 这时的不等式可写为

$$\left(\sum_{i=1}^{n} a_i b_i\right)^2 \leqslant \left(\sum_{i=1}^{n} a_i^2\right) \left(\sum_{i=1}^{n} b_i^2\right).$$

不难发现这一不等式对一般的 a_i,b_i(不用要求均为正数)，此即著名的 Cauchy 不等式.

例 4.6.13 设 $a_1,a_2,\cdots,a_n$ 和 $b_1,b_2,\cdots,b_n$ 是两组非负实数，$p>1$, 证明不等式

$$\left(\sum_{i=1}^{n} (a_i+b_i)^p\right)^{\frac{1}{p}} \leqslant \left(\sum_{i=1}^{n} a_i^p\right)^{\frac{1}{p}} + \left(\sum_{i=1}^{n} b_i^p\right)^{\frac{1}{p}}.$$

证明 不难发现不等式等价于

$$\Big[\Big(\sum_{i=1}^{n}(a_i+b_i)^p\Big)^{\frac{1}{p}}-\Big(\sum_{i=1}^{n}a_i^{\ p}\Big)^{\frac{1}{p}}\Big]^p\leqslant\sum_{i=1}^{n}b_i^{\ p}.$$

进一步等价于

$$\Big[1-\Big(\sum_{i=1}^{n}a_i^{\ p}\Big/\sum_{i=1}^{n}(a_i+b_i)^p\Big)^{\frac{1}{p}}\Big]^p\leqslant\Big(\sum_{i=1}^{n}b_i^{\ p}\Big)\Big/\sum_{i=1}^{n}(a_i+b_i)^p=\sum_{i=1}^{n}b_i^{\ p}\Big/\sum_{i=1}^{n}(a_i+b_i)^p.$$

令

$$\lambda_i=(a_i+b_i)^p\Big/\sum_{i=1}^{n}(a_i+b_i)^p.$$

则易见有 $\lambda_1+\lambda_2+\cdots+\lambda_n=1$. 原不等式可化为

$$\Big[1-\Big(\sum_{i=1}^{n}\lambda_i\Big(\frac{a_i}{a_i+b_i}\Big)^p\Big)^{\frac{1}{p}}\Big]^p\leqslant\sum_{i=1}^{n}\lambda_i\Big(\frac{b_i}{a_i+b_i}\Big)^p.$$

令 $f(x)=(1-x^{\frac{1}{p}})^p$. 注意到 $f\Big(\Big(\dfrac{a_i}{a_i+b_i}\Big)^p\Big)=\Big(\dfrac{b_i}{a_i+b_i}\Big)^p$,则不等式等价于

$$f\Big(\sum_{i=1}^{n}\lambda_i\Big(\frac{a_i}{a_i+b_i}\Big)^p\Big)\leqslant\sum_{i=1}^{n}\lambda_i f\Big(\Big(\frac{b_i}{a_i+b_i}\Big)^p\Big).$$

由 Jensen 不等式知我们只需验证 $f(x)$ 是 $(0,1)$ 上的凸函数即可. 由

$$f'(x)=-(1-x^{\frac{1}{p}})^{p-1}\cdot x^{\frac{1}{p}-1},$$

$$f''(x)=\frac{p-1}{p}(1-x^{\frac{1}{p}})^{p-2}\cdot x^{\frac{1}{p}-2}.$$

不难验证在 $(0,1)$ 上有 $f''(x)>0$,因此 $f(x)$ 在 $(0,1)$ 上严格凸. 结论证毕!

　　这个例子中的不等式称为 Minkowskii 不等式. 同样由上述函数的凹凸性可以证明当 $0<p<1$ 时不等号反向.

习题 4.6

1. 研究下列函数在指定区间内的单调性:

(1) $f(x)=\Big(1+\dfrac{1}{x}\Big)^x,x\in(0,+\infty)$;　　　　(2) $f(x)=\Big(1+\dfrac{1}{x}\Big)^{x+1},x\in(0,+\infty)$;

(3) $f(x)=\arctan x-x,x\in\mathbb{R}$.

并根据相应结论证明不等式:

(1) $\Big(1+\dfrac{1}{x}\Big)^x<e<\Big(1+\dfrac{1}{x}\Big)^{x+1}\ (x>0)$;　　　(2) $\arctan x<x\ (x>0)$.

2. 利用函数的单调性证明下列不等式:

(1) $x-\dfrac{x^3}{6}<\sin x<x$,当 $x>0$ 时;

(2) $x-\dfrac{x^2}{2}<\ln(1+x)<x$,当 $x>0$ 时;

(3) $(1+x)\ln^2(1+x)<x^2$,当 $x\in(0,1)$ 时;

(4) $\dfrac{1}{\ln 2}-1<\dfrac{1}{\ln(1+x)}-\dfrac{1}{x}<\dfrac{1}{2}$,当 $x\in(0,1)$ 时;

(5) $\tan x+2\sin x>3x$,当 $x\in\Big(0,\dfrac{\pi}{2}\Big)$ 时.

3. 设函数 $f(x)$ 在区间 $[a,+\infty)$ 上连续,在 $(a,+\infty)$ 可导,且 f' 严格单调递增,求证:

$$F(h)=\frac{f(a+h)-f(a)}{h}$$ 关于 h 也严格单调递增.

4. 设 $f(x)$ 在 $[0,+\infty)$ 上连续,在 $(0,+\infty)$ 内可导且 $f(0)=0$,并设存在实数 $A>0$,使得 $|f'(x)|\leqslant A|f(x)|$ 在 $(0,+\infty)$ 内成立,证明:在 $[0,+\infty)$ 上,$f(x)$ 恒等于 0.

5. 设 $f(x)$ 在 $\mathbb{R}$ 上有连续二阶导数,若 $f(x)$ 在 $\mathbb{R}$ 上有界,则存在 $\theta\in\mathbb{R}$,使得 $f''(\theta)=0$.

6. 求下列函数的极值点,并确定它们的单调区间:

(1) $y=\sqrt{x}\ln x$; 　　　　　　　　　　　(2) $y=x^{\frac{1}{x}}$;

(3) $y=3x+\dfrac{4}{x}$; 　　　　　　　　　　(4) $y=x-\ln(1+x)$.

7. 设 $f(x)$ 在 x_0 处二阶可导,证明:$f(x)$ 在 x_0 处取到极大值的必要条件是 $f'(x_0)=0$ 且 $f''(x_0)\leqslant 0$.

8. 已知三次方程 $x^3-3a^2x-6a^2+3a=0$ 只有一个实根且为正,求 a 的范围.

9. 求下列函数在指定区间上的最大值和最小值:

(1) $f(x)=x^2\sqrt{a^2-x^2}$, $x\in[0,a]$;　　(2) $f(x)=|2x^3-9x^2+12x|$, $x\in\left[-\dfrac{1}{4},\dfrac{5}{2}\right]$;

(3) $f(x)=x^2\mathrm{e}^{-nx}$, $x\in(0,+\infty)$;　　(4) $f(x)=x\ln\dfrac{1}{x}$, $x\in(0,+\infty)$.

10. 在 $\alpha>1$ 和 $0<\alpha<1$ 两种情况下分别求函数 $f(x)=(1+x)^\alpha-\alpha x$ 在 $[-1,+\infty)$ 上的最值. 并依此证明 Bernoulli 不等式:当 $x\geqslant-1$ 时,我们有

(1) 若 $\alpha>1$,则有 $(1+x)^\alpha\geqslant 1+\alpha x$;

(2) 若 $0<\alpha<1$,则有 $(1+x)^\alpha\leqslant 1+\alpha x$.

11. 证明:对于给定了体积的圆柱体,当它的高与底面的直径相等的时候表面积最小.

12. 求椭圆 $\dfrac{x^2}{a^2}+\dfrac{y^2}{b^2}=1$ 在第一象限中的切线,使得它与坐标轴所围三角形面积最小.

13. 盖一座地板为正方形的房屋,其容积为 $1500\ \mathrm{m}^2$,已知房屋的地板不散热,天花板的散热速度是四周墙壁的散热速度的 3 倍,试设计房屋的尺寸,使得散热速度最小.

14. 设函数 $f(x)$ 在 $[0,1]$ 连续,在 $(0,1)$ 内二阶可导,且 $f(0)=f(1)=0$,对任意的 $x\in(0,1)$,都有 $f''(x)<0$,若 $M>0$ 为 $f(x)$ 在 $[0,1]$ 的最大值,则

(1) 对于任意正整数 n,存在唯一的 $x_n\in(0,1)$,使得 $f'(x_n)=\dfrac{M}{n}$;

(2) $\lim\limits_{n\to\infty}x_n$ 存在,且 $\lim\limits_{n\to\infty}f(x_n)=M$.

15. 设 $f(x)$ 是区间 (a,b) 上的凸函数. 证明:对任意的 $x\in(a,b)$,$f(x)$ 在 x 点处连续,且存在左右导数.(注意:凸函数的定义中并没有预先假设函数连续.)

16. 设 $f(x)$ 是 $\mathbb{R}$ 上的凸函数,且有 $\lim\limits_{x\to\infty}\dfrac{f(x)}{x}=0$,证明 $f(x)$ 为常值函数.

17. 设 $f(x)$ 是 (a,b) 上的凸函数且在 $x_0\in(a,b)$ 处可导,证明对任意的 $x,x_0\in(a,b)$,有不等式 $f(x)\geqslant f(x_0)+f'(x_0)(x-x_0)$ 成立.

18. 判断下列函数 $f(x)$ 的凹凸性:

(1) $f(x) = \sqrt{a + bx^2}$，其中 $a > 0, b > 0$；(2) $f(x) = \ln\left(\dfrac{x}{1+x}\right)$，$x > 0$.

19. 求下列曲线的拐点：

(1) $y = -x^3 + 3x^2$；

(2) $y = x + \sin x$；

(3) $y = \sqrt{1 + x^2}$；

(4) $y = \sqrt[3]{\dfrac{(x+1)^2}{x-2}}$.

20. 证明 Young 不等式：若 x, y, p, q 为正数，$\dfrac{1}{p} + \dfrac{1}{q} = 1$，则有 $x^{\frac{1}{p}} y^{\frac{1}{q}} \leqslant \dfrac{x}{p} + \dfrac{y}{q}$.

21. 证明：(1) $p > 1$ 时有 $|a|^p + |b|^p \geqslant 2^{1-p}(|a| + |b|)^p$；(2) $0 < p < 1$ 时有 $|a|^p + |b|^p \leqslant 2^{1-p}(|a| + |b|)^p$.

22. 证明下列不等式：

(1) $\dfrac{x^n + y^n}{2} \geqslant \left(\dfrac{x+y}{2}\right)^n$，$x, y > 0, n > 1$；

(2) $(abc)^{\frac{a+b+c}{3}} \leqslant a^a b^b c^c$，其中 a, b, c 为正数；

(3) $b > 0 > a$ 时，$2\arctan \dfrac{b-a}{2} \geqslant \arctan b - \arctan a$.

23. 设 $x_1, x_2, \cdots, x_n$ 是 n 个正数，证明：$\dfrac{x_1 x_2 \cdots x_n}{(x_1 + x_2 + \cdots + x_n)^n} \leqslant \dfrac{(1+x_1)(1+x_2)\cdots(1+x_n)}{(n + x_1 + x_2 + \cdots + x_n)^n}$.

4.7　L'Hospital 法则

计算一个分式的极限时，常常会遇到分子和分母都趋于 0 或都趋于无穷的情况，在这种情况下不能使用商的极限等于极限的商这一运算法则. 这时的极限有可能存在也有可能不存在，极限存在时也有各种各样的可能. 我们将这种类型的极限称为 $\dfrac{0}{0}$，$\dfrac{\infty}{\infty}$ 不定型极限. 除了上述两种，不定型还有 $0 \cdot \infty$，$\infty - \infty$，∞^0，1^∞，0^0 等，它们都可以化为 $\dfrac{0}{0}$ 型或 $\dfrac{\infty}{\infty}$ 型. 这一节介绍的 L'Hospital 法则是处理这类极限的一个有力工具.

定理 4.7.1 $\left(\dfrac{0}{0}\ \textbf{型极限的 L'Hospital 法则}\right)$ 设 $f(x), g(x)$ 在区间 $(x_0, x_0 + \delta_0)$ 可导且对任意 $x \in (x_0, x_0 + \delta_0)$，$g(x) \neq 0$，$g'(x) \neq 0$. 如果 $\lim\limits_{x \to x_0+} f(x) = \lim\limits_{x \to x_0+} g(x) = 0$ 且 $\lim\limits_{x \to x_0+} \dfrac{f'(x)}{g'(x)} = A$，则

$$\lim_{x \to x_0+} \frac{f(x)}{g(x)} = \lim_{x \to x_0+} \frac{f'(x)}{g'(x)} = A.$$

证明　补充定义 $f(x_0) = g(x_0) = 0$，则 $f(x), g(x)$ 在区间 $[x_0, x_0 + \delta_0]$ 上连续. 则对任意的 $x \in (x_0, x_0 + \delta_0)$，可以在区间 $[x_0, x]$ 上使用 Cauchy 中值定理，因此存在 $\xi_x \in (x_0, x)$ 使得

$$\frac{f(x)}{g(x)} = \frac{f(x) - f(x_0)}{g(x) - g(x_0)} = \frac{f'(\xi_x)}{g'(\xi_x)}.$$

因为当 $x \to x_0^+$ 时有 $\xi_x \to x_0^+$，所以有

$$\lim_{x \to x_0^+} \frac{f(x)}{g(x)} = \lim_{x \to x_0^+} \frac{f'(\xi_x)}{g'(\xi_x)} = \lim_{\xi_x \to x_0^+} \frac{f'(\xi_x)}{g'(\xi_x)} = A.$$

定理证毕.

注 (1)采用同样的证明方式可以证明 $A = \pm\infty$ 或 ∞ 时相应的结论也成立.

(2)通过类似的方法也可以证明当 $x \to x_0^-$，$x \to x_0$ 时相应的结论也成立.

下面我们给出 $x \to +\infty$ 时 $\dfrac{0}{0}$ 不定型极限的 L'Hospital 法则，另外两种极限过程 $x \to -\infty$ 和 $x \to \infty$ 时对应的结论可类似给出.

定理 4.7.2 设 $f(x)$，$g(x)$ 在区间 $(a, +\infty)$ 可导且对任意 $x \in (a, +\infty)$，$g(x) \neq 0$，$g'(x) \neq 0$. 如果 $\lim\limits_{x \to +\infty} f(x) = \lim\limits_{x \to +\infty} g(x) = 0$ 且 $\lim\limits_{x \to +\infty} \dfrac{f'(x)}{g'(x)} = A$（$A$ 可以是一个实数也可以是无穷），则

$$\lim_{x \to +\infty} \frac{f(x)}{g(x)} = \lim_{x \to +\infty} \frac{f'(x)}{g'(x)} = A.$$

证明 由条件 $\lim\limits_{x \to +\infty} f(x) = \lim\limits_{x \to +\infty} g(x) = 0$ 可得 $\lim\limits_{t \to 0^+} f\left(\dfrac{1}{t}\right) = \lim\limits_{t \to 0^+} g\left(\dfrac{1}{t}\right) = 0$，由定理 4.7.1 可得，

$$\lim_{x \to +\infty} \frac{f(x)}{g(x)} = \lim_{t \to 0^+} \frac{f\left(\dfrac{1}{t}\right)}{g\left(\dfrac{1}{t}\right)} = \lim_{t \to 0^+} \frac{\left(f\left(\dfrac{1}{t}\right)\right)'}{\left(g\left(\dfrac{1}{t}\right)\right)'} = \lim_{t \to 0^+} \frac{f'\left(\dfrac{1}{t}\right) \cdot \left(-\dfrac{1}{t^2}\right)}{g'\left(\dfrac{1}{t}\right) \cdot \left(-\dfrac{1}{t^2}\right)}$$

$$= \lim_{t \to 0^+} \frac{f'\left(\dfrac{1}{t}\right)}{g'\left(\dfrac{1}{t}\right)} = \lim_{x \to +\infty} \frac{f'(x)}{g'(x)} = A.$$

定理证毕.

下面我们再给出 $\dfrac{\infty}{\infty}$ 待定型极限的 L'Hospital 法则，这里我们仅以极限过程 $x \to x_0^+$ 为例给出其具体表示及其证明，其他极限过程的相应结论请读者自行给出.

定理 4.7.3 设 $f(x)$，$g(x)$ 在区间 $(x_0, x_0 + \delta_0)$ 可导且对任意 $x \in (x_0, x_0 + \delta_0)$，$g(x) \neq 0$，$g'(x) \neq 0$. 如果 $\lim\limits_{x \to x_0^+} g(x) = \infty$ 且 $\lim\limits_{x \to x_0^+} \dfrac{f'(x)}{g'(x)} = A$（$A$ 可以是个实数也可以是无穷），则

$$\lim_{x \to x_0^+} \frac{f(x)}{g(x)} = \lim_{x \to x_0^+} \frac{f'(x)}{g'(x)} = A.$$

证明 我们仅证明 A 是一个实数的情形，其他情形留给读者. 任取 $\varepsilon > 0$，由条件 $\lim\limits_{x \to x_0^+} \dfrac{f'(x)}{g'(x)} = A$ 知存在 $\delta_1 < \delta_0$，使得当 $x \in (x_0, x_0 + \delta_1)$ 时，

$$\left| \frac{f'(x)}{g'(x)} - A \right| < \frac{\varepsilon}{4}.$$

则对满足条件 $x_0 < x < x_1 < x_0 + \delta_1$ 的两点 x，x_1，有

$$\left| \frac{f(x)}{g(x)} - A \right| = \left| \frac{f(x) - f(x_1)}{g(x)} - A + \frac{f(x_1)}{g(x)} \right|$$

$$\leqslant \left| \frac{f(x) - f(x_1)}{g(x)} - A \right| + \left| \frac{f(x_1)}{g(x)} \right|$$

$$\leqslant \frac{|g(x) - g(x_1)|}{|g(x)|} \cdot \left| \frac{f(x) - f(x_1)}{g(x) - g(x_1)} - A \right| +$$

$$|A| \cdot \left| \frac{g(x_1)}{g(x)} \right| + \left| \frac{f(x_1)}{g(x)} \right|. \tag{4.7.1}$$

由 Cauchy 中值定理, 存在 $\xi \in (x, x_1)$, 使得

$$\frac{f(x) - f(x_1)}{g(x) - g(x_1)} = \frac{f'(\xi)}{g'(\xi)},$$

因此

$$\left| \frac{f(x) - f(x_1)}{g(x) - g(x_1)} - A \right| = \left| \frac{f'(\xi)}{g'(\xi)} - A \right| < \frac{\varepsilon}{4}.$$

又因为 $\lim\limits_{x \to x_0^+} g(x) = \infty$, 当固定 x_1 不动时, 有

$$\lim_{x \to x_0^+} \frac{|g(x) - g(x_1)|}{|g(x)|} = 1, \quad \lim_{x \to x_0^+} \left(|A| \cdot \left| \frac{g(x_1)}{g(x)} \right| + \left| \frac{f(x_1)}{g(x)} \right| \right) = 0.$$

因此存在 $\delta < \delta_1$ 使得当 $x \in (x_0, x_0 + \delta)$ 时,

$$\frac{|g(x) - g(x_1)|}{|g(x)|} < 2, \quad |A| \cdot \left| \frac{g(x_1)}{g(x)} \right| + \left| \frac{f(x_1)}{g(x)} \right| < \frac{\varepsilon}{2}.$$

则从不等式 (4.7.1) 出发知当 $x \in (x_0, x_0 + \delta)$ 时,

$$\left| \frac{f(x)}{g(x)} - A \right| < 2 \cdot \frac{\varepsilon}{4} + \frac{\varepsilon}{2} = \varepsilon.$$

由此即得

$$\lim_{x \to x_0^+} \frac{f(x)}{g(x)} = A.$$

定理得证.

下面我们看几个使用 L'Hospital 法则计算极限的例子.

例 4.7.1 求下列函数极限:

(1) $\lim\limits_{x \to 0} \dfrac{1 - \cos x}{x^2}$; 　　(2) $\lim\limits_{x \to 0^+} \dfrac{\sqrt{x} - \sin \sqrt{x}}{x \sqrt{x}}$; 　　(3) $\lim\limits_{x \to +\infty} \dfrac{\dfrac{\pi}{2} - \arctan x}{\dfrac{1}{x}}$.

解　(1) 直接使用 L'Hospital 法则有

$$\lim_{x \to 0} \frac{1 - \cos x}{x^2} = \lim_{x \to 0} \frac{\sin x}{2x} = \frac{1}{2};$$

(2) 首先做变量代换, 令 $\sqrt{x} = y$, 则由 L'Hospital 法则可得

$$\lim_{x \to 0^+} \frac{\sqrt{x} - \sin \sqrt{x}}{x \sqrt{x}} = \lim_{y \to 0^+} \frac{y - \sin y}{y^3} = \lim_{y \to 0^+} \frac{(1 - \cos y)}{3y^2} = \frac{1}{6};$$

（3）直接使用 L'Hospital 法则有

$$\lim_{x \to +\infty} \frac{\dfrac{\pi}{2} - \arctan x}{\dfrac{1}{x}} = \lim_{x \to +\infty} \frac{-\dfrac{1}{1+x^2}}{-\dfrac{1}{x^2}} = 1.$$

计算函数极限注意各种方法的综合使用，比如使用 L'Hospital 之前可以考虑进行等价代换将一些导数较复杂的部分等价代换成导数较简单的部分。同时还需注意若使用了 L'Hospital 法则之后所得的极限仍然是 $\dfrac{0}{0}$ 型或 $\dfrac{\infty}{\infty}$ 型的，并且相关的分子分母仍然满足 L'Hospital 法则的条件，则可以再次使用 L'Hospital 法则。

例 4.7.2 求极限 $\lim\limits_{x \to 0} \dfrac{2\,\mathrm{e}^{2x} - \mathrm{e}^x - 3x - 1}{(\mathrm{e}^x - 1)^2\,\mathrm{e}^x}$.

解 首先使用等价代换然后使用 L'Hospital 法则可得

$$\lim_{x \to 0} \frac{2\mathrm{e}^{2x} - \mathrm{e}^x - 3x - 1}{(\mathrm{e}^x - 1)^2\,\mathrm{e}^x} = \lim_{x \to 0} \frac{2\mathrm{e}^{2x} - \mathrm{e}^x - 3x - 1}{x^2}$$
$$= \lim_{x \to 0} \frac{4\mathrm{e}^{2x} - \mathrm{e}^x - 3}{2x} = \lim_{x \to 0} \frac{8\mathrm{e}^{2x} - \mathrm{e}^x}{2} = \frac{7}{2}.$$

例 4.7.3 设 $\alpha > 0, a > 1$ 证明：

（1） $\lim\limits_{x \to +\infty} \dfrac{\ln x}{x^\alpha} = 0$；　　（2） $\lim\limits_{x \to +\infty} \dfrac{x^\alpha}{a^x} = 0$.

证明 （1）使用 L'Hospital 法则可得

$$\lim_{x \to +\infty} \frac{\ln x}{x^\alpha} = \lim_{x \to +\infty} \frac{x^{-1}}{\alpha x^{\alpha - 1}} = \lim_{x \to +\infty} \frac{1}{\alpha x^\alpha} = 0.$$

（2）取 $m = [\alpha] + 1$，则连续使用 m 次 L'Hospital 法则可得

$$\lim_{x \to +\infty} \frac{x^\alpha}{a^x} = \lim_{x \to +\infty} \frac{\alpha x^{\alpha - 1}}{\ln a \cdot a^x} = \cdots = \lim_{x \to +\infty} \frac{\alpha(\alpha - 1) \cdots (\alpha - m + 1) \cdot x^{\alpha - m}}{(\ln a)^m \cdot a^x} = 0.$$

这个例子说明当 $x \to +\infty$ 时，指数函数 $a^x (a > 1)$ 与任何次数的幂函数 x^α（不管 α 多大）相比都是更高阶的无穷大量，幂函数 $x^\alpha (\alpha > 0)$ 与对数函数 $\ln x$ 相比都是更高阶的无穷大量。我们也经常把这一性质记为 $\ln x \ll x^\alpha \ll a^x (x \to +\infty)$，其中记号"$\ll$"称为"远远小于"。

L'Hospital 法则中 $\lim \dfrac{f'(x)}{g'(x)}$ 存在是 $\lim \dfrac{f(x)}{g(x)}$ 存在的充分但非必要条件，只有在 $\lim \dfrac{f'(x)}{g'(x)}$ 存在的条件之下才有等式 $\lim \dfrac{f(x)}{g(x)} = \lim \dfrac{f'(x)}{g'(x)}$ 成立。当 $\lim \dfrac{f'(x)}{g'(x)}$ 不存在时，极限 $\lim \dfrac{f(x)}{g(x)}$ 也有可能存在，在使用时我们应注意（见习题 4.7.4）。

其他形式的不定型：$0 \cdot \infty, \infty - \infty, \infty^0, 1^\infty, 0^0$ 可以转化成 $\dfrac{0}{0}$ 型或 $\dfrac{\infty}{\infty}$ 型然后再求其极限，具体转化方法可以参考如下几个例子。

例 4.7.4 求 $\lim\limits_{x \to 0^+} x \ln x$.

解 这是一个 $0 \cdot \infty$ 不定型的极限，将其化为 $\dfrac{\infty}{\infty}$ 型再使用 L'Hospital 法则：

$$\lim_{x\to 0^+} x\ln x = \lim_{x\to 0^+}\frac{\ln x}{\frac{1}{x}} = \lim_{x\to 0^+}\frac{\frac{1}{x}}{-\frac{1}{x^2}} = \lim_{x\to 0^+}(-x) = 0.$$

例 4.7.5 求 $\lim\limits_{x\to 0}\left(\dfrac{1}{\ln(1+x)} - \dfrac{1}{x}\right)$.

解　这是一个 $\infty-\infty$ 不定型的极限,实际上是一个 $\dfrac{1}{0}-\dfrac{1}{0}$ 不定型的极限,可通分将其化

为 $\dfrac{0}{0}$ 型再使用 L'Hospital 法则等计算技巧:

$$\lim_{x\to 0}\left(\frac{1}{\ln(1+x)} - \frac{1}{x}\right) = \lim_{x\to 0}\frac{x-\ln(1+x)}{x\ln(1+x)} = \lim_{x\to 0}\frac{x-\ln(1+x)}{x^2}$$

$$= \lim_{x\to 0}\frac{1-\frac{1}{1+x}}{2x} = \lim_{x\to 0}\frac{1}{2(1+x)} = \frac{1}{2}.$$

例 4.7.6 求 $\lim\limits_{x\to 0^+}(\cot x)^{\frac{1}{\ln x}}$.

解　这是一个 ∞^0 不定型的极限,可化为 $e^{0\cdot\infty}$ 形式的不定型:做恒等变形可得

$$(\cot x)^{\frac{1}{\ln x}} = e^{\frac{1}{\ln x}\cdot\ln(\cot x)}.$$

由 L'Hospital 法则得

$$\lim_{x\to 0^+}\frac{1}{\ln x}\cdot\ln(\cot x) = \lim_{x\to 0^+}\frac{\ln(\cot x)}{\ln x} = \lim_{x\to 0^+}\frac{\frac{1}{\cot x}\cdot(-\csc^2 x)}{\frac{1}{x}}$$

$$= \lim_{x\to 0+}-\frac{x}{\sin x\cos x} = -1.$$

因此

$$\lim_{x\to 0^+}(\cot x)^{\frac{1}{\ln x}} = \lim_{x\to 0^+}e^{\frac{1}{\ln x}\cdot\ln(\cot x)} = e^{\lim\limits_{x\to 0^+}\frac{1}{\ln x}\cdot\ln(\cot x)} = e^{-1}.$$

例 4.7.7 求 $\lim\limits_{x\to 1}x^{\frac{1}{1-x}}$

解　这是一个 1^∞ 不定型的极限,可化为 $e^{0\cdot\infty}$ 形式的不定型:做恒等变形可得

$$x^{\frac{1}{1-x}} = e^{\frac{1}{1-x}\cdot\ln x}.$$

由 L'Hospital 法则得

$$\lim_{x\to 1}\frac{1}{1-x}\cdot\ln x = \lim_{x\to 1}\frac{\ln x}{1-x} = \lim_{x\to 1}\frac{\frac{1}{x}}{-1} = -1.$$

因此

$$\lim_{x\to 1}x^{\frac{1}{1-x}} = e^{\lim\limits_{x\to 1}\frac{1}{1-x}\cdot\ln x} = e^{-1}.$$

例 4.7.8 求 $\lim\limits_{x\to 0^+}x^x$.

解　这是一个 0^0 不定型的极限，可化为 $e^{0\cdot\infty}$ 形式的不定型：做恒等变形可得

$$x^x = e^{x\ln x}.$$

由例 4.7.4 可得 $\lim\limits_{x\to0^+} x\ln x=0$，因此 $\lim\limits_{x\to0^+} x^x = e^{\lim\limits_{x\to0^+} x\ln x} = 1$。

最后我们看两个综合性的例子。

例 4.7.9　已知 $f(x)=\begin{cases}\dfrac{g(x)-\cos x}{x}, & x\neq0 \\ a, & x=0\end{cases}$，其中 $g(x)$ 有二阶连续导数，且 $g(0)=g'(0)=1$。

(1) 确定使 $f(x)$ 在 $x=0$ 点连续的 a；

(2) 求 $f'(x)$，并判断其在 $x=0$ 点的连续性。

解　(1) 首先计算极限

$$\lim_{x\to0}f(x)=\lim_{x\to0}\frac{g(x)-\cos x}{x}=\lim_{x\to0}(g'(x)+\sin x)=g'(0)=1.$$

因此当且仅当 $a=1$ 时 $f(x)$ 在 $x=0$ 点连续。

(2) 当 $x\neq0$ 时，

$$f'(x)=\left(\frac{g(x)-\cos x}{x}\right)'=\frac{xg'(x)+x\sin x-g(x)+\cos x}{x^2}.$$

在 $x=0$ 处

$$f'(0)=\lim_{x\to0}\frac{f(x)-f(0)}{x}=\lim_{x\to0}\frac{\dfrac{g(x)-\cos x}{x}-1}{x}=\lim_{x\to0}\frac{g(x)-\cos x-x}{x^2}$$

$$=\lim_{x\to0}\frac{g'(x)+\sin x-1}{2x}=\lim_{x\to0}\frac{g''(x)+\cos x}{2}=\frac{g''(0)+1}{2}.$$

而

$$\lim_{x\to0}f'(x)=\lim_{x\to0}\frac{xg'(x)+x\sin x-g(x)+\cos x}{x^2}=\lim_{x\to0}\frac{xg''(x)+x\cos x}{2x}$$

$$=\frac{g''(0)+1}{2}=f'(0).$$

因此 $f'(x)$ 在 $x=0$ 处连续。

例 4.7.10　设 $x_1=1,x_{n+1}=\sin x_n,n=1,2,\cdots$。求极限 $\lim\limits_{n\to\infty}\sqrt{n}\,x_n$。

解　由不等式 $0<\sin x<x\left(0<x<\dfrac{\pi}{2}\right)$ 不难通过数学归纳法验证

$$0<x_{n+1}<x_n(n=1,2,\cdots),$$

因此 $\{x_n\}$ 是一个单调递减有下界的数列，由单调有界定理知 $\lim\limits_{n\to\infty}x_n$ 存在。记 $x=\lim\limits_{n\to\infty}x_n$，则由数列的递推公式易得 $x=\sin x$，解方程可得 $x=0$，因此 $\lim\limits_{n\to\infty}x_n=0$。

下求 $\lim\limits_{n\to\infty}nx_n^2$。由 Stolz 定理可得

$$\lim_{n\to\infty}nx_n^2=\lim_{n\to\infty}\frac{n}{\dfrac{1}{x_n^2}}=\lim_{n\to\infty}\frac{n+1-n}{\dfrac{1}{x_{n+1}^2}-\dfrac{1}{x_n^2}}=\lim_{n\to\infty}\frac{x_n^2x_{n+1}^2}{x_n^2-x_{n+1}^2}=\lim_{n\to\infty}\frac{x_n^2\sin^2 x_n}{x_n^2-\sin^2 x_n}.$$

使用 L'Hospital 法则,有

$$\lim_{x \to 0} \frac{x^2 \sin^2 x}{x^2 - \sin^2 x} = \lim_{x \to 0} \frac{x^4}{x^2 - \sin^2 x} = \lim_{x \to 0} \frac{4x^3}{2x - 2\sin x \cos x}$$

$$= \lim_{x \to 0} \frac{12x^2}{2 - 2\cos 2x} = \lim_{x \to 0} \frac{12x^2}{4\sin^2 x} = 3.$$

由 Heine 定理即有

$$\lim_{n \to \infty} n x_n^2 = \lim_{n \to \infty} \frac{x_n^2 \sin^2 x_n}{x_n^2 - \sin^2 x_n} = \lim_{x \to 0} \frac{x^2 \sin^2 x}{x^2 - \sin^2 x} = 3.$$

因此 $\lim\limits_{n \to \infty} \sqrt{n}\, x_n = \sqrt{3}$.

习题 4.7

1. 计算下列极限:

(1) $\lim\limits_{x \to 0} \dfrac{x - \sin x}{x^3}$;

(2) $\lim\limits_{x \to 0} \dfrac{\tan x - x}{x^3}$;

(3) $\lim\limits_{x \to 0} \dfrac{x - \dfrac{x^2}{2} - \ln(1+x)}{x^3}$;

(4) $\lim\limits_{x \to 0+} \dfrac{\ln(\tan 5x)}{\ln(\tan 2x)}$;

(5) $\lim\limits_{x \to 1} \dfrac{\ln(\cos(x-1))}{1 - \sin \dfrac{\pi x}{2}}$;

(6) $\lim\limits_{x \to 1} \dfrac{x - x^x}{1 - x + \ln x}$;

(7) $\lim\limits_{x \to 0} \dfrac{e^x - \sqrt{1+2x}}{\ln(1+x^2)}$;

(8) $\lim\limits_{x \to 0} \sqrt{1-x^2} \cot\left(\dfrac{x}{2}\sqrt{\dfrac{1-x}{1+x}}\right)$;

(9) $\lim\limits_{x \to 0} x^2\, e^{\frac{1}{x^2}}$;

(10) $\lim\limits_{x \to \infty} x\left[\left(1 + \dfrac{1}{x}\right)^x - e\right]$;

(11) $\lim\limits_{x \to 0}\left(\dfrac{1}{\sin x} - \dfrac{1}{x}\right)$;

(12) $\lim\limits_{x \to \pi}\left(\dfrac{1}{\sin^2 x} - \dfrac{1}{(x-\pi)^2}\right)$;

(13) $\lim\limits_{x \to 0}\left(\dfrac{1}{x} - \dfrac{1}{e^x - 1}\right)$;

(14) $\lim\limits_{x \to 0}(\cos \pi x)^{\frac{1}{x^2}}$;

(15) $\lim\limits_{x \to 0}\left(\dfrac{\tan x}{x}\right)^{\frac{1}{x^2}}$;

(16) $\lim\limits_{x \to 0}\left[\dfrac{\ln(1+x)}{x}\right]^{\frac{1}{x}}$;

(17) $\lim\limits_{x \to 0}\left(\ln \dfrac{1}{x}\right)^x$;

(18) $\lim\limits_{x \to 0}(\sin x)^{\tan x}$;

(19) $\lim\limits_{x \to 0}(\tan x)^{\sin x}$;

(20) $\lim\limits_{x \to 0}\left[\dfrac{(1+x)^{\frac{1}{x}}}{e}\right]^{\frac{1}{x}}$;

(21) $\lim\limits_{x \to \infty}\left(\tan \dfrac{\pi x}{2x+1}\right)^{\frac{1}{x}}$.

2. 设 $a_n = e - \left(1 + \dfrac{1}{n}\right)^n$, $n = 1, 2, \cdots$, 计算极限 $\lim\limits_{n \to \infty} n a_n$.

3. 设 $a_i > 0$, $i = 1, 2, \cdots, n$. 求极限 $\lim\limits_{x \to a}\left(\dfrac{a_1^x + a_2^x + \cdots + a_n^x}{n}\right)^{\frac{1}{x}}$, 这里 a 取 0 或 $\pm\infty$.

4. 指出下面论断的错误之处：

由 L'Hospital 法则知

$$\lim_{x\to\infty} \frac{x+\sin x}{x} = \lim_{x\to\infty} \frac{1+\cos x}{1}.$$

等式左侧

$$\lim_{x\to\infty} \frac{x+\sin x}{x} = \lim_{x\to\infty}\left(1+\frac{\sin x}{x}\right) = 1,$$

等式右侧

$$\lim_{x\to\infty} \frac{1+\cos x}{1} = \lim_{x\to\infty}(1+\cos x) = 1+\lim_{x\to\infty}\cos x,$$

因此

$$1 = 1+\lim_{x\to\infty}\cos x,$$

从而 $\lim_{x\to\infty}\cos x = 0.$

5. 已知 $f(x)=\begin{cases} \dfrac{g(x)}{x}, & x\neq 0 \\ 0, & x=0 \end{cases}$，其中 $g(0)=0, g'(0)=0, g''(0)=A$. 求 $f'(0)$.

6. 设函数 $f(x)$ 在 $(a,+\infty)$ 可导，且 $\lim_{x\to+\infty}[f'(x)+kf(x)]=A$，证明 $\lim_{x\to+\infty}f(x)=A.$

7. 设 $f(x)$ 在点 x 处有二阶导数，求证：$f''(x)=\lim_{h\to 0}\dfrac{f(x+h)+f(x-h)-2f(x)}{h^2}$. 由此推出结论：若 $f(x)$ 是二阶可导的凸函数，必有 $f''(x)\geqslant 0.$

8. 由 Lagrange 中值定理我们知道：任取 $x\neq 0$，存在 $0<\theta_x<1$，使得

$$e^x-1 = x e^{\theta_x x}.$$

证明：$\lim_{x\to 0}\theta_x = \dfrac{1}{2}.$

9. 设 $x_1=1, x_{n+1}=\ln(1+x_n), n=1,2,\cdots$. 求极限 $\lim_{n\to\infty}nx_n.$

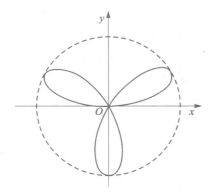

第 5 章　泰勒(Taylor)公式

第 4 章里的 Langrange 中值定理在微分学中非常重要,我们已经看到了很多有关它的应用. 本章将进一步对 Langrange 中值定理进行推广,建立 Taylor 公式. Taylor 公式的核心思想是在一点附近用多项式函数来逼近函数,在理论分析、计算和测量等领域中 Taylor 公式都有广泛应用.

5.1　函数的微分

在 Lagrange 中值定理中,有
$$f(x_0 + \Delta x) = f(x_0) + f'(x_0 + \theta \Delta x)\Delta x, \quad \theta \in (0,1).$$
如果 $f'(x)$ 连续,则当 Δx 很小时, $f'(x_0 + \theta \Delta x) \approx f'(x_0)$,因此
$$f(x_0 + \Delta x) \approx f(x_0) + f'(x_0)\Delta x.$$
这说明当 Δx 很小时,可以考虑用 $f(x_0) + f'(x_0)\Delta x$ 来近似 $f(x_0 + \Delta x)$. 当近似达到一定程度,可以定义如下概念.

5.1.1　微分的定义

定义 5.1.1(函数微分) 设函数 $y = f(x)$ 在点 x_0 的一个邻域内有定义,当自变量 x 有增量 Δx 时,我们记 $\Delta y = f(x_0 + \Delta x) - f(x_0)$,称其为相应于自变量增量 Δx 的因变量的增量. 如果存在一个常数 A,使得当 $\Delta x \to 0$ 时有
$$f(x_0 + \Delta x) = f(x_0) + A\Delta x + o(\Delta x),$$
或
$$\Delta y = f(x_0 + \Delta x) - f(x_0) = A\Delta x + o(\Delta x)$$
成立,则称函数 $f(x)$ 在点 x_0 处可微, 称 $A\Delta x$ 为 $f(x)$ 在点 x_0 处的微分,记为 $\mathrm{d}f\big|_{x=x_0}$ 或 $\mathrm{d}y\big|_{x=x_0}$. 即
$$\mathrm{d}f\big|_{x=x_0} = A\Delta x \text{ 或 } \mathrm{d}y\big|_{x=x_0} = A\Delta x.$$
函数的微分又称为函数增量的线性主要部分.

注 (1) 注意这里的 A 是一个与 x_0 有关的实数,但在等式 $f(x_0 + \Delta x) = f(x_0) + A\Delta x + o(\Delta x)(\Delta x \to 0)$ 中,要注意它是与 Δx 无关的常数;

（2）函数的微分 $\mathrm{d}y$ 是自变量增量 Δx 的线性函数；

（3）可微的含义即函数的微分 $\mathrm{d}y$ 与函数的增量 Δy 只差 Δx 的高阶无穷小，即 $\Delta y - \mathrm{d}y = o(\Delta x)(\Delta x \to 0)$，因此我们可以用微分来近似函数的增量，进行函数值的近似计算；

（4）考虑函数 $y = x$，将 $\mathrm{d}x$ 看作 x 自身的微分，则不难通过微分的定义验证 $\mathrm{d}x = \Delta x$，因此我们也将函数 $y = f(x)$ 在点 x_0 处的微分表示为

$$\mathrm{d}f\Big|_{x=x_0} = A\,\mathrm{d}x \quad \text{或} \quad \mathrm{d}y\Big|_{x=x_0} = A\,\mathrm{d}x.$$

或记为 $\mathrm{d}f(x_0) = A\,\mathrm{d}x$.

微分与导数有着非常密切的关系，我们有如下的定理.

定理 5.1.1 函数 $f(x)$ 在点 x_0 处可微的充分必要条件是函数 $f(x)$ 在点 x_0 处可导，且有

$$\mathrm{d}f(x_0) = f'(x_0)\,\mathrm{d}x.$$

证明 先证明必要性：

设 $f(x)$ 在点 x_0 处可微，则存在常数 A，使得当 $\Delta x \to 0$ 时有 $\Delta y = A\Delta x + o(\Delta x)$，即

$$\frac{\Delta y}{\Delta x} = A + \frac{o(\Delta x)}{\Delta x}(\Delta x \to 0),$$

令 $\Delta x \to 0$，可得

$$\lim_{\Delta x \to 0} \frac{f(x_0 + \Delta x) - f(x_0)}{\Delta x} = \lim_{\Delta x \to 0} \frac{\Delta y}{\Delta x} = A,$$

这表明函数 $f(x)$ 在点 x_0 处可导，并且 $f'(x_0) = A$.

再证明充分性：

设函数 $f(x)$ 在点 x_0 处可导，则 $\lim\limits_{\Delta x \to 0} \dfrac{\Delta y}{\Delta x} = f'(x_0)$，即 $\dfrac{\Delta y}{\Delta x} = f'(x_0) + \alpha$，其中 $\lim\limits_{\Delta x \to 0} \alpha = 0$. 将 A 取成 $f'(x_0)$，于是当 $\Delta x \to 0$ 时有 $\Delta y = A\Delta x + \alpha\Delta x = A\Delta x + o(\Delta x)$. 所以 $f(x)$ 在点 x_0 处可微，且可微定义中的 A 即 $f'(x_0)$. 结论得证！

如果函数 $y = f(x)$ 在区间 I 的每一点处都可导，则称函数在 I 上可导，由可导与可微的关系，也称函数 $f(x)$ 在区间 I 上可微.

由可微与可导的关系，注意到函数 $y = f(x)$ 在点 x_0 处的导数即曲线 $y = f(x)$ 在点 $(x_0, f(x_0))$ 处切线的斜率，因此微分的几何意义是该点的切线函数的增量（如图 5.1.1 所示）.

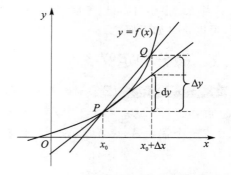

图 5.1.1 函数增量和微分的关系

5.1.2 微分基本公式与运算法则

由定理 5.1.1，微分可以通过导数来计算.

由上一章中介绍过的初等函数的导数公式，我们可得到下面基本初等函数的微分公式：

$$\mathrm{d}c = 0 (c \text{ 为常数}), \qquad\qquad \mathrm{d}x^{\alpha} = \alpha x^{\alpha-1} \mathrm{d}x (\alpha \text{ 为非零常数}),$$

$$\mathrm{d}\mathrm{e}^x = \mathrm{e}^x \mathrm{d}x, \qquad\qquad \mathrm{d}a^x = a^x \ln a \mathrm{d}x,$$

$$\mathrm{d}\ln x = \frac{1}{x} \mathrm{d}x, \qquad\qquad \mathrm{d}(\log_a |x|) = \frac{1}{x \ln a} \mathrm{d}x,$$

$$\mathrm{d}\sin x = \cos x \mathrm{d}x, \qquad\qquad \mathrm{d}\cos x = -\sin x \mathrm{d}x,$$

$$\mathrm{d}\tan x = \sec^2 x \mathrm{d}x, \qquad\qquad \mathrm{d}\cot x = -\csc^2 x \mathrm{d}x,$$

$$\mathrm{d}(\arcsin x) = \frac{1}{\sqrt{1-x^2}} \mathrm{d}x, \qquad\qquad \mathrm{d}(\arccos x) = -\frac{1}{\sqrt{1-x^2}} \mathrm{d}x,$$

$$\mathrm{d}(\arctan x) = \frac{1}{1+x^2} \mathrm{d}x, \qquad\qquad \mathrm{d}(\mathrm{arccot}\, x) = -\frac{1}{1+x^2} \mathrm{d}x.$$

例 5.1.1 求 $y = \ln(x + \sqrt{1+x^2})$ 的微分.

解 因为

$$[\ln(x + \sqrt{1+x^2})]' = \frac{1}{x + \sqrt{1+x^2}} \left(1 + \frac{x}{\sqrt{1+x^2}}\right) = \frac{1}{\sqrt{1+x^2}},$$

所以函数的微分为

$$\mathrm{d}y = [\ln(x + \sqrt{1+x^2})]' \mathrm{d}x = \frac{1}{\sqrt{1+x^2}} \mathrm{d}x.$$

由求导的四则运算法则,可以得到微分的四则运算法则.

定理 5.1.2(微分的四则运算性质) 设 $f(x), g(x)$ 都在点 x 处可微,则有

(1) $\mathrm{d}(f(x) \pm g(x)) = \mathrm{d}f(x) \pm \mathrm{d}g(x)$;

(2) $\mathrm{d}(f(x)g(x)) = f(x)\mathrm{d}g(x) + g(x)\mathrm{d}f(x)$;

(3) 当 $g(x) \neq 0$ 时, $\mathrm{d}\left(\dfrac{f(x)}{g(x)}\right) = \dfrac{g(x)\mathrm{d}f(x) - f(x)\mathrm{d}g(x)}{g^2(x)}$.

下面再考虑复合函数的求导法则. 设 $y = f(u)$ 是可微函数,当 u 为自变量时,函数 $y = f(u)$ 的微分是

$$\mathrm{d}y = \mathrm{d}f(u) = f'(u)\mathrm{d}u,$$

当 u 不是自变量,而是另一个自变量 x 的可微函数 $u = \varphi(x)$ 时,则由复合函数的求导法则可得函数 $y = f(\varphi(x))$ 的微分是

$$\mathrm{d}y = \mathrm{d}[f(\varphi(x))] = f'(u)\varphi'(x)\mathrm{d}x.$$

注意到 $\mathrm{d}u = \varphi'(x)\mathrm{d}x$,则上式可变为 $\mathrm{d}y = f'(u)\mathrm{d}u$. 这说明对于函数 $y = f(u)$,无论 u 是自变量还是中间变量,总成立 $\mathrm{d}y = f'(u)\mathrm{d}u$. 一阶微分的这一性质称为一阶微分的形式不变性. 当然我们也不能忽视 $\mathrm{d}u$ 在 u 是自变量或中间变量时表示的不同含义,当 u 是自变量时, $\mathrm{d}u = \Delta u$,而当 u 是函数时, $\mathrm{d}u$ 往往是不同于 Δu 的. 但因为有一阶微分的形式不变性,我们可以按 u 是自变量来求函数的微分. 对例题 5.1.1,我们还可以用以下方法来计算.

例 5.1.2 求 $y = \ln(x + \sqrt{1+x^2})$ 的微分.

解 令 $u = x + \sqrt{1+x^2}$,则

$$\mathrm{d}y = \mathrm{d}\ln u = \frac{1}{u} \mathrm{d}u = \frac{1}{x + \sqrt{1+x^2}} \mathrm{d}(x + \sqrt{1+x^2})$$

$$= \frac{1}{x+\sqrt{1+x^2}}\left(1+\frac{x}{\sqrt{1+x^2}}\right)\mathrm{d}x = \frac{1}{\sqrt{1+x^2}}\mathrm{d}x.$$

当函数可微时,利用 $f(x_0+\Delta x) \approx f(x_0)+f'(x_0)\Delta x$,可以进行近似计算和误差估计.

例 5.1.3 求 $\sin 29°$ 的近似值.

解 $\sin 29° = \sin\left(\dfrac{\pi}{6}-\dfrac{\pi}{180}\right) \approx \sin\dfrac{\pi}{6}+\sin'\left(\dfrac{\pi}{6}\right)\left(-\dfrac{\pi}{180}\right) = \dfrac{1}{2}-\dfrac{\sqrt{3}}{2}\dfrac{\pi}{180}.$

例 5.1.4 经测量发现一个球的半径为 21 cm,测量误差为 0.05 cm,利用这个测量的半径值计算球的体积时,最大的误差为多少?

解 如果球的半径为 r,则它的体积为 $V=\dfrac{4}{3}\pi r^3$,如果 r 的测量值的误差记为 $\mathrm{d}r=\Delta r$,则相应的计算的体积的误差为 ΔV,它可以通过下面的微分来逼近

$$\Delta V \approx \mathrm{d}V = 4\pi r^2\mathrm{d}r,$$

当 $r=21$ 和 $\mathrm{d}r=0.05$ 时,则可得

$$\mathrm{d}V = 4\pi(21)^2 0.05 \approx 277.$$

所以在计算体积时的最大误差为 277 cm³.

5.1.3 高阶微分

通过与高阶导数定义的类似方法来定义高阶微分. 对于函数 $y=f(x)$ 的一阶微分 $\mathrm{d}y=f'(x)\mathrm{d}x$,再求微分可得

$$\mathrm{d}(\mathrm{d}f(x)) = \mathrm{d}(f'(x)\mathrm{d}x)$$

当 x 为自变量时 $\mathrm{d}x$ 为常数,因此 $\mathrm{d}(f'(x)\mathrm{d}x)=f''(x)(\mathrm{d}x)^2$,记作

$$\mathrm{d}^2 y = \mathrm{d}^2 f(x) = f''(x)\mathrm{d}x^2.$$

在此基础上再求微分,可得三阶微分,记作

$$\mathrm{d}^3 y = \mathrm{d}^3 f(x) = f'''(x)\mathrm{d}x^3.$$

一般地,n 阶微分记作

$$\mathrm{d}^n y = \mathrm{d}^n f(x) = f^{(n)}(x)\mathrm{d}x^n.$$

根据导数和微分的关系式 $\mathrm{d}f(x)=f'(x)\mathrm{d}x$,我们前面关于导数的记号 $\dfrac{\mathrm{d}f}{\mathrm{d}x}$,可以理解为函数微分与自变量微分的商,因此导数又称为微商,高阶导数 $\dfrac{\mathrm{d}^n f}{\mathrm{d}x^n}$ 也称为高阶微商. 需要指出的是高阶微分不再具有形式不变性. 例如,

对函数 $y=\mathrm{e}^{x^2}$,若令 $u=x^2$,则根据高阶微分的定义,其关于 x 的二阶微分为

$$\mathrm{d}^2 y = f''(x)\mathrm{d}x^2 = (2+4x^2)\mathrm{e}^{x^2}\mathrm{d}x^2,$$

而 $y=\mathrm{e}^u$ 关于 u 的二阶微分为

$$\mathrm{d}^2 y = f''(u)\mathrm{d}u^2 = \mathrm{e}^u\mathrm{d}u^2.$$

由 $u=x^2$,得 $\mathrm{d}u=2x\mathrm{d}x$,$\mathrm{d}u^2=4x^2\mathrm{d}x^2$,代入上式得 $\mathrm{d}^2 y=f''(u)\mathrm{d}u^2=\mathrm{e}^{x^2}4x^2\mathrm{d}x^2$,显然二阶微分不具有形式不变性.

习题 5.1

1. 填空:

(1) $\mathrm{d}(\quad)=\dfrac{\mathrm{d}x}{x}$;　　　　　　　　(2) $\mathrm{d}(\quad)=\dfrac{\mathrm{d}x}{1+2x}$;

(3) $\mathrm{d}(\quad)=\dfrac{\mathrm{d}x}{\sqrt{x}}$;　　　　　　　　(4) $\mathrm{d}(\quad)=(2x+1)\mathrm{d}x$;

(5) $\mathrm{d}(\quad)=(\cos x+\sin x)\mathrm{d}x$;　(6) $\mathrm{d}(\quad)=\dfrac{\mathrm{d}x}{\sqrt{1+x^2}}$;

(7) $\mathrm{d}(\quad)=\mathrm{e}^{-ax}\mathrm{d}x$;　　　　　　(8) $\mathrm{d}(\quad)=\cos x\sin x\mathrm{d}x$;

(9) $\mathrm{d}(\quad)=\dfrac{\mathrm{d}x}{x\ln x}$;　　　　　　(10) $\mathrm{d}(\quad)=\dfrac{x\mathrm{d}x}{\sqrt{x^2+a^2}}$;

(11) $\mathrm{d}(\quad)=\cos^2 x\sin x\mathrm{d}x$;　(12) $\mathrm{d}(\quad)=\sin^2 x\mathrm{d}x$.

2. 求下列函数的一阶和二阶微分:

(1) $y=x^4+5x$;　(2) $y=\cos nx$;　　　　　(3) $y=x\ln x$;　　　(4) $y=\sqrt{1+t^2}+1$;

(5) $y=\dfrac{u+1}{u-1}$;　　(6) $y=(1+2r)^{-5}$;　　(7) $y=\sqrt{x+\ln x}$;　(8) $y=\mathrm{e}^{-\frac{x^2}{4}}$;

(9) $y=x^2\mathrm{e}^{3x}$;　　(10) $y=(3x-2)\sin 2x$;　(11) $y=\sin x^2$.

3. 根据下面给出的 x 和 $\mathrm{d}x$ 的值,求微分 $\mathrm{d}y$:

(1) $y=x^2+5x$, $x=3$, $\mathrm{d}x=\dfrac{1}{2}$;　　　　(2) $y=\sqrt{4+5x}$, $x=0$, $\mathrm{d}x=0.004$;

(2) $y=\dfrac{1}{x+1}$, $x=1$, $\mathrm{d}x=-0.001$;　(4) $y=\tan x$, $x=\dfrac{\pi}{4}$, $\mathrm{d}x=-0.1$.

4. 假设我们不知道 $g(x)$ 的表达式,但知道 $g(2)=-4$ 和 $g'(x)=\sqrt{x^2+5}$.

(1) 利用线性近似估计 $g(1.96)$ 和 $g(2.05)$;

(2) 在(1)中,你给出的估计是偏大还是偏小? 请解释原因.

5.2　Taylor 公式

5.1 节我们已经知道,如果函数 $f(x)$ 在点 x_0 可导,则在点 x_0 的附近有
$$f(x)=f(x_0)+f'(x_0)(x-x_0)+o(x-x_0)\quad(x\to x_0)$$
这就是说,在点 x_0 的附近,可用一次多项式 $f(x_0)+f'(x_0)(x-x_0)$ 来近似代替 $f(x)$,且当 $x\to x_0$ 时,其误差 $R_1(x)=f(x)-[f(x_0)+f'(x_0)(x-x_0)]$ 是 $x-x_0$ 的高阶无穷小. 一个自然的问题是:是否可以找到次数更高的多项式,使得它在 x_0 附近能更好地逼近 $f(x)$.

为了回答上述问题,我们首先分析用 2 次多项式来逼近 $f(x)$. 设 $f(x)$ 在 $x=x_0$ 点处具有二阶导数,我们观察能否用二次多项式在 x_0 附近更好地逼近 $f(x)$. 我们先假设 $f(x)$ 能被一个二次多项式 $a_0+a_1(x-x_0)+a_2(x-x_0)^2$ 逼近,且其误差 $R_2(x)=f(x)-[a_0+a_1(x-x_0)+a_2(x-x_0)^2]$ 在 $x\to x_0$ 时是 $(x-x_0)^2$ 的高阶无穷小量,即有

$$f(x) = a_0 + a_1(x - x_0) + a_2(x - x_0)^2 + o((x - x_0)^2)(x \to x_0). \tag{5.2.1}$$

成立. 在(5.2.1)中令 $x \to x_0$,由 $f(x)$ 在 x_0 处连续可得

$$f(x_0) = \lim_{x \to x_0} f(x) = a_0.$$

再将 $a_0 = f(x_0)$ 代入式(5.2.1)并做简单变形可得

$$\frac{f(x) - f(x_0)}{x - x_0} = a_1 + o(x - x_0)$$

在上式中令 $x \to x_0$,由 $f(x)$ 在 x_0 处可导可得

$$f'(x_0) = \lim_{x \to x_0} \frac{f(x) - f(x_0)}{x - x_0} = a_1.$$

在将 $a_1 = f'(x_0)$ 也代入式(5.2.1)并做简单变形可得

$$\frac{f(x) - f(x_0) - f'(x_0)(x - x_0)}{(x - x_0)^2} = a_2 + o(1).$$

在上式中令 $x \to x_0$,运用 L'Hospital 法则以及 $f(x)$ 在 x_0 处二阶可导的条件可得

$$a_2 = \lim_{x \to x_0} \frac{f(x) - f(x_0) - f'(x_0)(x - x_0)}{(x - x_0)^2} = \lim_{x \to x_0} \frac{f'(x) - f'(x_0)}{2(x - x_0)} = \frac{f''(x_0)}{2}.$$

这说明如果 $f(x)$ 在 $x = x_0$ 处具有二阶导数且有

$$f(x) = a_0 + a_1(x - x_0) + a_2(x - x_0)^2 + o((x - x_0)^2)(x \to x_0)$$

成立,则必有 $a_0 = f(x_0)$, $a_1 = f'(x_0)$, $a_2 = \dfrac{f''(x_0)}{2}$.

反过来,只假设 $f(x)$ 在 $x = x_0$ 处具有二阶导数,记

$$R_2(x) = f(x) - \left[f(x_0) + f'(x_0)(x - x_0) + \frac{f''(x_0)}{2}(x - x_0)^2 \right]$$

使用 L'Hospital 法则,以及 $f(x)$ 在 $x = x_0$ 处具有二阶导数的条件,有

$$\lim_{x \to x_0} \frac{R_2(x)}{(x - x_0)^2} = \lim_{x \to x_0} \frac{f'(x) - f'(x_0) - f''(x_0)(x - x_0)}{2(x - x_0)}$$

$$= \lim_{x \to x_0} \left[\frac{f'(x) - f'(x_0)}{2(x - x_0)} - \frac{f''(x_0)}{2} \right] = 0.$$

这说明只要有 $f(x)$ 在 $x = x_0$ 处存在二阶导数,就有

$$f(x) = f(x_0) + f'(x_0)(x - x_0) + \frac{f''(x_0)}{2}(x - x_0)^2 + o((x - x_0)^2)(x \to x_0)$$

成立.

一般地,若 $f(x)$ 在 $x = x_0$ 具有 n 阶导数,我们可将上述结论推广得到定理 5.2.1.

5.2.1　带 Peano 余项的 Taylor 定理

定理 5.2.1(带 Peano 余项的 Taylor 定理) 设 $f(x)$ 在 x_0 点具有 n 阶导数,则对 x_0 邻域内的任意一点 x 有,

$$f(x) = \sum_{k=0}^{n} \frac{f^{(k)}(x_0)}{k!}(x - x_0)^k + o((x - x_0)^n) \quad (x \to x_0). \tag{5.2.2}$$

通常记

$$T_n(f,x_0;x) = \sum_{k=0}^{n} \frac{f^{(k)}(x_0)}{k!}(x-x_0)^k,$$

$$R_n(x) = f(x) - T_n(f,x_0;x).$$

其中 $R_n(x)$ 称为余项. 式(5.2.2)说的是 $R_n(x) = o((x-x_0)^n)$. 一般称式(5.2.2)为 $f(x)$ 在 $x = x_0$ 处带 Peano 余项的 Taylor 公式,它的前 $n+1$ 项组成的多项式

$$T_n(f,x_0;x) = \sum_{k=0}^{n} \frac{f^{(k)}(x_0)}{k!}(x-x_0)^k$$

称为 $f(x)$ 在 $x = x_0$ 处的 n 阶 Taylor 多项式,定理 5.2.1 告诉我们当 $x \to x_0$ 时,$R_n(x) = o((x-x_0)^n)$,这种形式的余项称为 Peano 余项.

证明　由于 $R_n(x) = f(x) - \sum_{k=0}^{n} \frac{f^{(k)}(x_0)}{k!}(x-x_0)^k$,由 $f(x)$ 在 x_0 处有 n 阶导数知 $f(x)$ 在 x_0 某邻域内有 $n-1$ 阶导数.再由高阶无穷小的定义,定理 5.2.1 的结论即

$$\lim_{x \to x_0} \frac{f(x) - T_n(f,x_0;x)}{(x-x_0)^n} = 0.$$

注意到

$$T'_n(f,x_0;x) = \sum_{k=1}^{n} \frac{f^{(k)}(x_0)}{(k-1)!}(x-x_0)^{k-1};$$

$$T''_n(f,x_0;x) = \sum_{k=2}^{n} \frac{f^{(k)}(x_0)}{(k-2)!}(x-x_0)^{k-2};$$

$$\cdots\cdots$$

$$(T_n(f,x_0;x))^{(n-1)} = f^{(n-1)}(x_0) + f^{(n)}(x_0)(x-x_0).$$

应用 $n-1$ 次洛必达法则可得

$$\lim_{x \to x_0} \frac{f(x) - T_n(f,x_0;x)}{(x-x_0)^n} = \lim_{x \to x_0} \frac{f^{(n-1)}(x) - [f^{(n-1)}(x_0) + f^{(n)}(x_0)(x-x_0)]}{n(n-1)\cdots 2(x-x_0)}$$

$$= \frac{1}{n!}\lim_{x \to x_0}\left[\frac{f^{(n-1)}(x) - f^{(n-1)}(x_0)}{x-x_0} - f^{(n)}(x_0)\right]$$

$$= 0.$$

其中最后一个等式使用了 n 阶导数的定义. 定理得证!

定理 5.2.1 表明:当 x 趋于 x_0 时,用 $T_n(f,x_0;x)$ 近似代替函数 $f(x)$ 所产生的误差是 $(x-x_0)^n$ 的高阶无穷小. 这反映了函数 $f(x)$ 在 x_0 附近的局部性质,因此也称带 Peano 余项的 Taylor 公式为局部 Taylor 公式.

特别地,取 $x_0 = 0$ 时得到的 Taylor 公式称为 Maclaurin(麦克劳林)公式,此时即有

$$f(x) = f(0) + f'(0)x + \frac{f''(0)}{2}x^2 + \cdots + \frac{f^{(n)}(0)}{n!}x^n + o(x^n). \tag{5.2.3}$$

例 5.2.1　求函数 $f(x) = e^x$ 的带 Peano 余项的 Maclaurin 公式.

解　由于 $(e^x)^{(k)} = e^x$,可见 e^x 的各阶导数在 $x = 0$ 处的取值为 1,所以由定理 5.2.1 得其 Maclaurin 公式为

$$e^x = 1 + x + \frac{x^2}{2!} + \frac{x^3}{3!} + \cdots + \frac{x^n}{n!} + o(x^n).$$

例 5.2.2 求函数 $f(x)=\sin x$ 的带 Peano 余项的 Maclaurin 公式.

解 由于 $(\sin x)^{(k)}=\sin\left(x+\dfrac{k\pi}{2}\right)$，因此

$$(\sin x)^{(k)}\big|_{x=0}=\sin\left(\frac{k\pi}{2}\right)=\begin{cases}(-1)^n, & k=2n+1,\\ 0, & k=2n.\end{cases}$$

于是应用定理 5.2.1，将 Taylor 多项式取到 $2n$ 次可得其 Maclaurin 公式为

$$\sin x=x-\frac{x^3}{3!}+\frac{x^5}{5!}+\cdots+(-1)^{n-1}\frac{x^{2n-1}}{(2n-1)!}+o(x^{2n}).$$

类似地，有

$$\cos x=1-\frac{x^2}{2!}+\frac{x^4}{4!}+\cdots+\frac{(-1)^n x^{2n}}{(2n)!}+o(x^{2n+1}).$$

这里也请读者思考为什么我们在求 $\sin x$ 的 Maclaurin 公式时只取了 Taylor 多项式取到偶数次时的公式，没有取奇数次时对应的公式.

例 5.2.3 求函数 $f(x)=\ln(1+x)$ 的带 Peano 余项的 Maclaurin 公式.

解 因为 $f^{(k)}(x)=\dfrac{(-1)^{k-1}(k-1)!}{(1+x)^k}$，因此

$$a_k=\frac{f^{(k)}(0)}{k!}=\frac{(-1)^{k-1}}{k},\quad k=1,2,\cdots,n.$$

于是由定理 5.2.1 得其 Maclaurin 公式为

$$\ln(1+x)=x-\frac{x^2}{2}+\frac{x^3}{3}+\cdots+\frac{(-1)^{n-1}}{n}x^n+o(x^n).$$

例 5.2.4 求函数 $f(x)=(1+x)^\lambda(x>-1)$ 的带 Peano 余项的 Maclaurin 公式.

解 由于 $f^{(k)}(x)=\lambda(\lambda-1)\cdots(\lambda-k+1)(1+x)^{\lambda-k}$，将 $x=0$ 代入得，

$$a_k=\frac{f^{(k)}(0)}{k!}=\frac{\lambda(\lambda-1)\cdots(\lambda-k+1)}{k!},\quad k=1,2,\cdots,n.$$

于是其 Maclaurin 公式为

$$(1+x)^\lambda=1+\sum_{k=1}^{n}\frac{\lambda(\lambda-1)\cdots(\lambda-k+1)}{k!}x^k+o(x^n). \tag{5.2.4}$$

例 5.2.5 分别求函数 $f(x)=\dfrac{1}{1+x}$，$g(x)=\dfrac{1}{1-x}$ 的带 Peano 余项的 Maclaurin 公式.

解 将 $\lambda=-1$ 代入例 5.2.4，即得

$$\frac{1}{1+x}=1-x+x^2+\cdots+(-1)^n x^n+o(x^n),$$

再将 x 换为 $-x$ 代入上式，即得相应的 Maclaurin 公式为，

$$\frac{1}{1-x}=1+x+x^2+\cdots+x^n+o(x^n).$$

注 上例中我们没有采用直接求出高阶导数的通项公式的方法来求 $g(x)=\dfrac{1}{1-x}$ 的 Maclaurin 公式. 而是根据已有的 $f(x)=\dfrac{1}{1+x}$ 的 Maclaurin 公式进行换元而得到的. 之所以

能这么做,是因为 Taylor 公式有唯一性(从这一节开始引入 Taylor 多项式的系数的推导过程中不难得到). 这种通过已有的 Taylor 公式出发,采用恒等变形、四则运算或换元等方式来求得另一个函数的 Taylor 公式的做法称为间接法. 采用求高阶导数的通项公式进而代入定理 5.2.1 而求得 Taylor 公式的方法称为直接法.

以上例 5.2.1 到例 5.2.5 给出了常用的初等函数的 Maclaurin 公式,它们可以作为基本公式然后使用间接法去推导其他函数的 Maclaurin 公式或 Taylor 公式.

例 5.2.6 设 $f(x) = \sin x$. 求 $f(x)$ 在 $x = \dfrac{\pi}{2}$ 点的带 Peano 余项的 Taylor 公式.

解　由于 $f(x) = \sin x = \cos\left(x - \dfrac{\pi}{2}\right)$,当 $x \to \dfrac{\pi}{2}$ 时显然有 $x - \dfrac{\pi}{2} \to 0$,因此由

$$\cos u = 1 - \frac{u^2}{2!} + \frac{u^4}{4!} - \cdots + \frac{(-1)^n u^{2n}}{(2n)!} + o(u^{2n+1}),$$

可得 $\sin x$ 在 $x = \dfrac{\pi}{2}$ 点的带 Peano 余项的 Taylor 公式为

$$\sin x = \cos\left(x - \frac{\pi}{2}\right)$$

$$= 1 - \frac{\left(x - \dfrac{\pi}{2}\right)^2}{2!} + \frac{\left(x - \dfrac{\pi}{2}\right)^4}{4!} - \cdots + \frac{(-1)^n \left(x - \dfrac{\pi}{2}\right)^{2n}}{(2n)!} + o\left[\left(x - \frac{\pi}{2}\right)^n\right].$$

由于 $f'(x)$ 的 $k-1$ 阶导数是 $f(x)$ 的 k 阶导数,因此若有 Maclaurin 公式

$$f'(x) = a_0 + a_1 x + a_2 x^2 + \cdots + a_{n-1} x^{n-1} + o(x^{n-1}),$$

则有

$$\frac{f^{(k)}(0)}{k!} = \frac{1}{k} \cdot \frac{f'^{(k-1)}(0)}{(k-1)!} = \frac{a_{k-1}}{k}, \quad k = 1, 2, \cdots, n.$$

进一步有

$$f(x) = f(0) + a_0 x + \frac{a_1}{2} x^2 + \frac{a_2}{3} x^3 + \cdots + \frac{a_{n-1}}{n} x^n + o(x^n).$$

这一结果也可以辅助我们间接地求 Taylor 公式.

例 5.2.7 设 $f(x) = \arctan x$. 求 $f(x)$ 的带 Peano 余项的 Maclaurin 公式.

解法一　在例 4.4.12 中我们已经借助 Leibniz 公式求得

$$f^{(n)}(0) = \begin{cases} 0, & n = 2k, \\ (-1)^k (2k)!, & n = 2k+1, \end{cases} \quad k = 0, 1, 2, \cdots.$$

应用定理 5.2.1,将 Taylor 多项式取到 $2n$ 次可得

$$\arctan x = x - \frac{x^3}{3} + \frac{x^5}{5} - \cdots + \frac{(-1)^{(n-1)} x^{2n-1}}{2n-1} + o(x^{2n}).$$

解法二　在例 4.4.12 中求 $f^{(n)}(0)$ 的方法无疑是很麻烦的,下面我们用间接法来求 $\arctan x$ 的 Maclaurin 公式. 注意到 $(\arctan x)' = (1+x^2)^{-1}$,又利用 $(1+x)^{-1}$ 的 Maclaurin 公式可得

$$(1+x^2)^{-1} = 1 - x^2 + x^4 - \cdots + (-1)^n x^{2n} + o(x^{2n+1}),$$

因此有

$$\arctan x = x - \frac{x^3}{3} + \frac{x^5}{5} - \cdots + \frac{(-1)^{(n-1)} x^{2n-1}}{2n-1} + o(x^{2n}).$$

请读者自行思考为什么这里 $(1+x^2)^{-1}$ 的余项可表示为 $o(x^{2n+1})$，而不是 $o(x^{2n})$．

例 5.2.8 求 $f(x) = e^{\sin x}$ 的带 Peano 余项的 Maclaurin 公式(到 $o(x^4)$)．

解 当 $x \to 0$ 时有 $\sin x \sim x$，因此有 $o(\sin^4 x) = o(x^4)(x \to 0)$．利用 e^u 和 $\sin x$ 的 Maclaurin 公式可得，

$$e^{\sin x} = 1 + \sin x + \frac{\sin^2 x}{2!} + \frac{\sin^3 x}{3!} + \frac{\sin^4 x}{4!} + o(\sin^4 x)$$

$$= 1 + \left[x - \frac{x^3}{3!} + o(x^4) \right] + \frac{1}{2} \left[x - \frac{x^3}{3!} + o(x^4) \right]^2 +$$

$$\frac{1}{6} \left[x + o(x^2) \right]^3 + \frac{1}{24} \left[x + o(x^2) \right]^4 + o(x^4)$$

$$= 1 + x + \frac{1}{2} x^2 - \frac{1}{8} x^4 + o(x^4).$$

下面介绍带 Peano 余项 Taylor 公式(Maclaurin 公式)的一些简单应用．例如我们可以使用 Taylor 公式来辅助求极限．

例 5.2.9 计算 $\lim\limits_{x \to 0} \dfrac{\cos x - e^{-\frac{x^2}{2}}}{(1 - \cos x)^2}$．

解 因为当 $x \to 0$ 时，我们有

$$\cos x = 1 - \frac{x^2}{2!} + \frac{x^4}{4!} + o(x^4).$$

$$e^{-\frac{x^2}{2}} = 1 - \frac{x^2}{2} + \frac{1}{2!} \left(-\frac{x^2}{2} \right)^2 + o\left[\left(-\frac{x^2}{2} \right) \right]^2 = 1 - \frac{x^2}{2} + \frac{x^4}{8} + o(x^4),$$

所以

$$\lim_{x \to 0} \frac{\cos x - e^{-\frac{x^2}{2}}}{(1 - \cos x)^2} = \lim_{x \to 0} \frac{-\dfrac{x^4}{12} + o(x^4)}{\dfrac{1}{4} x^4} = -\frac{1}{3}.$$

例 5.2.10 计算 $\lim\limits_{x \to \infty} \left(x^2 - x^3 \sin \dfrac{1}{x} \right)$．

解 因为当 $x \to \infty$ 时，有 $\dfrac{1}{x} \to 0$，由 $\sin u$ 的 Maclaurin 公式知

$$\sin \frac{1}{x} = \frac{1}{x} - \frac{1}{6} \cdot \frac{1}{x^3} + o\left(\frac{1}{x^3} \right) (x \to \infty),$$

所以

$$\lim_{x \to \infty} \left(x^2 - x^3 \sin \frac{1}{x} \right) = \lim_{x \to \infty} \left\{ x^2 - x^3 \left[\frac{1}{x} - \frac{1}{6} \cdot \frac{1}{x^3} + o\left(\frac{1}{x^3} \right) \right] \right\} = \lim_{x \to \infty} \left[\frac{1}{6} + o(1) \right] = \frac{1}{6}.$$

例 5.2.11 设 $f(x)$ 在 $[0, +\infty)$ 二阶可导，$f(0) = f'(0) = 0$，且 $f''(x) > 0$．又记曲线 $y = f(x)$ 过点 $(x, f(x))$ 的切线在 x 轴上的截距为 $u(x)$，证明极限

$$\lim_{x \to 0^+} \frac{x f\left[u(x)\right]}{u(x) f(x)} = \frac{1}{2}.$$

证明　过点 $(x_0, f(x_0))$ 的切线方程为 $y = f(x_0) + f'(x_0)(x - x_0)$，它在 x 轴上的截距

为 $x_0 - \dfrac{f(x_0)}{f'(x_0)}$，因此 $u(x) = x - \dfrac{f(x)}{f'(x)}$.

由 $f(0) = f'(0) = 0$ 知，$f(x)$ 在 0 点的二阶 Taylor 公式为

$$f(x) = \frac{1}{2} f''(0) x^2 + o(x^2),$$

则有

$$f'(x) = f''(0) x + o(x).$$

由 $o(\cdot)$ 的含义不难得到当 $x \to 0^+$ 时有 $f(x) \sim \dfrac{1}{2} f''(0) x^2, f'(x) \sim f''(0) x$. 因此有

$$\frac{f(x)}{f'(x)} \sim \frac{1}{2} x \, (x \to 0).$$

从而可得 $u(x) \sim \dfrac{x}{2} (x \to 0)$. 进一步可得

$$\lim_{x \to 0^+} \frac{x f\left[u(x)\right]}{u(x) f(x)} = \lim_{x \to 0^+} \frac{x \cdot \dfrac{1}{2} f''(0) \left[u(x)\right]^2}{u(x) \cdot \dfrac{1}{2} f''(0) x^2} = \lim_{x \to 0^+} \frac{x \cdot \left(\dfrac{x}{2}\right)^2}{\dfrac{x}{2} \cdot x^2} = \frac{1}{2}.$$

在上一章中我们介绍了利用驻点的二阶导数判断该点是否是极值点的方法：对于驻点 x_0，如果 $f''(x_0) \neq 0$，则 x_0 一定是一个极值点，进一步可以根据二阶导数的符号来判断是极大值还是极小值. 当 $f''(x_0) = 0$ 时无法判断驻点 x_0 是否是极值点. 但是利用带 Peano 余项 Taylor 公式可进一步研究这个问题.

定理 5.2.2 设 $f(x)$ 在 x_0 处具有 k 阶导数，且

$$f'(x_0) = f''(x_0) = \cdots = f^{(k-1)}(x_0) = 0, \quad f^{(k)}(x_0) \neq 0,$$

那么

（1）当 k 为偶数时：若 $f^{(k)}(x_0) > 0$，则 x_0 是 $f(x)$ 的极小值点；若 $f^{(k)}(x_0) < 0$，则 x_0 是 $f(x)$ 的极大值点；

（2）当 k 为奇数时，x_0 不是 $f(x)$ 的极值点.

证明　因为 $f'(x_0) = f''(x_0) = \cdots = f^{(k-1)}(x_0) = 0, f^{(k)}(x_0) \neq 0$，所以由带 Peano 余项 Taylor 公式知

$$f(x) = f(x_0) + \frac{f^{(k)}(x_0)}{k!}(x - x_0)^k + o\left[(x - x_0)^k\right], \quad (x \to x_0).$$

上式可变形为

$$\frac{f(x) - f(x_0)}{(x - x_0)^k} = \frac{f^{(k)}(x_0)}{k!} + o(1), \quad (x \to x_0).$$

上式右边的第一项是一个非零的常数，第二项是一个无穷小. 因此当 $|x - x_0| > 0$ 充分小时，上式右边的符号由第一项 $\dfrac{f^{(k)}(x_0)}{k!}$ 决定（即在 x_0 的一个小邻域内上式右侧不变号）.

当 k 为偶数时,上式左边的分母恒正,因此分子必须保持确定的符号(与等式右侧符号一致).若 $f^{(k)}(x_0)>0$,这时 $f(x)>f(x_0)$ 对充分小的 $|x-x_0|>0$ 成立,从而 $f(x)$ 在 x_0 处取得严格的极小值.类似地,当 $f^{(k)}(x_0)<0$ 时,$f(x)$ 在 x_0 处取得严格的极大值.

如果 k 为奇数,那么当 $x>x_0$ 时,$(x-x_0)^k>0$;当 $x<x_0$ 时,$(x-x_0)^k<0$.可知,在 x_0 点两侧,$f(x)-f(x_0)$ 取相反的符号,所以 x_0 不是 $f(x)$ 的极值点.

5.2.2　带 Lagrange 余项的 Taylor 定理

带 Peano 余项的 Taylor 定理表明,如果仅要求 $f(x)$ 在 x_0 处具有 n 阶导数,那么我们可以对 $T_n(f,x_0;x)=\sum_{k=0}^{n}\dfrac{f^{(k)}(x_0)}{k!}(x-x_0)^k$ 与 $f(x)$ 之间的误差做一个定性的估计,但只能研究在某个点附近小邻域内的极限性质,这样不便于讨论函数在较大范围内的性质,也无法给出余项的定量估计.为了给出余项的定量估计,我们将讨论一种定量形式的余项,即 Lagrange 余项.

定理定理 5.2.3(带 Lagrange 余项的 Taylor 定理) 设函数 $f(x)$ 在闭区间 $[a,b]$ 上有连续的 n 阶导数,在开区间 (a,b) 上具有 $n+1$ 阶导数,则对任意 $x_0,x\in[a,b]$,存在 $\theta\in(0,1)$,使得

$$f(x)=T_n(f,x_0;x)+\frac{f^{(n+1)}(x_0+\theta(x-x_0))}{(n+1)!}(x-x_0)^{n+1}. \tag{5.2.5}$$

证法一　记 $F(x)=R_n(x)=f(x)-T_n(f,x_0;x)$.则当 $0\leqslant k\leqslant n$ 时,

$$F^{(k)}(x)=f^{(k)}(x)-\sum_{j=k}^{n}\frac{f^{(j)}(x_0)}{(j-k)!}(x-x_0)^{j-k}.$$

由此可得 $F^{(k)}(x_0)=0,k=0,1,\cdots,n$.此外还有 $F^{(n+1)}(x)=f^{(n+1)}(x)$.

再令 $G(x)=(x-x_0)^{n+1}$.不难验证 $G^{(k)}(x_0)=0,k=0,1,\cdots,n$ 以及 $G^{(n+1)}(x)=(n+1)!$.接下来我们应用 Cauchy 中值定理可得:存在 x_0,x 之间的一个数 ξ_1,使得

$$\frac{F(x)}{G(x)}=\frac{F(x)-F(x_0)}{G(x)-G(x_0)}=\frac{F'(\xi_1)}{G'(\xi_1)}.$$

继续用一次 Cauchy 中值定理可得:存在 x_0,ξ_1 之间的一个数 ξ_2,使得

$$\frac{F(x)}{G(x)}=\frac{F'(\xi_1)}{G'(\xi_1)}=\frac{F'(\xi_1)-F'(x_0)}{G'(\xi_1)-G'(x_0)}=\frac{F''(\xi_2)}{G''(\xi_2)}.$$

类似地,使用 n 次 Cauchy 中值定理,可以得到一列数 $\xi_1,\xi_2,\cdots,\xi_n$,使得

$$\frac{F(x)}{G(x)}=\frac{F'(\xi_1)}{G'(\xi_1)}=\frac{F''(\xi_2)}{G''(\xi_2)}=\cdots=\frac{F^{(n)}(\xi_n)}{G^{(n)}(\xi_n)}.$$

最后再用一次 Cauchy 中值定理可得:存在 ξ 位于 x_0,ξ_n 之间,也位于 x_0,x 之间,使得

$$\frac{F(x)}{G(x)}=\frac{F^{(n)}(\xi_n)}{G^{(n)}(\xi_n)}=\frac{F^{(n)}(\xi_n)-F^{(n)}(x_0)}{G^{(n)}(\xi_n)-G^{(n)}(x_0)}=\frac{F^{(n+1)}(\xi)}{G^{(n+1)}(\xi)}=\frac{f^{(n+1)}(\xi)}{(n+1)!}.$$

记 $\xi=x_0+\theta(x-x_0)$,则有

$$F(x)=\frac{f^{(n+1)}(x_0+\theta(x-x_0))}{(n+1)!}G(x).$$

即

$$f(x) = T_n(f, x_0; x) + \frac{f^{(n+1)}[x_0 + \theta(x - x_0)]}{(n+1)!}(x - x_0)^{n+1}.$$

定理证毕!

证法二　记 $F(x) = f(x) - T_n(f, x_0; x)$ 如前, 令

$$\lambda = \frac{(n+1)! \, F(x)}{(x - x_0)^{n+1}}.$$

问题即要证存在 $\xi = x_0 + \theta(x - x_0)$ 位于 x_0, x 之间, 使得 $f^{(n+1)}(\xi) = \lambda$. 构造辅助函数

$$G(t) = f(t) - T_n(f, x_0; x) - \frac{\lambda}{(n+1)!}(t - x_0)^{n+1} = F(t) - \frac{\lambda}{(n+1)!}(t - x_0)^{n+1}.$$

不难发现 $G(x) = 0$. 另一方面, 同证法一当中一样可以发现 $G(x_0) = G'(x_0) = \cdots = G^{(n)}(x_0) = 0$, $G^{(n+1)}(t) = f^{(n+1)}(t) - \lambda$. 由 $G(x_0) = G(x) = 0$, 使用 Rolle 定理知存在 ξ_1 位于 x_0, x 之间(且不取到 x_0, x), 使得 $G'(\xi_1) = 0$. 又由 $G'(x_0) = G'(\xi_1) = 0$, 再一次使用 Rolle 定理知存在 ξ_2 使得 $G''(\xi_2) = 0$. 一直下去, 使用 n 次 Rolle 定理之后, 在 x_0, x 之间可以找到一点 ξ_n, 使得 $G^{(n)}(\xi_n) = 0$, 又由 $G^{(n)}(x_0) = G^{(n)}(\xi_n) = 0$, 再用一次 Rolle 定理知存在一点 ξ 使得 $G^{(n+1)}(\xi) = f^{(n+1)}(\xi) - \lambda = 0$. 此时即有 $f^{(n+1)}(\xi) = \lambda$. 这就完成了定理的证明.

式(5.2.5)表明存在 $\theta \in (0,1)$, 使得 Taylor 多项式 $T_n(f, x_0; x)$ 逼近 $f(x)$ 的余项为

$$R_n(x) = \frac{f^{(n+1)}[x_0 + \theta(x - x_0)]}{(n+1)!}(x - x_0)^{n+1}.$$

这种形式的余项称为 Lagrange 余项.

特别地, 取 $x_0 = 0$ 时, Taylor 公式(5.2.5)即

$$f(x) = f(0) + f'(0) + \frac{f''(0)}{2}x^2 + \cdots + \frac{f^{(n)}(0)}{n!}x^n + \frac{f^{(n+1)}(\theta x)}{(n+1)!}x^{n+1}, \qquad (5.2.6)$$

其中 $\theta \in (0,1)$. 这一公式也称为带 Lagrange 余项的 Maclaurin(麦克劳林)公式.

注　在式(5.2.5)中, 当取 $n = 0$ 时, 便得出

$$f(x) = f(x_0) + f'[x_0 + \theta(x - x_0)](x - x_0).$$

这正是 Lagrange 中值定理, 可以说 Lagrange 余项的 Taylor 定理是 Lagrange 中值定理在高阶的推广.

通过高阶导数的计算, 不难得到如下常用初等函数的带 Lagrange 余项的 Maclaurin 公式.

(1) $e^x = 1 + x + \dfrac{x^2}{2!} + \cdots + \dfrac{x^n}{n!} + \dfrac{e^{\theta x}}{(n+1)!}x^{n+1} \quad (x \in \mathbb{R})$

(2) $\sin x = x - \dfrac{x^3}{3!} + \dfrac{x^5}{5!} + \cdots + (-1)^{n-1}\dfrac{x^{2n-1}}{(2n-1)!} + (-1)^n\dfrac{\cos(\theta x)}{(2n+1)!}x^{2n+1} \quad (x \in \mathbb{R})$;

(3) $\cos x = 1 - \dfrac{x^2}{2!} + \dfrac{x^4}{4!} + \cdots + (-1)^n\dfrac{x^{2n}}{(2n)!} + \dfrac{(-1)^{n+1}\cos(\theta x)}{(2n+2)!}x^{2n+2} \quad (x \in \mathbb{R})$;

(4) $(1+x)^\lambda = \displaystyle\sum_{k=0}^{n}\binom{\lambda}{k}x^k + R_n(x), \ R_n(x) = \dfrac{\lambda(\lambda-1)\cdots(\lambda-n)}{(n+1)!}x^{n+1}(1+\theta x)^{\lambda-n-1} \ (x \in (-1,1))$;

(5) $\ln(1+x) = x - \dfrac{x^2}{2} + \dfrac{x^3}{3} + \cdots + (-1)^{n-1}\dfrac{x^n}{n} + \dfrac{(-1)^n}{n+1} \cdot \dfrac{x^{n+1}}{(1+\theta x)^{n+1}} \ (x \in (-1,1))$.

其中的 $\theta \in (0,1)$.

　　下面用几个例子来观察使用 Taylor 多项式逼近函数的效果. 使用 Lagrange 余项我们可以估计误差的大小.

　　例 **5.2.12** 用 e^x 的 10 次 Maclaurin 公式求 e 的近似值,并估计其误差.

　　解　e^x 的 Maclaurin 公式

$$e^x = 1 + x + \frac{x^2}{2!} + \cdots + \frac{x^n}{n!} + \frac{e^\xi}{(n+1)!} x^{n+1},$$

其中 ξ 介于 0 和 x 之间. 取 $x = 1, n = 10$,可得

$$e \approx 1 + 1 + \frac{1}{2!} + \cdots + \frac{1}{10!} = 2.718\ 281\ 801\cdots$$

由于 e 的精确值为 $e = 2.718\ 281\ 828\cdots$,可知上述计算结果已有很好的精度. 下面我们使用 Lagrange 余项估计误差:由于 $\xi \in (0,1), R_n(x) = \frac{e^\xi}{11!} x^{11} \big|_{x=1} < \frac{3}{11!} \approx 6.8 \times 10^{-8}$.

　　例 **5.2.13** 在区间 $[0,\pi]$ 上,用 9 次 Taylor 多项式逼近 $\sin x$,并求它的误差.

　　解　在区间 $[0,\pi]$ 上,由 $\sin x$ 的 Taylor 公式有

$$\sin x = x - \frac{x^3}{3!} + \frac{x^5}{5!} - \frac{x^7}{7!} + \frac{x^9}{9!} + \frac{-\cos \theta x}{11!} x^{11}, \quad \theta \in (0,1)$$

$$R_n(x) = \left| \frac{-\cos \theta x}{11!} x^{11} \right| \leqslant \frac{x^{11}}{11!} \leqslant \frac{\pi^{11}}{11!} \approx 0.007\ 340\ 4.$$

图 5.2.1 给出用 9 次 Taylor 多项式逼近 $\sin x$ 的示意图. 一般来说,当 $|x - x_0|$ 越小时,用 Taylor 多项式逼近函数,产生的误差越小,也就是说逼近得越好. 当 Taylor 多项式的次数越高,逼近得也越好,但也有些例外的,Cauchy 曾给出如下函数:

$$f(x) = \begin{cases} e^{-\frac{1}{x^2}}, & \text{当 } x \neq 0 \text{ 时}; \\ 0, & \text{当 } x = 0 \text{ 时}. \end{cases}$$

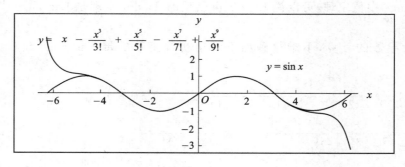

图 5.2.1

这个函数是 R 上的一个无限次可导的偶函数,且 $f^{(n)}(0) = 0, n = 0, 1, 2, \cdots$. 函数 $f(x)$ 的 Maclaurin 多项式恒等于 0. 因此,无论怎样提高多项式的次数,也不能改进它对 $f(x)$ 的逼近程度. 实际上,此时 $f(x) = R_n(x), n = 1, 2, \cdots$,即余项永远是函数 $f(x)$ 本身.

　　下面再给出 Taylor 公式的一个应用.

例 5.2.14 证明 e 为无理数.

Taylor 展式

证明　使用反证法,假设 e 是有理数,不妨设 $e = \dfrac{p}{q}$,其中 p,q 互素,$q > 0$. 取 $n > \max\{q, 2\}$. 则不难发现 $n! \, e$ 为整数. 另一方面,由 e^x 的带 Lagrange 余项的 Maclaurin 公式可知存在 $\theta \in (0, 1)$,使得

$$e = e^1 = 1 + 1 + \frac{1}{2!} + \cdots + \frac{1}{n!} + \frac{e^\theta}{(n+1)!}.$$

则此时有

$$\frac{e^\theta}{n+1} = n! \, e - n! \left(1 + 1 + \frac{1}{2!} + \cdots + \frac{1}{n!} \right).$$

注意到 $1 = e^0 < e^\theta < e^1 < 3$,则上面等式左边是个小于 1 的正数,而等式右边是一个整数,矛盾! 这就证明了 e 是一个无理数.

下面给出几个关于导数的中值的例子. 由于 Lagrange 余项的 Taylor 公式把函数值和导数值结合成一个等式,从而可以通过 Taylor 公式寻找一些具有某些特定性质的导数的中值,也可以通过 Taylor 公式以及导数的性质来得到原函数的一些性质. 处理此类问题的关键是确定在哪一点处作 Taylor 展开以及哪一点处取值. 当然这要根据目标以及提供的条件来定. 展开点可以考虑具有某种特性的点(如极值点、中点、驻点、端点等).

例 5.2.15 设 $f(x)$ 在 $[a, b]$ 内二阶可导,且 $f'(a) = f'(b) = 0$. 求证:存在 $c \in (a, b)$,使得

$$| f(b) - f(a) | \leqslant \frac{(b-a)^2}{4} | f''(c) |.$$

证明　$f(x)$ 在 $x = a$ 处带 Lagrange 余项的 Taylor 公式为

$$f(x) = f(a) + f'(a)(x-a) + \frac{f''(\xi)}{2}(x-a)^2$$
$$= f(a) + \frac{f''(\xi)}{2}(x-a)^2,$$

其中 ξ 介于 a 和 x 之间. 此时在 $x = \dfrac{a+b}{2}$ 处取值得

$$f\left(\frac{a+b}{2}\right) = f(a) + f'(a)\left(\frac{a+b}{2} - a\right) + \frac{f''(\xi_1)}{2}\left(\frac{a+b}{2} - a\right)^2$$
$$= f(a) + \frac{f''(\xi_1)}{2}\left(\frac{b-a}{2}\right)^2, \quad \xi_1 \in \left(a, \frac{a+b}{2}\right),$$

同理 $x = b$ 处作带 Lagrange 余项的 Taylor 公式,并在 $x = \dfrac{a+b}{2}$ 处取值得

$$f\left(\frac{a+b}{2}\right) = f(b) + f'(b)\left(\frac{a+b}{2} - b\right) + \frac{f''(\xi_2)}{2}\left(\frac{a+b}{2} - b\right)^2$$
$$= f(b) + \frac{f''(\xi_2)}{2}\left(\frac{b-a}{2}\right)^2, \quad \xi_2 \in \left(\frac{a+b}{2}, b\right),$$

以上两式相减得

$$f(b) - f(a) = \frac{(b-a)^2}{8}\left[f''(\xi_1) - f''(\xi_2)\right],$$

因此

$$|f(b)-f(a)| \leqslant \frac{(b-a)^2}{8}[|f''(\xi_1)|+|f''(\xi_2)|]$$

取 ξ_1 和 ξ_2 中使得 $|f''(\xi_1)|$,$|f''(\xi_2)|$ 较大者的点为 c 即可.

例 5.2.16 设 $f(x)$ 在 $[0,+\infty)$ 上三次可导,且 $\lim\limits_{x\to+\infty}f(x)=A$,$\lim\limits_{x\to+\infty}f'''(x)=0$,则有

$$\lim_{x\to+\infty}f'(x)=0, \quad \lim_{x\to+\infty}f''(x)=0.$$

证明 考虑 $f(x+1)$,$f(x-1)$ 在点 x 的带 Lagrange 余项的 Taylor 公式:

$$f(x+1)=f(x)+f'(x)+\frac{1}{2}f''(x)+\frac{1}{6}f'''(\xi_1),x<\xi_1<x+1;$$

$$f(x-1)=f(x)-f'(x)+\frac{1}{2}f''(x)-\frac{1}{6}f'''(\xi_2),x-1<\xi_2<x.$$

两式相加得,

$$f''(x)=f(x+1)+f(x-1)-2f(x)+\frac{1}{6}[f'''(\xi_2)-f'''(\xi_1)],$$

两式相减得,

$$2f'(x)=f(x+1)-f(x-1)-\frac{1}{6}[f'''(\xi_2)+f'''(\xi_1)].$$

在这两个等式的两侧分别令 $x\to+\infty$,可知

$$\lim_{x\to+\infty}f''(x)=2A-2A+0=0, \quad \lim_{x\to+\infty}f'(x)=0.$$

习题 5.2

1. 将多项式 $1+3x+5x^2-2x^3+x^4$ 按 $x-1$ 幂展开.

2. 写出下列函数的带 Peano 余项的 Maclaurin 公式:

(1) $e^{ax}(a\neq0)$;　　(2) $\sin x^2$;　　(3) $\ln(1-x)$;　　(4) $\dfrac{1}{(1+x)^2}$;

(5) $\dfrac{x^3+2x+1}{x+1}$;　　(6) $\cos^3 x+\sin^3 x$;　　(7) $\ln\dfrac{1+x}{1-2x}$.

3. 求出 $\arcsin x$ 的带 Peano 余项的 Maclaurin 公式.

4. 按指定要求写出下列函数带 Peano 余项的 Maclaurin 公式:

(1) $e^x\cos x$ 到含 $o(x^4)$ 的项;

(2) $\dfrac{x}{\sin x}$ 到含 $o(x^4)$ 的项;

(3) $\dfrac{x}{2x^2+x-1}$ 到含 $o(x^4)$ 的项;

(4) e^{x-x^2} 到含 $o(x^5)$ 的项;

(5) $\sqrt{1-3x+x^3}-\sqrt[3]{1-2x+x^2}$ 到含 $o(x^3)$ 的项;

(6) $\sqrt[3]{\sin x^3}$ 到含 x^{13} 的项;

(7) $\ln(\cos x+\sin x)$ 到含 $o(x^4)$ 的项.

5. 写出下列函数在指定点的带 Peano 余项的 Taylor 公式:

(1) $f(x) = \ln x, x_0 = 2$;　　　　　　　　(2) $f(x) = \sin x, x_0 = 1$;

(3) $f(x) = e^x, x_0 = 1$.

6. 利用 Taylor 公式,求下列极限:

(1) $\lim\limits_{x \to 0} \dfrac{e^{x^3} - 1 - x^3}{\sin^6 2x}$;

(2) $\lim\limits_{x \to +\infty} \left[\sqrt[3]{x^3 + 3x} - \sqrt{x^2 - 2x} \right]$;

(3) $\lim\limits_{x \to +\infty} x^{\frac{3}{2}} \left[\sqrt{x+1} + \sqrt{x-1} - 2\sqrt{x} \right]$;

(4) $\lim\limits_{x \to 0} \dfrac{e^x \sin x - x - x^2}{x \sin x \arcsin x}$;

(5) $\lim\limits_{x \to 0} \dfrac{\sqrt{1 + 2\sin x} - e^x + x^2}{x^3}$;

(6) $\lim\limits_{x \to 0} \dfrac{1 - (\cos x)^{\sin x}}{x^3}$.

7. 利用 Taylor 公式,求下列数列极限:

(1) $\lim\limits_{n \to \infty} n^2 \ln\left(n \sin \dfrac{1}{n}\right)$;

(2) $\lim\limits_{n \to \infty} (-1)^n n \sin\left(\sqrt{n^2 + 2}\,\pi\right)$.

8. 设 $f(x)$ 在 $x = 0$ 点处存在二阶导数,且有

$$\lim_{x \to 0} \left(1 + \frac{f(x)}{x}\right)^{\frac{1}{x}} = e^3.$$

(1) 求 $f(0), f'(0), f''(0)$;

(2) 求 $\lim\limits_{x \to 0} \left(1 + \dfrac{f(x)}{x} - x\right)^{\frac{1}{x}}$.

9. 当 $x > 0$ 时,求证:对任何 $n \in \mathbf{N}^*$,有

$$x - \frac{x^2}{2} + \frac{x^3}{3} - \cdots - \frac{x^{2n}}{2n} < \ln(1 + x) < x - \frac{x^2}{2} + \frac{x^3}{3} - \cdots + \frac{x^{2n-1}}{2n-1}$$

10. 使用 Lagrange 余项估计下列近似公式的误差:

(1) $\ln(1 + x) \approx x - \dfrac{x^2}{2} + \dfrac{x^3}{3} - \dfrac{x^4}{4} + \dfrac{x^5}{5} - \dfrac{x^6}{6}$, 当 $0 \leqslant x \leqslant 1$;

(2) $\cos x \approx 1 - \dfrac{x^2}{2} + \dfrac{x^4}{24} - \dfrac{x^6}{720}$, 当 $|x| < 1$.

11. 设 $f(x)$ 在 $[0,1]$ 上有二阶导数,$|f(x)| \leqslant a$, $|f''(x)| \leqslant b$,其中 a, b 是非负实数,求证:对一切 $c \in (0,1)$ 有 $|f'(c)| \leqslant 2a + \dfrac{b}{2}$.

12. 设 $f(x)$ 在 $\mathbf{R}$ 上二次可微,且 $\forall x \in \mathbf{R}$,有

$$|f(x)| \leqslant M_0, \quad |f''(x)| \leqslant M_2.$$

(1) 写出 $f(x+h), f(x-h)$ 关于 h 的带拉格朗日余项的泰勒公式;

(2) 求证:对 $\forall h > 0$,有 $|f'(x)| \leqslant \dfrac{M_0}{h} + \dfrac{h}{2} M_2$;

(3) 求证:$|f'(x)| \leqslant \sqrt{2M_0 M_2}$.

13. 设 $f(x)$ 在 $[0,a]$ 上二阶可导,且 $|f''(x)| \leqslant M$,$f(x)$ 在 $(0,a)$ 上取得最大值,则

$$|f'(0)| + |f'(a)| \leqslant Ma.$$

14. 设函数 $f(x)$ 在 $[a,b]$ 上有一阶连续导数,在 (a,b) 上二阶可导,且有 $f(a) = f(b) = 0$,证明:任取 $x \in (a,b)$,存在 $\xi \in (a,b)$,使得

$$f(x) = \frac{f''(\xi)}{2}(x-a)(x-b).$$

15. 设函数 $f(x)$ 在 $[a,b]$ 上有二阶连续导数，在 (a,b) 上三阶可导，且有 $f(a)=f'(a)=f(b)=0$，证明：任取 $x\in(a,b)$，存在 $\xi\in(a,b)$，使得

$$f(x) = \frac{f'''(\xi)}{3!}(x-a)^2(x-b).$$

16. 若函数 $f(x)$ 在 $[-1,1]$ 上三阶可导，且有 $f(0)=f'(0)=0$，$f(1)=1$，$f(-1)=0$. 证明：存在 $\xi\in(-1,1)$，使得 $f'''(\xi)\geqslant 3$.

17. 设函数 $f(x)$ 在 $[a,b]$ 上有一阶连续导数，在 (a,b) 上二阶可导，证明：存在 $\xi\in(a,b)$，使得

$$f(a) - 2f\left(\frac{a+b}{2}\right) + f(b) = \frac{1}{4}(b-a)^2 f''(\xi).$$

18. 设函数 $f(x)$ 在 x_0 的某个邻域内有连续的 n 阶导数，在 x_0 点处有 $n+1$ 阶导数，且 $f^{(n+1)}(x_0)\neq 0$. 由带 Lagrange 余项的 Taylor 公式我们知道：对足够靠近 x_0 的 x，存在 $\theta_n(x)\in(0,1)$，使得

$$f(x) = \sum_{i=0}^{n-1} \frac{f^{(i)}(x_0)}{i!}(x-x_0)^i + \frac{f^{(n)}(x_0 + \theta_n(x)(x-x_0))}{n!}(x-x_0)^n.$$

证明：$\lim\limits_{x\to x_0} \theta_n(x) = \dfrac{1}{n+1}$.

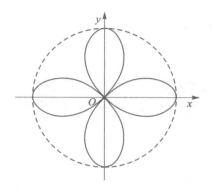

第 6 章　不定积分

6.1　不定积分的概念

在前面我们学习了导数和微分,并且能够熟练地使用求导法则计算已知函数的导数或微分.下面研究与之相反的问题:已知一个函数的导数或微分,如何求出这个函数.对于这个问题,我们首先给出原函数的概念.

定义 6.1.1 若区间 I 上的函数 $f(x)$ 与 $F(x)$ 满足,$F'(x)=f(x)$,$x\in I$,则称 $F(x)$ 为 $f(x)$ 在区间 I 上的一个原函数.

根据导数的性质,如果 $F(x)$ 是 $f(x)$ 的一个原函数,那么对任意的常数 C,都有 $(F(x)+C)'=f(x)$,由定义知 $F(x)+C$ 也是 $f(x)$ 的原函数. 这说明若函数 $f(x)$ 在区间 I 上存在原函数,则必有无穷多个原函数.反过来,若 $F(x)$ 和 $G(x)$ 都是 $f(x)$ 的原函数,则显然有

$$[G(x)-F(x)]'=G'(x)-F'(x)=f(x)-f(x)=0.$$

再根据导数的性质知,$G(x)-F(x)\equiv C$,即 $G(x)\equiv F(x)+C$.

因此 $f(x)$ 的任意两个原函数之间仅相差一个常数,于是在求得了任意一个原函数 $F(x)$ 后,可用 $\{F(x)+C,C\in\mathbb{R}\}$ 表示全部原函数,其图像是一族曲线. 在未求出原函数的情况下,用下面的定义来表示全体原函数.

定义 6.1.2 函数 $f(x)$ 在区间 I 上的全体原函数称为 $f(x)$ 在区间 I 上的不定积分,记为

$$\int f(x)\mathrm{d}x.$$

如果 $F(x)$ 为 $f(x)$ 的一个原函数,则有

$$\int f(x)\mathrm{d}x = F(x)+C, \tag{6.1.1}$$

其中 "$\int$" 称为不定积分号,$f(x)\mathrm{d}x$ 称为被积表达式,$f(x)$ 称为被积函数,x 称为积分变量,$F(x)$ 是 $f(x)$ 的任意一个原函数,C 为任意常数.我们用不定积分表示全体原函数,区间 I 一般指被积函数自然定义域内的区间,即式(6.1.1)成立的区间.若 $F(x)$ 是 $f(x)$ 的一个原函数,显然 $f(x)\mathrm{d}x$ 是 $F(x)$ 的微分,因此式(6.1.1)又可记为

$$\int \mathrm{d}F(x)=F(x)+C. \tag{6.1.2}$$

根据式(6.1.1)和式(6.1.2)可得

$$\left(\int \mathrm{d}F(x)\right)' = (F(x)+C)' = f(x),$$

$$\mathrm{d}\left(\int \mathrm{d}F(x)\right) = \mathrm{d}(F(x)+C) = f(x)\mathrm{d}x.$$

因此求不定积分的运算和求导与求微分的运算是互逆的关系,关于它们之间的联系我们在第 7 章将会有更深入的研究和理解. 求不定积分主要就是求出被积函数的一个原函数.

例 6.1.1 求 $\int \cos x \, \mathrm{d}x$.

该例就是求出导数为 $\cos x$ 或微分为 $\cos x \mathrm{d}x$ 的那一族函数.

解 根据定义 6.1.2,由于 $\sin x$ 是 $\cos x$ 的一个原函数,因此得

$$\int \cos x \, \mathrm{d}x = \sin x + C$$

在求不定积分时一般不用写出求解区间,但对于一些分段函数,可以根据不同区间上的具体表达式分别讨论.

例 6.1.2 求 $\int \dfrac{1}{x} \mathrm{d}x$.

解 被积函数 $\dfrac{1}{x}$ 的定义域为 $x \neq 0$,

当 $x > 0$ 时,由 $(\ln x)' = \dfrac{1}{x}$,所以 $\int \dfrac{1}{x} \mathrm{d}x = \ln x + C$.

当 $x < 0$ 时,由 $(\ln(-x))' = \dfrac{1}{x}$,所以 $\int \dfrac{1}{x} \mathrm{d}x = \ln(-x) + C$.

综上可得

$$\int \frac{1}{x} \mathrm{d}x = \ln|x| + C.$$

6.1.1 基本积分公式

根据 4.2 节给出的一些常用函数的导数,可以直接得到下列最基本的不定积分公式:

(1) $\int k \, \mathrm{d}x = kx + C$ (k 为常数);

(2) $\int x^{\mu} \mathrm{d}x = \dfrac{1}{\mu+1} x^{\mu+1} + C$, ($\mu \neq -1$);

(3) $\int \dfrac{1}{x} \mathrm{d}x = \ln|x| + C$;

(4) $\int a^x \mathrm{d}x = \dfrac{a^x}{\ln a} + C$, $\left(\int \mathrm{e}^x \mathrm{d}x = \mathrm{e}^x + C\right)$;

(5) $\int \cos x \, \mathrm{d}x = \sin x + C$;

(6) $\int \sin x \, \mathrm{d}x = -\cos x + C$;

(7) $\int \sec^2 x \, \mathrm{d}x = \tan x + C$;

$(8) \displaystyle\int \csc^2 x \, \mathrm{d}x = -\cot x + C;$

$(9) \displaystyle\int \sec x \tan x \, \mathrm{d}x = \sec x + C;$

$(10) \displaystyle\int \csc x \cot x \, \mathrm{d}x = -\csc x + C;$

$(11) \displaystyle\int \dfrac{\mathrm{d}x}{\sqrt{1-x^2}} = \arcsin x + C;$

$(12) \displaystyle\int \dfrac{\mathrm{d}x}{1+x^2} = \arctan x + C.$

这些结论是我们求解更复杂的不定积分的基础,需要熟练掌握.

6.1.2　不定积分的线性性质

定理 6.1.1　设函数 $f(x)$ 和 $g(x)$ 都存在原函数,k_1,k_2 是两个任意常数,则函数 $k_1 f(x) + k_2 g(x)$ 也存在原函数,且有

$$\int [k_1 f(x) + k_2 g(x)] \mathrm{d}x = k_1 \int f(x) \mathrm{d}x + k_2 \int g(x) \mathrm{d}x \qquad (6.1.3)$$

证明　设 $F(x)$,$G(x)$ 分别是 $f(x)$,$g(x)$ 的原函数,则由

$$[k_1 F(x) + k_2 G(x)]' = k_1 f(x) + k_2 g(x),$$

知 $k_1 F(x) + k_2 G(x)$ 是 $k_1 f(x) + k_2 g(x)$ 的一个原函数,因此

$$\int [k_1 f(x) + k_2 g(x)] \mathrm{d}x = k_1 F(x) + k_2 G(x) + C.$$

而 $k_1 \int f(x) \mathrm{d}x + k_2 \int g(x) \mathrm{d}x = k_1 (F(x) + C_1) + k_2 (G(x) + C_2)$

$$= k_1 F(x) + k_2 G(x) + (k_1 C_1 + k_2 C_2),$$

由 C,$k_1 C_1 + k_2 C_2$ 都是任意常数,所以式(6.1.3)成立.

注 1　定理 6.1.1 中不包含 $k_1 = k_2 = 0$ 这一特殊情况,此时 $k_1 f(x) + k_2 g(x)$ 为常值函数零,其原函数为常数 C.

注 2　该结论可以推广到有限多个函数的线性组合的情况:当 $f_i(x)$,$i = 1 \cdots, N$ 都存在原函数时,

$$\int \sum_{i=1}^{N} k_i f_i(x) \mathrm{d}x = \sum_{i=1}^{N} k_i \int f_i(x) \mathrm{d}x$$

利用上述基本的不定积分公式和不定积分的线性性质,我们就可以求一些简单函数的不定积分.

例 6.1.3　求 $\displaystyle\int \dfrac{x^2}{3(1+x^2)} \mathrm{d}x$.

解　$\displaystyle\int \dfrac{x^2}{3(1+x^2)} \mathrm{d}x = \dfrac{1}{3} \int \dfrac{1+x^2-1}{1+x^2} \mathrm{d}x$

$$= \dfrac{1}{3} \left(\int 1 \mathrm{d}x - \int \dfrac{1}{1+x^2} \mathrm{d}x \right)$$

$$= \dfrac{1}{3} (x - \arctan x) + C.$$

例 6.1.4 求 $\displaystyle\int \frac{\cos 2x}{\cos x - \sin x}\mathrm{d}x$.

解 $\displaystyle\int \frac{\cos 2x}{\cos x - \sin x}\mathrm{d}x = \int \frac{\cos^2 x - \sin^2 x}{\cos x - \sin x}\mathrm{d}x$

$$= \int (\cos x + \sin x)\,\mathrm{d}x$$

$$= \sin x - \cos x + C.$$

例 6.1.5 求 $\displaystyle\int \frac{1}{\cos^2 x \sin^2 x}\mathrm{d}x$.

解 $\displaystyle\int \frac{1}{\cos^2 x \sin^2 x}\mathrm{d}x = \int \frac{\cos^2 x + \sin^2 x}{\cos^2 x \sin^2 x}\mathrm{d}x$

$$= \int \frac{1}{\cos^2 x}\mathrm{d}x + \int \frac{1}{\sin^2 x}\mathrm{d}x$$

$$= \int \sec^2 x\,\mathrm{d}x + \int \csc^2 x\,\mathrm{d}x$$

$$= \tan x - \cot x + C.$$

例 6.1.6 求 $\displaystyle\int \left(\sqrt{\frac{1+x}{1-x}} + \sqrt{\frac{1-x}{1+x}} \right)\mathrm{d}x$.

解 $\displaystyle\int \left(\sqrt{\frac{1+x}{1-x}} + \sqrt{\frac{1-x}{1+x}} \right)\mathrm{d}x = \int \left(\frac{1+x}{\sqrt{1-x^2}} + \frac{1-x}{\sqrt{1-x^2}} \right)\mathrm{d}x$

$$= \int \frac{2}{\sqrt{1-x^2}}\mathrm{d}x$$

$$= 2\arcsin x + C.$$

例 6.1.7 求 $\displaystyle\int (2^x + 3^x)^2\mathrm{d}x$.

解 $\displaystyle\int (2^x + 3^x)^2\mathrm{d}x = \int (4^x + 2 \cdot 6^x + 9^x)\,\mathrm{d}x$

$$= \frac{4^x}{\ln 4} + 2\frac{6^x}{\ln 6} + \frac{9^x}{\ln 9} + C.$$

例 6.1.8 求 $\displaystyle\int \sqrt{1 - \sin 2x}\,\mathrm{d}x$

解 $\displaystyle\int \sqrt{1 - \sin 2x}\,\mathrm{d}x = \int \sqrt{(\cos x - \sin x)^2}\,\mathrm{d}x$

$$= \int [\mathrm{sgn}(\cos x - \sin x)](\cos x - \sin x)\mathrm{d}x$$

$$= [\mathrm{sgn}(\cos x - \sin x)](\sin x + \cos x) + C.$$

习题 6.1

1. 验证 $y = \dfrac{x^2}{2}\mathrm{sgn}\, x$ 是 $|x|$ 在 $(-\infty, +\infty)$ 上的一个原函数.

2. 求下列不定积分

(1) $\displaystyle\int \frac{(\sqrt{x}-x)^3}{x^2\sqrt{x}}\mathrm{d}x$;

(2) $\displaystyle\int (\mathrm{e}^x - 2\sin x + 2x\sqrt{x})\mathrm{d}x$;

(3) $\displaystyle\int \cos x \cos 2x\,\mathrm{d}x$;

(4) $\displaystyle\int \tan^2 x\,\mathrm{d}x$;

(5) $\displaystyle\int \frac{x^4}{x^2+1}\mathrm{d}x$;

(6) $\displaystyle\int \frac{\cos 2x}{\cos^2 x \cdot \sin^2 x}\mathrm{d}x$;

(7) $\displaystyle\int (1-x^3)^2\,\mathrm{d}x$;

(8) $\displaystyle\int \sec x(\sec x + \tan x)\,\mathrm{d}x$;

(9) $\displaystyle\int \frac{3^x - 2^x}{6^x}\mathrm{d}x$;

(10) $\displaystyle\int \frac{\mathrm{e}^{3x}-1}{\mathrm{e}^x - 1}\mathrm{d}x$;

(11) $\displaystyle\int \sqrt[m]{x^n}\,\mathrm{d}x$;

(12) $\displaystyle\int |x|\,\mathrm{d}x$;

(13) $\displaystyle\int \frac{\sin x}{\sqrt{\cos x}}\mathrm{d}x$;

(14) $\displaystyle\int \frac{1}{\mathrm{e}^x - 1}\mathrm{d}x$;

(15) $\displaystyle\int (\cos x - \sin x)\,\mathrm{e}^x\,\mathrm{d}x$;

(16) $\displaystyle\int \sin 2x \cos 3x\,\mathrm{d}x$;

(17) $\displaystyle\int (a_n x^n + \cdots + a_1 x + a_0)\,\mathrm{d}x$;

(18) $\displaystyle\int (x - \sqrt{x})^3\,\mathrm{d}x$;

(19) $\displaystyle\int (1+x)\sqrt{x\sqrt{x\sqrt{x}}}\,\mathrm{d}x$;

(20) $\displaystyle\int \frac{1}{1+\cos 2x}\mathrm{d}x$.

6.2　换元积分法和分部积分法

通过基本不定积分表和不定积分线性性质求出的不定积分是非常有限的,即使对于一些形式上很简单的函数,我们也无法直接求出其不定积分. 这一节我们将介绍求解不定积分的两类重要方法:换元积分法和分部积分法.

6.2.1　换元积分法

由于不定积分可以看作微分运算的逆运算,因此微分和导数的运算法则和性质,在不定积分的运算中都会发挥重要的作用.

设 x 是自变量,$u = \varphi(x)$ 是一个中间变量,F 是因变量,若有

$$\mathrm{d}F = f(x)\mathrm{d}x = g(u)\mathrm{d}u, \tag{6.2.1}$$

对等式各项求不定积分,可以得到如下公式

$$\int g(u)\mathrm{d}u = \int f(x)\mathrm{d}x = F(x) + C.$$

设 $\displaystyle\int g(u)\mathrm{d}u = G(u) + C$,则将 $u = \varphi(x)$ 代入 $G(u)$ 可得 x 的一个函数 $G(\varphi(x))$,若该函数是 $f(x)$ 的一个原函数,则可通过求关于 u 的不定积分来得到关于 x 的不定积分,即

$$G(u) = G(\varphi(x)) = F(x) + C_1.$$

若式(6.2.1)中的 x 是变量 t 的一个可逆的可微函数 $x = \psi(t)$,则根据复合函数求导法则可得

$$f(x)\mathrm{d}x = f(\psi(t))\psi'(t)\mathrm{d}t,$$

即

$$\int f(x)\mathrm{d}x = \int f(\psi(t))\,\psi'(t)\mathrm{d}t.$$

设

$$F(t) = \int f(\psi(t))\,\psi'(t)\mathrm{d}t,$$

则将 $t = \psi^{-1}(x)$ 代入可得关于 x 的函数,若该函数是 $f(x)$ 的一个原函数,则可通过求关于 t 的不定积分来得到关于 x 的不定积分.

根据微分的性质可将关于 x 的不能直接求解的不定积分转化为新变量的不定积分 $\int g(u)\mathrm{d}u$ 或 $\int f(\varphi(t))\,\varphi'(t)\mathrm{d}t$,从而变为能直接求解的不定积分. 这两种变换分别称为第一类换元法和第二类换元法,具体描述如下.

定理 6.2.1(换元积分法)

(1) 设 $g(u)$ 具有原函数 $G(u)$,$u = \varphi(x)$ 可导,记 $f(x) = g(\varphi(x))\varphi'(x)$,且 $f(x)$ 具有原函数 $F(x)$,则有第一换元公式:

$$\int f(x)\mathrm{d}x = \int g[\varphi(x)]\varphi'(x)\mathrm{d}x = \int g(u)\mathrm{d}u = G(u)\big|_{u=\varphi(x)} + C = G[\varphi(x)] + C$$

其中 $F(x) = G(\varphi(x)) + C$.

(2) 设 $x = \psi(t)$ 可导,且 $\psi'(t) \neq 0$,又设 $f[\psi(t)]\psi'(t)$ 具有原函数 $F(t)$,则有第二换元公式:

$$\int f(x)\mathrm{d}x = \int f[\psi(t)]\psi'(t)\mathrm{d}t = F(t)\big|_{t=\psi^{-1}(x)} + C = F[\psi^{-1}(x)] + C,$$

其中 $\psi^{-1}(x)$ 是 $x = \psi(t)$ 的反函数.

证明 (1) 根据复合函数求导法则,有

$$\frac{\mathrm{d}}{\mathrm{d}x}G(\varphi(x)) = G'(\varphi(x))\varphi'(x)$$
$$= g(\varphi(x))\varphi'(x) = f(x).$$

所以 $G(\varphi(x))$ 是 $f(x)$ 的原函数,结论成立.

(2) 由 $\psi'(t) \neq 0$,知 $x = \psi(t)$ 存在反函数 $t = \psi^{-1}(x)$,且根据反函数求导法则

$$\frac{d\psi^{-1}(x)}{\mathrm{d}x} = \frac{1}{\psi'(t)}\Big|_{t=\psi^{-1}(x)},$$

所以有

$$\frac{\mathrm{d}}{\mathrm{d}x}F[\psi^{-1}(x)] = F'(\psi^{-1}(x))\frac{d\psi^{-1}(x)}{\mathrm{d}x}$$
$$= f[\psi(t)]\psi'(t)\frac{1}{\psi'(t)} = f[\psi(t)] = f(x).$$

使用第一换元法需要把被积表达式 $f(x)\mathrm{d}x$ 凑成 $g(\varphi(x))\varphi'(x)\mathrm{d}x$ 的形式,化为易于积分的 $\int g(u)\mathrm{d}u$,问题的关键是凑出微分 $\varphi'(x)\mathrm{d}x$,因此这种方法又称为凑微分法. 最后不要忘记把新引入的变量 u 利用关系 $u = \varphi(x)$ 还原为自变量 x.

例 6.2.1 求 $\displaystyle\int \frac{1}{3+2x}\mathrm{d}x$.

解　因为 $\mathrm{d}x = \dfrac{1}{2}\mathrm{d}(3+2x)$，所以令 $u = 3+2x$，得

$$\int \frac{1}{3+2x}\mathrm{d}x = \frac{1}{2}\int \frac{1}{u}\mathrm{d}u = \frac{1}{2}\ln|u| + C = \frac{1}{2}\ln|3+2x| + C.$$

例 **6. 2. 2**　求 $\displaystyle\int \frac{1}{a^2+x^2}\mathrm{d}x$.

解　由 $\dfrac{1}{a^2+x^2} = \dfrac{1}{a^2}\dfrac{1}{1+\left(\dfrac{x}{a}\right)^2}$，令 $u = \dfrac{x}{a}$，得

$$\int \frac{1}{a^2+x^2}\mathrm{d}x = \frac{1}{a^2}\int \frac{1}{1+\left(\dfrac{x}{a}\right)^2}\mathrm{d}x = \frac{1}{a}\int \frac{1}{1+\left(\dfrac{x}{a}\right)^2}\mathrm{d}\left(\frac{x}{a}\right)$$

$$= \frac{1}{a}\int \frac{1}{1+u^2}\mathrm{d}u = \frac{1}{a}\arctan u + C = \frac{1}{a}\arctan \frac{x}{a} + C.$$

例 **6. 2. 3**　求 $\displaystyle\int \frac{1}{x\ln x}\mathrm{d}x$.

解　由 $\dfrac{1}{x}\mathrm{d}x = \mathrm{d}\ln x$ 令 $u = \ln x$，得

$$\int \frac{1}{x\ln x}\mathrm{d}x = \int \frac{1}{\ln x}\mathrm{d}(\ln x) = \int \frac{1}{u}\mathrm{d}u = \ln|u| + C = \ln|\ln x| + C.$$

熟悉这些方法后，计算过程中我们可以将 $u = \varphi(x)$ 直接使用而不用显式写出变量 u.

例 **6. 2. 4**　求 $\displaystyle\int \frac{1}{\sqrt{a^2-x^2}}\mathrm{d}x$，$(a > 0)$.

解　$\displaystyle\int \frac{1}{\sqrt{a^2-x^2}}\mathrm{d}x = \int \frac{1}{a\sqrt{1-\left(\dfrac{x}{a}\right)^2}}\mathrm{d}x = \int \frac{1}{\sqrt{1-\left(\dfrac{x}{a}\right)^2}}\mathrm{d}\frac{x}{a} = \arcsin \frac{x}{a} + C.$

对于一些复杂的情况，需要先对被积函数做一些恒等变形，然后再进行换元.

例 **6. 2. 5**　求 $\displaystyle\int \frac{x^2+2}{(x+1)^3}\mathrm{d}x$.

解　$\displaystyle\int \frac{x^2+2}{(x+1)^3}\mathrm{d}x = \int \frac{(x+1)^2 - 2(x+1) + 3}{(x+1)^3}\mathrm{d}(x+1)$

$$= \int \frac{\mathrm{d}(x+1)}{x+1} - 2\int \frac{\mathrm{d}(x+1)}{(x+1)^2} + 3\int \frac{\mathrm{d}(x+1)}{(x+1)^3}$$

$$= \ln|x+1| + \frac{2}{x+1} - \frac{3}{2(x+1)^2} + C.$$

例 **6. 2. 6**　求 $\displaystyle\int \frac{1}{x^2-a^2}\mathrm{d}x$.

解　$\displaystyle\int \frac{1}{x^2-a^2}\mathrm{d}x = \frac{1}{2a}\int \left(\frac{1}{x-a} - \frac{1}{x+a}\right)\mathrm{d}x$

$$= \frac{1}{2a}\left[\int \frac{1}{x-a}\mathrm{d}(x-a) - \int \frac{1}{x+a}\mathrm{d}(x+a)\right]$$

$$= \frac{1}{2a}[\ln|x-a| - \ln|x+a|] + C$$

$$= \frac{1}{2a}\ln\left|\frac{x-a}{x+a}\right| + C.$$

例 6.2.7 求 $\int \sec x \, dx$.

解 $\int \sec x \, dx = \int \frac{\cos x}{\cos^2 x} dx = \int \frac{\cos x}{1 - \sin^2 x} dx = -\int \frac{d\sin x}{\sin^2 x - 1}$（使用上面结论）

$$= \frac{1}{2}\ln\left|\frac{1+\sin x}{1-\sin x}\right| + C = \frac{1}{2}\ln\left|\frac{(1+\sin x)^2}{\cos^2 x}\right| + C$$

$$= \ln|\sec x + \tan x| + C.$$

例 6.2.8 求 $\int \csc x \, dx$.

解法一

$$\int \csc x \, dx = \int \frac{1}{\sin x} dx = -\int \frac{1}{\cos\left(\frac{\pi}{2} - x\right)} d\left(\frac{\pi}{2} - x\right)$$

$$= -\int \sec\left(\frac{\pi}{2} - x\right) d\left(\frac{\pi}{2} - x\right) = \frac{1}{2}\ln\left|\frac{1 - \sin\left(\frac{\pi}{2} - x\right)}{1 + \sin\left(\frac{\pi}{2} - x\right)}\right| + C$$

$$= \frac{1}{2}\ln\left|\frac{\left[1 - \sin\left(\frac{\pi}{2} - x\right)\right]^2}{\cos^2\left(\frac{\pi}{2} - x\right)}\right| + C = \ln\left|\frac{1 - \cos x}{\sin x}\right| + C.$$

解法二

$$\int \csc x \, dx = \int \frac{dx}{2\sin\frac{x}{2}\cos\frac{x}{2}} = \int \frac{d\left(\frac{x}{2}\right)}{\tan\frac{x}{2}\cos^2\frac{x}{2}} = \int \frac{d\left(\tan\frac{x}{2}\right)}{\tan\frac{x}{2}} = \ln\left|\tan\frac{x}{2}\right| + C$$

$$= \ln\left|\frac{1 - \cos x}{\sin x}\right| + C = \ln|\csc x - \cot x| + C.$$

例 6.2.9 求 $\int \frac{\ln(1+x) - \ln x}{x(x+1)} dx$.

解 由 $d(\ln(1+x) - \ln x) = \left(\frac{1}{1+x} - \frac{1}{x}\right) dx = \frac{-1}{x(1+x)} dx$，知

$$\int \frac{\ln(1+x) - \ln x}{x(x+1)} dx = -\int [\ln(1+x) - \ln x] \, d[\ln(1+x) - \ln x]$$

$$= -\frac{1}{2}[\ln(1+x) - \ln x]^2 + C = -\frac{1}{2}\left(\ln\frac{1+x}{x}\right)^2 + C.$$

与第一类换元积分法不同,第二类换元积分法的关键是做换元 $x = \psi(t)$，使得积分 $\int f[\psi(t)] \psi'(t) dt$ 易求. 最后也不要忘了将 $t = \psi^{-1}(x)$ 代回,使得求出的积分是自变量 x 的

函数. 下面我们看几个具体的例子.

例 6.2.10 求 $\int \sqrt{a^2 - x^2}\, dx$,$(a > 0)$.

解　令 $x = a\sin t$,$-\dfrac{\pi}{2} \leqslant t \leqslant \dfrac{\pi}{2}$,则

$$\sqrt{a^2 - x^2} = a\cos t, \quad dx = a\cos t\, dt,$$

因此有

$$\int \sqrt{a^2 - x^2}\, dx = \int a\cos t a\cos t\, dt$$

$$= a^2 \int \cos^2 t\, dt = a^2 \int \frac{1 + \cos 2t}{2} dt$$

$$= \frac{a^2}{2} t + \frac{a^2}{4} \sin 2t + C = \frac{a^2}{2} t + \frac{a^2}{2} \sin t \cos t + C,$$

将 $t = \arcsin \dfrac{x}{a}$ 代回,可得

$$\int \sqrt{a^2 - x^2}\, dx = \frac{a^2}{2} \arcsin \frac{x}{a} + \frac{a^2}{2} \frac{x}{a} \frac{\sqrt{a^2 - x^2}}{a} + C$$

$$= \frac{a^2}{2} \arcsin \frac{x}{a} + \frac{1}{2} x \sqrt{a^2 - x^2} + C.$$

例 6.2.11 求 $\int \dfrac{dx}{\sqrt{a^2 + x^2}}$, $(a > 0)$.

解　令 $x = a\tan t$,则 $\sqrt{a^2 + x^2} = a\sec t$,$dx = a\sec^2 t\, dt$,因此有

$$\int \frac{dx}{\sqrt{a^2 + x^2}} = \int \frac{1}{a\sec t} a\sec^2 t\, dt = \int \sec t\, dt = \ln|\sec t + \tan t| + C$$

$$= \ln\left| \frac{\sqrt{a^2 + x^2}}{a} + \frac{x}{a} \right| + C = \ln(x + \sqrt{x^2 + a^2}) + C_1,$$

其中 $C_1 = C - \ln a$.

用类似方法可得

$$\int \frac{dx}{\sqrt{x^2 - a^2}} = \ln\left| x + \sqrt{x^2 - a^2} \right| + C.$$

例 6.2.12 求 $\int \dfrac{1}{x^2 \sqrt{x^2 - c^2}} dx\ (c > 0)$.

解　令 $x = c\sec t$,$\sqrt{x^2 - c^2} = c\tan t$,$dx = c\sec t\tan t\, dt$,则

$$\int \frac{1}{x^2 \sqrt{x^2 - c^2}} dx = \int \frac{c\sec t\tan t\, dt}{c^2 \sec^2 t c\tan t} = \int \frac{1}{c^2} \cos t\, dt = \frac{1}{c^2} \sin t + C,$$

又因为 $\sin t = \dfrac{\sqrt{x^2 - c^2}}{x}$,则

$$\int \frac{1}{x^2 \sqrt{x^2 - c^2}} dx = \frac{\sqrt{x^2 - c^2}}{c^2 x} + C.$$

例 6.2.13 求 $\displaystyle\int \frac{1-\ln x}{(x-\ln x)^2}dx$.

解　令 $x=\dfrac{1}{t}$，$dx=-\dfrac{1}{t^2}dt$，则

$$\int \frac{1-\ln x}{(x-\ln x)^2}dx = \int \frac{1+\ln t}{\left(\dfrac{1}{t}+\ln t\right)^2}\left(-\frac{1}{t^2}\right)dt = -\int \frac{1+\ln t}{(1+t\ln t)^2}dt$$

$$= -\int \frac{d(1+t\ln t)}{(1+t\ln t)^2} = \frac{1}{1+t\ln t}+C = \frac{x}{x-\ln x}+C.$$

注　通常称 $x=\dfrac{1}{t}$ 为倒代换，这种形式一般在分子、分母幂指数差别较大时可尝试使用.

例 6.2.14 求 $\displaystyle\int \frac{\sqrt{x+1}-1}{\sqrt{x+1}+1}dx$.

解　令 $t=\sqrt{x+1}$，则 $x=t^2-1$，$dx=2tdt$，所以

$$\int \frac{\sqrt{x+1}-1}{\sqrt{x+1}+1}dx = \int \frac{t-1}{t+1}2tdt$$

$$= 2\int\left[(t+1)-3+\frac{2}{t+1}\right]dt$$

$$= t^2-4t+4\ln|t+1|+C$$

$$= x+1-4\sqrt{x+1}+4\ln(\sqrt{x+1}+1)+C.$$

例 6.2.15 求 $\displaystyle\int \sqrt{\frac{a+x}{a-x}}dx\,(a>0)$.

解法一　令 $\sqrt{\dfrac{a+x}{a-x}}=t$，则 $x=\dfrac{at^2-a}{1+t^2}$，所以

$$\int \sqrt{\frac{a+x}{a-x}}dx = \int \frac{4at^2}{(1+t^2)^2}dt = 2a\int \frac{td(1+t^2)}{(1+t^2)^2} = -2a\int td\frac{1}{t^2+1}$$

$$= -\frac{2at}{1+t^2}+2a\int \frac{dt}{1+t^2} = 2a\arctan t - \frac{2at}{1+t^2}+C$$

$$= 2a\arctan\sqrt{\frac{a+x}{a-x}} - \sqrt{a^2-x^2}+C.$$

解法二　将被积函数分子有理化，再令 $x=a\sin t$，则

$$\int \sqrt{\frac{a+x}{a-x}}dx = \int \frac{a+x}{\sqrt{a^2-x^2}}dx = \int \frac{a(1+\sin t)}{a\cos t}a\cos tdt = \int a(1+\sin t)dt$$

$$= at-a\cos t+C = a\arcsin\frac{x}{a}-\sqrt{a^2-x^2}+C.$$

对于第二类换元法，几种常用的变量代换为：

① 当被积函数中含有 $\sqrt{a^2+x^2}$ 时，一般可使用变换 $x=a\tan t\left(-\dfrac{\pi}{2}<t<\dfrac{\pi}{2}\right)$；

② 当被积函数中含有 $\sqrt{a^2-x^2}$ 时，一般可使用变换 $x=a\sin t\left(-\dfrac{\pi}{2}<t<\dfrac{\pi}{2}\right)$ 或 $x=a\cos t$

$(0 < t < \pi)$;

③ 积分形如 $\int f\left(\sqrt{x^2 - a^2}\right) \mathrm{d}x$，令 $x = a \sec t (0 < t < \pi)$；

④ 倒代换：$x = \dfrac{1}{t}$；

⑤ 根式代换：积分形如 $\int f\left(\sqrt[n]{ax + b}\right) \mathrm{d}x$，令 $\sqrt[n]{ax + b} = t$.

6.2.2　分部积分法

分部积分法的来源是函数乘积的求导法则
$$[u(x)v(x)]' = u'(x)v(x) + u(x)v'(x),$$
两边求不定积分可得
$$u(x)v(x) = \int u'(x)v(x)\mathrm{d}x + \int u(x)v'(x)\mathrm{d}x,$$
做恒等变形可得
$$\int u(x)v'(x)\mathrm{d}x = u(x)v(x) - \int u'(x)v(x)\mathrm{d}x.$$
其具体形式如下：

定理 6.2.2(分部积分法) 若 $u(x)$ 与 $v(x)$ 可导，不定积分 $\int u'(x)v(x)\mathrm{d}x$ 存在，则 $\int u(x)v'(x)\mathrm{d}x$ 也存在，并有分部积分公式：
$$\int u(x)v'(x)\mathrm{d}x = u(x)v(x) - \int u'(x)v(x)\mathrm{d}x.$$
简记为 $\int uv'\mathrm{d}x = uv - \int u'v\mathrm{d}x$ 或 $\int u\mathrm{d}v = uv - \int v\mathrm{d}u$.

分部积分法主要用于被积函数为两个函数乘积形式的积分，应用的关键是正确选择 u 和 v'. 其一般规律是由 v' 容易求出 v，且 $\int u'v\mathrm{d}x$ 比 $\int uv'\mathrm{d}x$ 易求.

例 6.2.16 求不定积分 $\int x\cos x\mathrm{d}x$.

解　令 $u = x, v' = \cos x$，则 $u' = 1, v = \sin x$，代入分部积分公式得
$$\int x\cos x\mathrm{d}x = x\sin x - \int \sin x\mathrm{d}x = x\sin x + \cos x + C.$$

例 6.2.17 求不定积分 $\int x^2 \mathrm{e}^x \mathrm{d}x$.

解　令 $u = x^2, v' = \mathrm{e}^x$，则 $u' = 2x, v = \mathrm{e}^x$，代入分部积分公式得
$$\int x^2 \mathrm{e}^x \mathrm{d}x = \int x^2 \mathrm{d}\mathrm{e}^x = x^2 \mathrm{e}^x - 2\int x\mathrm{e}^x \mathrm{d}x,$$
对积分 $\int x\mathrm{e}^x \mathrm{d}x$ 再次使用分部积分公式，令 $u = x, v' = \mathrm{e}^x$，则 $u' = 1, v = \mathrm{e}^x$，
$$\int x\mathrm{e}^x \mathrm{d}x = x\mathrm{e}^x - \int \mathrm{e}^x \mathrm{d}x = x\mathrm{e}^x - \mathrm{e}^x + C,$$
所以原积分 $= x^2 \mathrm{e}^x - 2\left(x\mathrm{e}^x - \int \mathrm{e}^x \mathrm{d}x\right) = x^2 \mathrm{e}^x - 2x\mathrm{e}^x + 2\mathrm{e}^x + C.$

该例说明若使用一次分部积分后还不能直接求出,可以继续使用分部积分进行求解. 与凑微分法类似,熟练后一般无需将 u,v' 显式地写出.

例 6.2.18 求不定积分 $\int x \ln x \, \mathrm{d}x$.

解
$$\int x \ln x \, \mathrm{d}x = \frac{1}{2} \int \ln x \, \mathrm{d}x^2 = \frac{1}{2} \left[x^2 \ln x - \int x^2 \mathrm{d}\ln x \right]$$
$$= \frac{1}{2} \left[x^2 \ln x - \int x \, \mathrm{d}x \right] = \frac{1}{2} x^2 \ln x - \frac{1}{4} x^2 + C.$$

例 6.2.19 求 $\int x \arctan x \, \mathrm{d}x$.

解
$$\int x \arctan x \, \mathrm{d}x = \frac{1}{2} \int \arctan x \, \mathrm{d}x^2$$
$$= \frac{1}{2} \left[x^2 \arctan x - \int x^2 \mathrm{d}\arctan x \right]$$
$$= \frac{1}{2} \left[x^2 \arctan x - \int \frac{x^2}{1+x^2} \mathrm{d}x \right]$$
$$= \frac{1}{2} \left[x^2 \arctan x - \int \left(1 - \frac{1}{1+x^2} \right) \mathrm{d}x \right]$$
$$= \frac{1}{2} \left[x^2 \arctan x - x + \arctan x \right] + C.$$

有时候被积函数 $f(x)$ 不是两个函数相乘,但我们可以把 $f(x)$ 看成 $1 \cdot f(x)$,然后使用分部积分法,如下面的例子.

例 6.2.20 求不定积分 $\int \arctan x \, \mathrm{d}x$.

解
$$\int \arctan x \, \mathrm{d}x = x \arctan x - \int \frac{x}{1+x^2} \mathrm{d}x$$
$$= x \arctan x - \int \frac{1}{2} \frac{1}{1+x^2} \mathrm{d}(1+x^2)$$
$$= x \arctan x - \frac{1}{2} \ln(1+x^2) + C.$$

有时使用分部积分法后不能直接把不定积分计算出来,但使用若干次分部积分后会出现原来要求的积分,这样能得到一个关于原积分的代数方程,通过解代数方程可以求得原积分,如下面的例子.

例 6.2.21 求不定积分 $\int \mathrm{e}^x \sin x \, \mathrm{d}x$.

解
$$\int \mathrm{e}^x \sin x \, \mathrm{d}x = \int \sin x \, \mathrm{d}\mathrm{e}^x = \mathrm{e}^x \sin x - \int \mathrm{e}^x \cos x \, \mathrm{d}x,$$

对 $\int \mathrm{e}^x \cos x \, \mathrm{d}x$ 继续使用分部积分得

$$\int \mathrm{e}^x \cos x \, \mathrm{d}x = \mathrm{e}^x \cos x - \int \mathrm{e}^x (-\sin x) \mathrm{d}x,$$

代入上式可得

$$\int e^x \sin x \, dx = e^x \sin x - e^x \cos x - \int e^x \sin x \, dx,$$

求解方程可得

$$\int e^x \sin x \, dx = \frac{1}{2} e^x (\sin x - \cos x) + C.$$

使用分部积分一般能将复杂的积分转化为简单易求的积分进行运算,但如果错误地选择了 u, v',则可能会使积分更加复杂. 具体到指数函数、三角函数、幂函数、反三角函数、对数函数等函数的乘积时,其使用分部积分的基本规律是:

(1) 被积函数是三角函数与幂函数之积,一般把三角函数视为 v',先对其积分;

(2) 被积函数是指数函数与幂函数之积,一般把指数函数视为 v',先对其积分;

(3) 被积函数中有反三角函数或对数函数时,一般把它们取为 u.

最后我们看两个稍微复杂一点的例子.

例 6.2.22 求不定积分 $\displaystyle\int \sec^3 x \, dx$.

解　$\displaystyle I = \int \sec^3 x \, dx = \int \sec x \sec^2 x \, dx$

$\displaystyle \qquad = \int \sec x \, d\tan x = \sec x \tan x - \int \sec x (\tan x)^2 \, dx$

$\displaystyle \qquad = \sec x \tan x - \int \sec^3 x \, dx + \int \sec x \, dx$

$\displaystyle \qquad = \sec x \tan x - I + \ln|\sec x + \tan x|.$

得到了一个关于原积分 I 的方程,其中 $\displaystyle\int \sec x \, dx$ 使用了例 6.2.7 的结论. 解方程可得

$$I = \int \sec^3 x \, dx = \frac{1}{2} \sec x \tan x + \frac{1}{2} \ln|\sec x + \tan x| + C.$$

例 6.2.23 求 $\displaystyle\int x \ln\left(\frac{1+x}{1-x}\right) dx$.

解　$\displaystyle \int x \ln\left(\frac{1+x}{1-x}\right) dx = \frac{1}{2} \int \ln\left(\frac{1+x}{1-x}\right) d(x^2)$

$\displaystyle \qquad = \frac{1}{2} x^2 \ln\left(\frac{1+x}{1-x}\right) - \frac{1}{2} \int x^2 \frac{2}{(1+x)(1-x)} dx$

$\displaystyle \qquad = \frac{x^2}{2} \ln\left(\frac{1+x}{1-x}\right) - \int \frac{x^2}{1-x^2} dx$

$\displaystyle \qquad = \frac{x^2}{2} \ln\left(\frac{1+x}{1-x}\right) + \int dx - \int \frac{dx}{1-x^2}$

$\displaystyle \qquad = \frac{x^2}{2} \ln\left(\frac{1+x}{1-x}\right) + x + \frac{1}{2} \ln\left|\frac{x-1}{x+1}\right| + C.$

习题 6.2

1. 应用换元积分法求下列不定积分:

(1) $\displaystyle\int e^{2x+1} dx$;

(2) $\displaystyle\int \frac{1}{3x+2} dx$;

(3) $\displaystyle\int \frac{1}{1-\sin x} dx$;

(4) $\int \dfrac{2x+4}{(x^2+4x+5)^2}\mathrm{d}x$;　　(5) $\int x\sin x^2\,\mathrm{d}x$;　　(6) $\int \dfrac{1}{\sqrt[3]{5-3x}}\mathrm{d}x$;

(7) $\int \dfrac{1}{x\ln x\ln(\ln x)}\mathrm{d}x$;　　(8) $\int \dfrac{1}{\mathrm{e}^x+\mathrm{e}^{-x}}\mathrm{d}x$;　　(9) $\int \sin 2x\cos 3x\,\mathrm{d}x$;

(10) $\int \dfrac{\arctan\sqrt{x}}{\sqrt{x}\,(1+x)}\mathrm{d}x$;　　(11) $\int \dfrac{1}{x\sqrt{1+x^2}}\mathrm{d}x$;　　(12) $\int \dfrac{1}{1+\sqrt{1-x^2}}\mathrm{d}x$;

(13) $\int \dfrac{\sqrt{x^2-9}}{x}\mathrm{d}x$;　　(14) $\int \dfrac{1}{\sqrt{(x^2+a^2)^3}}\mathrm{d}x$;　　(15) $\int \sqrt{5-4x-x^2}\,\mathrm{d}x$.

2. 应用分部积分法求下列不定积分:

(1) $\int \arcsin x\,\mathrm{d}x$;　　(2) $\int \ln(1+x)\,\mathrm{d}x$;　　(3) $\int \dfrac{x^2}{1+x^2}\arctan x\,\mathrm{d}x$;

(4) $\int x^2\sin x\,\mathrm{d}x$;　　(5) $\int x^2\,\mathrm{e}^{-x}\,\mathrm{d}x$;　　(6) $\int \mathrm{e}^{\sqrt[3]{x}}\,\mathrm{d}x$;

(7) $\int \dfrac{1}{1+\sqrt[3]{x+1}}\mathrm{d}x$;　　(8) $\int \dfrac{1}{x(2+x^{10})}\mathrm{d}x$;　　(9) $\int \dfrac{1}{x\sqrt{1+x^4}}\mathrm{d}x$.

3. 已知 $\dfrac{\sin x}{x}$ 是 $f(x)$ 的原函数,求 $\int xf'(x)\,\mathrm{d}x$.

4. 计算下列不定积分(a,b 均为非零常数)

(1) $\int \dfrac{x}{ax+b}\mathrm{d}x$;　　(2) $\int \dfrac{x^2}{ax+b}\mathrm{d}x$;

(3) $\int \dfrac{1}{x(ax+b)}\mathrm{d}x$;　　(4) $\int \dfrac{x}{(ax+b)^2}\mathrm{d}x$;

(5) $\int \sqrt{ax+b}\,\mathrm{d}x$;　　(6) $\int x\sqrt{ax+b}\,\mathrm{d}x$;

(7) $\int \dfrac{x^2}{\sqrt{x^2+a^2}}\mathrm{d}x$;　　(8) $\int \sqrt{(x^2+a^2)^3}\,\mathrm{d}x$;

(9) $\int x\arcsin\dfrac{x}{a}\mathrm{d}x$;　　(10) $\int \mathrm{e}^{ax}\sin bx\,\mathrm{d}x$;

(11) $\int (\arcsin x)^2\,\mathrm{d}x$;　　(12) $\int \mathrm{e}^{\sqrt{ax+b}}\,\mathrm{d}x$;

(13) $\int \dfrac{1}{\sqrt{x-x^2}}\mathrm{d}x$;　　(14) $\int \sqrt{\dfrac{\ln(x+\sqrt{1+x^2}\,)}{1+x^2}}\,\mathrm{d}x$;

(15) $\int \dfrac{1}{\sin x\cos^3 x}\mathrm{d}x$;　　(16) $\int \dfrac{1}{\sqrt{1+\mathrm{e}^x}}\mathrm{d}x$;

(17) $\int x\sqrt[3]{1-x}\,\mathrm{d}x$;　　(18) $\int \sqrt{x}\,\ln^2 x\,\mathrm{d}x$;

(19) $\int x^2\arccos x\,\mathrm{d}x$;　　(20) $\int x\cos\sqrt{x}\,\mathrm{d}x$.

5. (1) 设 $I_n=\int \tan^n x\,\mathrm{d}x$,$(n>1)$,求证: $I_n=\dfrac{1}{n-1}\tan^{n-1}x-I_{n-2}$,并求 $\int \tan^5 x\,\mathrm{d}x$;

(2) 设 $I_n = \int \dfrac{1}{(x^2+a^2)^n}\mathrm{d}x$，$(n>1)$，求证：$I_n = \dfrac{2n-3}{2a^2(n-1)}I_{n-1} + \dfrac{1}{2a^2(n-1)}$ ·

$\dfrac{x}{(x^2+a^2)^{n-1}}$．

6.3　有理函数及可化为有理函数的不定积分

本节我们介绍几类函数，它们的不定积分能使用初等函数表示出来．这里需要注意并不是所有初等的原函数都能使用初等函数表示出来，例如 $\displaystyle\int \dfrac{\sin x}{x}\mathrm{d}x$ 就是一个典型的例子．

6.3.1　有理函数的不定积分

有理函数是指由两个实系数多项式的商表示的函数，其一般的形式为

$$R(x) = \frac{P(x)}{Q(x)} = \frac{a_n x^n + a_{n-1}x^{n-1} + \cdots + a_1 x + a_0}{b_m x^m + b_{m-1}x^{m-1} + \cdots + b_1 x + b_0}$$

如果分子多项式 $P(x)$ 的次数 n 小于分母多项式 $Q(x)$ 的次数 m，称分式为真分式；如果分子 $n>m$，称分式为假分式．利用多项式的辗转相除法可得，任意假分式都可转化为一个多项式与一个真分式之和．因为多项式的积分很容易求出，因此我们研究有理函数的积分，仅需研究真分式的积分．

根据代数学基本定理，m 次实系数多项式 $Q(x)$ 在复数域内恰有 m 个根，由于系数是实数，其根要么是实数，若是复数，必是成对出现的共轭复根，因此 $Q(x)$ 必可分解为一次因式和二次不可约因式的乘积，即

$$Q(x) = b_m(x-a)^\alpha \cdots (x-b)^\beta (x^2+px+q)^\lambda \cdots (x^2+rx+s)^\mu \qquad (6.3.1)$$

其中 $p^2-4q<0, \cdots, r^2-4s<0$．

对于真分式的不定积分，我们需要下面的结论：

定理 6.3.1 对于真分式 $R(x) = \dfrac{P(x)}{Q(x)}$，若分母 $Q(x)$ 有如式(6.3.1)的分解形式，则该真分式可分解为

$$\frac{P(x)}{Q(x)} = \frac{A_1}{(x-a)^\alpha} + \frac{A_2}{(x-a)^{\alpha-1}} + \cdots + \frac{A_\alpha}{(x-a)}$$

$$\cdots$$

$$+ \frac{B_1}{(x-b)^\beta} + \frac{B_2}{(x-b)^{\beta-1}} + \cdots + \frac{B_\beta}{(x-b)}$$

$$+ \frac{M_1 x + N_1}{(x^2+px+q)^\lambda} + \frac{M_2 x + N_2}{(x^2+px+q)^{\lambda-1}} + \cdots + \frac{M_\lambda x + N_\lambda}{(x^2+px+q)}$$

$$\cdots$$

$$+ \frac{R_1 x + S_1}{(x^2+rx+s)^\mu} + \frac{R_2 x + S_2}{(x^2+rx+s)^{\mu-1}} + \cdots + \frac{R_\mu x + S_\mu}{(x^2+rx+s)}$$

其中系数 $A_1, \cdots, B_1, \cdots, M_1, \cdots, N_1, \cdots, R_1, S_1, \cdots,$ 可由待定系数法求出，且唯一确定．在此我们不证明该定理．这个定理告诉我们，关于有理真分式的积分可归结为以下 4 种基本

类型被积函数的积分：

(1) $\dfrac{1}{x-a}$，(2) $\dfrac{1}{(x-a)^n}$，(3) $\dfrac{Mx+N}{x^2+px+q}$，(4) $\dfrac{Mx+N}{(x^2+px+q)^n}$ $(n=2,3,\cdots,p^2-4q<0)$.

在研究如何求出这四种基本类型的不定积分之前，我们先通过具体的例子来看如何将真分式化为上述几种基本类型的线性组合，我们把这种基本类型的线性组合称为部分分式.

例 6.3.1 化 $\dfrac{1}{1+x^3}$ 为部分分式.

解 因为 $1+x^3=(1+x)(x^2-x+1)$，所以设

$$\frac{1}{1+x^3}=\frac{1}{(1+x)(x^2-x+1)}=\frac{A}{1+x}+\frac{Bx+C}{x^2-x+1},$$

将右端通分后，根据两边分子相等得

$1\equiv A(x^2-x+1)+(Bx+C)(1+x)=(A+B)x^2+(B+C-A)x+A+C.$

由于此式为恒等式，比较两端多项式的系数可得：

$$\begin{cases} A+B=0 \\ B+C-A=0, \\ A+C=1 \end{cases} \qquad 解得 \begin{cases} A=\dfrac{1}{3} \\ B=-\dfrac{1}{3}, \\ C=\dfrac{2}{3} \end{cases}$$

故

$$\frac{1}{1+x^3}=\frac{1}{(1+x)(x^2-x+1)}=\frac{1}{3}\left(\frac{1}{1+x}+\frac{2-x}{x^2-x+1}\right).$$

下面我们研究上述 4 种基本类型的积分问题. 根据已有的基本积分公式可得：

(1) $\displaystyle\int \frac{1}{x-a}\mathrm{d}x=\ln|x-a|+C$；

(2) $\displaystyle\int \frac{1}{(x-a)^n}\mathrm{d}x=\frac{1}{1-n}(x-a)^{1-n}+C,(n\geqslant 2)$；

(3) $\displaystyle\int \frac{Mx+N}{x^2+px+q}\mathrm{d}x$.

首先对 $x^2+px+q(p^2-4q<0)$ 配方得

$$x^2+px+q=\left(x+\frac{p}{2}\right)^2+q-\frac{p^2}{4},$$

进而再由 $Mx+N=M\left(x+\dfrac{p}{2}\right)+N-\dfrac{Mp}{2}$ 和 $p^2-4q<0$，可令

$$u=x+\frac{p}{2},\quad a^2=q-\frac{p^2}{4},\quad b=N-\frac{Mp}{2},$$

得

$$\int \frac{Mx+N}{x^2+px+q}\mathrm{d}x=\int \frac{Mx+N}{\left(x+\dfrac{p}{2}\right)^2+q-\dfrac{p^2}{4}}\mathrm{d}x=\int \frac{Mu+b}{u^2+a^2}\mathrm{d}u$$

$$= \frac{M}{2} \int \frac{\mathrm{d}(u^2 + a^2)}{u^2 + a^2} + b \int \frac{\mathrm{d}u}{u^2 + a^2}$$

$$= \frac{M}{2} \ln(u^2 + a^2) + \frac{b}{a} \arctan \frac{u}{a} + C.$$

再将 u, a, b 代入即可求出该不定积分.

为求有理函数的积分, 只需再求解如下积分

(4) $\int \frac{Mx + N}{(x^2 + px + q)^n} \mathrm{d}x, (n \geqslant 2)$,

利用求解例 6.3.1 式过程中的配方法和类似的变量代换可得

$$\int \frac{Mx + N}{(x^2 + px + q)^n} \mathrm{d}x = \frac{M}{2} \int \frac{\mathrm{d}(u^2 + a^2)}{(u^2 + a^2)^n} + b \int \frac{\mathrm{d}u}{(u^2 + a^2)^n},$$

因为

$$\frac{M}{2} \int \frac{\mathrm{d}(u^2 + a^2)}{(u^2 + a^2)^n} = \frac{M}{2(1-n)} (u^2 + a^2)^{1-n} + C,$$

记 $I_n = \int \frac{\mathrm{d}u}{(u^2 + a^2)^n}$, 只需求出 I_n 便可完全解决有理函数的积分问题.

$$I_n = \int \frac{\mathrm{d}u}{(u^2 + a^2)^n} = \frac{1}{a^2} \int \frac{u^2 + a^2 - u^2}{(u^2 + a^2)^n} \mathrm{d}u = \frac{I_{n-1}}{a^2} + \frac{1}{a^2} \int \frac{-u^2}{(u^2 + a^2)^n} \mathrm{d}u.$$

对最后一项分部积分,

$$I_n = \frac{I_{n-1}}{a^2} + \frac{1}{2a^2(n-1)} \int u \, \mathrm{d} \frac{1}{(u^2 + a^2)^{n-1}}$$

$$= \frac{I_{n-1}}{a^2} + \frac{1}{2a^2(n-1)} \frac{u}{(u^2 + a^2)^{n-1}} - \frac{I_{n-1}}{2a^2(n-1)},$$

因此得递推关系式:

$$I_n = \frac{2n - 3}{2a^2(n-1)} I_{n-1} + \frac{1}{2a^2(n-1)} \frac{u}{(u^2 + a^2)^{n-1}},$$

其中 $I_1 = \int \frac{\mathrm{d}u}{u^2 + a^2} = \frac{1}{a} \arctan \frac{u}{a} + C.$

上述分析表明, 有理多项式的原函数都是初等函数, 对于有理多项式的积分, 首先将其化为多项式与真分式之和, 再将真分式分解为部分分式的形式, 最后对部分分式的各个部分根据上面给出的方法求解最后即可求得有理函数的积分.

例 6.3.2 求 $\int \frac{1}{1 + x^3} \mathrm{d}x$.

解 根据例 6.3.1 的分解, 得

有理积分递推关系式

$$\int \frac{1}{1 + x^3} \mathrm{d}x = \int \frac{1}{(1 + x)(x^2 - x + 1)} \mathrm{d}x$$

$$= \frac{1}{3} \int \left(\frac{1}{1 + x} + \frac{2 - x}{x^2 - x + 1} \right) \mathrm{d}x$$

$$= \frac{1}{3}\ln|x+1| - \frac{1}{6}\int \frac{2x-1}{x^2-x+1}dx + \frac{1}{2}\int \frac{dx}{\left(x-\frac{1}{2}\right)^2 + \frac{3}{4}}$$

$$= \frac{1}{6}\ln \frac{(x+1)^2}{x^2-x+1} + \frac{\sqrt{3}}{3}\arctan \frac{2x-1}{\sqrt{3}} + C.$$

例 6.3.3 求 $\displaystyle\int \frac{1}{(x-1)(x^2+1)^2}dx.$

解　首先根据待定系数法得

$$\frac{1}{(x-1)(x^2+1)^2} = \frac{1}{4(x-1)} - \frac{x+1}{2(x^2+1)^2} - \frac{x+1}{4(x^2+1)},$$

所以

$$\int \frac{dx}{(x-1)(x^2+1)^2} = \frac{1}{4}\int \frac{1}{x-1}dx - \frac{1}{2}\int \frac{x+1}{(x^2+1)^2}dx - \frac{1}{4}\int \frac{x+1}{x^2+1}dx$$

$$= \frac{1}{4}\ln|x-1| - \frac{1}{4}\int \frac{2x}{(x^2+1)^2}dx - \frac{1}{2}\int \frac{dx}{(x^2+1)^2}$$

$$\quad - \frac{1}{8}\int \frac{2x}{x^2+1}dx - \frac{1}{4}\int \frac{dx}{x^2+1}$$

$$= \frac{1}{4}\ln|x-1| - \frac{1}{4}\int \frac{d(x^2+1)}{(x^2+1)^2} - \frac{1}{2}\left(\frac{x}{2(x^2+1)} + \frac{1}{2}\int \frac{dx}{x^2+1}\right) -$$

$$\quad \frac{1}{8}\int \frac{d(x^2+1)}{x^2+1} - \frac{1}{4}\arctan x + C$$

$$= \frac{1}{4}\ln|x-1| + \frac{1}{4(x^2+1)} - \frac{x}{4(x^2+1)} - \frac{1}{4}\arctan x -$$

$$\quad \frac{1}{8}\ln(x^2+1) - \frac{1}{4}\arctan x + C$$

$$= \frac{1}{8}\ln \frac{(x-1)^2}{x^2+1} + \frac{1-x}{4(x^2+1)} - \frac{1}{2}\arctan x + C.$$

6.3.2　三角函数有理式不定积分

由 $\sin x, \cos x$ 经过有限次四则运算得到的函数称为三角函数有理式,对于三角函数有理式的积分 $\int R(\sin x, \cos x)dx$,其中 $R(\cdot, \cdot)$ 为有理函数. 使用万能代换:令 $t = \tan \frac{x}{2}$,则

$$\sin x = \frac{2t}{1+t^2}, \quad \cos x = \frac{1-t^2}{1+t^2}, \quad x = 2\arctan t, \quad dx = \frac{2}{1+t^2}dt$$

代入 $\int R(\sin x, \cos x)dx$ 可将其化成有理函数的积分进行计算.

例 6.3.4 求 $\displaystyle\int \frac{1+\sin x}{\sin x(1+\cos x)}dx.$

解　作变量代换 $u = \tan \frac{x}{2}$,可得

$$\sin x = \frac{2u}{1+u^2}, \quad \cos x = \frac{1-u^2}{1+u^2}, \quad \mathrm{d}x = \frac{2}{1+u^2}\mathrm{d}u,$$

因此得

$$\int \frac{1+\sin x}{\sin x(1+\cos x)}\mathrm{d}x = \int \frac{\left(1+\dfrac{2u}{1+u^2}\right)}{\dfrac{2u}{1+u^2}\left(1+\dfrac{1-u^2}{1+u^2}\right)} \frac{2}{1+u^2}\mathrm{d}u$$

$$= \frac{1}{2}\int \left(u + 2 + \frac{1}{u}\right)\mathrm{d}u$$

$$= \frac{1}{2}\left(\frac{u^2}{2} + 2u + \ln|u|\right) + C$$

$$= \frac{1}{4}\tan^2\frac{x}{2} + \tan\frac{x}{2} + \frac{1}{2}\ln\left|\tan\frac{x}{2}\right| + C.$$

例 6.3.5 求 $\displaystyle\int \frac{\mathrm{d}x}{5-3\cos x}$.

解　令 $t = \tan\dfrac{x}{2}$，则 $\cos x = \dfrac{1-t^2}{1+t^2}$，$\mathrm{d}x = \dfrac{2}{1+t^2}\mathrm{d}t$，所以

$$\int \frac{\mathrm{d}x}{5-3\cos x} = \int \frac{\dfrac{2}{1+t^2}\mathrm{d}t}{5 - 3\dfrac{1-t^2}{1+t^2}} = \int \frac{\mathrm{d}t}{1+(2t)^2}$$

$$= \frac{1}{2}\arctan 2t + C = \frac{1}{2}\arctan\left(2\tan\frac{x}{2}\right) + C.$$

　　从前面关于不定积分的计算方法可以看出，其总体思路就是通过恒等变形或变量代换将被积函数转化成能够直接求得原函数的基本类型，从而实现积分的计算. 其中变量代换和恒等变形都非常重要，例如对三角函数 $\displaystyle\int R(\sin x, \cos x)\mathrm{d}x$ 积分. 万能代换是一种普遍适应的方法，但万能代换有时并不是最简捷的方法，使用其他变换可能更简便.

例 6.3.6 计算 $\displaystyle\int \frac{\sin x}{\sin x + \cos x}\mathrm{d}x$.

解法一：凑微分法

$$\int \frac{\sin x}{\sin x + \cos x}\mathrm{d}x = \int \frac{\sin x + \cos x - \cos x}{\sin x + \cos x}\mathrm{d}x = \int 1\mathrm{d}x - \int \frac{\cos x}{\sin x + \cos x}\mathrm{d}x$$

$$= x - \int \frac{\cos x - \sin x + \sin x}{\sin x + \cos x}\mathrm{d}x$$

$$= x - \int \frac{\mathrm{d}(\sin x + \cos x)}{\sin x + \cos x} - \int \frac{\sin x}{\sin x + \cos x}\mathrm{d}x$$

$$= x - \ln|\sin x + \cos x| - \int \frac{\sin x}{\sin x + \cos x}\mathrm{d}x,$$

所以

$$\int \frac{\sin x}{\sin x + \cos x}\mathrm{d}x = \frac{x}{2} - \frac{1}{2}\ln|\sin x + \cos x| + C.$$

解法二：变量代换法

$$\int \frac{\sin x}{\sin x + \cos x} dx = \int \frac{\tan x}{\tan x + 1} dx$$

令 $u = \tan x$，则

$$\int \frac{\sin x}{\sin x + \cos x} dx = \int \frac{\tan x}{\tan x + 1} dx = \int \frac{u}{1+u} \cdot \frac{1}{1+u^2} du$$

$$= \frac{1}{2} \int \frac{1+u}{1+u^2} du - \frac{1}{2} \int \frac{du}{1+u}$$

$$= \frac{1}{2} \int \frac{1}{1+u^2} du + \frac{1}{4} \int \frac{d(1+u^2)}{1+u^2} - \frac{1}{2} \ln|1+u|$$

$$= \frac{1}{2} \arctan u + \frac{1}{4} \ln(1+u^2) - \frac{1}{2} \ln|1+u| + C$$

$$= \frac{1}{2} x + \frac{1}{2} \ln \frac{\sqrt{1+\tan^2 x}}{|1+\tan x|} + C.$$

6.3.3　简单无理式的积分

有一些简单的无理式也可以通过恒等变形、变量代换或分部积分等方法化为有理函数的积分. 下面我们看几个例子.

例 6.3.7 求不定积分 $\int \frac{1}{\sqrt{x^2+x}} dx$.

解 $\int \frac{1}{\sqrt{x^2+x}} dx = \int \frac{1}{\sqrt{\left(x+\frac{1}{2}\right)^2 - \frac{1}{4}}} dx$，令 $x + \frac{1}{2} = \frac{1}{2} \sec t$，则

$$\int \frac{dx}{\sqrt{x^2+x}} = \int \frac{dx}{\sqrt{\left(x+\frac{1}{2}\right)^2 - \frac{1}{4}}} = \int \sec t \, dt$$

$$= \ln|\sec t + \tan t| + C$$

$$= \ln\left|(2x+1) + 2\sqrt{x^2+x}\right| + C.$$

例 6.3.8 $\int \frac{1}{x^2} \sqrt{\frac{1-x}{1+x}} dx$.

解 令 $\sqrt{\frac{1-x}{1+x}} = t$，则

$$\int \frac{1}{x^2} \sqrt{\frac{1-x}{1+x}} dx = \int \left(\frac{1+t^2}{1-t^2}\right)^2 t \frac{-4t}{(1+t^2)^2} dt = -4 \int \frac{t^2}{(1-t^2)^2} dt$$

$$= 2 \int \frac{t}{(1-t^2)^2} d(1-t^2) = -2 \int t \, d\left(\frac{1}{1-t^2}\right)$$

$$= -2 \left(\frac{t}{1-t^2} - \int \frac{dt}{1-t^2}\right) = \frac{2t}{t^2-1} + 2 \int \frac{dt}{1-t^2}$$

$$= \frac{2t}{t^2-1} - \ln\left|\frac{1-t}{1+t}\right| + C$$

$$= -\frac{\sqrt{1-x^2}}{x} + \ln\left|\frac{1+\sqrt{1-x^2}}{x}\right| + C.$$

注 一般地(下列各式中 $R(\cdot,\cdot)$ 为有理函数)

① $\displaystyle\int R(\sqrt[n]{x}, \sqrt[m]{x})\,dx$ 型(其中 m,n 为正整数),可令 $x = t^{mn}$;

② $\displaystyle\int R(x, \sqrt[n]{ax+b})\,dx$ 型(其中 n 为正整数),可令 $t = \sqrt[n]{ax+b}$;

③ $\displaystyle\int R\left(x, \sqrt[n]{\frac{ax+b}{cx+d}}\right)dx$ 型(其中 $ad-bc \neq 0$,n 为正整数),可令 $t = \sqrt[n]{\frac{ax+b}{cx+d}}$;

④ $\displaystyle\int R(x, \sqrt{ax^2+bx+c})\,dx$ 型($b^2 - 4ac < 0$),通过配方法转化为以下形式再通过换元法求解

$$\int R(u, \sqrt{u^2 \pm k^2}), \quad \int R(u, \sqrt{k^2 - u^2}).$$

例 6.3.9 $\displaystyle\int \frac{1}{\sqrt{x} + \sqrt[3]{x}}\,dx.$

解 令 $\sqrt[6]{x} = t$,则 $dx = 6t^5 dt$,得

$$\int \frac{1}{\sqrt{x} + \sqrt[3]{x}}\,dx = 6\int \frac{t^3}{t+1}\,dt = 6\int\left(t^2 - t + 1 - \frac{1}{t+1}\right)dt$$

$$= 2t^3 - 3t^2 + 6t - 6\ln(t+1) + C$$

$$= 2\sqrt{x} - 3\sqrt[3]{x} + 6\sqrt[6]{x} - 6\ln(\sqrt[6]{x} + 1) + C.$$

例 6.3.10 (1) $\displaystyle\int \frac{1}{\sqrt{1+e^x}}\,dx,$ (2) $\displaystyle\int \frac{1}{\sqrt{1-e^x}}\,dx.$

解 (1) 令 $\sqrt{1+e^x} = t$,则 $x = \ln(t^2-1)$,$dx = \frac{2t}{t^2-1}\,dt$,

$$\int \frac{1}{\sqrt{1+e^x}}\,dx = 2\int \frac{1}{t^2-1}\,dt = \ln\frac{t-1}{t+1} + C = \ln\frac{\sqrt{1+e^x}-1}{\sqrt{1+e^x}+1} + C.$$

(2) 令 $\sqrt{1-e^x} = t$,则 $x = \ln(1-t^2)$,$dx = \frac{-2t}{1-t^2}\,dt$,

$$\int \frac{1}{\sqrt{1-e^x}}\,dx = -2\int \frac{1}{1-t^2}\,dt = -\ln\frac{1+t}{1-t} + C = -\ln\frac{1+\sqrt{1-e^x}}{1-\sqrt{1-e^x}} + C.$$

习题 6.3

1. 计算下列不定积分

(1) $\displaystyle\int \frac{1}{x^2\sqrt{a^2-x^2}}\,dx\,(a>0);$ (2) $\displaystyle\int \frac{1}{x^2\sqrt{b^2+x^2}}\,dx\,(b>0);$

(3) $\displaystyle\int \frac{x^5}{\sqrt{1-x^2}}\,dx;$ (4) $\displaystyle\int \frac{\sqrt{x}}{1-\sqrt[3]{x}}\,dx;$

(5) $\displaystyle\int \frac{\mathrm{e}^x - \mathrm{e}^{-x}}{\mathrm{e}^{2x} + \mathrm{e}^{-2x} + 1}\mathrm{d}x$;

(6) $\displaystyle\int \frac{\mathrm{e}^x}{\mathrm{e}^x + \mathrm{e}^{-x}}\mathrm{d}x$;

(7) $\displaystyle\int \frac{1}{1 + \tan x}\mathrm{d}x$;

(8) $\displaystyle\int \frac{1}{x^3 - 2x + 1}\mathrm{d}x$;

(9) $\displaystyle\int \frac{1}{1 + x^4}\mathrm{d}x$;

(10) $\displaystyle\int \frac{\mathrm{d}x}{x^4(1 + x^2)}$;

(11) $\displaystyle\int \frac{1}{x^{11} + 2x}\mathrm{d}x$;

(12) $\displaystyle\int \frac{x^4 + 1}{x^6 + 1}\mathrm{d}x$.

2. 计算下列不定积分

(1) $\displaystyle\int \frac{\mathrm{d}x}{1 + \sin x + \cos x}$;

(2) $\displaystyle\int \frac{\mathrm{d}x}{2 + \sin x}$;

(3) $\displaystyle\int \frac{x + 2}{x^2\sqrt{1 - x^2}}\mathrm{d}x$;

(4) $\displaystyle\int \frac{x + 1}{x^2\sqrt{x^2 - 1}}\mathrm{d}x$;

(5) $\displaystyle\int \frac{1 - \sqrt{x + 2}}{1 + \sqrt[3]{x + 2}}\mathrm{d}x$;

(6) $\displaystyle\int \frac{1}{\sqrt[3]{(x - 2)^2(x + 1)}}\mathrm{d}x$.

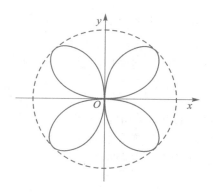

第 7 章　定积分

7.1　定积分的概念

定积分是积分学的一个重要的内容. 积分起源于平面区域面积的求解,Newton 和 Leibniz 的工作标志着积分学的建立. 此后经过数代数学家的不懈努力,终于建立了我们今天学习的这种具有严谨完备定义的定积分. 下面我们通过实例来引出定积分的概念.

7.1.1　曲边梯形面积

对于区间 $[a,b]$ 上的连续函数 $y=f(x)$,不妨设 $f(x)>0$,把由直线 $x=a$,$x=b$,$y=0$ 和连续曲线 $y=f(x)$ 所围成的平面图形(见图 7.1.1)称为曲边梯形.

目前我们还没有得到直接求解曲边梯形面积的公式,但可以先求该曲边梯形面积的一个近似值,再进一步继续改进. 具体实现过程如下:

（1）**分割**　在区间 $[a,b]$ 内任意取 $n-1$ 个分点满足:

$$a=x_0<x_1<x_2<\cdots<x_{i-1}<x_i<\cdots<x_{n-1}<x_n=b$$

将区间 $[a,b]$ 分成 n 个子区间 $[x_{i-1},x_i]$ $(i=1,2,\cdots,n)$,子区间的长度记为 $\Delta x_i=x_i-x_{i-1}$,则这 n 个子区间,可将大曲边梯形分割成 n 个小的曲边梯形(见图 7.1.2).

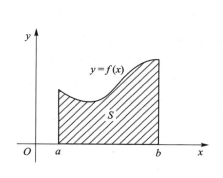

图 7.1.1　曲边梯形面积

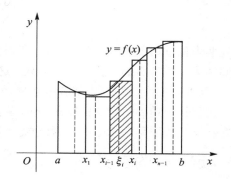

图 7.1.2　小曲边梯形面积

（2）**近似代替**　对第 i 个小曲边梯形,在对应的区间 $[x_{i-1},x_i]$ 上任取一点 ξ_i,可以得到

一个以 $f(\xi_i)$ 为高，Δx_i 为底的小矩形，小矩形的面积为 $f(\xi_i)\Delta x_i(i=1,2,\cdots,n)$，则可得第 i 个小曲边梯形面积的近似值 $\Delta S_i \approx f(\xi_i)\Delta x_i(i=1,2,\cdots,n)$.

（3）**求和(面积的近似值)**　将 n 个小矩形的面积加起来，便可以得到原曲边梯形面积的一个近似值 $\widetilde{S} \approx \sum\limits_{i=1}^{n} f(\xi_i)\Delta x_i$.

（4）**取极限**　该近似值既依赖于区间的分割，又与 $[x_{i-1},x_i]$ 上点 ξ_i 的取值有关，当 $f(x)$ 是一个连续函数时，显然分割越细，小矩形的面积就越接近小曲边梯形的面积. 令 $\lambda = \max\limits_{1 \leqslant i \leqslant n}\{\Delta x_i\}$，若当 $\lambda \to 0$ 时，无论怎样进行区间的分割和取点 ξ_i，和式都存在同一极限

$$\lim_{\lambda \to 0}\sum_{i=1}^{n} f(\xi_i)\Delta x_i = S,$$

那么这个极限 S 就是所求曲边梯形的精确面积.

这种和式的极限问题，在变速直线运动的路程以及变力做功等我们熟悉问题的研究中同样有重要的应用.

7.1.2　变速直线运动的路程

已知做直线运动物体的速度为 $v=v(t)(t \geqslant 0)$，求其在时间段 $[a,b]$ 内运动的路程 s.

使用与计算曲边梯形面积类似的方法.

（1）**分割(化整为零)**　在时间段 $[a,b]$ 内任意添加 $n-1$ 个分点：

$$a=t_0 < t_1 < t_2 < \cdots < t_{i-1} < t_i < \cdots < t_{n-1} < t_n = b$$

将区间 $[a,b]$ 分成 n 个子区间 $[t_{i-1},t_i]$ $(i=1,2,\cdots,n)$，记 $\Delta t_i=t_i-t_{i-1}$，$\lambda = \max\limits_{1 \leqslant i \leqslant n}\{\Delta t_i\}$.

（2）**近似代替(以匀代变)**　在第 i 个子区间 $[t_{i-1},t_i]$ 上任取一点 ξ_i，将时间段 $[t_{i-1},t_i]$ 上物体近似速度为 $v(\xi_i)$ 的匀速运动，可得路程的近似

$$\Delta s_i \approx v(\xi_i)\Delta t_i \quad (i=1,2,\cdots,n).$$

（3）**求和(总路程的近似值)**　把 n 个子区间 $[t_{i-1},t_i]$ 上按匀速运动计算出的路程加起来，就得到整体的近似 $\widetilde{s} \approx \sum\limits_{i=1}^{n} v(\xi_i)\Delta t_i$.

（4）**取极限**　当 $\lambda \to 0$ 时，若和式极限存在，则可得路程的精确值

$$s = \lim_{\lambda \to 0}\sum_{i=1}^{n} v(\xi_i)\Delta t_i.$$

上述两个例子研究的对象虽然不同，但都是"分割、近似、求和、取极限"的过程，其数学本质都可归结为一种特殊的和式的极限问题. 这种分割、近似、求和、取极限的想法，在阿基米德的"穷竭法"，刘徽的"割圆术"中都有所体现，但在建立极限的严格数学定义之前，均无法对取极限这一过程给出精确的定义. Riemann(黎曼)的工作为经典积分理论奠定了严密的基础，因此现在将这种极限称为 Riemann 积分或定积分.

7.1.3　定积分的定义

定义 7.1.1 设 $f(x)$ 是定义在区间 $[a,b]$ 上的一个有界函数，在闭区间 $[a,b]$ 上任取 $n-1$ 个点形成 $[a,b]$ 的一个分割 T，

$$T: a=x_0 < x_1 < x_2 < \cdots < x_{n-1} < x_n = b,$$

为表示方便,我们既用 Δx_i 表示小区间 $\Delta x_i = [x_{i-1}, x_i]$,又用它表示小区间的长度,即 $\Delta x_i = x_i - x_{i-1}$. 记

$$\|T\| = \max_{1 \leqslant i \leqslant n} \{\Delta x_i\},$$

称为分割 T 的细度. 在每个小区间上任取一点 $\xi_i \in \Delta x_i, i = 1, 2, \cdots, n$,当 $\|T\| \to 0$ 时,极限

$$\lim_{\|T\| \to 0} \sum_{i=1}^{n} f(\xi_i) \Delta x_i$$

存在,并且极限值与分割 T 以及点 ξ_i 的取法无关,则称函数 $f(x)$ 在 $[a, b]$ 上可积或黎曼可积,上面极限式中的和式称为黎曼和,该极限称为函数 $f(x)$ 在 $[a, b]$ 上的定积分或黎曼积分.

定义 7.1.1 说明,定积分是一个极限值,下面我们用熟悉的"$\varepsilon - \delta$"语言来描述定积分的定义.

定义 7.1.2 设 $f(x)$ 是定义在区间 $[a, b]$ 上的一个函数,I 是一个确定的实数. 若对任意给定的 $\varepsilon > 0$,总存在 $\delta > 0$,使得对 $[a, b]$ 的任意分割 T 和任意 $\xi_i \in \Delta x_i, i = 1, 2, \cdots, n$,只要 $\|T\| < \delta$,都有

$$\left| \sum_{i=1}^{n} f(\xi_i) \Delta x_i - I \right| < \varepsilon,$$

则称函数 $f(x)$ 在区间 $[a, b]$ 上可积或黎曼可积,称 I 为 $f(x)$ 在 $[a, b]$ 上的定积分或黎曼积分,记作

$$I = \int_a^b f(x) \mathrm{d}x.$$

其中 $f(x)$ 称为被积函数,x 称为积分变量,$[a, b]$ 称为积分区间,a, b 分别称为这个定积分的积分下限和积分上限. 在前面的分析中我们讨论的积分都是 $a < b$,为了使用方便,我们约定

$$\int_a^b f(x) \mathrm{d}x = -\int_b^a f(x) \mathrm{d}x.$$

由定积分的定义可知,定积分 $\int_a^b f(x) \mathrm{d}x$ 的实质是一种特殊和式的特殊极限($\|T\| = \max_{1 \leqslant i \leqslant n} \{\Delta x_i\} \to 0$). 该极限与区间 $[a, b]$ 的分割 T 无关,与点 ξ_i 的取法无关. 对不同的分割 T 和不同的点 ξ_i,将得到不同的 $\sum_{i=1}^{n} f(\xi_i) \Delta x_i$,定积分要求所有和式都有相同的极限值.

有了定积分的概念,曲边梯形的面积 S 和变速直线运动的物体所经过的路程 s 可分别用定积分表示为 $S = \int_a^b f(x) \mathrm{d}x$ 和 $s = \int_a^b v(t) \mathrm{d}t$.

7.1.4　定积分的几何意义

非负函数的定积分表示曲边梯形的面积,任意可积函数的定积分表示曲边梯形面积的代数和.

(1) 当 $f(x) \geqslant 0$ 时,$\int_a^b f(x) \mathrm{d}x$ 表示由曲线 $y = f(x)$,直线 $x = a, x = b (a < b)$ 以及 x 轴围成的曲边梯形的面积.

(2) 当 $f(x) \leqslant 0$ 时,$\int_a^b f(x) \mathrm{d}x (a < b)$ 表示相应的曲边梯形面积的负值.

例 7.1.1 已知函数 $y = x^2$ 在区间 $[0, 1]$ 上可积,用定义计算积分 $\int_0^1 x^2 \mathrm{d}x$.

解 为了便于计算我们先取一个特殊的分割,把区间$[0,1]$分成n等份,分点和小区间长度分别为$x_0=0,x_i=\dfrac{i}{n},\Delta x_i=\dfrac{1}{n}(i=1,2,\cdots,n).\|T\|=\max\limits_{1\leqslant i\leqslant n}\{\Delta x_i\}=\dfrac{1}{n}$,在每个小区间上取特殊的点$\xi_i=\dfrac{i}{n}(i=1,2,\cdots,n)$.

因为函数在$[0,1]$上可积,所以所求定积分与区间$[0,1]$的分法以及点$\xi_i\in[x_{i-1},x_i]$的取法无关,因此在该特殊分割以及取点条件下所求得的极限就是要求的积分值.

积分和为

$$\sum_{i=1}^{n}f(\xi_i)\Delta x_i=\sum_{i=1}^{n}\xi_i^2\Delta x_i=\sum_{i=1}^{n}\left(\frac{i}{n}\right)^2\cdot\frac{1}{n}$$

$$=\frac{1}{n^3}\sum_{i=1}^{n}i^2=\frac{1}{n^3}\cdot\frac{n(n+1)(2n+1)}{6},$$

因为$\|T\|=\dfrac{1}{n}$,所以$\|T\|\to 0$等价于$n\to\infty$,因此

$$\int_0^1 x^2\mathrm{d}x=\lim_{\|T\|\to 0}\sum_{i=1}^{n}f(\xi_i)\Delta x_i=\lim_{n\to\infty}\frac{1}{6}\left(1+\frac{1}{n}\right)\left(2+\frac{1}{n}\right)=\frac{1}{3}.$$

习题 7.1

1. 已知下列定积分都存在,利用定积分的定义计算下列积分:

(1) $\displaystyle\int_0^1 c\,\mathrm{d}x$;   (2) $\displaystyle\int_0^1 x\,\mathrm{d}x$;   (3) $\displaystyle\int_a^b\frac{1}{x^2}\mathrm{d}x,(b>a>0)$.

2. 利用积分的几何意义求下列积分

(1) $\displaystyle\int_{-1}^1\sqrt{1-x^2}\,\mathrm{d}x$;   (2) $\displaystyle\int_a^b\left(x-\frac{a+b}{2}\right)\mathrm{d}x$.

7.2 可积条件和定积分的性质

上一节给出了定积分的定义,并且使用定义计算了简单的定积分. 下面我们来研究函数可积的条件,并据此判断哪些函数存在或不存在定积分.

7.2.1 可积的必要条件

定理 7.2.1 若函数$f(x)$在$[a,b]$上可积,则$f(x)$在$[a,b]$上必定有界.

证明 用反证法.若$f(x)$在$[a,b]$上无界,则对$[a,b]$的任一分割T,必存在某个小区间Δx_k,使得$f(x)$在Δx_k上无界.在$i\neq k$的各个小区间Δx_i上任意取定ξ_i,记

$$G=\left|\sum_{i\neq k}f(\xi_i)\Delta x_i\right|.$$

对任意的$M>0$,由$f(x)$在Δx_k上无界,则存在$\xi_k\in\Delta x_k$,使得$|f(\xi_k)|>\dfrac{M+G}{\Delta x_k}$.

于是有

$$\left|\sum_{i=1}^{n}f(\xi_i)\Delta x_i\right|\geqslant|f(\xi_k)\Delta x_k|-\left|\sum_{i\neq k}f(\xi_i)\Delta x_i\right|>\frac{M+G}{\Delta x_k}\Delta x_k-G=M.$$

因此,对任意的分割,无论 $\|T\|$ 多么小,存在按上述方法选取的点集 $\{\xi_i\}$,使积分和的绝对值大于任意给定的正数.又由 $f(x)$ 在 $[a,b]$ 上可积,存在 $M_0>0$ 以及 $\delta>0$,使得对任意分割,当分割的细度 $\|T\|<\delta$ 时,积分和 $\left|\sum\limits_{i=1}^{n}f(\xi_i)\Delta x_i\right|\leqslant M_0$. 矛盾!

该定理说明函数有界是函数可积的必要条件,本书后面讨论函数的可积性时,总是针对有界函数进行讨论,不再一一说明.

7.2.2　有界函数可积的充要条件

设 $T=\{\Delta x_i\,|\,i=1,2,\cdots,n\}$ 为区间 $[a,b]$ 的任一分割,由 $f(x)$ 在 $[a,b]$ 上有界可知它在每个小区间 Δx_i 上也有界,因此存在上、下确界.记

$$M_i=\sup_{x\in\Delta x_i}f(x),m_i=\inf_{x\in\Delta x_i}f(x),\qquad i=1,2,\cdots,n.$$

分别称和式

$$S(T)=\sum_{i=1}^{n}M_i\Delta x_i,\quad s(T)=\sum_{i=1}^{n}m_i\Delta x_i,$$

为 $f(x)$ 关于分割 T 的达布(Darboux)上和与达布下和,显然达布和与分割 T 有关.

对任取的 $\xi_i\in\Delta x_i,i=1,2,\cdots,n$,显然有

$$s(T)\leqslant\sum_{i=1}^{n}f(\xi_i)\Delta x_i\leqslant S(T).$$

这说明在相同的分割下,积分和以达布和为界.因此当 $\|T\|\to 0$ 时,若达布上和与达布下和有相同的极限,根据夹逼定理可知积分和必然存在极限,函数可积.但达布和只与分割 T 有关,而与点 ξ_i 的取法无关,减少了任意性对分析积分和的极限带来的影响,讨论起来更加方便.下面我们给出关于达布和的相关结论.

引理 7.2.1 若对分割 T 增加分点形成新的分割 T',则上和不增,下和不减.

证明 设 $T:a=x_0<x_1<x_2<\cdots<x_{n-1}<x_n=b$ 为区间 $[a,b]$ 的一个分割,不失一般性,我们仅需证明增加一个分点的情况即可.设 T 增加了一个分点 $x_i'\in(x_{i-1},x_i)$ 后得到的新分为割 T',记 $f(x)$ 在区间 $[x_{i-1},x_i'],[x_i',x_i]$ 上的上确界分别为 M',M'',则由上确界的定义有

$$M'\leqslant M_i,M''\leqslant M_i,$$

因此有

$$M'(x_i'-x_{i-1})+M''(x_i-x_i')\leqslant M_i(x_i-x_{i-1})$$

在 $S(T)$ 和 $S(T')$ 中其他项均无变化,由此可得

$$S(T')\leqslant S(T),$$

同理可证 $s(T')\geqslant s(T)$. 结论得证!

引理 7.2.2(达布定理) 对 $[a,b]$ 上任意有界函数,存在 $\underline{I},\overline{I}$,使得

$$\lim_{\|T\|\to 0}s(T)=\underline{I},\quad\lim_{\|T\|\to 0}S(T)=\overline{I}.$$

其中

$$\underline{I}=\sup\{s(T)\,|\,T\text{ 是}[a,b]\text{ 上的分割}\},\quad\overline{I}=\inf\{S(T)\,|\,T\text{ 是}[a,b]\text{ 上的分割}\}.$$

该结论说明,有界函数的达布和必存在极限且达布下和的极限是所有达布下和的上确界,达布上和的极限是所有达布上和的下确界.我们称 $\underline{I}$ 为 $f(x)$ 在区间 $[a,b]$ 上的下积分,称 $\overline{I}$

为 $f(x)$ 在区间 $[a,b]$ 上的上积分. 根据前面的分析,我们可以得到函数可积的充分必要条件.

定理 7.2.2(可积准则) 函数 $f(x)$ 在 $[a,b]$ 上可积的充要条件是,对任意分割 T,当 $\|T\|\to 0$ 时,达布上、下和极限相等,即

$$\lim_{\|T\|\to 0} s(T) = \underline{I} = \overline{I} = \lim_{\|T\|\to 0} S(T).$$

若用"$\varepsilon-\delta$"语言描述极限,上面的定理可以写成:

定理 7.2.3 函数 $f(x)$ 在 $[a,b]$ 上可积的充要条件是:对任给 $\varepsilon>0$,总存在 $\delta>0$,使得对任意分割 T,只要 $\|T\|<\delta$,就有

$$S(T) - s(T) < \varepsilon.$$

由于上积分是达布上和的下确界,下积分是达布下和的上确界,根据上下确界的定义,则定理 7.2.2 也可等价地叙述为:

定理 7.2.4 函数 $f(x)$ 在 $[a,b]$ 上可积的充要条件是:对任给 $\varepsilon>0$,总存在相应的一个分割 T,使得

$$S(T) - s(T) < \varepsilon.$$

设 $\omega_i = M_i - m_i$,称为 f 在区间 Δx_i 上的振幅,有

$$S(T) - s(T) = \sum_{i=1}^{n} \omega_i \Delta x_i = \sum_{i=1}^{n} \omega_i \Delta x_i,$$

则上述定理可分别等价地叙述为:

定理 7.2.5 函数 $f(x)$ 在 $[a,b]$ 上可积的充要条件是:任给 $\varepsilon>0$,存在 $\delta>0$,使得只要分割 T 满足 $\|T\|<\delta$,都有

$$\sum_{i=1}^{n} \omega_i \Delta x_i < \varepsilon.$$

定理 7.2.6 函数 $f(x)$ 在 $[a,b]$ 上可积的充要条件是:任给 $\varepsilon>0$,总存在相应的一个分割 T,使得

$$\sum_{i=1}^{n} \omega_i \Delta x_i < \varepsilon.$$

7.2.3　定积分的基本性质

据定积分的定义,定积分是和式的极限,因此根据极限的相关性质,我们可以很容易地得到积分的相关性质.

性质 7.2.1(线性性质) 设 $f(x),g(x)$ 在 $[a,b]$ 上可积,则任取实数 α,β 都有 $\alpha f(x)+\beta g(x)$ 也可积,且

$$\int_a^b [\alpha f(x) + \beta g(x)] \mathrm{d}x = \alpha \int_a^b f(x)\mathrm{d}x + \beta \int_a^b g(x)\mathrm{d}x.$$

性质 7.2.2(保号性和保序性)

(1) 设 $f(x)$ 在 $[a,b]$ 上可积,且 $f(x) \geqslant 0$,则 $\int_a^b f(x)\mathrm{d}x \geqslant 0$.

(2) 设 $f(x),g(x)$ 在 $[a,b]$ 上可积,且 $f(x) \geqslant g(x)$,则 $\int_a^b f(x)\mathrm{d}x \geqslant \int_a^b g(x)\mathrm{d}x$.

性质 7.2.3(估值不等式) 设 $f(x)$ 在 $[a,b]$ 上有最大值 M 和最小值 m,则

$$m(b-a) \leqslant \int_a^b f(x)\mathrm{d}x \leqslant M(b-a).$$

性质 7.2.4(乘积可积性) 若 $f(x),g(x)$ 在 $[a,b]$ 上可积,则 $f(x)g(x)$ 在 $[a,b]$ 上也可积.

证明 由于 $f(x),g(x)$ 在 $[a,b]$ 上可积,则它们必有界,设存在常数 M 满足 $|f(x)|<M$,$|g(x)|<M$. 对 $[a,b]$ 的任一分割

$$T:a=x_0<x_1<x_2<\cdots<x_{n-1}<x_n=b,$$

记 $f(x)g(x)$ 在小区间 $[x_{i-1},x_i]$ 上的振幅为 ω_i,$f(x)$ 和 $g(x)$ 的振幅分别为 ω_i' 和 ω_i'',则对于区间 $[x_{i-1},x_i]$ 上的任意两点 x',x'',有不等式

$$
\begin{aligned}
|f(x')g(x')-f(x'')g(x'')| &= |[f(x')-f(x'')]g(x')+f(x'')[g(x')-g(x'')]| \\
&\leqslant |f(x')-f(x'')||g(x')|+|f(x'')||g(x')-g(x'')| \\
&\leqslant M(|f(x')-f(x'')|+|g(x')-g(x'')|)
\end{aligned}
$$

由此得

$$\omega_i\leqslant M(\omega_i'+\omega_i''),$$

即

$$0\leqslant \sum_T \omega_i\Delta x_i\leqslant M\sum_T \omega_i'\Delta x_i+M\sum_T \omega_i''\Delta x_i.$$

由 $f(x),g(x)$ 在 $[a,b]$ 上可积知,当 $\|T\|\to 0$ 时上式右端极限为零,根据夹逼定理知 $\|T\|\to 0$ 时,$\sum_T \omega_i\Delta x_i\to 0$,所以 $f(x)g(x)$ 在 $[a,b]$ 上可积.

注 该结论不能直接由极限的四则运算性质得到,一般地

$$\int_a^b f(x)g(x)\mathrm{d}x\neq \left(\int_a^b f(x)\mathrm{d}x\right)\left(\int_a^b g(x)\mathrm{d}x\right).$$

例 7.2.1 (Cauchy – Schwarz 不等式) 设 $f(x),g(x)$ 在 $[a,b]$ 上连续,则

$$\left[\int_a^b f(x)g(x)\mathrm{d}x\right]^2\leqslant \int_a^b f^2(x)\mathrm{d}x\int_a^b g^2(x)\mathrm{d}x.$$

证明 记 $A=\int_a^b f^2(x)\mathrm{d}x$,$B=\int_a^b f(x)g(x)\mathrm{d}x$,$C=\int_a^b g^2(x)\mathrm{d}x$,

考察积分 $\int_a^b (tf(x)-g(x))^2\mathrm{d}x=At^2-2Bt+C,$

上式对一切 $t\in R$ 都非负,所以有 $B^2\leqslant AC$. 结论得证!

性质 7.2.5(绝对可积性) 若 $f(x)$ 在 $[a,b]$ 上可积,则 $|f(x)|$ 在 $[a,b]$ 上也可积,且

$$\left|\int_a^b f(x)\mathrm{d}x\right|\leqslant \int_a^b |f(x)|\mathrm{d}x.$$

证明 对 $[a,b]$ 的任一分割

$$T:a=x_0<x_1<x_2<\cdots<x_{n-1}<x_n=b,$$

记 $f(x)$ 在小区间 $[x_{i-1},x_i]$ 上的振幅为 ω_i,$|f(x)|$ 的振幅为 ω_i',则有 $\omega_i'\leqslant\omega_i$,由此可得

$$0\leqslant \sum_T \omega_i'\Delta x_i\leqslant \sum_T \omega_i\Delta x_i.$$

因为 $f(x)$ 在 $[a,b]$ 上可积,所以当 $\|T\|\to 0$ 时上式右端极限为零,由夹逼定理知 $\sum_T \omega_i'\Delta x_i$ 极限也为零,因此 $|f(x)|$ 在 $[a,b]$ 上可积.

又在区间 $[a,b]$ 上有 $|f(x)|\geqslant 0$,$f(x)\leqslant |f(x)|$,所以根据积分的保号性和保序性(性质 7.2.2)得

$$\left|\int_a^b f(x)\mathrm{d}x\right| \leqslant \int_a^b |f(x)|\,\mathrm{d}x.$$

性质 7.2.6(区间可加性) 设 $f(x)$ 在 $[a,b]$ 上可积,则对任意的 $c\in[a,b]$,$f(x)$ 在 $[a,c]$ 和 $[c,b]$ 上都可积;反过来,若 $f(x)$ 在 $[a,c]$ 和 $[c,b]$ 上都可积,则在 $[a,b]$ 上也可积. 此时有等式

$$\int_a^b f(x)\mathrm{d}x = \int_a^c f(x)\mathrm{d}x + \int_c^b f(x)\mathrm{d}x.$$

证明 (1) 已知 $f(x)$ 在 $[a,b]$ 上可积,则根据定理 7.2.6 知,任给 $\varepsilon>0$,存在一个分割 T,使得

$$\sum_T \omega_i \Delta x_i < \varepsilon.$$

将在 T 上增加分点 c 后得到的分割记为 T^*,则根据引理 7.2.1 知

$$\sum_{T^*} \omega_i^* \Delta x_i^* \leqslant \sum_T \omega_i \Delta x_i < \varepsilon.$$

T^* 在 $[a,c]$ 和 $[c,b]$ 上的分点分别构成 $[a,c]$ 和 $[c,b]$ 的分割,分别记为 T_1,T_2,记 T_1 的小区间和其上的振幅分别为 $\Delta x_{i1},\omega_{i1}$,记 T_2 的小区间和其上的振幅分别为 $\Delta x_{i2},\omega_{i2}$,则显然有

$$\sum_{T_1} \omega_{i1}\Delta x_{i1} \leqslant \sum_{T^*} \omega_i^*\Delta x_i^* < \varepsilon,\quad \sum_{T_2}\omega_{i2}\Delta x_{i2} \leqslant \sum_{T^*}\omega_i^*\Delta x_i^* < \varepsilon$$

由此得 $f(x)$ 在 $[a,c]$ 和 $[c,b]$ 上可积.

(2) 由 $f(x)$ 在 $[a,c]$ 和 $[c,b]$ 上可积知,对任给 $\varepsilon>0$,存在 $[a,c]$ 和 $[c,b]$ 的分割 T_1,T_2,使得

$$\sum_{T_1}\omega_{i1}\Delta x_{i1} < \frac{\varepsilon}{2},\quad \sum_{T_2}\omega_{i2}\Delta x_{i2} < \frac{\varepsilon}{2},$$

则将 T_1 和 T_2 的分点合并后,可得 $[a,b]$ 的一个新分割记为 T,满足

$$\sum_T \omega_i\Delta x_i \leqslant \sum_{T_1}\omega_{i1}\Delta x_{i1} + \sum_{T_2}\omega_{i2}\Delta x_{i2} < \varepsilon.$$

由此证得 $f(x)$ 在 $[a,b]$ 上可积.

(3) 在取 $[a,b]$ 的分割 T 时始终将 c 点取为分点,则 T 在 $[a,c]$ 和 $[c,b]$ 上的分点分别构成 $[a,c]$ 和 $[c,b]$ 的分割 T_1,T_2,且有等式

$$\sum_T f(x_i)\Delta x_i = \sum_{T_1} f(x_{i1})\Delta x_{i1} + \sum_{T_2} f(x_{i2})\Delta x_{i2}$$

在证明了 $\int_a^b f(x)\mathrm{d}x$,$\int_a^c f(x)\mathrm{d}x$,$\int_c^b f(x)\mathrm{d}x$ 都存在的条件下,上式中的各项在 $\|T\|\to 0$ 时都存在极限,因此两边同时取极限可得

$$\int_a^b f(x)\mathrm{d}x = \int_a^c f(x)\mathrm{d}x + \int_c^b f(x)\mathrm{d}x.$$

注 由于约定了 $\int_a^b f(x)\mathrm{d}x = -\int_b^a f(x)\mathrm{d}x$,当 c 不在区间 $[a,b]$ 内时,只要在给定的区间上满足可积性条件,积分的区间可加性仍然成立.

例 7.2.2 设函数 $f(x)$ 在 $[a,b]$ 上连续,$f(x)$ 非负且不恒为 0,则 $\int_a^b f(x)\mathrm{d}x > 0$.

证明 由于 $f(x)$ 在 $[a,b]$ 上连续且非负,且在 $[a,b]$ 上不恒为零,假设存在一点 $x_0 \in$

$[a,b]$，满足 $f(x_0)>0$，不失一般性，假设 x_0 不是区间的端点. 由连续函数的保号性，取 $\varepsilon=\dfrac{f(x_0)}{2}$，存在 $\delta>0$，使得 $x_0+\delta,x_0-\delta\in[a,b]$，当 $|x-x_0|<\delta$ 时，$|f(x)-f(x_0)|<\varepsilon$，即 $f(x)>\dfrac{f(x_0)}{2}$，因此

$$\int_a^b f(x)\mathrm{d}x \geqslant \int_{x_0-\delta}^{x_0+\delta} f(x)\mathrm{d}x > \frac{f(x_0)}{2}2\delta > 0.$$

结论得证！

例 7.2.3 证明不等式

$$3\sqrt{e} < \int_e^{4e} \frac{\ln x}{\sqrt{x}}\mathrm{d}x < 6.$$

证明 设 $f(x)=\dfrac{\ln x}{\sqrt{x}}$，则由 $f'(x)=\dfrac{2-\ln x}{2x\sqrt{x}}=0$，可得 $f(x)$ 在 $[e,4e]$ 上唯一的驻点为 $x=e^2$，又由 $f(e^2)=\dfrac{2}{e}$，$f(e)=\dfrac{1}{\sqrt{e}}$，$f(4e)=\dfrac{\ln 4e}{2\sqrt{e}}$，由求函数最值的方法知 $f(e)=\dfrac{1}{\sqrt{e}}$ 为函数 $f(x)$ 在 $[e,4e]$ 上的最小值，$f(e^2)=\dfrac{2}{e}$ 为最大值. 从而

$$\frac{1}{\sqrt{e}} \leqslant \frac{\ln x}{\sqrt{x}} \leqslant \frac{2}{e},$$

由积分的保序性(性质 7.2.2)得

$$3\sqrt{e}=\int_e^{4e}\frac{1}{\sqrt{e}}\mathrm{d}x < \int_e^{4e}\frac{\ln x}{\sqrt{x}}\mathrm{d}x < \int_e^{4e}\frac{2}{e}\mathrm{d}x=6.$$

7.2.4　可积函数类

根据定理 7.2.5 和定理 7.2.6，我们可以证明以下几类函数的可积性.

定理 7.2.7 若 $f(x)$ 是 $[a,b]$ 上的连续函数，则 $f(x)$ 在 $[a,b]$ 上可积.

证明 根据有限闭区间上连续函数的性质，若 $f(x)$ 在闭区间 $[a,b]$ 上连续，则必一致连续. 根据一致连续函数的性质，任给 $\varepsilon>0$，存在 $\delta>0$，对 $[a,b]$ 中任意两点 x',x''，只要 $|x'-x''|<\delta$，就有

$$|f(x')-f(x'')| < \frac{\varepsilon}{b-a}.$$

因此只要 $[a,b]$ 上的分割 T 满足 $\|T\|<\delta$，则 $f(x)$ 在任一小区间 Δx_i 上的振幅满足

$$\omega_i=M_i-m_i=\sup_{x',x''\in\Delta_i}|f(x')-f(x'')| < \frac{\varepsilon}{b-a},$$

所以有

$$\sum_T \omega_i\Delta x_i \leqslant \frac{\varepsilon}{b-a}\sum_T \Delta x_i=\varepsilon.$$

由定理 7.2.5 知 $f(x)$ 在 $[a,b]$ 上可积.

定理 7.2.8 若 $f(x)$ 是 $[a,b]$ 上只有有限个间断点的有界函数，则 $f(x)$ 在 $[a,b]$ 上可积.

证明 不失一般性，只证明 $f(x)$ 在 $[a,b]$ 上有且仅有一个间断点的情形. 由积分的区间

可加性,不妨设该间断点即为端点 b. 设 M 与 m 分别为 $f(x)$ 在 $[a,b]$ 上的上确界与下确界,且显然 $m<M$.

任给 $\varepsilon>0$, 取 $\delta'=\min\left\{\dfrac{\varepsilon}{2(M-m)},b-a\right\}$, 记 $f(x)$ 在小区间 $\Delta'=[b-\delta',b]$ 上的振幅为 ω', 则

$$\omega'\Delta'<(M-m)\frac{\varepsilon}{2(M-m)}=\frac{\varepsilon}{2}.$$

因为只有一个间断点 b, 所以 $f(x)$ 在 $[a,b-\delta']$ 上连续,因此 $f(x)$ 在区间 $[a,b-\delta']$ 上可积. 再由定理 7.2.6 知,对上述 $\varepsilon>0$ 存在 $[a,b-\delta']$ 的某个分割 $T'=\{\Delta x_1,\Delta x_2,\cdots,\Delta x_{n-1}\}$, 满足 $\sum\limits_{T}\omega_i\Delta x_i<\dfrac{\varepsilon}{2}$.

令 $T=\{\Delta x_1,\Delta x_2,\cdots,\Delta x_{n-1},\Delta x_n\}$, 其中令 $\Delta x_n=\Delta'$, 则 T 是 $[a,b]$ 的一个分割,对于 T, 有

$$\sum_{T}\omega_i\Delta x_i=\sum_{T'}\omega_i\Delta x_i+\omega'\delta'<\frac{\varepsilon}{2}+\frac{\varepsilon}{2}=\varepsilon.$$

因此 $f(x)$ 在 $[a,b]$ 上可积. 结论得证!

例 7.2.4 设函数 $f(x)$ 在 $[a,b]$ 上可积,在区间的分割 $T:a=x_0<x_1<x_2<\cdots<x_{n-1}<x_n=b$ 上,定义分段函数 $f_n(x)=\sup\limits_{x\in\Delta x_i}f(x)(1,2,\cdots,n)$, 则 $f_n(x)$ 在 $[a,b]$ 上可积,且满足

$$\lim_{n\to\infty}\int_a^b f_n(x)\mathrm{d}x=\int_a^b f(x)\mathrm{d}x.$$

证明 因为 $f_n(x)$ 是阶梯函数,其间断点不超过 $n+1$ 个,所以 $f_n(x)$ 在 $[a,b]$ 上可积. 因此

$$\left|\int_a^b f_n(x)\mathrm{d}x-\int_a^b f(x)\mathrm{d}x\right|\leqslant\int_a^b|f_n(x)-f(x)|\mathrm{d}x.$$

$$=\sum_{i=0}^{n-1}\int_{x_i}^{x_{i+1}}|f_n(x)-f(x)|\mathrm{d}x\leqslant\sum_{i=0}^{n-1}\int_{x_i}^{x_{i+1}}\omega_i\mathrm{d}x$$

$$=\sum_{i=0}^{n-1}\omega_i\Delta x_i\to 0(n\to\infty).$$

即

$$\lim_{n\to\infty}\int_a^b f_n(x)\mathrm{d}x=\int_a^b f(x)\mathrm{d}x.$$

定理 7.2.9 若 $f(x)$ 是 $[a,b]$ 上的**单调函数**,则 $f(x)$ 在 $[a,b]$ 上可积.

证明 若 $f(a)=f(b)$, 则 $f(x)$ 为常值函数,显然可积. 不妨设 $f(x)$ 为增函数,且 $f(a)<f(b)$, 对 $[a,b]$ 的任一分割 T, 由 $f(x)$ 的单调性,$f(x)$ 在每个小区间 Δx_i 上的振幅可表示为

$$\omega_i=M_i-m_i=f(x_i)-f(x_{i-1}),$$

于是有

$$\sum_{T}\omega_i\Delta x_i\leqslant\sum_{i=1}^{n}[f(x_i)-f(x_{i-1})]\|T\|=[f(b)-f(a)]\|T\|.$$

因此,对任给的 $\varepsilon>0$, 存在 $\delta=\dfrac{\varepsilon}{f(b)-f(a)}$, 对任意的分割 T 满足 $\|T\|<\delta$, 都有 $\sum\limits_{T}\omega_i\Delta x_i\leqslant\varepsilon$, 所以 $f(x)$ 在 $[a,b]$ 上可积.

7.2.5 积分中值定理

定理 7.2.10(积分第一中值定理) 若 $f(x)$ 与 $g(x)$ 都在 $[a,b]$ 上连续,且 $g(x)$ 在 $[a,b]$ 上不变号,则至少存在一点 $\xi \in [a,b]$,使得

$$\int_a^b f(x)g(x)\mathrm{d}x = f(\xi)\int_a^b g(x)\mathrm{d}x.$$

特别地,若 $f(x)$ 在 $[a,b]$ 上连续,则至少存在一点 $\xi \in [a,b]$,使得

$$\int_a^b f(x)\mathrm{d}x = f(\xi)(b-a).$$

证明 $f(x)$ 在 $[a,b]$ 上连续,因此存在最大值 M 和最小值 m. 由 $g(x)$ 在 $[a,b]$ 上不变号,不妨设 $g(x) \geqslant 0, x \in [a,b]$, 则有

$$mg(x) \leqslant f(x)g(x) \leqslant Mg(x).$$

根据定积分的保序性(性质 7.2.2)可得

$$m\int_a^b g(x)\mathrm{d}x \leqslant \int_a^b f(x)g(x)\mathrm{d}x \leqslant M\int_a^b g(x)\mathrm{d}x$$

若 $\int_a^b g(x)\mathrm{d}x = 0$,则由上式知 $\int_a^b f(x)g(x)\mathrm{d}x = 0$,因此对任意 $\xi \in [a,b]$ 结论都成立.
若 $\int_a^b g(x)\mathrm{d}x \neq 0$, 可得

$$m \leqslant \frac{\int_a^b f(x)g(x)\mathrm{d}x}{\int_a^b g(x)\mathrm{d}x} \leqslant M,$$

由连续函数的介值性知,至少存在一个 $\xi \in [a,b]$,使得

$$f(\xi) = \frac{\int_a^b f(x)g(x)\mathrm{d}x}{\int_a^b g(x)\mathrm{d}x},$$

对上式进行简单变形即得要证的结论.
上述证明过程中,令 $g(x) \equiv 1$,可得

$$\int_a^b f(x)\mathrm{d}x = f(\xi)(b-a).$$

积分第一中值定理实质上使用了连续函数的介值性,因此定理中的连续性条件不能少.

例 7.2.5 求极限 $\lim\limits_{n\to\infty} \int_n^{n+p} \dfrac{\sin x}{x}\mathrm{d}x$, p,n 为自然数.

解 因为 $f(x) = \dfrac{\sin x}{x}$ 在 $[n,n+p]$ 上连续,由积分中值定理得

$$\int_n^{n+p} \frac{\sin x}{x}\mathrm{d}x = \frac{\sin \xi}{\xi}p, \xi \in [n,n+p]$$

当 $n \to \infty$ 时,$\xi \to \infty$,又 $|\sin \xi| \leqslant 1$,所以

$$\lim_{n\to\infty} \int_n^{n+p} \frac{\sin x}{x}\mathrm{d}x = \lim_{n\to\infty} \frac{\sin \xi}{\xi}p = 0.$$

例 7.2.6 设函数 $f(x)$ 在 $[0,1]$ 上连续,在 $(0,1)$ 内可导,且 $3\int_{2/3}^1 f(x)\mathrm{d}x = f(0)$,证明

$\exists\,\xi\in(0,1)$,使 $f'(\xi)=0$.

证明　由积分中值定理,存在 $\eta\in\left[\dfrac{2}{3},1\right]$,满足

$$f(0)=3\int_{2/3}^{1}f(x)\mathrm{d}x=3\left(1-\frac{2}{3}\right)f(\eta)=f(\eta),$$

又因为 $f(x)$ 在 $[0,1]$ 上连续,在 $(0,1)$ 内可导. 故 $f(x)$ 在 $[0,\eta]$ 上满足罗尔定理的条件,可存在一点 $\xi\in(0,\eta)\subset(0,1)$,使得 $f'(\xi)=0$. 结论得证!

下面我们给出定积分的另外两个中值定理,证明从略.

定理 7.2.11(积分第二中值定理)　设函数 $f(x)$ 在 $[a,b]$ 上可积

(1) 若函数 $g(x)$ 在 $[a,b]$ 上单调递减,且 $g(x)\geqslant 0$,则存在 $\xi\in[a,b]$,使得

$$\int_{a}^{b}f(x)g(x)\mathrm{d}x=g(a)\int_{a}^{\xi}f(x)\mathrm{d}x$$

(2) 若函数 $g(x)$ 在 $[a,b]$ 上单调递增,且 $g(x)\geqslant 0$,则存在 $\eta\in[a,b]$,使得

$$\int_{a}^{b}f(x)g(x)\mathrm{d}x=g(b)\int_{\eta}^{b}f(x)\mathrm{d}x$$

定理 7.2.12(积分第三中值定理)　设函数 $f(x)$ 在 $[a,b]$ 上可积,$g(x)$ 在 $[a,b]$ 上单调,则存在 $\xi\in[a,b]$,使得

$$\int_{a}^{b}f(x)g(x)\mathrm{d}x=g(a)\int_{a}^{\xi}f(x)\mathrm{d}x+g(b)\int_{\xi}^{b}f(x)\mathrm{d}x.$$

点在开区间和闭
区间上的说明

习题 7.2

1. 证明狄里克雷函数 $D(x)=\begin{cases}1 & x\text{ 为有理数}\\0 & x\text{ 为无理数}\end{cases}$,在 $[0,1]$ 有界但不可积.

2. (1) 设 $[a,b]$ 上有界函数 $f(x)$ 的不连续点为 $\{x_n\}$,并且 $\lim\limits_{n\to\infty}x_n=c$,证明 $f(x)$ 在 $[a,b]$ 上可积.

(2) 证明函数 $f(x)=\begin{cases}0 & x=0,\\\dfrac{1}{n} & \dfrac{1}{n+1}<x\leqslant\dfrac{1}{n},n=1,2,\cdots\end{cases}$,在区间 $[0,1]$ 上可积.

(3) 证明函数 $f(x)=\mathrm{sgn}\left(\sin\dfrac{\pi}{x}\right)$ 在区间 $[0,1]$ 上可积.

3. (1) 设函数 $f(x)$ 在 $[a,b]$ 上可积,且满足 $|f(x)|\geqslant m>0$(m 为一常数),证明函数 $\dfrac{1}{f(x)}$ 在 $[a,b]$ 上可积.

(2) 设函数 $f(x),g(x)$ 在 $[a,b]$ 上可积,复合函数 $f(g(x))$ 在 $[a,b]$ 上是否一定可积?当函数 $f(x)$ 为连续函数是结论是否成立.

4. 证明:若 $f(x)$ 在 $[a,b]$ 上连续,且 $f(x)\geqslant 0$,若 $\int_{a}^{b}f(x)\mathrm{d}x=0$. 则 $f(x)\equiv 0,x\in[a,b]$.

5. 比较下列积分的大小:

(1) $\int_{0}^{1}x\mathrm{d}x$ 和 $\int_{0}^{1}\sqrt{x}\,\mathrm{d}x$;

(2) $\int_{0}^{\frac{\pi}{2}}x\mathrm{d}x$ 和 $\int_{0}^{\frac{\pi}{2}}\sin x\,\mathrm{d}x$;

(3) $\int_{0}^{1}\mathrm{e}^{-x}\mathrm{d}x$ 和 $\int_{0}^{1}\mathrm{e}^{-x^2}\mathrm{d}x$;

(4) $\int_{1}^{2}x^2\mathrm{d}x$ 和 $\int_{1}^{2}x^3\mathrm{d}x$.

6. 设 $f(x)$ 在 $[a,b]$ 上可积，则任给 $\varepsilon > 0$，存在阶梯函数 $g(x)$，使得

$$\int_a^b |f(x) - g(x)| \, \mathrm{d}x < \varepsilon.$$

7. 求下列极限：

(1) $\lim\limits_{n \to \infty} \int_0^1 \dfrac{x^n}{1+x} \, \mathrm{d}x$;

(2) $\lim\limits_{n \to \infty} \int_0^{\frac{\pi}{2}} \sin^n x \, \mathrm{d}x$;

(3) $\lim\limits_{n \to \infty} \int_0^1 \mathrm{e}^{x^n} \, \mathrm{d}x$;

(4) $\lim\limits_{n \to \infty} \int_n^{n+1} \dfrac{\cos x}{x} \, \mathrm{d}x$.

8. 证明下列不等式：

(1) $\dfrac{\pi}{2} < \displaystyle\int_0^{\pi/2} \dfrac{\mathrm{d}x}{\sqrt{1 - \dfrac{1}{2}\sin^2 x}} < \dfrac{\pi}{\sqrt{2}}$;

(2) $1 < \displaystyle\int_0^1 \mathrm{e}^{x^2} \, \mathrm{d}x < \mathrm{e}$;

(3) $\dfrac{2}{\pi} < \displaystyle\int_0^1 f(x) \mathrm{d}x < 1$，其中 $f(x) = \begin{cases} 1 & x = 0 \\ \dfrac{\sin x}{x} & 0 < x \leqslant 1 \end{cases}$.

9. 设 $f(x)$ 在 $[0,1]$ 上连续，且单调递减，证明对任意 $\beta \in [0,1]$，都有

$$\int_0^\beta f(x) \mathrm{d}x \geqslant \beta \int_0^1 f(x) \mathrm{d}x.$$

10. 设函数 $f(x), g(x)$ 在 $[a,b]$ 上可积，且 $f(x), g(x)$ 仅在有限个点处不相等，则有

$$\int_a^b f(x) \mathrm{d}x = \int_a^b g(x) \mathrm{d}x.$$

11. 证明下列不等式：

(1) 设 $f(x)$ 在 $[a,b]$ 上可积，则

$$\left(\int_a^b f(x) \sin x \, \mathrm{d}x \right)^2 + \left(\int_a^b f(x) \cos x \, \mathrm{d}x \right)^2 \leqslant (b-a) \int_a^b f^2(x) \mathrm{d}x ;$$

(2) 设 $f(x)$ 在 $[a,b]$ 上可积且非负，则

$$\left(\int_a^b f(x) \sin nx \, \mathrm{d}x \right)^2 + \left(\int_a^b f(x) \cos nx \, \mathrm{d}x \right)^2 \leqslant \left(\int_a^b f(x) \mathrm{d}x \right)^2.$$

12. 证明下列不等式：

(1) 赫尔德(Hölder)不等式：设 $f(x), g(x)$ 在 $[a,b]$ 上连续，$p > 1$，$\dfrac{1}{p} + \dfrac{1}{q} = 1$，则

$$\int_a^b |f(x)g(x)| \, \mathrm{d}x \leqslant \left(\int_a^b |f(x)|^p \mathrm{d}x \right)^{\frac{1}{p}} \left(\int_a^b |g(x)|^q \mathrm{d}x \right)^{\frac{1}{q}} ;$$

(2) 闵科夫斯基(Minkowski)不等式：设 $f(x), g(x)$ 在 $[a,b]$ 上连续，$p > 1$，则

$$\left(\int_a^b |f(x) + g(x)|^p \mathrm{d}x \right)^{\frac{1}{p}} \leqslant \left(\int_a^b |f(x)|^p \mathrm{d}x \right)^{\frac{1}{p}} + \left(\int_a^b |g(x)|^p \mathrm{d}x \right)^{\frac{1}{p}}.$$

7.3 微积分基本定理

前面使用定义只能计算一些简单的定积分，为计算更一般函数的定积分，需要建立计算定积分更有效的方法，首先给出函数变上限积分的定义：

定义 7.3.1 设函数 $f(x)$ 在区间 $[a,b]$ 上可积，并且设 x 为 $[a,b]$ 上的一点. 我们把函数

$f(x)$ 在部分区间 $[a,x]$ 上的定积分 $\int_a^x f(t)\mathrm{d}t$ 称为变上限积分.把 x 看成自变量,则它是区间 $[a,b]$ 上的函数,记为

$$F(x)=\int_a^x f(t)\mathrm{d}t\ .$$

这里我们通过定积分定义了一个新的函数,显然定积分 $\int_a^b f(t)\mathrm{d}t$ 恰好就是该函数在 b 点的值 $F(b)$. 如果能求出该函数的表达式,则定积分中求复杂和式的极限问题就变为函数的求值问题. 下面我们先分析一下这个由变上限积分定义的新函数的连续性和可导性.

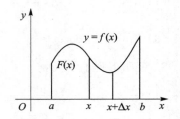

图 7.3.1　变上限积分函数

定理 7.3.1 如果函数 $f(x)$ 在区间 $[a,b]$ 可积,则函数

$$F(x)=\int_a^x f(t)\mathrm{d}t$$

在 $[a,b]$ 上连续.

　　根据积分的区间可加性以及连续函数的定义就可以证明这个结论.

定理 7.3.2 如果函数 $f(x)$ 在区间 $[a,b]$ 上连续,则变上限积分函数

$$F(x)=\int_a^x f(t)\mathrm{d}t$$

在 $[a,b]$ 上可导,并且它的导数为

$$F'(x)=\frac{\mathrm{d}}{\mathrm{d}x}\int_a^x f(t)\mathrm{d}t=f(x),\quad (a\leqslant x\leqslant b)\ .$$

　　证明　若 $x\in(a,b)$,取 Δx 使得 $x+\Delta x\in(a,b)$.

$$\Delta F=F(x+\Delta x)-F(x)=\int_a^{x+\Delta x}f(t)\mathrm{d}t-\int_a^x f(t)\mathrm{d}t$$

$$=\int_a^x f(t)\mathrm{d}t+\int_x^{x+\Delta x}f(t)\mathrm{d}t-\int_a^x f(t)\mathrm{d}t=\int_x^{x+\Delta x}f(t)\mathrm{d}t.$$

应用积分中值定理,得

$$\Delta F=\int_x^{x+\Delta x}f(t)\mathrm{d}t=f(\xi)\Delta x,$$

其中 ξ 介于 x 与 $x+\Delta x$ 之间,当 $\Delta x\to 0$ 时, $\xi\to x$.于是

$$F'(x)=\lim_{\Delta x\to 0}\frac{\Delta F}{\Delta x}=\lim_{\Delta x\to 0}f(\xi)=\lim_{\xi\to x}f(\xi)=f(x)\ .$$

　　若 $x=a$,取 $\Delta x>0$,则同理可证 $F'_+(a)=f(a)$;

　　若 $x=b$,取 $\Delta x<0$,则同理可证 $F'_-(b)=f(b)$.

　　根据这个定理,我们立即可以得到下面的结论.

定理 7.3.3 如果函数 $f(x)$ 在区间 $[a,b]$ 上连续, 则函数

$$F(x)=\int_a^x f(t)\mathrm{d}t$$

就是 $f(x)$ 在 $[a,b]$ 上的一个原函数.

　　这个定理肯定了连续函数的原函数是存在的,回答了上一章中原函数的存在性问题.但初等函数的原函数不一定是初等函数.

例 7.3.1 求 $F(x) = \int_0^x t \sin t \, dt$，$G(x) = \int_0^{x^2} \sin t \, dt$ 的导数.

初等函数的原函数
进一步讨论

解　由定理 7.3.2，$F'(x) = x \sin x$.

对积分上限是函数的变上限积分，可理解为复合函数的变上限积分

令 $u = x^2$，则 $G(x) = H(u) = \int_0^u \sin t \, dt$，根据复合函数求导法则

$$G'(x) = H'(u)u'(x) = \frac{d}{du} \int_0^u \sin t \, dt \, \frac{dx^2}{dx} = \sin x^2 \, 2x.$$

一般地，如果积分上限 $\varphi(x)$ 是可导函数，且被积函数 $f(x)$ 连续，则相应变上限积分的导数为

$$\frac{d}{dx} \left[\int_a^{\varphi(x)} f(t) \, dt \right] = f[\varphi(x)] \, \varphi'(x).$$

如果积分上、下限均是 x 的可导函数，则可以根据积分的区间可加性，将其变为两个变上限积分进行计算，其求导的一般形式为

$$\frac{d}{dx} \left[\int_{\psi(x)}^{\varphi(x)} f(t) \, dt \right] = f[\varphi(x)] \, \varphi'(x) - f[\psi(x)] \, \psi'(x).$$

例 7.3.2 求 $\displaystyle \lim_{x \to 0} \frac{\int_{\cos x}^1 e^{-t^2} \, dt}{x^2}$.

变上限积分函数

解　这是一个 $\dfrac{0}{0}$ 不定型，由 L'Hospital 法则，

$$\lim_{x \to 0} \frac{\int_{\cos x}^1 e^{-t^2} \, dt}{x^2} = \lim_{x \to 0} \frac{-\int_1^{\cos x} e^{-t^2} \, dt}{x^2} = \lim_{x \to 0} \frac{\sin x \, e^{-\cos^2 x}}{2x} = \frac{1}{2e}.$$

例 7.3.3 设 $f(x)$ 在 $[0, +\infty)$ 内连续且 $f(x) > 0$. 证明函数 $F(x) = \dfrac{\displaystyle\int_0^x t f(t) \, dt}{\displaystyle\int_0^x f(t) \, dt}$ 在 $[0, +\infty)$ 内为单调增加函数.

证明　由于 $\dfrac{d}{dx} \int_0^x t f(t) \, dt = x f(x)$，$\dfrac{d}{dx} \int_0^x f(t) \, dt = f(x)$，则

$$F'(x) = \frac{x f(x) \int_0^x f(t) \, dt - f(x) \int_0^x t f(t) \, dt}{\left[\int_0^x f(t) \, dt \right]^2} = \frac{f(x) \int_0^x (x - t) f(t) \, dt}{\left[\int_0^x f(t) \, dt \right]^2}.$$

由假设条件，当 $0 \leqslant t \leqslant x$ 时 $f(t) > 0$，$(x - t) f(t) \geqslant 0$，所以

$$\int_0^x f(t) \, dt > 0, \quad \int_0^x (x - t) f(t) \, dt > 0.$$

上面第二个积分严格大于 0 是因为被积函数在积分区间上不恒为 0. 从而 $F'(x) > 0 \, (x > 0)$ 这就证明了 $F(x)$ 在 $(0, +\infty)$ 内为单调增加函数.

下面我们使用变上限积分函数的语言，给出微积分中最重要的结论：

定理 7.3.4 若函数 $F(x)$ 是连续函数 $f(x)$ 在区间 $[a, b]$ 上的任意一个原函数，则有如下牛顿–莱布尼茨（Newton－Leibniz）公式.

$$\int_a^b f(x)\mathrm{d}x = [F(x)]_a^b = F(x)\,|_a^b = F(b) - F(a)\,.$$

证明 根据变上限积分的定义，$\Phi(x) = \int_a^x f(t)\mathrm{d}t$ 是 $f(x)$ 的一个原函数，且显然有结论

$$\Phi(b) = \int_a^b f(t)\mathrm{d}t$$

对任意原函数 $F(x)$，则存在常数 C，使

$$F(x) - \Phi(x) = C, \quad (a \leqslant x \leqslant b)\,.$$

当 $x = a$ 时，有 $F(a) - \Phi(a) = C$，而 $\Phi(a) = 0$，所以 $F(a) = C$；当 $x = b$ 时，$F(b) - \Phi(b) = C$，所以 $F(b) - \Phi(b) = F(a)$，即 $F(b) - F(a) = \Phi(b)$，因此对任意原函数 $F(x)$ 成立

$$\int_a^b f(x)\mathrm{d}x = F(b) - F(a)\,.$$

注 方便起见，通常用下面的记号来表示函数在区间端点处的增量：

$$[F(x)]_a^b = F(x)\,\Big|_a^b = F(b) - F(a)\,.$$

定理 7.3.3 说明连续函数一定存在原函数，定理 7.3.4 将定积分与原函数联系在一起，这两个定理建立了微分学与积分学的联系，我们把它们称为微积分基本定理. 微积分基本定理是一个非常重要的结论，在一定条件下它将变速运动的路程、曲线所围的面积等复杂、烦琐、困难的运算，变成了容易求解的求不定积分问题. 在计算定积分的过程中仅需找到被积函数的任意一个原函数，然后代入牛顿—莱布尼茨公式即可.

例 7.3.4 计算 $\int_0^1 x^2 \mathrm{d}x$.

解 由于 $\frac{1}{3}x^3$ 是 x^2 的一个原函数，所以

$$\int_0^1 x^2 \mathrm{d}x = \left[\frac{1}{3}x^3\right]\Big|_0^1 = \frac{1}{3} \cdot 1^3 - \frac{1}{3} \cdot 0^3 = \frac{1}{3}\,.$$

注 比较和使用定义直接计算的区别.

例 7.3.5 计算余弦曲线 $y = \cos x$ 在 $\left[0, \frac{\pi}{2}\right]$ 上与 x 轴所围成的平面图形的面积.

解 该图形是曲边梯形的一个特例. 它的面积为：

$$S = \int_0^{\frac{\pi}{2}} \cos x \, \mathrm{d}x = \sin x \,\Big|_0^{\frac{\pi}{2}} = 1 - 0 = 1\,.$$

例 7.3.6 计算定积分 $I = \int_0^1 \sqrt{1 - x^2}\,\mathrm{d}x$

解 令 $x = \sin t$，则

$$I = \int_0^1 \sqrt{1 - x^2}\,\mathrm{d}x = \int_0^{\frac{\pi}{2}} \cos^2 t \,\mathrm{d}t = \frac{1}{2}\int_0^{\frac{\pi}{2}} (1 + \cos 2t)\,\mathrm{d}t = \frac{1}{2}\left(t + \frac{\sin 2t}{2}\right)\,\Big|_0^{\frac{\pi}{2}} = \frac{\pi}{4}\,.$$

注 比较用该积分的几何意义所得的结果.

牛顿—莱布尼茨公式是计算定积分的有效方法，为从数学上计算定积分提供了途径，如下列极限问题可以转化为定积分然后使用 Newton–Leibniz 公式进行求解.

例 7.3.7 计算下列极限

(1) $\displaystyle\lim_{n \to \infty} n\left(\frac{1}{n^2 + 1} + \frac{1}{n^2 + 2^2} + \cdots + \frac{1}{n^2 + n^2}\right)$;

(2) $\lim\limits_{n\to\infty}\dfrac{1}{n}\left[\sin\dfrac{\pi}{n}+\sin\dfrac{2\pi}{n}+\cdots+\sin\dfrac{(n-1)\pi}{n}\right]$.

解　(1)

$$\lim_{n\to\infty}n\left(\frac{1}{n^2+1}+\frac{1}{n^2+2^2}+\cdots+\frac{1}{n^2+n^2}\right)$$

$$=\lim_{n\to\infty}\left[\frac{1}{1+\left(\frac{1}{n}\right)^2}+\frac{1}{1+\left(\frac{2}{n}\right)^2}+\cdots+\frac{1}{1+\left(\frac{n}{n}\right)^2}\right]\cdot\frac{1}{n}$$

$$=\lim_{n\to\infty}\sum_{i=1}^{n}\frac{1}{1+\left(\frac{i}{n}\right)^2}\cdot\frac{1}{n}=\int_0^1\frac{1}{1+x^2}\mathrm{d}x$$

$$=\arctan x\,\big|_0^1=\frac{\pi}{4}.$$

(2)

$$\lim_{n\to\infty}\frac{1}{n}\left[\sin\frac{\pi}{n}+\sin\frac{2\pi}{n}+\cdots+\sin\frac{(n-1)\pi}{n}\right]$$

$$=\lim_{n\to\infty}\frac{1}{\pi}\sum_{i=1}^{n}\sin\frac{(i-1)\pi}{n}\cdot\frac{\pi}{n}=\frac{1}{\pi}\int_0^\pi\sin x\,\mathrm{d}x=\frac{1}{\pi}(-\cos x)\,\big|_0^\pi=\frac{2}{\pi}.$$

定积分的计算

使用牛顿-莱布尼茨公式求定积分,主要在于求出原函数,因此计算不定积分是计算定积分的重要基础,并且计算不定积分的方法和技巧在此都可以继续使用. 类似于不定积分的换元积分法和分部积分法,我们有如下结论.

定理 7.3.5 设函数 $f(x)$ 在 $[a,b]$ 上连续,函数 $x=\varphi(t)$ 满足

(1) $\varphi(\alpha)=a$,$\varphi(\beta)=b$

(2) $\varphi(t)$ 在 $[\alpha,\beta]$(或 $[\beta,\alpha]$)上具有连续的导函数,且 $a\leqslant\varphi(t)\leqslant b$,则

$$\int_a^b f(x)\mathrm{d}x=\int_\alpha^\beta f\left[\varphi(t)\right]\varphi'(t)\mathrm{d}t.$$

证明　由于上式两边都是连续函数,因此都存在原函数,设 $F(x)$ 是 $f(x)$ 在 $[a,b]$ 上的一个原函数,则由复合函数求导法则,

$$\frac{\mathrm{d}}{\mathrm{d}t}F(\varphi(t))=F'(\varphi(t))\varphi'(t)=f(\varphi(t))\varphi'(t),$$

可见 $F(\varphi(t))$ 是 $f(\varphi(t))\varphi'(t)$ 的一个原函数. 根据 Newton – Leibniz 公式,得

$$\int_\alpha^\beta f\left[\varphi(t)\right]\varphi'(t)\mathrm{d}t=F(\varphi(\beta))-F(\varphi(\alpha))=F(b)-F(a)=\int_a^b f(x)\mathrm{d}x.$$

该定理说明,计算不定积分的换元积分法在计算定积分时仍然成立,但可以省去回代的过程,在一定程度上使用起来更加简便.

定理 7.3.6 设 $u(x)$,$v(x)$ 在 $[a,b]$ 上连续可导,则

$$\int_a^b u(x)\mathrm{d}v(x)=(u(x)v(x))\,\big|_a^b-\int_a^b v(x)\mathrm{d}u(x),$$

或

$$\int_a^b u(x)v'(x)\mathrm{d}x=(u(x)v(x))\,\big|_a^b-\int_a^b v(x)u'(x)\mathrm{d}x.$$

例 **7.3.8** 计算定积分

(1) $\int_0^2 \sqrt{2x-x^2}\,dx$;   (2) $\int_0^2 x e^{\frac{x}{2}}\,dx$.

解 (1) 法一：由 $\sqrt{2x-x^2}=\sqrt{1-(x-1)^2}$ ，令 $x-1=\sin t$ ，$\left(-\dfrac{\pi}{2}\leqslant t\leqslant\dfrac{\pi}{2}\right)$ ，则

$t=\arcsin(x-1)$ ，当 $x=0$ 时，$t=-\dfrac{\pi}{2}$ ，当 $x=2$ 时，$t=\dfrac{\pi}{2}$ ，则

$$\int_0^2 \sqrt{2x-x^2}\,dx=\int_{-\frac{\pi}{2}}^{\frac{\pi}{2}}\sqrt{1-\sin^2 t}\cos t\,dt=\int_{-\frac{\pi}{2}}^{\frac{\pi}{2}}\cos^2 t\,dt=\int_{-\frac{\pi}{2}}^{\frac{\pi}{2}}\frac{1+\cos 2t}{2}\,dt=\frac{\pi}{2}.$$

法二：由定积分的几何意义知，$\int_0^2 \sqrt{2x-x^2}\,dx$ 等于上半圆周 $(x-1)^2+y^2=1$（$y\geqslant 0$）

与 x 轴所围成图形的面积，故 $\int_0^2 \sqrt{2x-x^2}\,dx=\dfrac{\pi}{2}$.

(2) $\int_0^2 x e^{\frac{x}{2}}\,dx=2x e^{\frac{x}{2}}\Big|_0^2-2\int_0^2 e^{\frac{x}{2}}\,dx=4e-4e^{\frac{x}{2}}\Big|_0^2=4e-4e+4=4.$

例 **7.3.9** 设 $f(x)$ 在对称区间 $[-a,a]$ 上可积，

(1) 若 $f(x)$ 是 $[-a,a]$ 上的偶函数，则

$$\int_{-a}^a f(x)\,dx=2\int_0^a f(x)\,dx ;$$

(2) 若 $f(x)$ 是 $[-a,a]$ 上的奇函数，则

$$\int_{-a}^a f(x)\,dx=0.$$

证明 由

$$\int_{-a}^a f(x)\,dx=\int_{-a}^0 f(x)\,dx+\int_0^a f(x)\,dx ,$$

在右端第一项中，令 $x=-t$ ，得

$$\int_{-a}^0 f(x)\,dx=\int_a^0 f(-t)\,d(-t)=\int_0^a f(-t)\,dt ,$$

当 $f(x)$ 是偶函数时，$\int_0^a f(-t)\,dt=\int_0^a f(t)\,dt$ ；当 $f(x)$ 是奇函数时，$\int_0^a f(-t)\,dt=$ $-\int_0^a f(t)\,dt$. 代入前面的式子可得所需结论.

在一些具体的计算中利用例 7.3.9 中的这些性质有时可以大幅简化计算过程.

例 **7.3.10** 计算定积分 $\int_{-\pi}^{\pi} x^4\sin x\,dx$.

解 由于函数 $y=x^4\sin x$ 是 $[-\pi,\pi]$ 上的奇函数，则 $\int_{-\pi}^{\pi} x^4\sin x\,dx=0$.

例 **7.3.11** 计算定积分 $\int_{-\frac{1}{2}}^{\frac{1}{2}}\dfrac{(\arcsin x)^2}{\sqrt{1-x^2}}\,dx$ ；

解 由于函数 $y=\dfrac{(\arcsin x)^2}{\sqrt{1-x^2}}$ 是 $\left[-\dfrac{1}{2},\dfrac{1}{2}\right]$ 上的偶函数，所以

$$\int_{-\frac{1}{2}}^{\frac{1}{2}}\frac{(\arcsin x)^2}{\sqrt{1-x^2}}\,dx=2\int_0^{\frac{1}{2}}\frac{(\arcsin x)^2}{\sqrt{1-x^2}}\,dx=2\int_0^{\frac{1}{2}}(\arcsin x)^2\,d(\arcsin x)$$

$$= \frac{2}{3}(\arcsin x)^3 \Big|_0^{\frac{1}{2}} = \frac{2}{3}\left[\left(\arcsin \frac{1}{2}\right)^3 - 0\right] = \frac{2}{3} \cdot \left(\frac{\pi}{6}\right)^3 = \frac{\pi^3}{324}.$$

例 7.3.12 设 $f(x)$ 是以 T 为周期的周期函数，则对任意的 a，有

$$\int_a^{a+T} f(x)\mathrm{d}x = \int_0^T f(x)\mathrm{d}x.$$

证明 $\displaystyle\int_a^{a+T} f(x)\mathrm{d}x = \int_a^0 f(x)\mathrm{d}x + \int_0^T f(x)\mathrm{d}x + \int_T^{a+T} f(x)\mathrm{d}x,$

在右端第三项中令 $x = t + T$，则

$$\int_T^{a+T} f(x)\mathrm{d}x = \int_0^a f(t+T)\mathrm{d}t = \int_0^a f(t)\mathrm{d}t = \int_0^a f(x)\mathrm{d}x.$$

代入后可得结论.

例 7.3.13 设在区间 $[a,b]$ 上函数 $f(x)$ 连续且 $f(x) > 0$，$F(x) = \displaystyle\int_a^x f(t)\mathrm{d}t + \int_b^x \frac{1}{f(t)}\mathrm{d}t$，证明：(1) $F'(x) \geqslant 2$；(2) $F(x) = 0$ 在 $[a,b]$ 中有且仅有一个实根.

证明 (1) 因为 $f(x)$ 在 $[a,b]$ 上连续，所以 $F(x)$ 在 $[a,b]$ 上可微，且

$$F'(x) = f(x) + \frac{1}{f(x)} \geqslant 2\sqrt{f(x) \cdot \frac{1}{f(x)}} = 2.$$

(2) 由(1)可知 $F'(x) \geqslant 2 > 0$，所以 $F(x)$ 在 $[a,b]$ 上单调递增. 因为对一切 $x \in [a,b]$，$f(x) > 0$，所以

$$F(a) = \int_a^a f(t)\mathrm{d}t + \int_b^a \frac{1}{f(t)}\mathrm{d}t = \int_b^a \frac{1}{f(t)}\mathrm{d}t = -\int_a^b \frac{1}{f(t)}\mathrm{d}t < 0,$$

$$F(b) = \int_a^b f(t)\mathrm{d}t + \int_b^b \frac{1}{f(t)}\mathrm{d}t = \int_a^b f(t)\mathrm{d}t > 0.$$

由 $F(x)$ 的连续性和单调性可知，$F(x) = 0$ 在 $[a,b]$ 中有且仅有一个实根.

例 7.3.14 设 $f(x)$ 连续，证明：

$$\lim_{h \to 0} \int_a^b \frac{f(x+h) - f(x)}{h}\mathrm{d}x = f(b) - f(a).$$

证

$$\lim_{h \to 0} \int_a^b \frac{f(x+h) - f(x)}{h}\mathrm{d}x = \lim_{h \to 0} \frac{1}{h}\left[\int_a^b f(x+h)\mathrm{d}x - \int_a^b f(x)\mathrm{d}x\right]$$

$$= \lim_{h \to 0} \frac{1}{h}\left[\int_{a+h}^{b+h} f(t)\mathrm{d}t - \int_a^b f(x)\mathrm{d}x\right]$$

$$= \lim_{h \to 0} \frac{1}{h}\left[\int_{a+h}^a f(x)\mathrm{d}x + \int_b^{b+h} f(x)\mathrm{d}x\right],$$

使用 L'Hospital 法则可得

$$\lim_{h \to 0} \int_a^b \frac{f(x+h) - f(x)}{h}\mathrm{d}x = \lim_{h \to 0}[f(b+h) - f(a+h)] = f(b) - f(a).$$

例 7.3.15 设 $f(x)$ 在 $[a,b]$ 上二次连续可微，$f\left(\dfrac{a+b}{2}\right) = 0$，证明：

$$\left|\int_a^b f(x)\mathrm{d}x\right| \leqslant \frac{M(b-a)^3}{24},$$

其中 M 是 $|f''(x)|$ 的上界.

解　将 $f(x)$ 在 $x = \dfrac{a+b}{2}$ 处 Taylor 展开,得

$$f(x) = f'\left(\frac{a+b}{2}\right)\left(x - \frac{a+b}{2}\right) + \frac{1}{2}f''(\xi)\left(x - \frac{a+b}{2}\right)^2,$$

其中 ξ 介于 x 和 $\dfrac{a+b}{2}$ 之间. 将上式两边积分,根据右边第一项积分为零,可得

$$\left|\int_a^b f(x)\,\mathrm{d}x\right| \leqslant \frac{1}{2}\int_a^b |f''(\xi)|\left(x - \frac{a+b}{2}\right)^2\mathrm{d}x$$

$$\leqslant \frac{M}{6}\left(x - \frac{a+b}{2}\right)^3\Big|_a^b = \frac{M(b-a)^3}{24}.$$

例 7.3.16　计算 $\displaystyle\int_0^{\pi/2}\sin^n x\,\mathrm{d}x$ 与 $\displaystyle\int_0^{\pi/2}\cos^n x\,\mathrm{d}x\ (n = 1, 2, \cdots)$.

解　利用分部积分法,可得

$$I_n = \int_0^{\pi/2}\sin^n x\,\mathrm{d}x = -\int_0^{\pi/2}\sin^{n-1}x\,\mathrm{d}\cos x$$

$$= (-\cos x \sin^{n-1}x)\,|_0^{\pi/2} + (n-1)\int_0^{\pi/2}\sin^{n-2}x\cos^2 x\,\mathrm{d}x$$

$$= (n-1)\int_0^{\pi/2}\sin^{n-2}x(1-\sin^2 x)\,\mathrm{d}x$$

$$= (n-1)I_{n-2} - (n-1)I_n.$$

由此可知 $I_n = \dfrac{n-1}{n}I_{n-2}$,通过递归可得:

当 $n = 2k$ 时,

$$I_n = I_{2k} = \frac{2k-1}{2k}I_{2k-2} = \frac{2k-1}{2k}\cdot\frac{2k-3}{2k-2}\cdots\frac{1}{2}I_0 = \frac{(2k-1)!!}{(2k)!!}\cdot\frac{\pi}{2};$$

当 $n = 2k+1$ 时,

$$I_n = I_{2k+1} = \frac{2k}{2k+1}I_{2k-1} = \frac{2k}{2k+1}\cdot\frac{2k-2}{2k-1}\cdots\frac{2}{3}I_1 = \frac{(2k)!!}{(2k+1)!!}.$$

令 $x = \dfrac{\pi}{2} - t$,可得

$$\int_0^{\pi/2}\cos^n x\,\mathrm{d}x = -\int_{\pi/2}^0\cos^n\left(\frac{\pi}{2} - t\right)\mathrm{d}t = \int_0^{\pi/2}\sin^n x\,\mathrm{d}x.$$

即

$$\int_0^{\pi/2}\sin^n x\,\mathrm{d}x = \int_0^{\pi/2}\cos^n x\,\mathrm{d}x = \begin{cases} \dfrac{(n-1)!!}{n!!}\cdot\dfrac{\pi}{2}, & n = 2k \\[2mm] \dfrac{(n-1)!!}{n!!}, & n = 2k+1 \end{cases}.$$

例 7.3.17　设 $f(x)$ 在 (a, b) 上有直到 $n+1$ 阶的连续导数,对于任意的 $x_0 \in (a, b)$,有

$$f(x) = f(x_0) + \sum_{k=1}^n \frac{f^{(i)}(x_0)}{k!}(x - x_0)^k + R_n(x),$$

其中 $R_n(x) = \dfrac{1}{n!}\displaystyle\int_{x_0}^{x}(x-t)^n f^{(n+1)}(t)\mathrm{d}t, x \in (a,b)$.

证明　多次使用分部积分公式可得

$$f(x) = f(x_0) + \int_{x_0}^{x} f'(t)\mathrm{d}t$$

$$= f(x_0) + \int_{x_0}^{x} f'(t)\mathrm{d}(t-x)$$

$$= f(x_0) + (t-x)f'(t)\Big|_{x_0}^{x} - \int_{x_0}^{x}(t-x)f''(t)\mathrm{d}t$$

$$= f(x_0) + (x-x_0)f'(x_0) - \left\{\frac{(t-x)^2}{2}f''(t)\Big|_{x_0}^{x} - \int_{x_0}^{x}\frac{(t-x)^2}{2}f'''(t)\mathrm{d}t\right\}$$

$$= f(x_0) + (x-x_0)f'(x_0) + \frac{(x-x_0)^2}{2}f''(x_0) + \cdots + \frac{(x-x_0)^n}{n!}f^{(n)}(x_0) +$$

$$\frac{1}{n!}\int_{x_0}^{x}(x-t)^n f^{(n+1)}(t)\mathrm{d}t.$$

注　该结论中的 $R_n(x)$ 也称为 Taylor 公式的积分余项.

习题 7.3

1. 利用定积分求极限：

(1) $\displaystyle\lim_{n\to\infty}\frac{1}{n^4}(1 + 2^3 + \cdots + n^3)$；

(2) $\displaystyle\lim_{n\to\infty} n\left[\frac{1}{(n+1)^2} + \frac{1}{(n+2)^2} + \cdots + \frac{1}{(n+n)^2}\right]$；

(3) $\displaystyle\lim_{n\to\infty}\sum_{k=1}^{n}\frac{\sin\dfrac{k}{n}\pi}{n + \dfrac{k}{n}}$；　　　　(4) $\displaystyle\lim_{n\to\infty}\sum_{k=1}^{n}\left(1 + \frac{k}{n}\right)\sin\frac{k\pi}{n^2}$.

2. 求下列极限：

(1) $\displaystyle\lim_{x\to 0}\frac{1}{x}\int_{0}^{x}\cos t^2\,\mathrm{d}t$；　　　　(2) $\displaystyle\lim_{x\to\infty}\frac{\left(\displaystyle\int_{0}^{x}\mathrm{e}^{t^2}\mathrm{d}t\right)^2}{\displaystyle\int_{0}^{x}\mathrm{e}^{2t^2}\mathrm{d}t}$.

3. 计算下列定积分：

(1) $\displaystyle\int_{1}^{4}\frac{1}{x(1+\sqrt{x})}\mathrm{d}x$；　　　　(2) $\displaystyle\int_{1/4}^{1/2}\frac{\arcsin\sqrt{x}}{\sqrt{x(1-x)}}\mathrm{d}x$；

(3) $\displaystyle\int_{0}^{1}\frac{1}{(x^2-x+1)^{\frac{3}{2}}}\mathrm{d}x$；　　　　(4) $\displaystyle\int_{0}^{\pi/2}\frac{\cos x}{\sin x + \cos x}\mathrm{d}x$；

(5) $\displaystyle\int_{-1}^{1}\frac{x\,\mathrm{d}x}{\sqrt{5-4x}}$；　　　　(6) $\displaystyle\int_{0}^{a}x^2\sqrt{a^2-x^2}\,\mathrm{d}x$；

(7) $\displaystyle\int_{0}^{\ln 2}\sqrt{\mathrm{e}^x - 1}\,\mathrm{d}x$；　　　　(8) $\displaystyle\int_{-2}^{-1}\frac{1}{x\sqrt{x^2-1}}\mathrm{d}x$；

(9) $\displaystyle\int_0^\pi \frac{x\sin x}{1+\cos^2 x}\mathrm{d}x$；

(10) $\displaystyle\int_0^2 \frac{1+x^2}{1+x^4}\mathrm{d}x$.

4．计算定积分：

(1) $\displaystyle\int_0^2 \max\{x^2,x\}\mathrm{d}x$；

(2) $\displaystyle\int_{-1}^1 \frac{2x^2+x}{1+\sqrt{1-x^2}}\mathrm{d}x$；

(3) $\displaystyle\int_0^\pi \sqrt{\sin^3 x-\sin^5 x}\,\mathrm{d}x$；

(4) $\displaystyle\int_{1/e}^e |\ln x|\,\mathrm{d}x$；

(5) $\displaystyle\int_0^2 (2x+1)\sqrt{2x-x^2}\,\mathrm{d}x$；

(6) $\displaystyle\int_0^1 x(\arctan x)^2\,\mathrm{d}x$；

(7) $\displaystyle\int_0^1 \frac{\ln(1+x)}{1+x^2}\mathrm{d}x$；

(8) $\displaystyle\int_0^{\ln 2} x\,\mathrm{e}^{-x}\,\mathrm{d}x$；

(9) $\displaystyle\int_0^1 x^2\sqrt{1-x^2}\,\mathrm{d}x$；

(10) $\displaystyle\int_0^2 \frac{x\sqrt{4-x^2}}{\sqrt{4+x^2}}\mathrm{d}x$.

5．函数 $f(x)$ 在 $[0,+\infty)$ 上连续，且 $\lim\limits_{x\to+\infty}f(x)=a$．证明 $\lim\limits_{x\to+\infty}\dfrac{1}{x}\displaystyle\int_0^x f(t)\mathrm{d}t=a$．

6．设函数 $f(x)$ 在 $[0,1]$ 上连续，且 $f(x)>0$，试将下面极限表示为积分形式

$$\lim_{n\to\infty}\sqrt[n]{f\left(\frac{1}{n}\right)f\left(\frac{2}{n}\right)\cdots f\left(\frac{n-1}{n}\right)f\left(\frac{n}{n}\right)}.$$

7．设 $f(x)$ 在 $[a,b]$ 上连续，且单调增加，证明：

$$\int_a^b xf(x)\mathrm{d}x\geqslant\frac{a+b}{2}\int_a^b f(x)\mathrm{d}x.$$

8．若函数 $f(x)$ 连续可导，且 $f(0)=0,f(1)=1$．求证：

$$\int_0^1 |f(x)-f'(x)|\,\mathrm{d}x\geqslant\frac{1}{\mathrm{e}}.$$

9．证明：$\displaystyle\int_0^{\frac{\pi}{2}}(\sin\theta-\cos\theta)\ln(\sin\theta+\cos\theta)\mathrm{d}\theta=0$．

10．设 $f(x)$ 在 $[a,b]$ 上连续，且满足条件：

$$\int_a^b x^k f(x)\mathrm{d}x=0,(k=0,1,\cdots,n),$$

证明函数 $f(x)$ 在 (a,b) 内至少有 $n+1$ 个不同的零点．

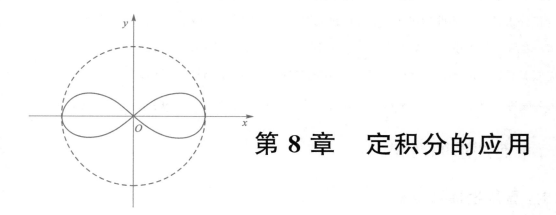

第8章 定积分的应用

定积分的概念和相关理论应用非常广泛.本章将介绍定积分在计算平面图形面积、空间立体体积等一些几何和物理上的应用.希望读者通过本章的学习,不仅能够掌握一些具体应用的计算公式,而且能够学会将实际问题转化为数学问题,并用定积分解决实际问题的思想方法.

下面看两个实际的例子:

问题 1 在机械制造中,某凸轮横截面的轮廓线是由极坐标方程 $r=a(1+\cos\theta),(a>0)$ 确定的,计算该凸轮的横截面面积.

问题 2 修建一道梯形闸门,它的两条底边分别长 6 m 和 4 m,高为 6 m,较长的底边与水面平齐,计算注满水后闸门一侧所受水的压力.

微元法

为了解决这些问题,我们首先介绍使用定积分解决实际问题的常用方法——微元法.

回顾求曲边梯形面积 A 的方法和步骤:

(1) 分割:将区间 $[a,b]$ 分成 n 个小区间,相应可以得到 n 个小曲边梯形,小曲边梯形的面积记为 $\Delta A_i(i=1,2,\cdots n)$;

(2) 近似:$\Delta A_i\approx f(\xi_i)\Delta x_i$(其中 $\Delta x_i=x_i-x_{i-1},\xi_i\in[x_{i-1},x_i]$);

(3) 求和:$A\approx\sum\limits_{i=1}^{n}f(\xi_i)\Delta x_i$;

(4) 取极限:$A=\lim\limits_{\lambda\to 0}\sum\limits_{i=1}^{n}f(\xi_i)\Delta x_i=\int_a^b f(x)\mathrm{d}x$.

其中第(2)步确定的 $\Delta A_i\approx f(\xi_i)\Delta x_i$ 是被积表达式 $f(x)\mathrm{d}x$ 的雏形.这可以从以下过程来理解:由于分割的任意性,为了简便起见,对 $\Delta A_i\approx f(\xi_i)\Delta x_i$ 省略下标,得 $\Delta A\approx f(\xi)\Delta x$,用 $[x,x+\mathrm{d}x]$ 表示 $[a,b]$ 内一个分割中的典型小区间,并取小区间的左端点 x 为 ξ,则 ΔA 的近似值就是以 $\mathrm{d}x$ 为底,$f(x)$ 为高的小矩形的面积(如图 8.0.1 阴影部分),即 $\Delta A\approx f(x)\mathrm{d}x$.

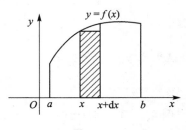

图 8.0.1

通常称 $f(x)\mathrm{d}x$ 为面积元素,记为 $\mathrm{d}A=f(x)\mathrm{d}x$.

使用定积分来计算上述曲边梯形的面积,我们可以合并(3),(4)两步,在求得面积元素 $dA = f(x)dx$ 之后,就可得到定积分 $A = \int_a^b f(x)dx$,即可求得曲边梯形的面积.

类似上面的讨论,使用定积分来解决实际问题时,只需先求出被积表达式,再求定积分的这种方法一般称为微元法. 对近似 $f(\xi_i)\Delta x_i$ 的一般要求是满足 $\lim\limits_{\lambda \to 0}\sum\limits_{i=1}^{n} \mid f(\xi_i)\Delta x_i - \Delta A_i \mid = 0$.

8.1　平面图形的面积

8.1.1　直角坐标系情形

由定积分的导出过程知,对曲线 $y = f(x)$,当 $f(x)$ 非负时,它和直线 $x = a$,$x = b$,$y = 0$ 所围成的曲边梯形的面积等于其定积分,即 $A = \int_a^b f(x)dx$. 下面通过"微元法"思想来分析并求解更一般的平面图形的面积. 下面讨论如下两种情形:

1. 由两条连续曲线 $y = f_1(x)$,$y = f_2(x)(f_1(x) \leqslant f_2(x))$,及直线 $x = a$,$x = b(a < b)$ 所围成的平面图形的面积 A(如图 8.1.1).

下面用微元法求面积 A.

(1) 取 x 为积分变量,$x \in [a,b]$;

(2) 在区间 $[a,b]$ 上任取一小区间 $[x,x+dx]$,该区间上小曲边梯形的面积 ΔA 可以由高为 $f_2(x) - f_1(x)$,底边长为 dx 的小矩形的面积来近似,从而可得面积微元

$$dA = [f_2(x) - f_1(x)]dx.$$

(3) 所求平面图形的面积为

$$A = \int_a^b [f_2(x) - f_1(x)]dx.$$

2. 由两条曲线 $x = g_1(y)$,$x = g_2(y)(g_1(y) \leqslant g_2(y))$,及直线 $y = c$,$y = d$ 所围成的平面图形(如图 8.1.2)的面积.

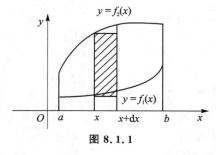

图 8.1.1

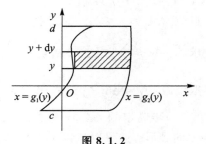

图 8.1.2

这里取 y 为积分变量,$y \in [c,d]$,类似上面的方法可以推出:

$$A = \int_c^d [g_2(y) - g_1(y)]dy.$$

例 8.1.1　求曲线 $y = x^2$ 与 $y = 2x - x^2$ 所围图形的面积.

解　由方程组 $\begin{cases} y = x^2 \\ y = 2x - x^2 \end{cases}$,得两条曲线的交点为 $O(0,0)$,$A(1,1)$,所围图形如图 8.1.3

所示. 取 x 为积分变量,$x\in[0,1]$. 由公式得

$$A=\int_0^1(2x-x^2-x^2)\mathrm{d}x=\left[x^2-\frac{2}{3}x^3\right]_0^1=\frac{1}{3}.$$

例 8.1.2 求曲线 $y^2=2x$ 与 $y=x-4$ 所围图形的面积.

解　联立方程组 $\begin{cases}y^2=2x\\y=x-4\end{cases}$,解得两条曲线的交点坐标为 $A(2,-2),B(8,4)$,所围图形如

图 8.1.4 所示. 取 y 为积分变量,$y\in[-2,4]$,将两曲线方程分别改写为 $x=\dfrac{1}{2}y^2$, $x=y+4$,

则所求面积为

$$A=\int_{-2}^4\left(y+4-\frac{1}{2}y^2\right)\mathrm{d}y$$
$$=\left(\frac{1}{2}y^2+4y-\frac{1}{6}y^3\right)\Big|_{-2}^4=18.$$

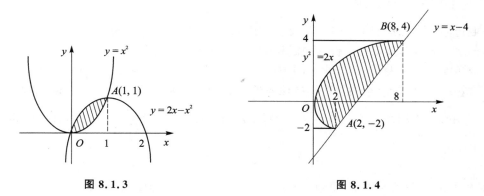

图 8.1.3　　　　　　　　　　　图 8.1.4

注　若以 x 为积分变量,则由于所求面积的图形在$[0,2]$和$[2,8]$这两个区间上对应的图形上、下曲边的表达式不同,需要分成两部分来计算,所求面积相应为

$$A=2\int_0^2\sqrt{2x}\,\mathrm{d}x+\int_2^8\left[\sqrt{2x}-(x-4)\right]\mathrm{d}x$$
$$=\frac{4\sqrt{2}}{3}x^{\frac{3}{2}}\Big|_0^2+\left[\frac{2\sqrt{2}}{3}x^{\frac{3}{2}}-\frac{1}{2}x^2+4x\right]\Big|_2^8=18.$$

例 8.1.2 说明选取合适的积分变量,可以简化求面积的积分公式及其运算.

例 8.1.3 求旋轮线的一拱 $\begin{cases}x=a(t-\sin t),\\y=a(1-\cos t),\end{cases} t\in[0,2\pi]\,(a>0)$ 与 x 轴所围图形的

面积.

解　将旋轮线的方程写为 $y=y(x),x\in[0,2\pi a]$,则它与 x 轴所围图形的面积为

$$A=\int_0^{2\pi a}y(x)\mathrm{d}x.$$

利用旋轮线的参数方程

$$\begin{cases}x=a(t-\sin t),\\y=a(1-\cos t),\end{cases}\quad t\in[0,2\pi]$$

应用定积分的换元法，令 $x=a(t-\sin t)$，则 $\mathrm{d}x=a(1-\cos t)\mathrm{d}t$，且当 $x=0$ 时，$t=0$，当 $x=2\pi a$ 时，$t=2\pi$，利用换元积分公式可得

$$A=\int_0^{2\pi}a(1-\cos t)\cdot[a(1-\cos t)]\mathrm{d}t$$

$$=a^2\int_0^{2\pi}(1-\cos t)^2\mathrm{d}t=3\pi a^2.$$

注 一般地，如果曲边梯形的曲边可以使用参数方程

$$\begin{cases}x=x(t),\\y=y(t),\end{cases}\quad t\in[\alpha,\beta],$$

其中 $x(t)$ 严格单调，则曲边梯形可以直接使用公式

$$A=\int_\alpha^\beta|y(t)x'(t)|\mathrm{d}t$$

来计算其面积.

8.1.2　极坐标系情形

设曲边扇形由曲线弧 $r=r(\theta)$ 以及射线 $\theta=\alpha,\theta=\beta(\alpha<\beta)$ 所围成(见图 8.1.5)，其中 $r(\theta)$ 为连续函数. 下面用微元法分析它的面积 A.

以极角 θ 为积分变量，其变化区间为 $[\alpha,\beta]$. 取极角变化的典型小区间 $[\theta,\theta+\mathrm{d}\theta]$，当 $\mathrm{d}\theta$ 很小时，这一小区间对应小曲边扇形的面积近似等于半径为 $r(\theta)$，中心角为 $\mathrm{d}\theta$ 的扇形的面积 $\dfrac{1}{2}[r(\theta)]^2\mathrm{d}\theta$，记面积微元为 $\mathrm{d}A=\dfrac{1}{2}[r(\theta)]^2\mathrm{d}\theta$. 由 $r(\theta)$ 的连续性知，所求曲边扇形的面积为

$$A=\int_\alpha^\beta\frac{1}{2}[r(\theta)]^2\mathrm{d}\theta.$$

例 8.1.4 计算心形线 $r=a(1+\cos\theta)(a>0)$ 所围图形的面积(见图 8.1.6).

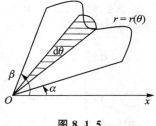 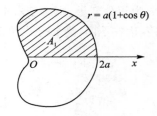

图 8.1.5　　　　　　　　　　　　图 8.1.6

解 因为图形关于极轴对称，所以所求图形的面积 A 是极轴上方图形面积 A_1 的两倍. 即

$$A=2A_1=2\times\frac{1}{2}\int_0^\pi a^2(1+\cos\theta)^2\mathrm{d}\theta$$

$$=a^2\int_0^\pi(1+2\cos\theta+\cos^2\theta)\mathrm{d}\theta$$

$$=a^2\int_0^\pi\left(\frac{3}{2}+2\cos\theta+\frac{1}{2}\cos2\theta\right)\mathrm{d}\theta$$

$$=a^2\left(\frac{3}{2}\theta+2\sin\theta+\frac{1}{4}\sin2\theta\right)\Bigg|_0^\pi=\frac{3}{2}\pi a^2.$$

这个结果就是本节前面问题 1 提到的凸轮横截面的面积,如果知道凸轮的厚度,可进一步求出它的体积,这里不再赘述.

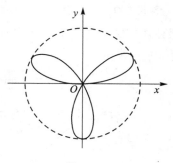

例 8.1.5 求三叶玫瑰线 $\rho = a\sin 3\theta\,(a > 0)$ 所围图形的面积.

解 三叶玫瑰线所围图形如图 8.1.7,由对称性知三叶玫瑰线所围图形的面积是它在第一象限部分面积的 3 倍,则由 $\rho = a\sin 3\theta$ 知,在第一象限内 θ 的取值范围为 $\left[0, \dfrac{\pi}{3}\right]$,因此

图 8.1.7

$$A = 3\int_0^{\frac{\pi}{3}} \frac{1}{2}(a\sin 3\theta)^2\,\mathrm{d}\theta = \frac{\pi a^2}{4}.$$

习题 8.1

1. 求由 $y = x^2$ 及 $y = x$ 所围成的平面图形的面积.

2. 求由抛物线 $x = y^2$ 与 $x = 8 - y^2$ 所围图形的面积.

3. 已知 $y^2 = 2px$ 和 $x^2 + y^2 = 2Rx$ 交于 O, A, B 三点,求 p,使得由 $y^2 = 2px$ 与弦 $\overline{AB}$ 所围图形的面积达到最大,并求其最大值.

4. 在曲线 $y = \sqrt{x}\,(x \geqslant 0)$ 上一点 M 作切线,使得切线、曲线以及 x 轴所围的平面图形 D 的面积为 $\dfrac{1}{3}$,求切点 M 的坐标.

5. 计算星形线 $x^{\frac{2}{3}} + y^{\frac{2}{3}} = a^{\frac{2}{3}}$ 所围图形面积.

6. 求圆 $\rho = \cos\theta$ 与圆 $\rho = \sqrt{3}\sin\theta$ 所围公共部分的面积.

7. 求双纽线 $r^2 = a^2\cos 2\theta$ 所围成图形的面积.

8. 求四叶玫瑰线 $\rho = a\,|\sin 2\theta|\,(a > 0)$ 所围图形的面积.

8.2 旋转体的体积和旋转曲面的面积

这一节首先讨论如何使用微元法来计算一些特殊的空间立体的体积,包括:平行截面面积已知的立体和旋转体,其中旋转体可以视为前者的特殊情形.其次,我们研究旋转曲面的面积.

8.2.1 平行截面面积为已知的立体体积

如图 8.2.1,设在取定一条直线为 x 轴之后,空间中的立体被过点 x 垂直于 x 轴的平面所截得截面面积为 $A(x)$,它是以 x 为自变量的连续函数.则可取 x 为积分变量,$x \in [a, b]$,典型小区间 $[x, x + \mathrm{d}x]$ 在 $\mathrm{d}x$ 很小时所对应的立体薄片可近似看作 $A(x)$ 为底,$\mathrm{d}x$ 为高的柱片,其体积元素 $\mathrm{d}V = A(x)\mathrm{d}x$,由 $A(x)$ 的连续性知,相应立体的体积为

$$V = \int_a^b A(x)\mathrm{d}x.$$

例 8.2.1 一平面经过半径为 R 的圆柱体的底圆中心,并与底面交成角 α,计算这个平面截圆柱体如图 8.2.2 所得立体的体积.

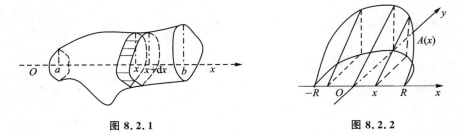

图 8.2.1　　　　　　　　　　　　　图 8.2.2

解 取平面与圆柱体的底面交线为 x 轴,建立直角坐标系,则底面圆的方程为 $x^2 + y^2 = R^2$. 立体中过点 x 且垂直于 x 轴的截面是一个直角三角形. 它的直角边的长度分别为 y, $y\tan\alpha$,即 $\sqrt{R^2 - x^2}$, $\sqrt{R^2 - x^2}\tan\alpha$. 因而截面面积为

$$A(x) = \frac{1}{2}(R^2 - x^2)\tan\alpha.$$

从而所求立体体积为

$$V = \int_{-R}^{R} \frac{1}{2}(R^2 - x^2)\tan\alpha\, dx = \frac{1}{2}\tan\alpha\left[R^2 x - \frac{1}{3}x^3\right]_{-R}^{R} = \frac{2}{3}R^3\tan\alpha.$$

8.2.2　旋转体体积

平面图形绕着它所在平面内的一条直线在空间中旋转一周所围成的立体称为旋转体. 这条直线称为旋转轴. 下面我们考虑曲边梯形绕其直角底边旋转所得的旋转体的体积.

设旋转体是由连续曲线 $y = f(x)$ ($f(x)$ 为非负函数) 和直线 $x = a$, $x = b$ 以及 x 轴所围成的曲边梯形绕 x 轴旋转一周而成 (如图 8.2.3). 此时对任意的 $x \in [a, b]$,过 $(x, 0)$ 点的垂直于 x 轴的平面截这一旋转体的截面为一圆盘,圆盘的半径即 $f(x)$,因此截面面积为 $\pi[f(x)]^2$,由上面已知截面面积的立体体积的求法可知所求旋转体体积为

$$V_x = \pi\int_a^b [f(x)]^2\, dx.$$

类似地,若旋转体是由曲线 $x = g(y)$ 和直线 $y = c$, $y = d$ 以及 y 轴所围成的曲边梯形绕 y 轴旋转而成 (如图 8.2.4),则旋转体相应的体积为

$$V_y = \pi\int_c^d [g(y)]^2\, dy.$$

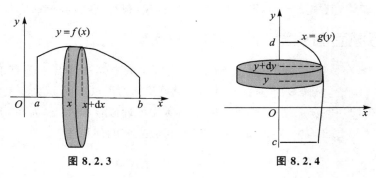

图 8.2.3　　　　　　　　　　　　　图 8.2.4

例 8.2.2 求由连接坐标原点 O 及点 $P(h,r)(h,r>0)$ 的直线,直线 $x=h$ 以及 x 轴所围成的图形绕 x 轴旋转一周而成的立体的体积.

解 取 x 为积分变量,其变化区间为 $[0,h]$. 又直线 OP 的方程 $y=\dfrac{r}{h}x$,所求旋转体的体积为

$$V=\int_0^h \pi\left(\frac{r}{h}x\right)^2 \mathrm{d}x$$

$$=\pi\frac{r^2}{h^2}\int_0^h x^2 \mathrm{d}x$$

$$=\pi\frac{r^2}{h^2}\cdot\frac{x^3}{3}\Big|_0^h=\frac{\pi r^2}{3}h.$$

例 8.2.3 求由椭圆 $\dfrac{x^2}{a^2}+\dfrac{y^2}{b^2}=1$ 分别绕 x 轴及 y 轴旋转而成的椭球体的体积.

解 （1）绕 x 轴旋转的椭球体可以看作由上半椭圆 $y=\dfrac{b}{a}\sqrt{a^2-x^2}$ 与 x 轴所围成的平面图形绕 x 轴旋转而成. 取 x 为积分变量,$x\in[-a,a]$,相应椭球体的体积为

$$V_x=\pi\int_{-a}^a\left(\frac{b}{a}\sqrt{a^2-x^2}\right)^2\mathrm{d}x=\frac{2\pi b^2}{a^2}\int_0^a(a^2-x^2)\mathrm{d}x$$

$$=\frac{2\pi b^2}{a^2}\left[a^2x-\frac{x^3}{3}\right]_0^a=\frac{4}{3}\pi ab^2.$$

（2）绕 y 轴旋转的椭球体可以看作由右半椭圆 $x=\dfrac{a}{b}\sqrt{b^2-y^2}$ 与 y 轴所围成的平面图形绕 y 轴旋转而成,取 y 为积分变量,$y\in[-b,b]$,相应椭球体体积为

$$V_y=\pi\int_{-b}^b\left(\frac{a}{b}\sqrt{b^2-y^2}\right)^2\mathrm{d}y=\frac{2\pi a^2}{b^2}\int_0^b(b^2-y^2)\mathrm{d}y$$

$$=\frac{2\pi a^2}{b^2}\left[b^2y-\frac{y^3}{3}\right]_0^b=\frac{4}{3}\pi a^2b.$$

当 $a=b=R$ 时,相应体积 $V=\dfrac{4}{3}\pi R^3$,即为我们熟知的球体的体积公式.

8.2.3　旋转曲面的面积

同旋转体类似,我们称一个平面上的一条曲线绕着平面内一条直线在空间中旋转得到的曲面为**旋转曲面**. 直线称为**旋转轴**. 下面我们考虑旋转曲面面积的求法.

设区间 $[a,b]$ 上定义的非负函数 $f(x)$ 有连续导数,则 xoy 平面中的曲线 $y=f(x)$ 绕 x 轴旋转一周得到一个旋转曲面,下面求其面积.

在 x 轴上点 $x,x+\Delta x$ 处分别作垂直于 x 轴的平面,它们在旋转曲面上截下一条狭带. 当 Δx 很小时,此狭带的面积近似于一圆台的侧面积,即有

$$\Delta S\approx\pi[f(x)+f(x+\Delta x)]\sqrt{\Delta x^2+\Delta y^2}$$

$$=\pi[2f(x)+\Delta y]\sqrt{1+\left(\frac{\Delta y}{\Delta x}\right)^2}\Delta x,$$

其中 $\Delta y = f(x+\Delta x) - f(x)$. 由于

$$\lim_{\Delta x \to 0} \Delta y = 0, \quad \lim_{\Delta x \to 0} \sqrt{1 + \left(\frac{\Delta y}{\Delta x}\right)^2} = \sqrt{1 + f'^2(x)},$$

所以侧面积微元可表示为

$$dS = 2\pi f(x) \sqrt{1 + f'^2(x)}\, dx,$$

由 $f'(x)$ 的连续性,所求的旋转曲面的面积可表示为

$$S = 2\pi \int_a^b f(x) \sqrt{1 + f'^2(x)}\, dx.$$

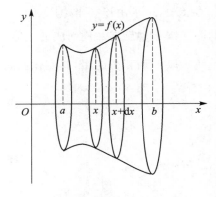

图 8.2.5

类似地,若 $g(y)$ 有连续导数,则由曲线 $y = g(y)$ $(c \leqslant y \leqslant d)$ 绕 y 轴旋转一周所得的旋转曲面的面积为

$$S = 2\pi \int_c^d g(y) \sqrt{1 + (g'(y))^2}\, dy.$$

若光滑曲线为参数方程形式 $\begin{cases} x = x(t), \\ y = y(t). \end{cases} t \in [\alpha, \beta]$,其中 $x(t)$ 在 $[\alpha, \beta]$ 上单调且 $y(t) \geqslant 0$,则曲线绕 x 轴旋转所得旋转曲面的面积为

$$S = 2\pi \int_\alpha^\beta y(t) \sqrt{x'^2(t) + y'^2(t)}\, dt.$$

例 8.2.4 计算球 $x^2 + y^2 + z^2 \leqslant R^2 (R > 0)$ 的表面积.

解 问题可转化为求上半圆周 $y = \sqrt{R^2 - x^2}$ 绕 x 旋转一周所得的旋转曲面的面积. 由旋转曲面面积公式,所求表面积为

$$S = \int_{-R}^R 2\pi f(x) \sqrt{1 + f'^2(x)}\, dx$$

$$= 2\pi \int_{-R}^R \sqrt{R^2 - x^2} \sqrt{1 + \left(\frac{-x}{\sqrt{R^2 - x^2}}\right)^2}\, dx$$

$$= 2\pi R \int_{-R}^R dx = 4\pi R^2.$$

例 8.2.5 计算星形线 $x = a\cos^3 t, y = a\sin^3 t$ 绕 x 轴旋转所得旋转曲面的面积.

解 由曲线的对称性知,所求面积是星形线在第一象限部分所得旋转曲面面积的两倍,

$$S = 2 \cdot 2\pi \int_0^{\frac{\pi}{2}} a\sin^3 t \sqrt{(-3a\cos^2 t \cdot \sin t)^2 + (3a\sin^2 t \cdot \cos t)^2}\, dt$$

$$= 12\pi a^2 \int_0^{\frac{\pi}{2}} \sin^4 t \cos t\, dt = \frac{12}{5}\pi a^2.$$

习题 8.2

1. 求由曲线 $y = x$ 和 $y = x^2$ 所围成的平面图形绕 x 轴旋转一周而成的旋转体体积.

2. 求由 $y = x^3, y = 8$ 及 y 轴所围成的曲边梯形绕 y 轴旋转一周而成的立体的体积.

3. 求由旋轮线 $x = a(t - \sin t), y = a(1 - \cos t), 0 \leqslant t \leqslant 2\pi, a > 0$ 与 x 轴所围图形绕 x 轴

旋转所得旋转体的体积.

4. 求由星形线 $x=a\cos^3 t, y=a\sin^3 t$ 所围平面图形绕 x 轴旋转所得立体的体积.

5. 求由 $(x-2)^2+y^2=1$ 所围平面图形绕 y 轴旋转所得旋转体的体积.

6. 求平面图形 $y=\sin x(0\leqslant x\leqslant\pi)$ 绕 y 轴旋转所得旋转体的体积.

7. 过坐标原点 $(0,0)$ 作曲线 $y=\ln x$ 的切线,该切线与曲线 $y=\ln x$ 以及 x 轴所围成的平面图形记为 D,计算 D 绕 x 轴旋转一周所得旋转体的体积.

8. 求心形线 $r=a(1-\cos\theta)(a>0)$ 所围区域绕极轴旋转一周所得立体的体积.

9. 计算椭球体 $\dfrac{x^2}{a^2}+\dfrac{y^2}{b^2}+\dfrac{z^2}{c^2}\leqslant 1$ 的体积(利用已知截面面积的立体体积的求法).

10. 求下列平面曲线绕指定轴旋转一周所得旋转曲面的面积:

(1) $y=\sin x,0\leqslant x\leqslant\pi$,绕 x 轴;

(2) $y=\sqrt{3-x^2}$,$-1\leqslant x\leqslant 1$,绕 x 轴;

(3) $\dfrac{x^2}{4}+y^2=1$,绕 y 轴;

(4) $x^2=4y,0\leqslant x\leqslant 2$,绕 y 轴.

11. 已知曲线 $L:y=\sqrt{x-1}$,过坐标原点 $(0,0)$ 作曲线 L 的切线,求由该切线、曲线 L 以及 x 轴所围成的平面图形绕 x 轴旋转一周所得旋转曲面的面积.

12. 求旋轮线(摆线)的一拱 $\begin{cases} x=a(t-\sin t), \\ y=a(1-\cos t), \end{cases} 0\leqslant t\leqslant 2\pi$ 绕 x 轴旋转一周所得旋转曲面的面积.

13. 求下列曲线绕极轴旋转所得旋转曲面的面积:

(1) 心形线 $r=a(1-\cos\theta),(a>0)$;

(2) 双纽线 $r^2=a^2\cos 2\theta,(a>0)$.

8.3 平面曲线的弧长与曲率

在本节中我们给出平面曲线的弧长以及曲率的计算方法.

8.3.1 平面曲线的弧长

首先我们给出平面曲线长度的定义.

定义 8.3.1 设 xOy 平面曲线 L 的端点为 A,B. 在 L 上依次取分割点
$$A=M_0(x_0,y_0),M_1(x_1,y_1),M_2(x_2,y_2),\cdots,M_n(x_n,y_n)=B,$$
记 $|\overline{M_{i-1}M_i}|$ 为连接 M_{i-1},M_i 两点的线段的长度,令 $\lambda=\max\limits_{1\leqslant i\leqslant n}|\overline{M_{i-1}M_i}|$,若 $\lim\limits_{\lambda\to 0}\sum\limits_{i=1}^{n}|\overline{M_{i-1}M_i}|$ 存在,且极限值与 L 的分割方式无关,则称曲线 L 是可求长的,该极限称为曲线 L 的弧长.

注意并不是所有曲线都可以求出长度[①]. 但如下定义的光滑曲线总是可以求其长度.

---

① 例如 Peano 曲线,Koch 曲线等.

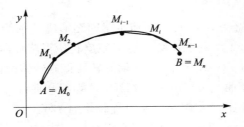

图 8.3.1

定义 8.3.2(光滑曲线) 设 $x'(t),y'(t)$ 在 $[\alpha,\beta]$ 上连续,并且对 $\forall t\in[\alpha,\beta]$,有 $(x'(t))^2+(y'(t))^2\neq 0$,则称平面曲线 $L:\begin{cases}x=x(t),\\y=y(t).\end{cases}\alpha\leqslant t\leqslant\beta$ 为光滑曲线.

定理 8.3.1 设平面曲线 $L:\begin{cases}x=x(t),\\y=y(t).\end{cases}\alpha\leqslant t\leqslant\beta$ 为一光滑曲线,则 L 是可求长的,且其弧长为

$$s=\int_\alpha^\beta\sqrt{(x'(t))^2+(y'(t))^2}\,\mathrm{d}t.$$

证明 在 L 上取分割点

$$A=M_0(x_0,y_0),M_1(x_1,y_1),M_2(x_2,y_2),\cdots,M_n(x_n,y_n)=B,$$

设分割点 M_i 对应于曲线的参数 $t=t_i$,即有

$$x_i=x(t_i),y_i=y(t_i),\alpha=t_0<t_1<t_2<\cdots<t_n=\beta.$$

因为

$$|\overline{M_{i-1}M_i}|=\sqrt{(x(t_i)-x(t_{i-1}))^2+(y(t_i)-y(t_{i-1}))^2}.$$

由微分中值定理可得存在 $\xi_i\in(t_{i-1},t_i),\eta_i\in(t_{i-1},t_i)$,使得

$$x(t_i)-x(t_{i-1})=x'(\xi_i)\Delta t_i,$$
$$y(t_i)-y(t_{i-1})=y'(\eta_i)\Delta t_i,$$

其中 $\Delta t_i=t_i-t_{i-1},i=1,2,\cdots,n$,因此

$$|\overline{M_{i-1}M_i}|=\sqrt{(x'(\xi_i))^2+(y'(\eta_i))^2}\Delta t_i.$$

注意 ξ_i,η_i 一般不相同. 但不难由三角不等式 $\left|\sqrt{a^2+b^2}-\sqrt{a^2+c^2}\right|\leqslant|b-c|$ 得

$$\left||\overline{M_{i-1}M_i}|-\sqrt{(x'(\xi_i))^2+(y'(\xi_i))^2}\Delta t_i\right|$$
$$=\left|\sqrt{(x'(\xi_i))^2+(y'(\eta_i))^2}-\sqrt{(x'(\xi_i))^2+(y'(\xi_i))^2}\right|\Delta t_i\leqslant|y'(\eta_i)-y'(\xi_i)|\Delta t_i.$$

由定积分的定义,累加和 $\sum_{i=1}^n\sqrt{(x'(\xi_i))^2+(y'(\xi_i))^2}\Delta t_i$ 在 $\max\limits_{1\leqslant i\leqslant n}|t_i-t_{i-1}|$ 趋于 0 时的极限就是定积分 $\int_\alpha^\beta\sqrt{(x'(t))^2+(y'(t))^2}\,\mathrm{d}t$.

下面分析用 $\sqrt{(x'(\xi_i))^2+(y'(\xi_i))^2}\Delta t_i$ 代替 $|\overline{M_{i-1}M_i}|$ 产生的误差.

由假设 $y'(t)$ 在 $[\alpha,\beta]$ 上连续可得其一致连续,则任取 $\varepsilon>0$,都存在 $\delta>0$,使得当 $|t_1-t_2|<\delta$ 时有 $|y'(t_1)-y'(t_2)|<\varepsilon$. 由此可得当 $\max\limits_{1\leqslant i\leqslant n}|t_i-t_{i-1}|<\delta$ 时,有

$$\left||\overline{M_{i-1}M_i}|-\sqrt{(x'(\xi_i))^2+(y'(\xi_i))^2}\Delta t_i\right|\leqslant|y'(\eta_i)-y'(\xi_i)|\Delta t_i\leqslant\varepsilon\Delta t_i.$$

从而

$$\left| \sum_{i=1}^{n} | \overline{M_{i-1}M_i} | - \sum_{i=1}^{n} \sqrt{(x'(\xi_i))^2 + (y'(\xi_i))^2} \Delta t_i \right| \leqslant \varepsilon (\beta - \alpha).$$

注意到 $(x'(t))^2 + (y'(t))^2 \neq 0, t \in [\alpha, \beta]$，因此 $\sqrt{(x'(t))^2 + (y'(t))^2}$ 的最小值严格大于 0，由 $| \overline{M_{i-1}M_i} |$ 与 Δt_i 关系不难验证当 $\lambda = \max\limits_{1 \leqslant i \leqslant n} | \overline{M_{i-1}M_i} |$ 趋于 0 时一定有 $\max\limits_{1 \leqslant i \leqslant n} \Delta t_i$ 趋于 0，因此

$$\lim_{\lambda \to 0} \sum_{i=1}^{n} | \overline{M_{i-1}M_i} | = \lim_{\substack{\max\limits_{1 \leqslant i \leqslant n} \Delta t_i \to 0}} \sum_{i=1}^{n} \sqrt{(x'(\xi_i))^2 + (y'(\xi_i))^2} \Delta t_i +$$

$$\lim_{\substack{\max\limits_{1 \leqslant i \leqslant n} \Delta t_i \to 0}} \left(\sum_{i=1}^{n} | \overline{M_{i-1}M_i} | - \sum_{i=1}^{n} \sqrt{(x'(\xi_i))^2 + (y'(\xi_i))^2} \Delta t_i \right)$$

$$= \int_{\alpha}^{\beta} \sqrt{(x'(t))^2 + (y'(t))^2} \, \mathrm{d}t.$$

定理 8.3.1 证明完毕.

注　$\mathrm{d}s = \sqrt{(x'(t))^2 + (y'(t))^2} \, \mathrm{d}t$ 称为弧长微元.

从定理 8.3.1 不难得到,若曲线 L 方程由直角坐标形式或极坐标形式给出,则我们有以下弧长公式:

(1) 若 $L: y = f(x), a \leqslant x \leqslant b$,其中 $f'(x)$ 连续,则弧长 $s = \int_a^b \sqrt{1 + f'^2(x)} \, \mathrm{d}x$.

(2) 若 $L: x = g(y), a \leqslant y \leqslant b$,其中 $g'(y)$ 连续,则弧长 $s = \int_a^b \sqrt{1 + g'^2(y)} \, \mathrm{d}y$.

(3) 若 $L: r = r(\theta), a \leqslant \theta \leqslant \beta$,其中 $r'(\theta)$ 连续,则弧长 $s = \int_a^\beta \sqrt{(r(\theta))^2 + (r'(\theta))^2} \, \mathrm{d}\theta$.

例 8.3.1　求曲线 $\begin{cases} x = \cos t + t \sin t, \\ y = \sin t - t \cos t. \end{cases}$ 的弧长,其中参数 $0 \leqslant t \leqslant \pi$.

解　由曲线方程可得 $x'(t) = t \cos t, y'(t) = t \sin t$. 所求弧长为

$$s = \int_0^\pi \sqrt{(x'(t))^2 + (y'(t))^2} \, \mathrm{d}t = \int_0^\pi t \, \mathrm{d}t = \frac{\pi^2}{2}.$$

例 8.3.2　求曲线 $y = \int_{-\frac{\pi}{2}}^{x} \sqrt{\cos t} \, \mathrm{d}t, -\frac{\pi}{2} \leqslant x \leqslant \frac{\pi}{2}$ 的弧长.

解　记 $f(x) = \int_{-\frac{\pi}{2}}^{x} \sqrt{\cos t} \, \mathrm{d}t$,则 $f'(x) = \sqrt{\cos x}$. 所求弧长为

$$s = \int_{-\frac{\pi}{2}}^{\frac{\pi}{2}} \sqrt{1 + (f'(x))^2} \, \mathrm{d}x = \int_{-\frac{\pi}{2}}^{\frac{\pi}{2}} \sqrt{1 + \cos x} \, \mathrm{d}x = \int_{-\frac{\pi}{2}}^{\frac{\pi}{2}} \sqrt{2\cos^2 \frac{x}{2}} \, \mathrm{d}x$$

$$= \sqrt{2} \int_{-\frac{\pi}{2}}^{\frac{\pi}{2}} \cos \frac{x}{2} \, \mathrm{d}x = 2\sqrt{2} \left[\sin \frac{x}{2} \right]_{-\frac{\pi}{2}}^{\frac{\pi}{2}} = 4.$$

例 8.3.3　求 Archimedes 螺线 $r = a\theta, 0 \leqslant \theta \leqslant 2\pi (a > 0)$ 的长度.

解　由极坐标方程情形曲线弧长的计算公式可得 Archimedes 螺线的长度为

$$s = \int_0^{2\pi} \sqrt{r^2 + (r')^2} \, \mathrm{d}\theta = \int_0^{2\pi} \sqrt{(a\theta)^2 + a^2} \, \mathrm{d}\theta$$

$$= \frac{a}{2} \left[2\pi \sqrt{1 + 4\pi^2} + \ln(2\pi + \sqrt{1 + 4\pi^2}) \right].$$

8.3.2 曲　率

曲线上各点处的弯曲程度是描述曲线局部性质的重要几何量.

下面我们观察如何定义曲线在一点处的"弯曲程度". 如图 8.3.2 所示,在曲线上取三个点 M_1,M_2,M_3. 曲线 $\overset{\frown}{M_1M_2}$ 和 $\overset{\frown}{M_2M_3}$ 的弧长基本相同,切线的转角越大弯曲的程度越大. 如图 8.3.3 所示,曲线 $\overset{\frown}{MM'}$ 和 $\overset{\frown}{NN'}$ 切线的转角相同,曲线弧长越大曲线的弯曲程度就越小. 因此我们可以使用曲线切线的转角相对于弧长的变化率来刻画曲线的弯曲程度. 为此引入下面的定义.

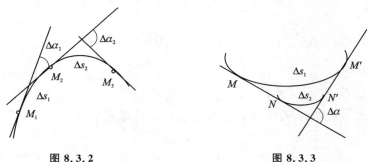

图 8.3.2　　　　　　　　　　图 8.3.3

定义 8.3.3 设 P 为平面曲线为 L 上的一个定点, Q 为 L 上的动点, L 在 P 点处的切线的倾角为 φ_1, 在 Q 点处 L 的切线的倾角为 φ_2, 记 $\Delta\varphi=\varphi_2-\varphi_1$, Δs 为 $\overset{\frown}{PQ}$ 的弧长, 称 $\left|\dfrac{\Delta\varphi}{\Delta s}\right|$ 为弧 $\overset{\frown}{PQ}$ 的 平均曲率. 若极限 $\lim\limits_{\Delta s\to 0}\dfrac{\Delta\varphi}{\Delta s}$ 存在, 则称该极限为曲线 L 在 P 点的 曲率.

设 $L:\begin{cases}x=x(t)\\y=y(t)\end{cases}\quad \alpha\leqslant t\leqslant\beta$ 是光滑曲线, 且 $x(t),y(t)$ 有二阶连续导数, 则在 $(x(t),y(t))$ 点处曲线切线的倾角 φ 满足

$$\tan\varphi=\frac{\mathrm{d}y}{\mathrm{d}x}=\frac{y'(t)}{x'(t)}.$$

上式两边对 t 求导可得

$$\sec^2\varphi\cdot\frac{\mathrm{d}\varphi}{\mathrm{d}t}=\frac{y''(t)x'(t)-y'(t)x''(t)}{(x'(t))^2}.$$

进一步可得

$$\frac{\mathrm{d}\varphi}{\mathrm{d}t}=\frac{1}{\sec^2\varphi}\frac{y''(t)x'(t)-y'(t)x''(t)}{(x'(t))^2}=\frac{y''(t)x'(t)-y'(t)x''(t)}{(x'(t))^2+(y'(t))^2}.$$

设 $s=s(t)$ 是曲线上点 $(x(\alpha),y(\alpha))$ 到点 $(x(t),y(t))$ 之间的曲线段的弧长, 则根据弧长计算公式有

$$\frac{\mathrm{d}s}{\mathrm{d}t}=\sqrt{(x'(t))^2+(y'(t))^2}.$$

根据复合函数求导的链式法则得, 点 $(x(t),y(t))$ 处曲线的曲率

$$k=\left|\lim_{\Delta s\to 0}\frac{\Delta\varphi}{\Delta s}\right|=\left|\frac{\mathrm{d}\varphi}{\mathrm{d}s}\right|=\left|\frac{\mathrm{d}\varphi}{\mathrm{d}t}\Big/\frac{\mathrm{d}s}{\mathrm{d}t}\right|=\left|\frac{y''(t)x'(t)-y'(t)x''(t)}{((x'(t))^2+(y'(t))^2)^{\frac{3}{2}}}\right|.$$

特别地,若曲线方程为直角坐标形式 $L:y=f(x),a\leqslant x\leqslant b$,则相应的曲率计算公式为

$$k=\frac{|y''|}{(1+(y')^2)^{3/2}}.$$

对直线 $y=f(x),a\leqslant x\leqslant b$,显然有 $y''=0,a\leqslant x\leqslant b$,即直线的曲率为零,直线是最"平坦"的曲线.

例 8.3.4 求上半单位圆周 $y=\sqrt{1-x^2}$ 的曲率.

解 由曲线方程可得

$$y'=\frac{-x}{\sqrt{1-x^2}},y''=\frac{-1}{(1-x^2)^{3/2}},$$

则圆的曲率为

$$k=\frac{|y''|}{(1+(y')^2)^{3/2}}=\frac{\dfrac{1}{(1-x^2)^{3/2}}}{\left(1+\dfrac{x^2}{1-x^2}\right)^{3/2}}=1.$$

定义 8.3.4 若曲线 L 在点 P 处的曲率为 $k\neq0$,在点 P 处曲线 L 的法线上(凹的一侧)取一点 D,使得 $DP=\dfrac{1}{k}$,以 D 为圆心 $\dfrac{1}{k}$ 为半径做圆,称此圆为曲线在 P 处的曲率圆,曲率圆的半径 $\dfrac{1}{k}$ 称为曲率半径.

不难验证曲线在 P 点处的曲率圆在点 P 处与曲线 L 有相同的切线,且在 P 点附近与曲线位于切线的同侧.

例 8.3.5 求椭圆 $\begin{cases}x=a\cos t,\\y=b\sin t.\end{cases}$ $0\leqslant t\leqslant2\pi,0<b\leqslant a$ 的曲率.

解 由曲线方程可得

$$x'(t)=-a\sin t,x''(t)=-a\cos t,y'(t)=b\cos t,y''(t)=-b\sin t,$$

则椭圆在点 $(a\cos t,b\sin t)$ 处的曲率为

$$k=\left|\frac{y''(t)x'(t)-y'(t)x''(t)}{((x'(t))^2+(y'(t))^2)^{\frac{3}{2}}}\right|=\left|\frac{ab\sin^2t+ab\cos^2t}{(a^2\sin^2t+b^2\cos^2t)^{\frac{3}{2}}}\right|=\frac{ab}{[(a^2-b^2)\sin^2t+b^2]^{\frac{3}{2}}}.$$

注 由例 8.3.5 的计算过程可知,当 $a=b=R$ 时,椭圆相应为半径为 R 的圆,其曲率为 $\dfrac{1}{R}$,即圆周上各点的曲率都相同,为半径的倒数,相应的曲率半径也正好为 R.

习题 8.3

1. 求下列曲线的弧长:

(1) 旋轮线 $\begin{cases}x=a(t-\sin t)\\y=a(1-\cos t)\end{cases}$,$0\leqslant t\leqslant2\pi,a>0$;

(2) 星形线 $\begin{cases}x=a\cos^3t\\y=a\sin^3t\end{cases}$,$0\leqslant t\leqslant2\pi,a>0$;

（3）曲线 $y=\ln\cos x, x\in\left[0,\dfrac{\pi}{3}\right]$;

（4）$y=x^{\frac{3}{2}}, 0\leqslant x\leqslant 4$;

（5）心形线 $r=a(1+\cos\theta), a>0$.

2. 求下列曲线在指定点的曲率：

（1）$xy=1$，在点 $(1,1)$;

（2）摆线 $\begin{cases}x=a(t-\sin t),\\ y=a(1-\cos t).\end{cases}$ $a>0$，在参数 $t=\dfrac{\pi}{2}$ 所对应的点.

3. 求下列曲线的曲率与曲率半径：

（1）抛物线 $x^2=2py$，其中 $p>0$;

（2）星形线 $\begin{cases}x=a\cos^3 t,\\ y=a\sin^3 t.\end{cases}$ $0\leqslant t\leqslant 2\pi, a>0$;

（3）双纽线 $(x^2+y^2)^2=a^2(x^2-y^2)$，其中 $a>0$;

（4）悬链线 $y=\dfrac{a}{2}(e^{\frac{x}{a}}+e^{-\frac{x}{a}}), (a>0)$.

8.4　定积分在物理中的应用

这一节中我们用定积分解决一些简单的物理问题.

8.4.1　液体的压力和压强

首先我们解决本章刚开始时提出的计算闸门一侧所受水压力的问题.

由物理学知识知，设液体密度为 ρ，则在深度 h 处，液体压强为

$$p=\rho gh.$$

其中 g 是重力加速度，而液体施加的压力等于压强乘以受力面积.

现在考虑形状为曲边梯形的平板，以竖直向下为 x 轴正向，建立坐标系，设平板边缘曲线方程为 $y=f(x),(a\leqslant x\leqslant b)$. 则所求压力 F 对区间具有可加性，现用微元法来求解 F.

在 $[a,b]$ 上任取一小区间 $[x,x+\mathrm{d}x]$，其对应的小横条上各点液面深度均近似看成 x，且液体对它的压力近似可看成长为 $f(x)$、宽为 $\mathrm{d}x$ 的小矩形所受的压力，即压力微元为

$$\mathrm{d}F=\rho gxf(x)\mathrm{d}x$$

于是所求压力大小

$$F=\int_a^b \rho gxf(x)\mathrm{d}x.$$

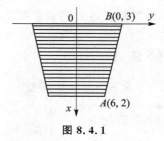

图 8.4.1

例 8.4.1 修建一道梯形闸门，它的两条底边各长 6 m 和 4 m，高为 6 m，较长的底边与水面平齐，要计算闸门一侧所受水的压力.

解 根据题设条件. 建立如图所示的坐标系，AB 的方程为 $y=-\dfrac{1}{6}x+3$. 取 x 为积分变量，$x\in[0,6]$，在 $x\in[0,6]$ 上任一小区间 $[x,x+\mathrm{d}x]$ 的压

力微元为

$$dF = 2\rho g x y \, dx = 2 \times 9.8 \times 10^3 x \left(-\frac{1}{6} x + 3 \right) dx,$$

从而所求的压力为

$$F = \int_0^6 9.8 \times 10^3 \left(-\frac{1}{3} x^2 + 6x \right) dx$$

$$= 9.8 \times 10^3 \left[-\frac{1}{9} x^3 + 3x^2 \right]_0^6 \approx 8.23 \times 10^5 N.$$

8.4.2 变力做功

如果物体在常力 F 的作用下,沿力的方向作直线运动,当位移 s 时,力 F 对物体所作的功为 $W = F \cdot s$. 但在实际问题中,若物体在发生位移的过程中所受到的力是变化的,这就需要考虑变力作功的问题.

由于所求的功是一个整体量,且对于区间具有可加性,所以可以用微元法来求解.

设物体在变力 $F(x)$ 的作用下,沿 x 轴从点 a 移动到点 b,如图 8.4.2 所示,且变力方向与 x 轴方向一致. 取 x 为积分变量,$x \in [a, b]$,在区间 $[a, b]$ 上任取一典型小区间 $[x, x + dx]$,该区间上各点处的力可以用点 x 处的力 $F(x)$ 近似代替.功的微元为

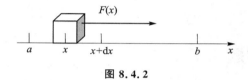

图 8.4.2

$$dW = F(x) dx$$

当力连续变化时,从 a 到 b 这一段位移上变力 $F(x)$ 所做的功为

$$W = \int_a^b F(x) dx.$$

例 8.4.2 一个轻弹簧一端与竖直墙壁连接,另一段与一个质量为 m 的木块连接,放在光滑的水平面上,已知弹簧的弹性系数为 k,处于自然状态. 现用水平力缓慢拉动木块,使得木块向右移动 s,求这一过程中克服弹簧拉力 F 所做的功.

解 当木块从自然状态向右移动距离为 x 时,所受的弹力为 kx,因此 $F = kx$,F 所做的功为

$$W = \int_0^s kx \, dx = \frac{1}{2} k s^2.$$

8.4.3 转动惯量

转动惯量是刚体转动惯性的量度,如果一个质点的质量为 m,它到转轴的距离为 r,则它绕转轴旋转的转动惯量为 mr^2. 若有多个质点,例如 n 个质点的质量分别为 $m_i (1 \leqslant i \leqslant n)$,到转轴的距离分别为 $r_i (1 \leqslant i \leqslant n)$,则它们绕转轴同时旋转的转动惯量为

$$J = \sum_{i=1}^n m_i r_i^2.$$

因为转动惯量具有可加性,我们可以用微元法求某些特殊情形的转动惯量.

设有一长度为 l 的细棒置于 x 轴的区间 $[0, l]$ 上,其密度为 $\rho(x)$,则在典型小区间 $[x,$

$x+\mathrm{d}x$]上,我们可将这一小段细棒视为质量为 $\rho(x)\mathrm{d}x$ 的一个质点. 当细棒绕过 $x=0$,且垂直于细棒的直线旋转时,这一小段细棒对应的转动惯量为 $(\rho(x)\mathrm{d}x)\cdot x^2$,因此整个细棒的转动惯量为

$$J=\int_0^l \rho(x)x^2\mathrm{d}x.$$

例 8.4.3 设有一根长度为 l 质量为 m 的均匀细棒,求它对下面转轴的转动惯量:

(1) 转轴通过细棒的中心且与细棒垂直;(2) 转轴通过细棒的一个端点,且与细棒垂直.

解 (1) 不难算出细棒的密度为 $\dfrac{m}{l}$,将细棒置于 x 轴上的区间 $\left[-\dfrac{l}{2},\dfrac{l}{2}\right]$ 上,则细棒绕过中心且垂直于细棒的转轴的转动惯量为

$$J=\int_{-\frac{l}{2}}^{\frac{l}{2}}\frac{m}{l}x^2\mathrm{d}x=\frac{1}{12}ml^2.$$

(2) 将细棒置于 x 轴上的区间 $[0,l]$ 上,则得到细棒绕过其端点且垂直于细棒的转轴的转动惯量为

$$J=\int_0^l \frac{m}{l}x^2\mathrm{d}x=\frac{1}{3}ml^2.$$

习题 8.4

1. 直径为 4 m 的一球浸入水中,其球心在水平面下 7 m,求球面所受的浮力.

2. 一个直径为 20 m 的半球形容器内盛满了水,设水的密度为 $\rho\,\mathrm{kg/m^3}$,问把水抽尽需要做多少功.

3. 一个圆柱形水池盛满水,设水的密度为 $\rho\,\mathrm{kg/m^3}$,已知其底面半径为 2 m,高为 4 m,问将水抽尽需要做多少功.

4. 用铁锤将一个铁钉钉入木板,设木板对铁钉的阻力与铁钉进入木板的深度成正比. 已知第一锤将铁钉击入 1 cm,如果每锤所做的功相等,问第二锤能将铁钉击入多深.

5. 设一沿 x 轴运动的物体所受的外力是 $\left|\cos\dfrac{\pi}{3}x\right|\mathrm{N}$,试问当此物体从 $x=1\,m$ 处移到 $x=2\,m$ 处时外力所做的功.

6. 求质量为 m,半径为 R,厚为 h 的均质圆盘对通过盘心并与盘面垂直的轴的转动惯量.

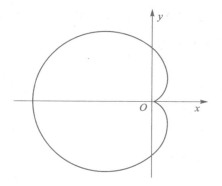

第 9 章　广义积分

在前面两章的学习中,我们讨论了定积分(Riemann 积分)的性质、计算及应用. 定积分的可积性要求被积函数是有界的,同时积分的上、下限是两个有限的数. 但在理论或实际应用中经常会遇到不满足这两个条件的情形. 我们必须摆脱 Riemann 积分的限制条件,把 Riemann 积分的概念推广为积分区间无限或被积函数无界的积分,这样的积分称为广义积分(或反常积分).

下面我们介绍两个使用广义积分的实际例子.

例如,在估算第二宇宙速度时,人们要估算一个火箭摆脱地球引力所需要做的最少的功. 我们可以如下考虑该问题. 将质量为 m 的火箭从地面发射到空中高为 h 的位置,须做功

$$W_h = \int_R^{R+h} G\,\frac{Mm}{y^2}\,\mathrm{d}y = mgR^2 \int_R^{R+h} \frac{1}{y^2}\,\mathrm{d}y.$$

其中 R 为地球半径. 火箭摆脱地球引力,可以看成 h 为 $+\infty$ 的情形,这时所需要做的最少的功为下列极限:

$$\lim_{h \to +\infty} W_h = \lim_{h \to +\infty} mgR^2 \int_R^{R+h} \frac{1}{y^2}\,\mathrm{d}y = mgR^2 \lim_{h \to +\infty}\left(\frac{1}{R} - \frac{1}{R+h}\right) = mgR.$$

进一步地,如果火箭摆脱地球引力所需要的最小初速度为 v_0,则由能量守恒定律得,

$$\frac{1}{2}mv_0^2 = mgR,$$

在上式中,将 $R = 6.37 \times 10^6 (\mathrm{m})$ 与 $g = 9.81(\mathrm{m/s^2})$ 代入计算可得到

$$v_0 = \sqrt{2gR} \approx 11.17(\mathrm{km/s}),$$

这就是第二宇宙速度.

上述运算的核心是计算极限

$$\lim_{h \to +\infty} \int_R^{R+h} \frac{1}{y^2}\,\mathrm{d}y,$$

借用定积分的记号,我们可将上述的式子记为

$$\int_R^{+\infty} \frac{1}{y^2}\,\mathrm{d}y,$$

这是无穷区间上积分的一个例子.

我们来看另外一个例子. 例如,考虑区间 $(0,1]$ 上的连续函数 $f(x) = \dfrac{1}{\sqrt{x}}$,介于曲线 $y =$

$f(x)$ 和直线 $x=0,x=1,y=0$ 之间的区域,记作 D,该区域虽然是无界的,但其面积却是有界的. 对任意的 $\alpha\in(0,1)$,$f(x)=\dfrac{1}{\sqrt{x}}$ 在区间$[\alpha,1]$上所对应的面积为

$$I(\alpha)=\int_{\alpha}^{1}\frac{1}{\sqrt{x}}\mathrm{d}x=2(1-\sqrt{\alpha}).$$

无界区域 D 的面积可看作当 $\alpha\to0^{+}$ 时 $I(\alpha)$ 的极限,即

$$\lim_{\alpha\to0+}\int_{\alpha}^{1}\frac{1}{\sqrt{x}}\mathrm{d}x=\lim_{\alpha\to0+}2(1-\sqrt{\alpha})=2.$$

借用定积分的记号,我们可将 $\displaystyle\lim_{\alpha\to0+}\int_{\alpha}^{1}\frac{1}{\sqrt{x}}\mathrm{d}x$ 记为

$$\int_{0}^{1}\frac{1}{\sqrt{x}}\mathrm{d}x,$$

这是被积函数无界的积分的一个例子.

本章要讨论的广义积分包含两种:一种是积分区间是无穷区间的广义积分,一种是函数无界的广义积分.

9.1 无穷区间上的广义积分

本节我们将介绍积分区间为无穷区间的广义积分的概念、基本性质以及计算.

定义 9.1.1 设函数 $f(x)$ 在 $[a,+\infty)$ 上有定义,若对于任何 $b>a$,函数 $f(x)$ 在$[a,b]$上可积,则将 $\displaystyle\int_{a}^{+\infty}f(x)\mathrm{d}x$ 称为一个无穷积分. 若存在实数 A,使得 $\displaystyle\lim_{b\to+\infty}\int_{a}^{b}f(x)\mathrm{d}x=A$,则称无穷积分 $\displaystyle\int_{a}^{+\infty}f(x)\mathrm{d}x$ 收敛,并记 $A=\displaystyle\int_{a}^{+\infty}f(x)\mathrm{d}x$. 若上述极限不存在,则称无穷积分 $\displaystyle\int_{a}^{+\infty}f(x)\mathrm{d}x$ 发散.

上述无穷积分的定义即:

$$\int_{a}^{+\infty}f(x)\mathrm{d}x=\lim_{b\to+\infty}\int_{a}^{b}f(x)\mathrm{d}x \tag{9.1.1}$$

我们还可以类似定义:

$$\int_{-\infty}^{a}f(x)\mathrm{d}x=\lim_{u\to-\infty}\int_{u}^{a}f(x)\mathrm{d}x. \tag{9.1.2}$$

对于 $f(x)$ 在 $(-\infty,+\infty)$ 上的无穷积分,可以用前两种无穷积分定义:

$$\int_{-\infty}^{+\infty}f(x)\mathrm{d}x=\int_{-\infty}^{a}f(x)\mathrm{d}x+\int_{a}^{+\infty}f(x)\mathrm{d}x. \tag{9.1.3}$$

其中 a 是任意一实数. 当上述式(9.1.3)右边的两个积分都收敛时,称 $f(x)$ 在 $(-\infty,+\infty)$ 上的无穷积分收敛,这里的收敛性不依赖于 a;当两个积分中有一个不收敛时,则称 $f(x)$ 在 $(-\infty,+\infty)$ 上的无穷积分发散.

例 9.1.1 讨论无穷积分 $\displaystyle\int_{1}^{+\infty}\frac{1}{x^{p}}\mathrm{d}x$ 的敛散性,并计算收敛时的广义积分值.

解 对任意的 $b>1$,当 $p\neq1$ 时,$\displaystyle\int_{1}^{b}\frac{1}{x^{p}}\mathrm{d}x=\frac{b^{1-p}-1^{1-p}}{1-p}$;

而当 $p=1$ 时, $\int_1^b \frac{1}{x}\mathrm{d}x = \ln b.$

当 $b \to +\infty$ 时, 极限

$$\lim_{b \to +\infty}\int_1^b \frac{1}{x^p}\mathrm{d}x = \begin{cases} \dfrac{1}{p-1}, & p > 1, \\ +\infty, & p \leqslant 1. \end{cases}$$

综上可得, 无穷积分 $\int_1^{+\infty}\frac{1}{x^p}\mathrm{d}x$ 当且仅当 $p>1$ 时收敛, 此时无穷积分值为

$$\int_1^{+\infty}\frac{1}{x^p}\mathrm{d}x = \frac{1}{p-1}.$$

这个积分称为 $p-$ 积分, 是一个非常重要且典型的无穷积分, 类似地还有: 当且仅当 $p>1$ 时无穷积分 $\int_2^{+\infty}\frac{\mathrm{d}x}{x(\ln x)^p}$ 收敛. 这类积分在后面经常作为参照积分来讨论其他积分以及判断一些级数的敛散性.

例 9.1.2 讨论无穷积分 $\int_0^{+\infty}\mathrm{e}^{\lambda x}\mathrm{d}x\,(\lambda \in \mathbb{R})$ 的敛散性.

解　由于

$$\int_0^b \mathrm{e}^{\lambda x}\mathrm{d}x = \frac{1}{\lambda}(\mathrm{e}^{\lambda b}-1).$$

则当 $b \to +\infty$ 时,

$$\lim_{b \to +\infty}\int_0^b \mathrm{e}^{\lambda x}\mathrm{d}x = \lim_{b \to +\infty}\frac{1}{\lambda}(\mathrm{e}^{\lambda b}-1) = \begin{cases} -\dfrac{1}{\lambda}, & \lambda < 0, \\ +\infty, & \lambda \geqslant 0. \end{cases}$$

因此当且仅当 $\lambda < 0$ 该积分收敛.

例 9.1.3 讨论无穷积分 $\int_{-\infty}^{+\infty}\frac{1}{4+x^2}\mathrm{d}x$ 的敛散性.

解　由无穷积分的定义可知

$$\int_{-\infty}^{+\infty}\frac{1}{4+x^2}\mathrm{d}x = \int_{-\infty}^0 \frac{1}{4+x^2}\mathrm{d}x + \int_0^{+\infty}\frac{1}{4+x^2}\mathrm{d}x.$$

又由

$$\int_0^b \frac{1}{4+x^2}\mathrm{d}x = \frac{1}{2}\arctan\frac{b}{2},$$

进一步有

$$\int_0^{+\infty}\frac{1}{4+x^2}\mathrm{d}x = \lim_{b \to +\infty}\frac{1}{2}\arctan\frac{b}{2} = \frac{\pi}{4}.$$

同理可得

$$\int_{-\infty}^0 \frac{1}{4+x^2}\mathrm{d}x = \frac{\pi}{4}.$$

因此

$$\int_{-\infty}^{+\infty}\frac{1}{4+x^2}\mathrm{d}x = \frac{\pi}{4} + \frac{\pi}{4} = \frac{\pi}{2}.$$

注 与 $f(x)$ 在 $(-\infty, +\infty)$ 上的无穷积分有着密切联系的还有 Cauchy 主值的概念. 考虑极限:

$$\lim_{A \to +\infty} \int_{-A}^{A} f(x)\mathrm{d}x.$$

若上述极限存在,则称该极限值为 $\int_{-\infty}^{+\infty} f(x)\mathrm{d}x$ 的 Cauchy 主值,记为 $(\mathrm{cpv}) \int_{-\infty}^{+\infty} f(x)\mathrm{d}x$. 当 $f(x)$ 在 $(-\infty, +\infty)$ 上的无穷积分收敛时,易见

$$(\mathrm{cpv}) \int_{-\infty}^{+\infty} f(x)\mathrm{d}x = \int_{-\infty}^{+\infty} f(x)\mathrm{d}x.$$

当 $f(x)$ 在 $(-\infty, +\infty)$ 上的无穷积分发散时,仍然可能存在 Cauchy 主值,例如广义积分 $\int_{-\infty}^{+\infty} \sin x \,\mathrm{d}x$ 发散但其柯西主值存在.

从上述例子中可以看出,无穷积分的计算可分为两步:第一步求有限区间上的定积分,第二步求极限. 一般地,当函数 $f(x)$ 在 $[a, +\infty)$(或 $(-\infty, a]$)上存在原函数 $F(x)$ 时,我们可以记 $F(+\infty) = \lim\limits_{b \to +\infty} F(b)$ $(F(-\infty) = \lim\limits_{b \to -\infty} F(b))$. 使用这两个记号,我们可以将定积分的 Newton – Leibniz 公式推广为如下无穷积分的计算公式:

(1) $\int_{a}^{+\infty} f(x)\mathrm{d}x = F(x) \big|_{a}^{+\infty} = F(+\infty) - F(a)$;

(2) $\int_{-\infty}^{a} f(x)\mathrm{d}x = F(x) \big|_{-\infty}^{a} = F(a) - F(-\infty)$;

(3) $\int_{-\infty}^{+\infty} f(x)\mathrm{d}x = F(x) \big|_{-\infty}^{+\infty} = F(+\infty) - F(-\infty)$,

其中 $F(x)$ 为 $f(x)$ 在相应区间上的原函数.

注意到无穷积分本质上是变限积分的一个极限. 由无穷积分的定义,定积分的性质以及极限的性质不难得到下面无穷积分的性质.

性质 9.1.1 若无穷积分 $\int_{a}^{+\infty} f_1(x)\mathrm{d}x$, $\int_{a}^{+\infty} f_2(x)\mathrm{d}x$ 收敛,c_1, c_2 为任意实数,则无穷积分 $\int_{a}^{+\infty} [c_1 f_1(x) + c_2 f_2(x)]\mathrm{d}x$ 也收敛,并且有

$$\int_{a}^{+\infty} [c_1 f_1(x) + c_2 f_2(x)]\mathrm{d}x = c_1 \int_{a}^{+\infty} f_1(x)\mathrm{d}x + c_2 \int_{a}^{+\infty} f_2(x)\mathrm{d}x.$$

性质 9.1.2 假设对任意 $A \in (a, +\infty)$,$f(x)$ 在区间 $[a, A]$ 上可积,则对于任意的 $b > a$,都有 $\int_{a}^{+\infty} f(x)\mathrm{d}x$ 与 $\int_{b}^{+\infty} f(x)\mathrm{d}x$ 同时收敛和发散.

类似的性质对于 $(-\infty, a)$ 和 $(-\infty, +\infty)$ 上的无穷积分也成立.

同样的,定积分的分部积分公式和换元积分公式都可以推广到无穷积分的计算中.

例 9.1.4 计算 $\int_{2}^{+\infty} \dfrac{\mathrm{d}x}{x^2 + 2x - 3}$.

解
$$\int_{2}^{+\infty} \frac{\mathrm{d}x}{x^2 + 2x - 3} = \int_{2}^{+\infty} \frac{\mathrm{d}x}{(x+3)(x-1)} = \left(\frac{1}{4} \ln \frac{x-1}{x+3} \right) \Big|_{2}^{+\infty}$$
$$= \lim_{x \to +\infty} \left(\frac{1}{4} \ln \frac{x-1}{x+3} \right) - \frac{1}{4} \ln \frac{1}{5} = \frac{1}{4} \ln 5.$$

例 9.1.5 计算 $\displaystyle\int_0^{+\infty} e^{-x}\sin x\,dx$.

解　记 $I=\displaystyle\int_0^{+\infty} e^{-x}\sin x\,dx$，使用分部积分法可得

$$I=\int_0^{+\infty} e^{-x}\sin x\,dx=-e^{-x}\sin x\,\Big|_0^{+\infty}+\int_0^{+\infty} e^{-x}\cos x\,dx=\int_0^{+\infty} e^{-x}\cos x\,dx$$

$$=-e^{-x}\cos x\,\Big|_0^{+\infty}-\int_0^{+\infty} e^{-x}\sin x\,dx=1-I.$$

解方程 $I=1-I$ 可得 $\displaystyle\int_0^{+\infty} e^{-x}\sin x\,dx=\dfrac{1}{2}$.

例 9.1.6 计算 $\displaystyle\int_0^{+\infty} \dfrac{dx}{(x^2+a^2)^{\frac{3}{2}}}$.

解　设 $x=\tan t$，则当 $0\leqslant t<\dfrac{\pi}{2}$ 时对应 $x\in(0,+\infty)$，由换元积分公式得

$$\int_0^{+\infty} \frac{dx}{(x^2+a^2)^{\frac{3}{2}}}=\int_0^{\frac{\pi}{2}} \frac{\cos t\,dt}{a^2}=\frac{1}{a^2}.$$

习题 9.1

1. 计算下列反常积分.

(1) $\displaystyle\int_0^{+\infty} e^{-2\sqrt{x}}\,dx$；　　　　(2) $\displaystyle\int_{-\infty}^0 x^2 e^x\,dx$；　　　　(3) $\displaystyle\int_0^{+\infty} \dfrac{dx}{(x^2+a^2)^2}$；

(4) $\displaystyle\int_1^{+\infty} \dfrac{1}{(2x+3)^2}\,dx$；　(5) $\displaystyle\int_0^{+\infty} \dfrac{x\ln x}{(1+x^2)^2}\,dx$；　(6) $\displaystyle\int_1^{+\infty} \dfrac{\arctan x}{x^2}\,dx$；

(7) $\displaystyle\int_0^{+\infty} \dfrac{dx}{1+x^3}$；　　　　(8) $\displaystyle\int_0^{+\infty} x^3 e^{-x^2}\,dx$；　　　(9) $\displaystyle\int_1^{+\infty} \dfrac{1}{x^2+4x+3}\,dx$；

(10) $\displaystyle\int_0^{+\infty} e^{-ax}\sin bx\,dx\,(a>0,b\neq 0)$.

2. 讨论无穷积分 $\displaystyle\int_2^{+\infty} \dfrac{dx}{x(\ln x)^p}$ 的敛散性.

3. 求 c 的值使得无穷积分 $\displaystyle\int_0^{+\infty} \left(\dfrac{2x}{x^2+1}-\dfrac{c}{2x+1}\right)dx$ 收敛，并求出无穷积分的值.

4. 设 $\alpha\in\mathbb{R}$，求 $\displaystyle\int_0^{+\infty} \dfrac{1}{(x^2+1)(x^\alpha+1)}\,dx$（提示：倒代换）.

5. 设参数 $s>0$. 求 $I_n=\displaystyle\int_0^{+\infty} e^{-sx}x^n\,dx$，其中 n 为正整数.

6. 设 $f(x)$ 是区间 $[a,+\infty)$ 上的连续函数，且 $\displaystyle\int_a^{+\infty} f(x)\,dx$ 收敛. 证明：存在数列 $\{x_n\}$ 使得 $\lim\limits_{n\to\infty}x_n=+\infty$，且 $\lim\limits_{n\to\infty}f(x_n)=0$.

9.2　非负函数无穷积分的收敛性判别

当 $f(x)$ 是区间 $[a,+\infty)$ 上的非负函数时，它的变上限积分 $F(A)=\displaystyle\int_a^A f(x)\,dx$ 关于 A 是

一个单调递增函数,由单调函数的性质,可得到如下定理.

定理 9.2.1. 设 $f(x)$ 是区间 $[a,+\infty)$ 上的非负函数,且对任意的 $A>a$,积分 $\int_a^A f(x)\mathrm{d}x$ 存在.则无穷积分 $\int_a^{+\infty} f(x)\mathrm{d}x$ 收敛的充分必要条件是变上限积分函数 $F(A)=\int_a^A f(x)\mathrm{d}x$ 在 $[a,+\infty)$ 有界.

由定理 9.2.1 可得下列比较判别法.为叙述简便,在下面两个定理中我们总假设函数 $f(x),g(x)$ 都在区间 $[a,+\infty)$ 有定义,且对任意的 $b>a$,$f(x),g(x)$ 都在区间 $[a,b]$ 上可积.

定理 9.2.2(无穷积分的比较判别法) 设存在 $X>a$,对于任意的 $x>X$,都有 $0\leqslant f(x)\leqslant g(x)$,则

(1) 当 $\int_a^{+\infty} g(x)\mathrm{d}x$ 收敛时,必有 $\int_a^{+\infty} f(x)\mathrm{d}x$ 收敛;

(2) 当 $\int_a^{+\infty} f(x)\mathrm{d}x$ 发散时,必有 $\int_a^{+\infty} g(x)\mathrm{d}x$ 发散.

证明 (2)是(1)的逆否命题,当(1)成立时(2)自动成立,因此我们这里只证明(1).由于无穷积分的敛散性与积分下限无关,因此不妨设当 $x>a$ 时就有不等式 $0\leqslant f(x)\leqslant g(x)$ 成立,则由定积分的保序性,对任意的 $A>a$,都有

$$0\leqslant \int_a^A f(x)\mathrm{d}x \leqslant \int_a^A g(x)\mathrm{d}x.$$

由定理 9.2.1 知当 $\int_a^{+\infty} g(x)\mathrm{d}x$ 收敛时,$\int_a^A g(x)\mathrm{d}x$ 在 $[a,+\infty)$ 上有界,因此 $\int_a^A f(x)\mathrm{d}x$ 在 $[a,+\infty)$ 上有界,再次使用定理 9.2.1 可知 $\int_a^{+\infty} f(x)\mathrm{d}x$ 收敛.(1)证毕!

注 1 类似可得在 $(-\infty,a]$ 和 $(-\infty,+\infty)$ 上的无穷积分的比较判别法.

注 2 应用此定理的关键是寻找合适的比较函数,例如 $\dfrac{1}{x^p}$,$\dfrac{1}{x\ln^p x}$ 是常用来比较的函数.

例 9.2.1 判断 $\int_1^{+\infty} \dfrac{1}{x^4+x^2}\mathrm{d}x$ 的收敛性.

解 因为当 $x\geqslant 1$ 时,$\dfrac{1}{x^4+x^2}<\dfrac{1}{x^2}$,而根据例 9.1.1 的结论有 $\int_1^{+\infty} \dfrac{1}{x^2}\mathrm{d}x$ 收敛,因此积分 $\int_1^{+\infty} \dfrac{1}{x^4+x^2}\mathrm{d}x$ 收敛.

如下极限形式的比较判别法是定理 9.2.2 的一个推论,这种形式有时用起来更为方便.

定理 9.2.3(极限形式的比较判别法) 设 $f(x),g(x)$ 是 $[a,+\infty)$ 上的非负函数,且有 $\lim\limits_{x\to+\infty} \dfrac{f(x)}{g(x)}=l$,则

(1) 若 $0<l<+\infty$,则 $\int_a^{+\infty} g(x)\mathrm{d}x$ 与 $\int_a^{+\infty} f(x)\mathrm{d}x$ 同敛散;

(2) 若 $l=0$,则当 $\int_a^{+\infty} g(x)\mathrm{d}x$ 收敛时,必有 $\int_a^{+\infty} f(x)\mathrm{d}x$ 收敛;

(3) 若 $l=+\infty$,则当 $\int_a^{+\infty} g(x)\mathrm{d}x$ 发散时,必有 $\int_a^{+\infty} f(x)\mathrm{d}x$ 发散.

证明 (1) 由已知条件,取 $\varepsilon = \dfrac{l}{2}$,则由极限的定义可知存在 $X > a$,使得当 $x > X$ 时有

$$\left| \frac{f(x)}{g(x)} - l \right| < \frac{l}{2}.$$

于是当 $x > X$ 时有

$$\frac{l}{2} g(x) < f(x) < \frac{3l}{2} g(x), \ \forall x > X.$$

当 $\displaystyle\int_a^{+\infty} g(x)\mathrm{d}x$ 收敛时,$\displaystyle\int_a^{+\infty} \frac{3l}{2} g(x)\mathrm{d}x$ 收敛,因此由定理 9.2.2 $\displaystyle\int_a^{+\infty} f(x)\mathrm{d}x$ 收敛.

反过来,当 $\displaystyle\int_a^{+\infty} f(x)\mathrm{d}x$ 收敛时,由上述不等式知 $\displaystyle\int_a^{+\infty} \frac{l}{2} g(x)\mathrm{d}x$ 收敛,因此 $\displaystyle\int_a^{+\infty} g(x)\mathrm{d}x$

收敛. 所以 $\displaystyle\int_a^{+\infty} g(x)\mathrm{d}x$ 与 $\displaystyle\int_a^{+\infty} f(x)\mathrm{d}x$ 同敛散.

(2) 由已知条件,当极限 $l = 0$ 时,取 $\varepsilon = 1$,则由极限的定义可知存在 $X > a$,使得当 $x > X$ 时有

$$\left| \frac{f(x)}{g(x)} \right| < 1.$$

这说明当 $x > X$ 时 $0 \leqslant f(x) < g(x)$. 由定理 9.2.2 知,当 $\displaystyle\int_a^{+\infty} g(x)\mathrm{d}x$ 收敛时,必有 $\displaystyle\int_a^{+\infty} f(x)\mathrm{d}x$ 收敛.

(3) 类似(2)可证,具体过程留给读者.

注 1 对于在 $(-\infty, a]$ 上的无穷积分收敛性的比较判别法,只需将该定理中的极限 $x \to +\infty$ 改为 $x \to -\infty$ 即可.

注 2 若函数 $f(x)$ 和 $g(x)$ 是 $x \to +\infty$ 时的无穷小,且 $l = 1$,则表示函数 $f(x)$ 和 $g(x)$ 是 $x \to +\infty$ 时的等价无穷小,根据定理 9.2.3,两函数在 $[a, +\infty)$ 上的无穷积分的敛散性也是相同的. 因此,可以通过 $x \to +\infty$ 时对被积函数进行等价替换的方法来得到相应的比较函数,然后进行收敛性判别. 我们经常用 $\dfrac{C}{x^p}$,$\dfrac{C}{x(\ln x)^p}$(C 为常数)作为比较函数来判断广义积分的敛散性. 注意这两个无穷积分 $\displaystyle\int_1^{+\infty} \frac{1}{x^p}\mathrm{d}x$,$\displaystyle\int_2^{+\infty} \frac{1}{x(\ln x)^p}\mathrm{d}x$ 都在当 $p > 1$ 时积分收敛;在当 $p \leqslant 1$ 时积分发散. 当 $x \to +\infty$ 时我们常用的等价无穷小量有:

$$\sin\frac{1}{x} \sim \frac{1}{x}, \quad \tan\frac{1}{x} \sim \frac{1}{x}, \quad 1 - \cos\frac{1}{x} \sim \frac{1}{2x^2}, \quad \ln\left(1 + \frac{1}{x}\right) \sim \frac{1}{x}, \ \mathrm{e}^{\frac{1}{x}} - 1 \sim \frac{1}{x}.$$

例 9.2.2 判断无穷积分 $\displaystyle\int_2^{+\infty} \frac{\mathrm{e}^{\frac{1}{x}} - 1}{\sqrt{x}}\mathrm{d}x$ 的敛散性.

解 因为当 $x \to +\infty$ 时,$\dfrac{1}{x} \to 0$,所以 $\mathrm{e}^{\frac{1}{x}} - 1 \sim \dfrac{1}{x}$,$\dfrac{\mathrm{e}^{\frac{1}{x}} - 1}{\sqrt{x}} \sim \dfrac{1}{x^{\frac{3}{2}}}$,

由广义积分 $\displaystyle\int_2^{+\infty} \frac{1}{x^{\frac{3}{2}}}\mathrm{d}x$ 收敛,知原积分也收敛.

例 9.2.3 讨论下列无穷积分的敛散性.

(1) $\displaystyle\int_1^{+\infty} \frac{\ln x}{x^n}\mathrm{d}x$;   (2) $\displaystyle\int_1^{+\infty} \frac{x^2\,\mathrm{d}x}{\sqrt{2x^5-1}}$.

解 (1) 若 $n>1$, 设 $n=1+\delta$, 则有 $\delta>0$, 且有

$$\lim_{x\to+\infty} \frac{\dfrac{\ln x}{x^n}}{\dfrac{1}{x^{1+\frac{\delta}{2}}}} = \lim_{x\to+\infty} \frac{\ln x}{x^{\frac{\delta}{2}}} = \lim_{x\to+\infty} \frac{2}{\delta}\cdot\frac{1}{x^{\frac{\delta}{2}}} = 0.$$

因为 $\displaystyle\int_1^{+\infty} \frac{1}{x^{1+\frac{\delta}{2}}}\mathrm{d}x$ 收敛, 由定理 9.2.3 知此时 $\displaystyle\int_1^{+\infty} \frac{\ln x}{x^n}\mathrm{d}x$ 收敛.

若 $n\leqslant 1$, 则

$$\lim_{x\to+\infty} \frac{\dfrac{\ln x}{x^n}}{\dfrac{1}{x^n}} = \lim_{x\to+\infty} \ln x = +\infty.$$

因为 $\displaystyle\int_1^{+\infty} \frac{1}{x^n}\mathrm{d}x$ 发散, 由定理 9.2.3 知此时 $\displaystyle\int_1^{+\infty} \frac{\ln x}{x^n}\mathrm{d}x$ 发散.

(2) 取 $g(x)=\dfrac{1}{\sqrt{x}}$ 时, 我们有

$$\lim_{x\to+\infty} \frac{\dfrac{x^2}{\sqrt{2x^5-1}}}{\dfrac{1}{\sqrt{x}}} = \lim_{x\to+\infty} \frac{1}{\sqrt{2-x^{-5}}} = \frac{1}{\sqrt{2}}.$$

因为 $\displaystyle\int_1^{+\infty} \frac{1}{\sqrt{x}}\mathrm{d}x$ 发散, 由定理 9.2.3 知 $\displaystyle\int_1^{+\infty} \frac{x^2\,\mathrm{d}x}{\sqrt{2x^5-1}}$ 发散.

习题 9.2

1. 判定下列无穷积分的敛散性.

(1) $\displaystyle\int_1^{+\infty} \frac{x}{1+x^2}\mathrm{d}x$;   (2) $\displaystyle\int_1^{+\infty} \frac{\mathrm{d}x}{x\sqrt{1+x^2}}$;

(3) $\displaystyle\int_1^{+\infty} \frac{1}{1+x\,|\sin x|}\mathrm{d}x$;   (4) $\displaystyle\int_2^{+\infty} \left(\cos\frac{1}{x}-1\right)\mathrm{d}x$;

(5) $\displaystyle\int_1^{+\infty} \frac{x^q}{1+x^p}\mathrm{d}x\ (p,q>0)$;   (6) $\displaystyle\int_1^{+\infty} \frac{(\ln x)^p}{x^n}\mathrm{d}x\ (n>0)$;

(7) $\displaystyle\int_0^{+\infty} \frac{\arctan x}{1+x^p}\mathrm{d}x\ (p>0)$;   (8) $\displaystyle\int_{e^2}^{+\infty} \frac{1}{x(\ln\ln x)^p}\mathrm{d}x\ (p\in\mathbb{R})$.

2. 设 $\displaystyle\int_a^{+\infty} f(x)\mathrm{d}x$ 收敛, 试问是否一定有 $\displaystyle\lim_{x\to+\infty} f(x)=0$? 证明: 当 $\displaystyle\int_a^{+\infty} f(x)\mathrm{d}x$ 收敛时, 如果存在实数 b 使得 $\displaystyle\lim_{x\to+\infty} f(x)=b$, 那么必有 $b=0$.

3. 讨论广义积分 $\displaystyle\int_1^{+\infty} \dfrac{x}{1+x^6\sin^2 x}\mathrm{d}x$ 的敛散性.

4. 设对任意的 $A>a$，函数 $f(x),g(x),h(x)$ 都在 $[a,A]$ 上可积，且有
$$g(x)\leqslant f(x)\leqslant h(x),\ \forall\, x\in[a,+\infty).$$
证明：当 $\displaystyle\int_a^{+\infty}g(x)\mathrm{d}x$ 和 $\displaystyle\int_a^{+\infty}h(x)\mathrm{d}x$ 都收敛时，必有 $\displaystyle\int_a^{+\infty}f(x)\mathrm{d}x$ 收敛.

9.3 一般函数无穷积分的收敛性判别法

本节将介绍一般函数无穷积分的敛散性判别法. 其主要的理论根据来源于函数收敛的 Cauchy 收敛原理.

9.3.1 无穷积分收敛的充分必要条件

由于 $\displaystyle\int_a^{+\infty}f(x)\mathrm{d}x$ 的收敛问题是函数 $F(A)=\displaystyle\int_a^A f(x)\mathrm{d}x$ 在 $A\to+\infty$ 时的收敛问题，所以根据函数极限的 Cauchy 收敛原理，我们可以得到下面无穷积分的 Cauchy 收敛原理.

定理 9.3.1(Cauchy 收敛原理) 设函数 $f(x)$ 在 $[a,+\infty)$ 上有定义，对于任意 $A>a$，函数 $f(x)$ 在 $[a,A]$ 上可积，则无穷积分 $\displaystyle\int_a^{+\infty}f(x)\mathrm{d}x$ 收敛的充分必要条件是：任给 $\varepsilon>0$，存在 $M>0$ 使得对于任意的 $A_2>A_1>M$，都有 $\left|\displaystyle\int_{A_1}^{A_2}f(x)\mathrm{d}x\right|<\varepsilon$.

这个定理说明：要使无穷积分 $\displaystyle\int_a^{+\infty}f(x)\mathrm{d}x$ 收敛，必须且只需在充分远的地方，不管多长的区间上，积分值可以任意小.

例 9.3.1 设函数 $f(x),g(x)$ 在 $[a,+\infty)$ 上连续可微，$g(x)$ 在 $[a,+\infty)$ 上有界，$f'(x)\geqslant 0$ 且 $\displaystyle\lim_{x\to+\infty}f(x)=0$，则积分 $\displaystyle\int_a^{+\infty}f(x)g'(x)\mathrm{d}x$ 收敛.

证明 对充分大的 $A_2>A_1>a$，由分部积分法可得
$$\int_{A_1}^{A_2}f(x)g'(x)\mathrm{d}x=f(x)g(x)\,\big|_{A_1}^{A_2}-\int_{A_1}^{A_2}f'(x)g(x)\mathrm{d}x. \tag{9.3.1}$$
任意取定 $\varepsilon>0$. 根据 $g(x)$ 的有界性以及 $\displaystyle\lim_{x\to+\infty}f(x)=0$ 知 $\displaystyle\lim_{x\to+\infty}f(x)g(x)=0$，因此存在 $M_1>0$，使得当 $A_2>A_1>M_1$ 时，有
$$|f(A_2)g(A_2)-f(A_1)g(A_1)|<\frac{\varepsilon}{2}.$$
对于式 (9.3.1) 右边第二项，由条件 $f'(x)\geqslant 0$，使用第一积分中值定理知存在 $\xi\in[A_1,A_2]$ 使得
$$\int_{A_1}^{A_2}f'(x)g(x)\mathrm{d}x=g(\xi)\int_{A_1}^{A_2}f'(x)\mathrm{d}x=g(\xi)[f(A_2)-f(A_1)].$$
由 $g(x)$ 的有界性以及 $\displaystyle\lim_{x\to+\infty}f(x)=0$ 知也存在 $M_2>0$，使得当 $A_2>A_1>M_2$ 时
$$\left|\int_{A_1}^{A_2}f'(x)g(x)\mathrm{d}x\right|=|g(\xi)|\cdot|f(A_2)-f(A_1)|<\frac{\varepsilon}{2}.$$
易见当 $A_2>A_1>\max\{M_1,M_2\}$ 时，

$$\left| \int_{A_1}^{A_2} f(x)g'(x)\mathrm{d}x \right| \leqslant \varepsilon.$$

因此积分 $\int_a^{+\infty} f(x)g'(x)\mathrm{d}x$ 收敛. 结论得证!

9.3.2 无穷积分的绝对收敛

前面所介绍的无穷积分的比较判别法,是针对非负函数而言的. 对于函数值符号不定的一般函数的无穷积分,我们可以先取其绝对值变成非负函数,然后再应用比较判别法,判断其绝对值函数的无穷积分的敛散性. 下面定理说明当函数取绝对值后的无穷积分收敛时,原函数的无穷积分也收敛. 进一步我们还可以引出绝对收敛的概念.

定理 9.3.2 如果 $\int_a^{+\infty} |f(x)|\mathrm{d}x$ 收敛,则 $\int_a^{+\infty} f(x)\mathrm{d}x$ 收敛.

证明 由于 $\int_a^{+\infty} |f(x)|\mathrm{d}x$ 收敛,根据无穷积分的 Cauchy 收敛原理得,任给 $\varepsilon > 0$,存在 $A > 0$,使得对于任意的 A_1, A_2 且 $A_1 > A_2 > A$,有 $\int_{A_1}^{A_2} |f(x)|\mathrm{d}x < \varepsilon$.

又由于 $\left| \int_{A_1}^{A_2} f(x)\mathrm{d}x \right| \leqslant \int_{A_1}^{A_2} |f(x)|\mathrm{d}x$,因此

$$\left| \int_{A_1}^{A_2} f(x)\mathrm{d}x \right| \leqslant \int_{A_1}^{A_2} |f(x)|\mathrm{d}x < \varepsilon.$$

再次使用 Cauchy 收敛原理知无穷积分 $\int_a^{+\infty} f(x)\mathrm{d}x$ 收敛.

定义 9.3.1 如果广义积分 $\int_a^{+\infty} |f(x)|\mathrm{d}x$ 收敛,则称广义积分 $\int_a^{+\infty} f(x)\mathrm{d}x$ 绝对收敛. 如果广义积分 $\int_a^{+\infty} |f(x)|\mathrm{d}x$ 发散,但 $\int_a^{+\infty} f(x)\mathrm{d}x$ 收敛,则称 $\int_a^{+\infty} f(x)\mathrm{d}x$ 条件收敛.

定理 9.3.2 说明:绝对收敛的无穷积分一定收敛,但其逆命题不真. 例如 $\int_1^{+\infty} \sin x^2 \mathrm{d}x$ 和 $\int_1^{+\infty} \dfrac{\sin x}{x}\mathrm{d}x$ 是条件收敛的(见例 9.3.2 和例 9.3.3).

9.3.3 函数乘积积分的收敛判别法

在许多广义积分中,被积函数往往是由多个函数乘积构成的. 由于它们之间在许多性态上的差异,给广义积分收敛性的判断带来了困难. 我们希望能从它们每一个函数的自身所具有的特征出发,给出可以判断整个被积函数的广义积分收敛性的判定方法.

定理 9.3.3 设对于任意的 $A > a, g(x) \in R([a, A])$,且 $g(x)$ 在 $[a, +\infty)$ 上有界,若 $\int_a^{+\infty} f(x)\mathrm{d}x$ 绝对收敛,则无穷积分 $\int_a^{+\infty} f(x)g(x)\mathrm{d}x$ 绝对收敛,且有

$$\int_a^{+\infty} |f(x)g(x)|\mathrm{d}x \leqslant M\int_a^{+\infty} |f(x)|\mathrm{d}x.$$

其中 $|g(x)| \leqslant M (a \leqslant x < +\infty)$.

证明 注意到任取 $a \leqslant x < +\infty$,都有 $|f(x)g(x)| \leqslant M|f(x)|$,因此由比较判别法可得 $\int_a^{+\infty} |f(x)g(x)|\mathrm{d}x$ 收敛,从而 $\int_a^{+\infty} f(x)g(x)\mathrm{d}x$ 绝对收敛. 不等式由无穷积分的保序性直

接可得.

例 9.3.2 证明无穷积分 $\displaystyle\int_1^{+\infty}\sin x^2\,\mathrm{d}x$ 是条件收敛的.

证明　作变量代换 $x^2=t$ 并使用分部积分法,可得

$$\int_1^{+\infty}\sin x^2\,\mathrm{d}x=\frac{1}{2}\int_1^{+\infty}\frac{\sin t}{\sqrt{t}}\,\mathrm{d}t=\frac{1}{2}\left(-\frac{\cos t}{\sqrt{t}}\right)\Big|_1^{+\infty}-\frac{1}{4}\int_1^{+\infty}\frac{\cos t}{t^{3/2}}\,\mathrm{d}t$$

$$=\frac{\cos 1}{2}-\frac{1}{4}\int_1^{+\infty}\frac{\cos t}{t^{3/2}}\,\mathrm{d}t.$$

由 $\displaystyle\int_1^{+\infty}\frac{1}{t^{3/2}}\,\mathrm{d}t$（绝对）收敛以及 $|\cos t|\leqslant 1$ 知,上式右端的无穷积分 $\displaystyle\int_1^{+\infty}\frac{\cos t}{t^{3/2}}\,\mathrm{d}t$ 绝对收敛, 由此即可得无穷积分 $\displaystyle\int_1^{+\infty}\sin x^2\,\mathrm{d}x$ 收敛.

另一方面,注意到 $|\sin x^2|\geqslant\sin^2 x^2=\dfrac{1}{2}(1-\cos 2x^2)$. 类似于上面的做法可以验证 $\displaystyle\int_1^{+\infty}\cos 2x^2\,\mathrm{d}x$ 收敛,因此有

$$\int_1^{+\infty}\sin^2 x^2\,\mathrm{d}x=\frac{1}{2}\int_1^{+\infty}(1-\cos 2x^2)\,\mathrm{d}x=\frac{1}{2}\left[\int_1^{+\infty}1\,\mathrm{d}x-\int_1^{+\infty}\cos 2x^2\,\mathrm{d}x\right]$$

发散,由比较判别法知 $\displaystyle\int_1^{+\infty}|\sin x^2|\,\mathrm{d}x$ 发散,从而有 $\displaystyle\int_1^{+\infty}\sin x^2\,\mathrm{d}x$ 条件收敛.

这个例子还表明一个事实:即使 $\displaystyle\int_1^{+\infty}f(x)\,\mathrm{d}x$ 收敛,也未必有 $\displaystyle\lim_{x\to+\infty}f(x)=0$.

例 9.3.3 证明广义积分 $\displaystyle\int_1^{+\infty}\frac{\sin x}{x}\,\mathrm{d}x$ 是条件收敛的.

证明　由于

$$\int_1^{+\infty}\frac{\sin x}{x}\,\mathrm{d}x=-\frac{\cos x}{x}\Big|_1^{+\infty}-\int_1^{+\infty}\frac{\cos x}{x^2}\,\mathrm{d}x=\cos 1-\int_1^{+\infty}\frac{\cos x}{x^2}\,\mathrm{d}x,$$

对于右端第二项的无穷积分,由定理 9.3.3 可知,积分是收敛的,因此 $\displaystyle\int_1^{+\infty}\frac{\sin x}{x}\,\mathrm{d}x$ 收敛.

类似的办法可证无穷积分 $\displaystyle\int_1^{+\infty}\frac{\cos 2x}{x}\,\mathrm{d}x$ 也是收敛的. 另一方面,因为

$$\left|\frac{\sin x}{x}\right|\geqslant\frac{\sin^2 x}{x}=\frac{1}{2x}-\frac{1}{2}\frac{\cos 2x}{x}\geqslant 0,$$

再由 $\displaystyle\int_1^{+\infty}\frac{1}{2x}\,\mathrm{d}x$ 发散, $\displaystyle\int_1^{+\infty}\frac{\cos 2x}{x}\,\mathrm{d}x$ 收敛知 $\displaystyle\int_1^{+\infty}\left|\frac{\sin x}{x}\right|\,\mathrm{d}x$ 发散. 从而 $\displaystyle\int_1^{+\infty}\frac{\sin x}{x}\,\mathrm{d}x$ 是条件收敛的.

下面我们再介绍两种判别法来判定广义积分的敛散性.

定理 9.3.4(Dirichlet 判别法) 如果在区间 $[a,+\infty)$ 上定义的函数 $f(x),g(x)$ 满足下列条件:

(1) $\displaystyle F(A)=\int_a^A f(x)\,\mathrm{d}x$ 在 $[a,+\infty)$ 上有界;

(2) 函数 $g(x)$ 在 $[a,+\infty]$ 单调且 $\displaystyle\lim_{x\to+\infty}g(x)=0$,

则 $\int_a^{+\infty} f(x)g(x)\mathrm{d}x$ 收敛.

证明 由积分第三中值定理,存在 $\xi \in [A_1, A_2]$,使得

$$\int_{A_1}^{A_2} f(x)g(x)\mathrm{d}x = g(A_1)\int_{A_1}^{\xi} f(x)\mathrm{d}x + g(A_2)\int_{\xi}^{A_2} f(x)\mathrm{d}x,$$

于是有

$$\left| \int_{A_1}^{A_2} f(x)g(x)\mathrm{d}x \right| \leqslant |g(A_1)| \left| \int_{A_1}^{\xi} f(x)\mathrm{d}x \right| + |g(A_2)| \left| \int_{\xi}^{A_2} f(x)\mathrm{d}x \right|.$$

又由于 $F(A) = \int_a^A f(x)\mathrm{d}x$ 在 $[a, +\infty)$ 上有界,即存在 $M > 0$,使得任取 $A > a$ 都有 $|F(A)| \leqslant M$,所以

$$\left| \int_{A_1}^{\xi} f(x)\mathrm{d}x \right| = |F(\xi) - F(A_1)| \leqslant 2M,$$

$$\left| \int_{\xi}^{A_2} f(x)\mathrm{d}x \right| = |F(A_2) - F(\xi)| \leqslant 2M.$$

又由于 $g(x)$ 在 $[a, +\infty)$ 上单调且 $\lim\limits_{x \to +\infty} g(x) = 0$,所以对于任意 $\varepsilon > 0$,存在 $A > a$,使得对于任意的 $A_1, A_2 > A$ 时,有 $|g(A_1)| < \dfrac{\varepsilon}{4M}$,$|g(A_2)| < \dfrac{\varepsilon}{4M}$. 进一步有

$$\left| \int_{A_1}^{A_2} f(x)g(x)\mathrm{d}x \right| \leqslant 2M(|g(A_1)| + |g(A_2)|) < \varepsilon.$$

从而由无穷积分的 Cauchy 收敛原理可知,$\int_a^{+\infty} f(x)g(x)\mathrm{d}x$ 收敛. 定理得证!

我们也可使用 Dirichlet 判别法证明例 9.3.3 的 $\int_1^{+\infty} \dfrac{\sin x}{x}\mathrm{d}x$ 的收敛性. 其证明如下:取 $f(x) = \sin x, g(x) = \dfrac{1}{x}$,由

$$|F(A)| = \left| \int_1^A \sin x\,\mathrm{d}x \right| = |\cos A - \cos 1| \leqslant 2,$$

知 $F(A) = \int_a^A f(x)\mathrm{d}x$ 在 $[1, +\infty)$ 上有界,又由 $\dfrac{1}{x}$ 在 $[1, +\infty)$ 上单调,且 $\lim\limits_{x \to +\infty} \dfrac{1}{x} = 0$,由 Dirichlet 判别法可知,$\int_1^{+\infty} \dfrac{\sin x}{x}\mathrm{d}x$ 收敛.

类似还可以使用 Cauchy 收敛原理以及积分第三中值定理证明如下的 Abel 判别法.

定理 9.3.5(Abel 判别法) 如果在区间 $[a, +\infty)$ 上定义的函数 $f(x), g(x)$ 满足下列条件:

(1) 无穷积分 $\int_a^{+\infty} f(x)\mathrm{d}x$ 收敛;

(2) $g(x)$ 在 $[a, +\infty)$ 单调有界,

则 $\int_a^{+\infty} f(x)g(x)\mathrm{d}x$ 收敛.

例 9.3.4 讨论下列积分的敛散性,如收敛请指出是条件收敛还是绝对收敛.

(1) $\int_1^{+\infty} \dfrac{\cos x}{x}\mathrm{d}x$;

(2) $\int_{e^3}^{+\infty} \dfrac{\ln(\ln x)}{\ln x}\sin x\,\mathrm{d}x$.

解　类似 $\int_1^{+\infty}\dfrac{\sin x}{x}\mathrm{d}x$，使用 Dirichlet 判别法知，$\int_1^{+\infty}\dfrac{\cos x}{x}\mathrm{d}x$ 收敛. 又由于

$$\left|\dfrac{\cos x}{x}\right|\geqslant\left|\dfrac{\cos^2 x}{x}\right|=\dfrac{1+\cos 2x}{2x}=\dfrac{1}{2x}+\dfrac{\cos 2x}{2x},$$

而 $\int_1^{+\infty}\dfrac{1}{2x}\mathrm{d}x$ 发散，$\int_1^{+\infty}\dfrac{\cos 2x}{2x}\mathrm{d}x$ 收敛，故 $\int_1^{+\infty}\left|\dfrac{\cos x}{x}\right|\mathrm{d}x$ 不收敛. 因此 $\int_1^{+\infty}\dfrac{\cos x}{x}\mathrm{d}x$ 条件收敛.

（2）当 $x>\mathrm{e}$ 时有 $\left(\dfrac{\ln x}{x}\right)'=\dfrac{1-\ln x}{x^2}<0$，因此函数 $\dfrac{\ln x}{x}$ 在 $[\mathrm{e},+\infty)$ 上单调递减，进一步有函数 $\dfrac{\ln(\ln x)}{\ln x}$ 在 $[\mathrm{e}^{\mathrm{e}},+\infty)$ 上单调递减. 且

$$\lim_{x\to+\infty}\dfrac{\ln(\ln x)}{\ln x}=\lim_{u\to+\infty}\dfrac{\ln u}{u}=0,$$

又因为

$$|F(A)|=\left|\int_{\mathrm{e}^3}^A\sin x\,\mathrm{d}x\right|=|\cos A-\cos\mathrm{e}^3|\leqslant 2,$$

由 Diricilet 判别法知，$\int_{\mathrm{e}^3}^{+\infty}\dfrac{\ln(\ln x)}{\ln x}\sin x\,\mathrm{d}x$ 收敛.

另一方面，当 x 充分大时，$\ln(\ln x)\geqslant 1,\ln x\leqslant x$，从而

$$\left|\dfrac{\ln(\ln x)}{\ln x}\sin x\right|\geqslant\left|\dfrac{1}{\ln x}\sin^2 x\right|\geqslant\dfrac{\sin^2 x}{x}=\dfrac{1-\cos 2x}{2x}.$$

同（1）类似可得 $\int_{\mathrm{e}^3}^{+\infty}\left|\dfrac{\ln(\ln x)}{\ln x}\sin x\right|\mathrm{d}x$ 发散，因此 $\int_{\mathrm{e}^3}^{+\infty}\dfrac{\ln(\ln x)}{\ln x}\sin x\,\mathrm{d}x$ 条件收敛.

例 9.3.5　讨论无穷积分 $\int_1^{+\infty}\dfrac{\sin x\arctan x}{x^p}\mathrm{d}x\ (p>0)$ 的敛散性.

解　（1）当 $p>1$ 时，由于

$$\left|\dfrac{\sin x\arctan x}{x^p}\right|\leqslant\dfrac{\pi}{2x^p},$$

且无穷积分 $\int_1^{+\infty}\dfrac{\pi}{2x^p}\mathrm{d}x$ 收敛，因此由比较判别法知，$\int_1^{+\infty}\left|\dfrac{\sin x\arctan x}{x^p}\right|\mathrm{d}x$ 收敛，于是原积分绝对收敛.

（2）当 $0<p\leqslant 1$ 时，由于 $\int_1^{+\infty}\dfrac{\sin x}{x^p}\mathrm{d}x$ 收敛（由 Dirichlet 判别法），且 $\arctan x$ 在 $[1,+\infty)$ 上单调有界，因此由 Abel 判别法知，$\int_1^{+\infty}\dfrac{\sin x\arctan x}{x^p}\mathrm{d}x\ (p>0)$ 收敛，但当 $0<p\leqslant 1$ 时，$\int_1^{+\infty}\dfrac{\arctan x}{x^p}|\sin x|\mathrm{d}x$ 发散. 这是因为

$$\dfrac{\arctan x}{x^p}|\sin x|\geqslant\dfrac{\pi}{4x^p}\sin^2 x=\dfrac{\pi}{8x^p}-\dfrac{\pi\cos 2x}{8x^p}\geqslant 0,$$

且当 $0<p\leqslant 1$ 时，$\int_1^{+\infty}\dfrac{\pi}{8x^p}\mathrm{d}x$ 发散，类似前面的例子由 Dirichlet 判别法可验证

$\int_1^{+\infty} \dfrac{\cos 2x}{x^p} \mathrm{d}x$ 收敛，因此 $\int_1^{+\infty} \dfrac{\arctan x}{x^p} \mid \sin x \mid \mathrm{d}x$ 发散. 于是当 $0 < p \leqslant 1$ 时，

$\int_1^{+\infty} \dfrac{\sin x \arctan x}{x^p} \mathrm{d}x$ 是条件收敛的.

习题 9.3

1. 设 $f(x)$ 为非负递减函数，且无穷积分 $\int_a^{+\infty} f(x) \mathrm{d}x$ 收敛. 证明当 $x \to +\infty$ 时，

$$f(x) = o\left(\frac{1}{x}\right).$$

2. 设 $f(x)$ 在 $[1, +\infty)$ 连续可微，当 $x \to +\infty$ 时，$f(x)$ 单调递减趋于 0，则 $\int_1^{+\infty} f(x) \mathrm{d}x$ 收敛的充分必要条件是 $\int_1^{+\infty} x f'(x) \mathrm{d}x$ 收敛.

3. 设 $f(x)$ 在 $[1, +\infty)$ 上有定义，且对任意 $A > 1$，$f(x) \in R([1, A])$，若 $\int_1^{+\infty} f^2(x) \mathrm{d}x$ 收敛，证明：当 $p > \dfrac{1}{2}$ 时，一定有 $\int_1^{+\infty} \dfrac{f(x)}{x^p} \mathrm{d}x$ 收敛.

4. 证明：若 $\int_a^{+\infty} f(x) \mathrm{d}x$ 绝对收敛，$\lim\limits_{x \to \infty} g(x) = A$，则 $\int_a^{+\infty} f(x) g(x) \mathrm{d}x$ 绝对收敛，若将 $\int_a^{+\infty} f(x) \mathrm{d}x$ 改为条件收敛，结论如何.

5. 设对于任意的 $A > a$，$g(x) \in R([a, A])$，且 $g(x)$ 在 $[a, +\infty)$ 上有界，若 $\int_a^{+\infty} f(x) \mathrm{d}x$ 收敛，试问无穷积分 $\int_a^{+\infty} f(x) g(x) \mathrm{d}x$ 收敛是否？

6. 证明无穷积分的 Abel 判别法.

7. 研究下列积分的敛散性：

(1) $\int_1^{+\infty} \dfrac{\ln x}{x} \sin x \, \mathrm{d}x$;　　　　　　(2) $\int_1^{+\infty} \cos x^2 \mathrm{d}x$;

(3) $\int_0^{+\infty} \dfrac{x \sin(a + x)}{1 + x^\alpha} \mathrm{d}x, \alpha > 0$;　　(4) $\int_1^{+\infty} \dfrac{\sin x^2}{x^p} \mathrm{d}x$;

(5) $\int_1^{+\infty} \left(\dfrac{\sin x}{\sqrt{x}} + \dfrac{\sin^2 x}{x} \right) \mathrm{d}x$;　　(6) $\int_1^{+\infty} \dfrac{\cos^2 x}{x} \mathrm{d}x$;

(7) $\int_1^{+\infty} \dfrac{\sin x \cos \dfrac{1}{x}}{x} \mathrm{d}x$;　　　　(8) $\int_1^{+\infty} \dfrac{\sin x \sin \dfrac{1}{x}}{x} \mathrm{d}x$;

(9) $\int_1^{+\infty} \dfrac{\sin x \left(x + \dfrac{1}{x} \right)}{x^p} \left(1 + \dfrac{1}{x} \right)^x \mathrm{d}x \, (p > 0)$.

8. 研究下列积分的绝对收敛性和条件收敛性：

(1) $\int_0^{+\infty} \dfrac{\sqrt{x} \cos x}{1 + x} \mathrm{d}x$;　　　　(2) $\int_1^{+\infty} \dfrac{\sin x \sin\left(x + \dfrac{1}{x} \right)}{x} \mathrm{d}x$;

（3）$\displaystyle\int_2^{+\infty}\frac{\cos x}{x\ln x}\mathrm{d}x$；

（4）$\displaystyle\int_1^{+\infty}(3-\arctan x)\frac{\cos 2x}{x^m}\mathrm{d}x\,(m>0)$.

9. 设 $f(x)$ 在 $[a,+\infty)$ 上单调递减趋于 0. 试用 Dirichlet 判别法证明，无穷积分 $\displaystyle\int_a^{+\infty}f(x)\mathrm{d}x$，$\displaystyle\int_a^{+\infty}f(x)\sin^2 x\,\mathrm{d}x$ 以及 $\displaystyle\int_a^{+\infty}f(x)\cos^2 x\,\mathrm{d}x$ 同时敛散.

10. 设 $f(x)$ 为定义在 $[a,+\infty)$ 上的函数，证明：若无穷积分 $\displaystyle\int_a^{+\infty}xf(x)\mathrm{d}x$ 收敛，则无穷积分 $\displaystyle\int_a^{+\infty}f(x)\mathrm{d}x$ 也收敛.

9.4 瑕积分

在前面几节中我们介绍了无穷区间上的广义积分及其敛散性的判别法，在本节中我们将介绍无界函数的广义积分.

9.4.1 瑕积分的概念

定义 9.4.1 设函数 $f(x)$ 为 $(a,b]$ 上有定义的无界函数，对于任意 $[u,b]\subset(a,b]$，函数 $f(x)$ 在 $[u,b]$ 上可积，则称 $\displaystyle\int_a^b f(x)\mathrm{d}x$ 为一个瑕积分，a 为 $\displaystyle\int_a^b f(x)\mathrm{d}x$ 的一个瑕点. 若存在实数 A，使得 $\displaystyle\lim_{\varepsilon\to 0^+}\int_{a+\varepsilon}^b f(x)\mathrm{d}x=A$，这时称瑕积分 $\displaystyle\int_a^b f(x)\mathrm{d}x$ 收敛，或称函数 $f(x)$ 在 $(a,b]$ 上（广义）可积，并记 $A=\displaystyle\int_a^b f(x)\mathrm{d}x$. 若上述极限不存在，则称瑕积分 $\displaystyle\int_a^b f(x)\mathrm{d}x$ 发散.

类似可以定义瑕点为 b 的瑕积分 $\displaystyle\int_a^b f(x)\mathrm{d}x$ 的敛散性.

若 $c\in(a,b)$ 为函数 $f(x)$ 的瑕点，即 $f(x)$ 在 $[a,c)\bigcup(c,b]$ 有定义，在 c 点附近无界，且对任何 $[a,u]\subset[a,c)$，$[v,b]\subset(c,b]$，函数 $f(x)$ 在 $[a,u]$ 及 $[v,b]$ 上 Riemann 可积，则可定义它的瑕积分为

$$\int_a^b f(x)\mathrm{d}x=\int_a^c f(x)\mathrm{d}x+\int_c^b f(x)\mathrm{d}x=\lim_{\varepsilon_1\to 0^+}\int_a^{c-\varepsilon_1}f(x)\mathrm{d}x+\lim_{\varepsilon_2\to 0^+}\int_{c+\varepsilon_2}^b f(x)\mathrm{d}x.$$

我们还可以考虑 $(a,+\infty)$ 上定义的函数 $f(x)$，若 a 为其瑕点，即在 a 点附近无界，对任意的 $[A,B]\subset(a,+\infty)$，$f(x)$ 在 $[A,B]$ 上 Riemann 可积，则我们可定义 $f(x)$ 在 $(a,+\infty)$ 上的广义积分为

$$\int_a^{+\infty}f(x)\mathrm{d}x=\int_a^c f(x)\mathrm{d}x+\int_c^{+\infty}f(x)\mathrm{d}x=\lim_{\varepsilon\to 0^+}\int_{a+\varepsilon}^c f(x)\mathrm{d}x+\lim_{X\to+\infty}\int_c^X f(x)\mathrm{d}x.$$

类似地，广义积分还可以推广到多个瑕点以及区间为 $(-\infty,a)$ 和 $(-\infty,+\infty)$ 的情形.

瑕积分的计算和无穷积分计算类似，可以先求定积分，然后再取极限即可得相应的瑕积分. 下面我们看几个例子.

例 9.4.1 计算 $\displaystyle\int_0^1 \ln x\,\mathrm{d}x$.

解 易见 0 为瑕点，且有

$$\int_\varepsilon^1 \ln x\,\mathrm{d}x=(x\ln x-x)\Big|_\varepsilon^1=-1-(\varepsilon\ln\varepsilon-\varepsilon).$$

因此 $\displaystyle\int_0^1 \ln x \, \mathrm{d}x = \lim_{\varepsilon \to 0^+}(-1 - (\varepsilon \ln \varepsilon - \varepsilon)) = -1$.

例 9.4.2 计算 $\displaystyle\int_{-1}^1 \frac{\mathrm{d}x}{\sqrt{|x|}}$.

解 由于 0 是瑕点，因此

$$\int_{-1}^1 \frac{\mathrm{d}x}{\sqrt{|x|}} = \int_{-1}^0 \frac{\mathrm{d}x}{\sqrt{|x|}} + \int_0^1 \frac{\mathrm{d}x}{\sqrt{|x|}} = \int_{-1}^0 \frac{\mathrm{d}x}{\sqrt{-x}} + \int_0^1 \frac{\mathrm{d}x}{\sqrt{x}},$$

从而

$$\int_{-1}^1 \frac{\mathrm{d}x}{\sqrt{|x|}} = \lim_{\varepsilon_1 \to 0^+} \int_{-1}^{-\varepsilon_1} \frac{\mathrm{d}x}{\sqrt{-x}} + \lim_{\varepsilon_2 \to 0^+} \int_{\varepsilon_2}^1 \frac{\mathrm{d}x}{\sqrt{x}}$$

$$= \lim_{\varepsilon_1 \to 0^+}(2 - 2\sqrt{\varepsilon_1}) + \lim_{\varepsilon_2 \to 0^+}(2 - 2\sqrt{\varepsilon_2}) = 4.$$

我们也可以将 Newton – Leibniz 公式，分部积分公式以及换元积分公式推广到瑕积分的情形来进行瑕积分的计算，例如 Newton – Leibniz 公式可推广为：如果有 $f(x)$ 在 (a,b) 上连续（可以无界），$F(x)$ 在 $[a,b]$ 上连续，且在 (a,b) 上有 $F'(x) = f(x)$，则有

$$\int_a^b f(x)\mathrm{d}x = F(b) - F(a).$$

例 9.4.3 计算 $\displaystyle\int_0^1 \frac{\mathrm{d}t}{\sqrt{1-t^4}}$, $\displaystyle\int_0^1 \frac{\mathrm{d}t}{\sqrt{1+t^4}}$ 的比值.

解 首先考虑：$\displaystyle\int_0^1 \frac{\mathrm{d}t}{\sqrt{1+t^4}}$，假设 $t^2 = \tan y, 0 \leqslant y \leqslant \dfrac{\pi}{4}$，则

$$\int_0^1 \frac{\mathrm{d}t}{\sqrt{1+t^4}} = \frac{1}{2}\int_0^{\frac{\pi}{4}} \frac{\mathrm{d}y}{\sqrt{\sin y \cos y}} = \frac{1}{2\sqrt{2}}\int_0^{\frac{\pi}{4}} \frac{\mathrm{d}y}{\sqrt{\sin 2y}} \xlongequal{2y = u} \frac{\sqrt{2}}{4}\int_0^{\frac{\pi}{2}} \frac{\mathrm{d}u}{\sqrt{\sin u}},$$

其次考虑：$\displaystyle\int_0^1 \frac{\mathrm{d}t}{\sqrt{1-t^4}}$, 令 $t^2 = \sin y, 0 \leqslant y \leqslant \dfrac{\pi}{2}$，则

$$\int_0^1 \frac{\mathrm{d}t}{\sqrt{1-t^4}} = \frac{1}{2}\int_0^{\frac{\pi}{2}} \frac{\mathrm{d}y}{\sqrt{\sin y}}.$$

所以

$$\int_0^1 \frac{\mathrm{d}x}{\sqrt{1-t^4}} \bigg/ \int_0^1 \frac{\mathrm{d}x}{\sqrt{1+t^4}} = \sqrt{2}.$$

例 9.4.4 计算 $I = \displaystyle\int_0^{\frac{\pi}{2}} \ln\sin x \, \mathrm{d}x$.

解 令 $t = \dfrac{\pi}{2} - x$，则有

$$I = \int_0^{\frac{\pi}{2}} \ln(\sin x)\mathrm{d}x = \int_0^{\frac{\pi}{2}} \ln(\cos t)\mathrm{d}t = \int_0^{\frac{\pi}{2}} \ln(\cos x)\mathrm{d}x,$$

进一步有

$$2I = \int_0^{\frac{\pi}{2}} \ln\sin x \, \mathrm{d}x + \int_0^{\frac{\pi}{2}} \ln\cos x \, \mathrm{d}x = \int_0^{\frac{\pi}{2}} \ln(\sin x \cos x)\mathrm{d}x = \int_0^{\frac{\pi}{2}} [\ln(\sin 2x) - \ln 2]\mathrm{d}x.$$

而

$$\int_0^{\frac{\pi}{2}} \ln(\sin 2x)\mathrm{d}x = \frac{1}{2}\int_0^{\pi} \ln(\sin t)\mathrm{d}t = \frac{1}{2}\left[\int_0^{\frac{\pi}{2}} \ln(\sin t)\mathrm{d}t + \int_{\frac{\pi}{2}}^{\pi} \ln(\sin t)\mathrm{d}t\right] = \int_0^{\frac{\pi}{2}} \ln(\sin t)\mathrm{d}t = I.$$

因此有

$$2I = I - \int_0^{\frac{\pi}{2}} \ln 2\mathrm{d}x = I - \frac{\pi}{2}\ln 2.$$

所以 $I = -\dfrac{\pi}{2}\ln 2$.

9.4.2　瑕积分收敛的判别方法

从瑕积分的定义出发,不难由极限的相关性质得到如下瑕积分的性质.

性质 9.4.1 若瑕积分 $\displaystyle\int_a^b f_1(x)\mathrm{d}x$, $\displaystyle\int_a^b f_2(x)\mathrm{d}x$ 收敛,并且瑕点同为 $x = a$,$k_1 k_2$ 为任意实数,则 $\displaystyle\int_a^b [k_1 f_1(x) + k_2 f_2(x)]\mathrm{d}x$ 也收敛,并且有

$$\int_a^b [k_1 f_1(x) + k_2 f_2(x)]\mathrm{d}x = k_1\int_a^b f_1(x)\mathrm{d}x + k_2\int_a^b f_2(x)\mathrm{d}x.$$

性质 9.4.2 假设 $\displaystyle\int_a^b f(x)\mathrm{d}x$ 收敛(a 为瑕点),则对于任意 $c \in (a,b)$,有 $\displaystyle\int_a^b f(x)\mathrm{d}x$ 与 $\displaystyle\int_a^c f(x)\mathrm{d}x$ 同时收敛或发散.

类似无穷积分的柯西收敛原理和性质,可以得到瑕积分的柯西收敛原理及其相应的性质.

定理 9.4.1(Cauchy 收敛原理) 设 a 是 $f(x)$ 的瑕点,$f(x)$ 在 $(a,b]$ 上的瑕积分 $\displaystyle\int_a^b f(x)\mathrm{d}x$ 收敛的充分必要条件是:对任意 $\varepsilon > 0$,存在 $\delta \in (0, b-a)$,使得当任意 u_1, u_2 满足 $a < u_1 < u_2 < a + \delta$ 时,有 $\left|\displaystyle\int_{u_1}^{u_2} f(x)\mathrm{d}x\right| < \varepsilon$.

性质 9.4.3 假设 $\displaystyle\int_a^b |f(x)|\mathrm{d}x$ 收敛,则 $\displaystyle\int_a^b f(x)\mathrm{d}x$ 收敛,并有

$$\left|\int_a^b f(x)\mathrm{d}x\right| \leqslant \int_a^b |f(x)|\mathrm{d}x.$$

由这个性质出发,类似于无穷积分,我们也可以定义瑕积分的绝对收敛与条件收敛:设 $\displaystyle\int_a^b f(x)\mathrm{d}x$ 是以 a 为瑕点的瑕积分,如果 $\displaystyle\int_a^b |f(x)|\mathrm{d}x$ 收敛,则称 $\displaystyle\int_a^b f(x)\mathrm{d}x$ 为绝对收敛,如果 $\displaystyle\int_a^b f(x)\mathrm{d}x$ 收敛但 $\displaystyle\int_a^b |f(x)|\mathrm{d}x$ 发散,则称 $\displaystyle\int_a^b f(x)\mathrm{d}x$ 为条件收敛.

与无穷积分类似,也有非负函数的瑕积分的比较判别法.

以下假设对任意的 $0 < \varepsilon < b - a$,$f(x), g(x)$ 在 $[a+\varepsilon, b]$ 上可积.

定理 9.4.2 对充分靠近 a 的 $x(x>a)$,如果有 $0 \leqslant f(x) \leqslant g(x)$,则:

(1) 当 $\displaystyle\int_a^b g(x)\mathrm{d}x$ 收敛时,必有 $\displaystyle\int_a^b f(x)\mathrm{d}x$ 收敛;

(2) 当 $\displaystyle\int_a^b f(x)\mathrm{d}x$ 发散时,必有 $\displaystyle\int_a^b g(x)\mathrm{d}x$ 发散.

同样地,也有极限形式的比较判别法.

定理 9.4.3 设 $f(x),g(x)$ 在 $(a,b]$ 上非负，$\int_a^b f(x)\,\mathrm{d}x$，$\int_a^b g(x)\,\mathrm{d}x$ 都是以 a 为瑕点的瑕

积分，且 $\lim\limits_{x\to a^+}\dfrac{f(x)}{g(x)}=l$，那么

(1) 若 $0<l<+\infty$，则 $\int_a^b f(x)\,\mathrm{d}x$ 与 $\int_a^b g(x)\,\mathrm{d}x$ 同敛散；

(2) 若 $l=0$，则当 $\int_a^b g(x)\,\mathrm{d}x$ 收敛时，$\int_a^b f(x)\,\mathrm{d}x$ 也收敛；

(3) 若 $l=+\infty$，则当 $\int_a^b g(x)\,\mathrm{d}x$ 发散时，$\int_a^b f(x)\,\mathrm{d}x$ 也发散.

例 9.4.5 判断下列积分的敛散性

(1) $\displaystyle\int_0^1 \frac{|\ln(\sin x)|}{\sqrt{x}}\,\mathrm{d}x$；　　　　　(2) $\displaystyle\int_{\frac{\pi}{2}}^{+\infty}\left(x-\frac{\pi}{2}\right)^{-p}\cos^2 x\,\mathrm{d}x\,(p>0)$.

解　(1) 易见 $x=0$ 为唯一的瑕点. 不难验证

$$\lim_{x\to 0^+}\frac{\dfrac{|\ln(\sin x)|}{\sqrt{x}}}{x^{-\frac{3}{4}}}=\lim_{x\to 0^+}x^{\frac{1}{4}}|\ln(\sin x)|=\lim_{x\to 0^+}x^{\frac{1}{4}}|\ln x|=0.$$

由定义可以算出 $\int_0^1 x^{-\frac{3}{4}}\,\mathrm{d}x=4$ 收敛，因此 $\int_0^1 \dfrac{|\ln(\sin x)|}{\sqrt{x}}\,\mathrm{d}x$ 收敛.

(2) 易见 $x=\dfrac{\pi}{2}$ 可能是瑕点，因此我们需如下考虑：

$$\int_{\frac{\pi}{2}}^{+\infty}\left(x-\frac{\pi}{2}\right)^{-p}\cos^2 x\,\mathrm{d}x=\int_{\frac{\pi}{2}}^{\pi}\left(x-\frac{\pi}{2}\right)^{-p}\cos^2 x\,\mathrm{d}x+\int_{\pi}^{+\infty}\left(x-\frac{\pi}{2}\right)^{-p}\cos^2 x\,\mathrm{d}x$$

(a) 对于 $\int_{\frac{\pi}{2}}^{\pi}\left(x-\frac{\pi}{2}\right)^{-p}\cos^2 x\,\mathrm{d}x$，易见

$$\lim_{x\to \frac{\pi}{2}^+}\frac{\left(x-\frac{\pi}{2}\right)^{-p}\cos^2 x}{\left(x-\frac{\pi}{2}\right)^{-p+2}}=1,$$

由定义不难验证当且仅当 $p-2<1$ 时，积分 $\int_{\frac{\pi}{2}}^{\pi}\left(x-\frac{\pi}{2}\right)^{-(p-2)}\,\mathrm{d}x$ 收敛，因此当 $p-2<1$ 时，

即 $p<3$ 时，$\int_{\frac{\pi}{2}}^{\pi}\left(x-\frac{\pi}{2}\right)^{-p}\cos^2 x\,\mathrm{d}x$ 收敛.

(b) 对于 $\int_{\pi}^{+\infty}\left(x-\frac{\pi}{2}\right)^{-p}\cos^2 x\,\mathrm{d}x$，当 $p>1$ 时，由于 $\left|\left(x-\frac{\pi}{2}\right)^{-p}\cos^2 x\right|\leqslant$

$\left(x-\frac{\pi}{2}\right)^{-p}$ 且 $\int_{\pi}^{+\infty}\left(x-\frac{\pi}{2}\right)^{-p}\,\mathrm{d}x$ 收敛，因此此时有 $\int_{\pi}^{+\infty}\left(x-\frac{\pi}{2}\right)^{-p}\cos^2 x\,\mathrm{d}x$ 收敛；而当 $0<$

$p\leqslant 1$ 时，由于

$$\left(x-\frac{\pi}{2}\right)^{-p}\cos^2 x=\frac{1}{2}\left(x-\frac{\pi}{2}\right)^{-p}(1+\cos 2x),$$

由前面 Dirichlet 判别法知 $\int_{\pi}^{+\infty}\frac{1}{2}\left(x-\frac{\pi}{2}\right)^{-p}\cos 2x\,\mathrm{d}x$ 收敛，而 $\int_{\pi}^{+\infty}\frac{1}{2}\left(x-\frac{\pi}{2}\right)^{-p}\,\mathrm{d}x$ 发散，

因此 $\displaystyle\int_{\pi}^{+\infty}\left(x-\frac{\pi}{2}\right)^{-p}\cos^2 x\,\mathrm{d}x$ 发散.

综上,当 $1<p<3$ 时,$\displaystyle\int_{\frac{\pi}{2}}^{+\infty}\left(x-\frac{\pi}{2}\right)^{-p}\cos^2 x\,\mathrm{d}x$ 收敛.

类似于无穷积分,我们也有相应的 Dirichlet 判别法和 Abel 判别法来判断瑕积分的敛散性. 以下积分中假设 a 为唯一瑕点.

定理 9.4.4(Dirichlet 判别法) 如果函数 $f(x),g(x)$ 满足下列条件:

(1) 存在 $M>0$,使得对于任意 $\eta,0<\eta<b-a$,有 $\left|\displaystyle\int_{a+\eta}^{b}f(x)\mathrm{d}x\right|\leqslant M$;

(2) 函数 $g(x)$ 在 $(a,b]$ 上单调且 $\displaystyle\lim_{x\to a^+}g(x)=0$.

则 $\displaystyle\int_{a}^{b}f(x)g(x)\mathrm{d}x$ 收敛.

定理 9.4.5(Abel 判别法) 如果函数 $f(x),g(x)$ 满足下列条件:

(1) 瑕积分 $\displaystyle\int_{a}^{b}f(x)\mathrm{d}x$ 收敛;

(2) 函数 $g(x)$ 在 $(a,b]$ 上单调有界.

则 $\displaystyle\int_{a}^{b}f(x)g(x)\mathrm{d}x$ 收敛.

例 9.4.6 讨论积分 $I=\displaystyle\int_{0}^{1}x^{-p}\sin\frac{1}{x}\mathrm{d}x\,(p>0)$ 的敛散性.

解 这是一个以 $x=0$ 为瑕点的瑕积分.

当 $0<p<1$ 时,因为 $\left|x^{-p}\sin\dfrac{1}{x}\right|\leqslant\dfrac{1}{x^p}$ 且 $\displaystyle\int_{0}^{1}\frac{1}{x^p}\mathrm{d}x$ 收敛,由比较判别法知 $\displaystyle\int_{0}^{1}x^{-p}\sin\dfrac{1}{x}\mathrm{d}x$ 绝对收敛.

当 $1\leqslant p<2$ 时,考虑 $f(x)=\dfrac{1}{x^2}\sin\dfrac{1}{x}$,$g(x)=x^{2-p}$,则对任意的 $\eta\in(0,1)$,有

$$\left|\int_{\eta}^{1}f(x)\mathrm{d}x\right|=\left|\int_{\eta}^{1}\frac{1}{x^2}\sin\frac{1}{x}\mathrm{d}x\right|=\left|\cos 1-\cos\frac{1}{\eta}\right|\leqslant 2.$$

同时 $g(x)=x^{2-p}$ 在 $(0,1]$ 上单调,且 $x\to 0$ 时 $g(x)$ 收敛于 0. 由 Dirichlet 判别法知此时 $\displaystyle\int_{0}^{1}x^{-p}\sin\frac{1}{x}\mathrm{d}x$ 收敛. 另一方面,

$$\left|x^{-p}\sin\frac{1}{x}\right|\geqslant x^{-p}\sin^2\frac{1}{x}=\frac{1}{2}x^{-p}\left(1-\cos\frac{2}{x}\right).$$

类似地,由 Dirichlet 判别法可以验证 $\displaystyle\int_{0}^{1}\frac{1}{2}x^{-p}\cos\frac{2}{x}\mathrm{d}x$ 也收敛,但此时 $\displaystyle\int_{0}^{1}\frac{1}{2}x^{-p}\mathrm{d}x$ 发散,因此 $\displaystyle\int_{0}^{1}\frac{1}{2}x^{-p}\left(1-\cos\frac{2}{x}\right)\mathrm{d}x$ 发散,由比较判别法知 $\displaystyle\int_{0}^{1}\left|x^{-p}\sin\frac{1}{x}\right|\mathrm{d}x$ 发散,因此当 $1\leqslant p<2$ 时 $\displaystyle\int_{0}^{1}x^{-p}\sin\frac{1}{x}\mathrm{d}x$ 条件收敛.

当 $p\geqslant 2$ 时,任取正整数 k,记 $y_k=\dfrac{1}{2k\pi}$,$x_k=\dfrac{1}{2k\pi+\dfrac{\pi}{2}}$,则当 $x\in[x_k,y_k]$ 时有

$$x^{-p} \sin \frac{1}{x} \geqslant x^{-2} \sin \frac{1}{x},$$

从而有

$$\int_{x_k}^{y_k} x^{-p} \sin \frac{1}{x} dx \geqslant \int_{x_k}^{y_k} x^{-2} \sin \frac{1}{x} dx = 1.$$

则可以取 $\varepsilon_0 = 1$,任取 $\delta > 0$,都可以取 k 充分的大,使得这时有 $0 < x_k < y_k < \delta$,进一步有

$$\int_{x_k}^{y_k} x^{-p} \sin \frac{1}{x} dx \geqslant 1.$$

由 Cauchy 收敛原理知此时 $\int_0^1 x^{-p} \sin \frac{1}{x} dx$ 发散.

综上:当 $0 < p < 1$ 时,积分 I 绝对收敛;当 $1 \leqslant p < 2$ 时,积分 I 条件收敛;当 $2 \leqslant p < +\infty$ 时,积分 I 发散.

通过换元,我们也可以将瑕积分转化为一个无穷积分:设 $\int_a^b f(x) dx$ 是一个以 a 为瑕点的瑕积分,令 $t = \dfrac{1}{x-a}$,则

$$\int_a^b f(x) dx = \int_{\frac{1}{b-a}}^{+\infty} f\left(\frac{1}{t} + a\right) \frac{1}{t^2} dt.$$

从而我们也可以使用无穷积分的判别法来判断瑕积分的敛散性. 如在例 9.4.6 中我们可以作变量替换 $t = \dfrac{1}{x}$,然后通过

$$\int_0^1 x^{-p} \sin \frac{1}{x} dx = \int_1^{+\infty} t^{p-2} \sin t \, dt$$

来判断 I 的敛散性.

9.4.3　Γ 函数与 B 函数

通过广义积分的概念,我们可以给出两个重要的非初等函数:Γ 函数与 B 函数. 这两个函数在概率论以及工程等诸多领域中有着重要的应用.

例 9.4.7 讨论广义积分 $\int_0^{+\infty} x^{\alpha-1} e^{-x} dx$ 的敛散性.

解　由于当 $\alpha < 1$ 时,$x = 0$ 是瑕点,所以把积分分为两个部分来考虑:

$$\int_0^{+\infty} x^{\alpha-1} e^{-x} dx = \int_0^1 x^{\alpha-1} e^{-x} dx + \int_1^{+\infty} x^{\alpha-1} e^{-x} dx.$$

对于积分 $\int_0^1 x^{\alpha-1} e^{-x} dx$,当 $x \to 0$ 时,$x^{\alpha-1} e^{-x} \sim x^{\alpha-1}$,因此积分 $\int_0^1 x^{\alpha-1} e^{-x} dx$ 当且仅当 $\alpha > 0$ 时收敛;对于积分 $\int_1^{+\infty} x^{\alpha-1} e^{-x} dx$,由于当 $x \to +\infty$ 时,

$$\frac{x^{\alpha-1} e^{-x}}{\dfrac{1}{x^2}} \to 0,$$

因此积分 $\int_1^{+\infty} x^{\alpha-1} e^{-x} dx$ 不论 α 为何值均收敛.

综上,当且仅当 $\alpha > 0$ 时原积分收敛. 由上述积分确定了一个以 α 为变量的函数 $\Gamma(\alpha)$,称为 Gamma 函数(Γ 函数).

例 9.4.8 讨论广义积分 $\displaystyle\int_0^1 x^{p-1}(1-x)^{q-1}\mathrm{d}x$ 的敛散性.

解 由于 $x=0$ 和 $x=1$ 是瑕点,所以积分要分为两部分考虑:

$$\int_0^1 x^{p-1}(1-x)^{q-1}\mathrm{d}x = \int_0^a x^{p-1}(1-x)^{q-1}\mathrm{d}x + \int_a^1 x^{p-1}(1-x)^{q-1}\mathrm{d}x \, (0 < a < 1).$$

对于 $\displaystyle\int_0^a x^{p-1}(1-x)^{q-1}\mathrm{d}x$,由于 $x^{p-1}(1-x)^{q-1} \sim x^{p-1} (x \to 0)$,因此当且仅当 $p > 0$ 时,$\displaystyle\int_0^a x^{p-1}(1-x)^{q-1}\mathrm{d}x$ 收敛.

对于 $\displaystyle\int_a^1 x^{p-1}(1-x)^{q-1}\mathrm{d}x$,由于当 $x \to 1$ 时,$x^{p-1}(1-x)^{q-1} \sim (1-x)^{q-1}$,因此当且仅当 $q > 0$ 时,$\displaystyle\int_a^1 x^{p-1}(1-x)^{q-1}\mathrm{d}x$ 收敛.

综上,当且仅当 $p > 0, q > 0$ 时,积分 $\displaystyle\int_0^1 x^{p-1}(1-x)^{q-1}\mathrm{d}x$ 收敛.

由上述积分确定了一个以 p, q 为变量的二元函数 $\mathrm{B}(p, q)$,称为 Beta 函数(B 函数).

可以证明 Γ 函数与 B 函数有以下关系:

$$\mathrm{B}(p, q) = \frac{\Gamma(p)\Gamma(q)}{\Gamma(p+q)}.$$

在一些特殊的点处,我们可以计算出 Beta 函数和 Gamma 函数的函数值,如 $B\left(\dfrac{1}{2}, \dfrac{1}{2}\right) = \pi, \Gamma\left(\dfrac{1}{2}\right) = \sqrt{\pi}$(习题 9.4 第 5 题).

习题 9.4

1. 求下列瑕积分:

(1) $\displaystyle\int_0^a \frac{\mathrm{d}x}{\sqrt{a-x}}$;

(2) $\displaystyle\int_0^1 \frac{\mathrm{d}x}{(2-x)\sqrt{1-x}}$;

(3) $\displaystyle\int_0^2 \frac{\mathrm{d}x}{\sqrt{|1-x|}}$;

(4) $\displaystyle\int_{-1}^1 \frac{|x|}{(2-x^2)\sqrt{1-x^2}}\mathrm{d}x$;

(5) $\displaystyle\int_a^b \frac{\mathrm{d}x}{\sqrt{(x-a)(b-x)}}$;

(6) $\displaystyle\int_0^1 x^n \ln^n x \,\mathrm{d}x$;

(7) $\displaystyle\int_0^1 \frac{x^n \mathrm{d}x}{\sqrt{1-x}}$;

(8) $\displaystyle\int_0^{\frac{\pi}{2}} \sqrt{\tan x}\,\mathrm{d}x$.

2. 判断下列瑕积分的敛散性:

(1) $\displaystyle\int_0^1 \frac{\ln x \ln(1+x)}{x(1+x)}\mathrm{d}x$;

(2) $\displaystyle\int_0^1 \ln x \ln(1-x)\mathrm{d}x$;

(3) $\displaystyle\int_0^1 \frac{\ln x \ln(1-x)}{x(1-x)}\mathrm{d}x$;

(4) $\displaystyle\int_0^\pi \frac{1}{\sqrt{\sin x}}\mathrm{d}x$;

(5) $\displaystyle\int_0^{\frac{\pi}{2}} \frac{\ln\sin x}{\sqrt{x}}\mathrm{d}x$;

(6) $\displaystyle\int_0^1 \frac{\ln x\,\mathrm{d}x}{1-x^2}$;

(7) $\displaystyle\int_0^1 \frac{\ln(1+x)}{x^2}\sin\frac{1}{x}\mathrm{d}x$;

(8) $\displaystyle\int_0^1 \frac{\ln(1+x)}{(1+x^2)x^2}\sin\frac{1}{x}\mathrm{d}x$.

3. 判断下列反常积分的敛散性

(1) $\displaystyle\int_0^{+\infty} \frac{\arctan ax}{x^n}\mathrm{d}x\,(a\neq 0)$;

(2) $\displaystyle\int_0^{+\infty} \frac{1-\mathrm{e}^{-x}}{x^n}\mathrm{d}x$;

(3) $\displaystyle\int_0^{+\infty} \frac{x^p\arctan x\,\mathrm{d}x}{1+x^q}\,(q\geqslant 0)$;

(4) $\displaystyle\int_0^{+\infty} \frac{\cos x}{x^p}\mathrm{d}x$;

4. 判断下列反常积分的绝对收敛性和条件收敛性：

(1) $\displaystyle\int_0^{+\infty} \frac{\sin x}{x}\,|\ln x\,|^p x\,\mathrm{d}x$;

(2) $\displaystyle\int_0^{+\infty} \frac{1-\mathrm{e}^{-x}}{x}\cos x\,\mathrm{d}x$;

(3) $\displaystyle\int_0^{+\infty} x^p\sin x^q\,\mathrm{d}x\,,q\neq 0$;

(4) $\displaystyle\int_0^{+\infty} \frac{x^p\sin x}{1+x^q}\mathrm{d}x\,,q\geqslant 0$.

5. 证明：$\mathrm{B}\left(\dfrac{1}{2},\dfrac{1}{2}\right)=\pi$. 再利用 Γ 函数和 B 函数的关系证明 $\Gamma\left(\dfrac{1}{2}\right)=\sqrt{\pi}$.

6. 利用 $\Gamma\left(\dfrac{1}{2}\right)=\sqrt{\pi}$ 计算概率积分 $\displaystyle\int_0^{+\infty} \mathrm{e}^{-x^2}\mathrm{d}x$.

7. 设 $f(x)$ 定义在 $[0,+\infty)$ 上连续，$0<a<b$，证明：

(1) 若 $\displaystyle\lim_{x\to+\infty} f(x)=k$ ，则 $\displaystyle\int_0^{+\infty} \frac{f(ax)-f(bx)}{x}\mathrm{d}x=[f(0)-k]\ln\frac{b}{a}$;

(2) 若 $\displaystyle\int_a^{+\infty} f(x)\mathrm{d}x$ 收敛，则 $\displaystyle\int_0^{+\infty} \frac{f(ax)-f(bx)}{x}\mathrm{d}x=[f(0)]\ln\frac{b}{a}$.

8. 设 $F(x)=\displaystyle\int_0^x \left(\frac{1}{t}-\left[\frac{1}{t}\right]\right)\mathrm{d}t$. 证明：$F'(0)=\dfrac{1}{2}$.

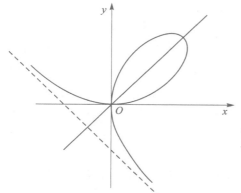

第 10 章　常微分方程

在大量实际问题中,表达过程和关系规律的函数关系往往不能直接得到,但可以建立起这些变量和它们的导数(或微分)之间的关系式. 这种表示未知函数的导数以及自变量之间的关系的方程,就叫作微分方程. 实际中的许多变化规律可以用微分方程进行描述,因此,微分方程是描述客观事物变化关系的一种重要工具,有着广泛的应用. 本章中简单介绍几个常微分方程相关的概念,并给出几类简单的常微分方程的解法.

10.1　微分方程的基本概念

首先我们给出微分方程和微分方程组的定义.

定义 10.1.1 一个描述了自变量、未知函数以及未知函数的导数(或微分)之间关系的等式,称为微分方程,如果这样的等式有多个,则称之为微分方程组.

在本章遇到的微分方程中,自变量始终只有一个,这种微分方程称为常微分方程. 在后面,我们还将讨论多元函数,函数的自变量有两个或两个以上,相应的导数称为偏导数,含有偏导数的微分方程称为偏微分方程.

定义 10.1.2 给定一个微分方程,方程中出现的未知函数的导数的最高阶数称为微分方程的阶.

n 阶常微分方程一般可记为

$$F(x,y,y',\cdots,y^{(n)})=0. \tag{10.1.1}$$

其中 $F(x,y,y',\cdots,y^{(n)})$ 是 $x,y,y',\cdots,y^{(n)}$ 的一个函数.

例如在物理中我们会遇到单摆方程

$$\frac{d^2\theta}{dt^2}+\frac{g}{l}\sin\theta=0,$$

其中 θ 是单摆与竖直方向的夹角,它是时间 t 的函数,g 为重力加速度,l 为摆长,这是一个 2 阶常微分方程.

例 10.1.1 下列方程都是常微分方程.

(1) $y'-\dfrac{1}{x^2-1}y=0$;　　　　　　　(2) $xy^{(4)}+x^2y'''+x^3y''=1$;

(3) $(x^2+1)(y^2-1)\mathrm{d}x+xy\mathrm{d}y=0$;　(4) $y''-3y'+2y=\mathrm{e}^x$.

方程(1)含有未知函数的一阶导数,因此这是一个一阶常微分方程,方程(2)中含有未知函数的最高阶导数为四,这是一个四阶常微分方程. 方程(3)含有未知函数的一阶微分,与含有一阶导数的含义一致,因此它也是一个一阶常微分方程. 方程(4)含有未知函数的二阶导数,且未知函数和其导数前面的系数是常数,因此是一个二阶常系数微分方程.

定义 10.1.3 考虑 n 阶常微分方程(10.1.1). 若函数 $y=f(x)$ 在区间 I 有直到 n 阶的导数,且将函数 $y=f(x)$ 代入方程(10.1.1)时等式恒成立,则称 $y=f(x)$ 是区间 I 上方程(10.1.1)的一个解.

用显示表达来表示的方程的解称为显式解. 但有时也会遇到方程的解需要由方程 $\varphi(x,y)=0$ 所确定的隐函数来表示,这时称关系式 $\varphi(x,y)=0$ 是方程的隐式解.

如果不加额外的条件,微分方程的解往往不是唯一的,例如不难验证对任意的常数 C_1 和 C_2,函数 $y=C_1\cos\omega x+C_2\sin\omega x$ 都是微分方程 $y''+\omega^2 y=0$($\omega>0$ 常数)的解.

定义 10.1.4 对于 n 阶常微分方程(10.1.1),如果微分方程的解的表达式中含有 n 个独立[①]的任意常数 $C_1,C_2,\cdots,C_n$,则称这样的解为微分方程的通解. 如果一个解的表达式中不含任意常数,则称这个解为微分方程的特解.

显然在一个通解中确定了任意常数的取值之后就得到了微分方程的一个特解. 例如在 $y=C_1\cos\omega x+C_2\sin\omega x$ 中取 $C_1=3$,$C_2=0$,得到的 $y=3\cos\omega x$ 是微分方程 $y''+\omega^2 y=0$ 的一个特解. 在很多情况下,通解可以表示微分方程的所有解.

在添加了一些附加条件之后,我们能得到方程的一个确定的特解. 为了确定 n 阶常微分方程(10.1.1)的特解而给出的附加条件称为定解条件,求方程(10.1.1)的满足定解条件的特解的问题称为定解问题. 对 n 阶常微分方程(10.1.1)而言,在实际问题中最常用的定解条件是初值条件:

$$y(x_0)=y_0,\ y'(x_0)=y'_0,\cdots,\ y^{(n-1)}(x_0)=y_0^{(n-1)}.$$

上述初值条件与方程(10.1.1)联立的问题称为初值问题,也叫 Cauchy 问题.

在方程 $y''+\omega^2 y=0$ 中在给出初值条件 $y(0)=3$,$y'(0)=0$ 之后,则可求出对应的特解是 $y=3\cos\omega x$;而对初值条件 $y(0)=3$,$y'(0)=4\omega$ 可求出对应的特解是 $y=3\cos\omega x+4\sin\omega x$.

若 $y=f(x)$ 是微分方程的一个解,则在 xoy 平面上,它的图形是一条曲线,这一曲线称为微分方程的积分曲线;微分方程的通解的图形对应了一族曲线,这一族曲线称为积分曲线族.

习题 10.1

1. 指出下列各微分方程的阶数:

(1) $x(y')^3-2yy'+x=0$;　　　(2) $x^4 y^{(4)}-xy'+y=0$;

(3) $y'''+2y''+x^4 y=0$;　　　(4) $(3x-2y)\mathrm{d}x+(x+y)\mathrm{d}y=0$.

2. 在下列各题中,验证所给函数是微分方程的解:

(1) $xy'+y=\cos x$,$y=\dfrac{\sin x}{x}$;

---

① 这里独立的含义见专门的常微分教材,它指的是这些常数之间"无关"的性质.

(2) $xy'-y=x\mathrm{e}^x$, $y=x\left[\int_1^x t^{-1}\mathrm{e}^t\mathrm{d}t+C\right]$.

3. 在下列各题中,确定函数表达式中满足所给的初始条件的常数 C_1,C_2:

(1) $y=(C_1+C_2x)\mathrm{e}^x$, $y\big|_{x=0}=0$, $y'\big|_{x=0}=1$;

(2) $y=C_1\cos(x-C_2)$, $y\big|_{x=\pi}=0$, $y'\big|_{x=\pi}=1$.

4. 求下列条件确定的微分方程(求一个即可):

(1) 曲线族 $y=Cx+x^2$(C 为常数) 所满足的微分方程;

(2) 曲线族 $y=C_1\mathrm{e}^x+C_2x\,\mathrm{e}^x$($C_1,C_2$ 为常数)所满足的微分方程;

(3) 平面上以原点为中心的一切圆所满足的微分方程.

10.2　一阶微分方程的解法

这一节中我们探讨一些特殊的一阶常微分方程的初等解法,中心思想是把微分方程的求解问题化为积分问题,因此所用的方法也称为初等积分法.这几类方程分别为:变量分离方程,齐次方程,一阶线性微分方程和伯努利方程,其中后面几个方程的解法都基于变量分离方程的解法.如无特别说明,这一节中总用字母 x 表示自变量,用 y 表示因变量.

10.2.1　变量分离方程

我们将形如

$$\frac{\mathrm{d}y}{\mathrm{d}x}=\frac{X(x)}{Y(y)}. \tag{10.2.1}$$

的微分方程称为变量分离方程.这里 $X(x)$, $Y(y)$ 分别是关于 x,y 的连续函数.将一个微分方程化成如上变量分离方程进行求解的方法称为变量分离法,变量分离法最早是由伯努利(Jacob Bernoulli, 1654—1705)于 16 世纪 90 年代提出的,当时是为了求解莱布尼茨 1691 给惠更斯信中提出的钟摆问题,伯努利在 1694 年发表的论文中给出了一般的求解方法.下面介绍求解变量分离方程的方法.

使用微分运算,方程(10.2.1)可改写为

$$Y(y)\mathrm{d}y=X(x)\mathrm{d}x,$$

由不定积分的换元积分法,这时在上式两边分别求不定积分可得等式

$$\int Y(y)\mathrm{d}y=\int X(x)\mathrm{d}x+C. \tag{10.2.2}$$

这就得到了方程(10.2.1)的解应满足的条件.注意这里我们把积分常数 C 明确写出来,而使用 $\int Y(y)\mathrm{d}y,\int X(x)\mathrm{d}x$ 分别表示 $Y(y)$ 和 $X(x)$ 的一个确定的原函数,这是常微分方程求解中的一个约定记法.

下面验证式(10.2.2)是方程(10.2.1)的解:设 $y=y(x)$ 是式(10.2.2)确定的一个隐函数,则在式(10.2.2)中两边都对 x 求导,由复合函数求导法则可得

$$Y(y)\cdot\frac{\mathrm{d}y}{\mathrm{d}x}=X(x).$$

这说明式(10.2.2)确定的函数是式(10.2.1)的解.

例 10.2.1 求微分方程 $\dfrac{\mathrm{d}y}{\mathrm{d}x}-y\cos x=0$ 的通解.

解　易见 $y\equiv0$ 是方程的一个特解. 当 $y\neq0$ 时,将方程分离变量,得到

$$\frac{\mathrm{d}y}{y}=\cos x\,\mathrm{d}x,$$

两边求不定积分得

$$\ln|y|=\sin x+C_1.$$

其中 C_1 为任意常数. 进一步上式可表示为 $|y|=\mathrm{e}^{C_1}\,\mathrm{e}^{\sin x}$. 去掉绝对值可得 $y=\pm\mathrm{e}^{C_1}\,\mathrm{e}^{\sin x}$,其中 $\pm\mathrm{e}^{C_1}$ 可以用常数 $C\in R$ 表示,因此方程的通解可以表示为

$$y=C\mathrm{e}^{\sin x}\ (C\in\mathbb{R}).$$

例 10.2.2 求微分方程 $\dfrac{\mathrm{d}y}{\mathrm{d}x}=(\cos x\cos 2y)^2$ 的通解.

解　当 $\cos 2y\neq0$ 时,可将方程分离变量变形为 $\dfrac{\mathrm{d}y}{\cos^2 2y}=\cos^2 x\,\mathrm{d}x$,两边积分得方程的通解(隐式通解)

$$\frac{1}{2}\tan 2y=\frac{x}{2}+\frac{1}{4}\sin 2x+C_1,$$

或 $2\tan 2y-\sin 2x-2x=C$. 易见从 $\cos 2y=0$ 可解得方程还有特解：$y\equiv\dfrac{k\pi}{2}+\dfrac{\pi}{4}$（$k$ 为整数）.

10.2.2　齐次方程

形如

$$\frac{\mathrm{d}y}{\mathrm{d}x}=f\left(\frac{y}{x}\right) \tag{10.2.3}$$

的常微分方程称为齐次方程,其中 $f(x)$ 是一个区间上的连续函数.

对于齐次方程(10.2.3),我们可通过变量代换 $u=\dfrac{y}{x}$ 将其化为变量分离方程. 因为 $y=ux$,两边同时对 x 求导得

$$\frac{\mathrm{d}y}{\mathrm{d}x}=u+x\,\frac{\mathrm{d}u}{\mathrm{d}x}\ ,$$

将上式代入方程(10.2.3)即得

$$u+x\,\frac{\mathrm{d}u}{\mathrm{d}x}=f(u),$$

上述关于函数 u 的方程可如下分离变量：

$$\frac{\mathrm{d}u}{f(u)-u}=\frac{1}{x}\mathrm{d}x.$$

两边积分后即求得关于函数 u 的解,再用 $u=\dfrac{y}{x}$ 代入,便得到方程(10.2.3)的解.

例 10.2.3 求微分方程 $xy'=y+\sqrt{x^2-y^2}$ 在区间 $(0,+\infty)$ 上的通解.

解 方程可变形为

$$\frac{\mathrm{d}y}{\mathrm{d}x} = \frac{y}{x} + \sqrt{1 - \left(\frac{y}{x}\right)^2}.$$

因此这是一个齐次方程,做换元 $u = \dfrac{y}{x}$ 可将方程变形为

$$u + x\frac{\mathrm{d}u}{\mathrm{d}x} = u + \sqrt{1 - u^2},$$

分离变量得

$$\frac{\mathrm{d}u}{\sqrt{1 - u^2}} = \frac{\mathrm{d}x}{x}.$$

求解上述微分方程得 $\arcsin u = \ln x + C$. 原方程的通解为

$$\arcsin\frac{y}{x} = \ln x + C.$$

如果一个方程可以表示为 $P(x,y)\mathrm{d}x + Q(x,y)\mathrm{d}y = 0$ 的形式,其中 $P(x,y)$ 和 $Q(x,y)$ 都是 x 和 y 的同次齐次函数,即存在 m 使得:$P(tx,ty) = t^m P(x,y)$,$Q(tx,ty) = t^m Q(x,y)$ 成立,则方程一定可以化为一个齐次方程求解.

例 10.2.4 求方程 $2xy\dfrac{\mathrm{d}y}{\mathrm{d}x} = 4x^2 + 3y^2$ 的通解.

解 方程两边同时除以 x^2,则方程可化为齐次方程,做变量替换 $u = \dfrac{y}{x}$ 可将方程变为

$$2u\left(u + x\frac{\mathrm{d}u}{\mathrm{d}x}\right) = 4 + 3u^2,$$

进一步化为

$$\frac{2u\,\mathrm{d}u}{4 + u^2} = \frac{\mathrm{d}x}{x}.$$

两边积分可得 $\ln(4 + u^2) = \ln|x| + C_1$. 进一步可将解化为 $4 + u^2 = Cx$,因此原方程的通解为

$$4x^2 + y^2 = Cx^3.$$

下面我们讨论形如

$$\frac{\mathrm{d}y}{\mathrm{d}x} = f\left(\frac{ax + by + c}{mx + ny + l}\right) \tag{10.2.4}$$

的方程的解法. 这里的 a,b,c,m,n,l 为常数.

当行列式 $\begin{vmatrix} a & b \\ m & n \end{vmatrix} = an - bm \neq 0$. 这时可令

$$X = x - h, Y = y - k$$

其中 h,k 满足方程组

$$\begin{cases} ah + bk + c = 0, \\ mh + nk + l = 0, \end{cases}$$

则有

$$aX + bY = ax + by + c, mX + nY = mx + ny + l.$$

再由 $\mathrm{d}Y = \mathrm{d}y$,$\mathrm{d}X = \mathrm{d}x$,可将原方程化为齐次方程:

$$\frac{\mathrm{d}Y}{\mathrm{d}X} = f\left(\frac{aX+bY}{mX+nY}\right) = f\left(\frac{a+b\dfrac{Y}{X}}{m+n\dfrac{Y}{X}}\right),$$

通过齐次方程求解的办法可将原方程解出.

下面考虑行列式 $\begin{vmatrix} a & b \\ m & n \end{vmatrix} = an - bm = 0$ 的情形. 此时若 $a=0, b\neq0$, 则不难得到 $m=0$, 方程即

$$\frac{\mathrm{d}y}{\mathrm{d}x} = f\left(\frac{by+c}{ny+l}\right)$$

不难发现这是一个变量分离方程, 可以直接用变量分离方程的解法求解.

类似地, 当 $a\neq0, b=0$ 时, 有 $n=0$, 这时方程也是一个变量分离方程.

当 $a\neq0, b\neq0$ 时, 此时存在 λ, 使得 $m=\lambda a, n=\lambda b$, 则方程有形式

$$\frac{\mathrm{d}y}{\mathrm{d}x} = f\left(\frac{ax+by+c}{\lambda(ax+by)+l}\right)$$

做代换 $u=ax+by$, 则方程化为

$$b^{-1}\frac{\mathrm{d}u}{\mathrm{d}x} - \frac{a}{b} = f\left(\frac{u+c}{\lambda u+l}\right),$$

这也是一个变量分离方程, 可通过变量分离方程的解法求解.

类似地, 当 $m\neq0, n\neq0$ 时, 可令 $u=mx+ny$, 同样也可化为变量分离方程求解.

例 10.2.5 求方程 $\dfrac{\mathrm{d}y}{\mathrm{d}x} = \dfrac{2y-x+5}{2x-y-4}$ 的通解.

解　由 $\begin{vmatrix} -1 & 2 \\ 2 & -1 \end{vmatrix} = -3 \neq 0$, 解方程组

$$\begin{cases} 2k-h+5=0 \\ 2h-k-4=0, \end{cases}$$

得解 $h=1, k=-2$, 令 $x=X+1, y=Y-2$, 则方程化为

$$\frac{\mathrm{d}Y}{\mathrm{d}X} = \frac{2Y-X}{2X-Y},$$

解此齐次方程得

$$(Y-X) = C(Y+X)^3,$$

将 $X=x-1, Y=y+2$ 代入可得原方程通解为:

$$y-x+3 = C(x+y+1)^3.$$

例 10.2.6 求方程 $\dfrac{\mathrm{d}y}{\mathrm{d}x} = (x+y+3)^2$ 的通解

解　令 $u=x+y+3$, 则方程化为

$$\frac{\mathrm{d}u}{\mathrm{d}x} - 1 = u^2,$$

进一步化为

$$\frac{\mathrm{d}u}{u^2+1} = \mathrm{d}x,$$

两边积分可得

$$\arctan u = x + C.$$

因此原方程的通解为 $\arctan(x+y+3) = x + C$.

这里请读者思考直接用代换 $u = x+y+3$ 与前面提的 $u = x+y$ 的关系.

10.2.3　一阶线性微分方程

下面我们讨论一阶线性微分方程

$$\frac{\mathrm{d}y}{\mathrm{d}x} + p(x)y = q(x), \tag{10.2.5}$$

的解法. 当上式中的 $q(x) = 0$ 时,称该方程为齐次的一阶线性微分方程. 当 $q(x) \neq 0$ 时,称该方程为非齐次的一阶线性微分方程.

显然齐次的一阶线性方程

$$\frac{\mathrm{d}y}{\mathrm{d}x} + p(x)y = 0, \tag{10.2.6}$$

是一个分离变量方程,可变形为

$$\frac{\mathrm{d}y}{y} = -p(x)\mathrm{d}x,$$

两边求积分即得

$$\ln|y| = -\int p(x)\mathrm{d}x + \ln C_1,$$

因此一阶齐次线性方程的通解为

$$y = C\mathrm{e}^{-\int p(x)\mathrm{d}x}. \tag{10.2.7}$$

同前面一样,这里我们用 $\int p(x)\mathrm{d}x$ 表示 $p(x)$ 的一个原函数,C 是一个任意常数.

下面我们用常数变易法来求解一阶非齐次线性微分方程的解. 设方程(10.2.5)有形如

$$y = C(x)\mathrm{e}^{-\int p(x)\mathrm{d}x}$$

的解[①],则由

$$y' = C'(x)\mathrm{e}^{-\int p(x)\mathrm{d}x} - p(x)C(x)\mathrm{e}^{-\int p(x)\mathrm{d}x}.$$

代入方程(10.2.5)可得

$$C'(x)\mathrm{e}^{-\int p(x)\mathrm{d}x} - p(x)C(x)\mathrm{e}^{-\int p(x)\mathrm{d}x} + p(x)C(x)\mathrm{e}^{-\int p(x)\mathrm{d}x} = q(x).$$

要使 $y = C(x)\mathrm{e}^{-\int p(x)\mathrm{d}x}$ 是方程(10.2.5)的解,只需

$$C'(x) = q(x)\mathrm{e}^{\int p(x)\mathrm{d}x}.$$

因此取

$$C(x) = \int q(x)\mathrm{e}^{\int p(x)\mathrm{d}x}\mathrm{d}x + C.$$

这样可得一阶非齐次线性方程(10.2.5)的通解为

---

① 这里将齐次方程的解中的常数 C 换成了一个函数 $C(x)$,所以我们称这种方法为常数变易法.

$$y = e^{-\int p(x)dx}\left[\int q(x)e^{\int p(x)dx}dx + C\right].\qquad(10.2.8)$$

例 10.2.7 求解微分方程

$$(x^2+1)\frac{dy}{dx} + 3xy = 6x.$$

解 方程可化为标准一阶线性方程

$$\frac{dy}{dx} + \frac{3x}{x^2+1}y = \frac{6x}{x^2+1}.$$

用 $p(x) = \dfrac{3x}{x^2+1}$，$q(x) = \dfrac{6x}{x^2+1}$ 代入公式(10.2.8)即得方程的通解为

$$\begin{aligned}
y &= e^{-\int p(x)dx}\left[\int q(x)e^{\int p(x)dx}dx + C\right]\\
&= e^{-\int \frac{3x}{x^2+1}dx}\left[\int \frac{6x}{x^2+1}e^{\int \frac{3x}{x^2+1}dx}dx + C\right]\\
&= 2 + C(x^2+1)^{-\frac{3}{x}}.
\end{aligned}$$

10.2.4 伯努利(Bernoulli)方程

如下的一阶常微分方程

$$\frac{dy}{dx} + p(x)y = q(x)y^n,\qquad(10.2.9)$$

称为伯努利方程，其中 $p(x)$，$q(x)$ 为连续函数. 当 $n=0$ 或 $n=1$ 时，上述方程为一阶线性微分方程，因此下面总假设 $n\neq 0,1$.

我们通过变量代换可以将方程(10.2.9)化为一阶线性微分方程求解. 在方程(10.2.9)两边同乘以 y^{-n} 可得[①]

$$y^{-n}\frac{dy}{dx} + p(x)y^{1-n} = q(x),$$

注意到 $y^{-n}\dfrac{dy}{dx} = \dfrac{1}{1-n}\dfrac{d}{dx}(y^{1-n})$，上式等价于

$$\frac{d}{dx}y^{1-n} + (1-n)p(x)y^{1-n} = (1-n)q(x).$$

令 $u = y^{1-n}$，则方程(10.2.9)转化成了以 u 为未知函数的一阶线性方程.

例 10.2.8 求解方程 $\dfrac{dy}{dx} + \dfrac{y}{1+x} + (1+x)y^4 = 0$.

解 方程两边同乘以 y^{-4}，得 $y^{-4}\dfrac{dy}{dx} + \dfrac{y^{-3}}{1+x} + (1+x) = 0$，令 $z = y^{-3}$，则有

$$\frac{dz}{dx} - \frac{3}{1+x}z = 3(1+x).$$

使用一阶线性微分方程的通解公式可求得

---

① 这里我们总假设 $y\neq 0$，可以证明若方程(10.2.9)的一个解 $y=y(x)$ 满足存在 x_0，使得 $y(x_0)=0$，则必有 $y\equiv 0$.

$$z = -3(1+x)^2 + C(1+x)^3.$$

因此原方程的解为

$$y = \left[-3(1+x)^2 + C(1+x)^3 \right]^{-1/3}.$$

此外不难验证 $y \equiv 0$ 是方程的一个特解.

在上述几种特殊类型的常微分方程的解法,特别是在变量分离方程和一阶线性微分方程的解法基础上,我们可以对一些方程经过适当变换进行求解,下面举几个例子.

例 10.2.9　求微分方程 $y' = y^2 + 2(\sin x - 1)y + \sin^2 x - 2\sin x - \cos x + 1$ 的解.

解　原方程等价变形为

$$y' = (y + \sin x - 1)^2 - \cos x,$$

更进一步可化为

$$(y + \sin x - 1)' = (y + \sin x - 1)^2.$$

令 $u = y + \sin x - 1$,则有

$$\frac{\mathrm{d}u}{\mathrm{d}x} = u^2.$$

这是一个变量分离方程,可解得 $u = -(x+C)^{-1}$ 或 $u \equiv 0$. 将 $u = y + \sin x - 1$ 代入可得原方程有通解

$$y = 1 - \sin x - (x+C)^{-1},$$

以及另一特解 $y = 1 - \sin x$.

例 10.2.10　求微分方程 $2x\mathrm{e}^{2y}\dfrac{\mathrm{d}y}{\mathrm{d}x} = 3x^4 + \mathrm{e}^{2y}\ (x > 0)$ 的通解.

解　做变量代换 $u = \mathrm{e}^{2y}$,则原方程化为

$$x\frac{\mathrm{d}u}{\mathrm{d}x} = 3x^4 + u,$$

也即

$$\frac{\mathrm{d}u}{\mathrm{d}x} - \frac{1}{x}u = 3x^3.$$

这是一个一阶线性微分方程,由一阶线性微分方程的通解公式可求得

$$u = x^4 + Cx.$$

因此原方程的通解为 $y = \dfrac{1}{2}\ln(x^4 + Cx)$.

例 10.2.11　求解方程 $\dfrac{\mathrm{d}y}{\mathrm{d}x} = \dfrac{y}{3x - y^2}$.

解　在方程中把 y 看成自变量,把 x 看成 y 的函数,则方程可化为

$$\frac{\mathrm{d}x}{\mathrm{d}y} = \frac{3}{y}x - y,$$

也即

$$\frac{\mathrm{d}x}{\mathrm{d}y} - \frac{3}{y}x = -y.$$

这是一个一阶线性微分方程,由一阶线性微分方程的通解公式可求得

$$x = Cy^3 + y^2.$$

这也可以看成 y 是 x 的函数时的隐式通解.

能求出用初等函数来表示解的方程实际上是不多的,例如形式上看起来很简单的 Ricatti 方程 $y'=x^2+y^2$ 就不能用初等函数表示它的解. 所以现在大部分数学家都没有再把精力放在求出微分方程的解析表达式上,而是采用其他的方式来研究微分方程的解的性质.

习题 10.2

1. 求下列微分方程的通解:

(1) $y'=\sqrt{(1-x^2)(1-y^2)}$;

(2) $\dfrac{\mathrm{d}y}{\mathrm{d}x}=y\sin x$;

(3) $3xy'=y$;

(4) $\sqrt{1-y^2}=4x^3yy'$.

2. 求下列齐次方程的通解:

(1) $\dfrac{\mathrm{d}y}{\mathrm{d}x}=2\sqrt{\dfrac{y}{x}}+\dfrac{y}{x}$;

(2) $\dfrac{\mathrm{d}y}{\mathrm{d}x}=\dfrac{2y-x}{2x-y}$;

(3) $\left(1+2\mathrm{e}^{\frac{x}{y}}\right)\mathrm{d}x+2\mathrm{e}^{\frac{x}{y}}\left(1-\dfrac{x}{y}\right)\mathrm{d}y=0$;

(4) $x\dfrac{\mathrm{d}y}{\mathrm{d}x}+2\sqrt{xy}=y$.

3. 求下列微分方程的通解:

(1) $\dfrac{\mathrm{d}y}{\mathrm{d}x}=\dfrac{2y-x+5}{2x-y-4}$;

(2) $\dfrac{\mathrm{d}y}{\mathrm{d}x}=\dfrac{x-y+1}{x+y-3}$;

(3) $\dfrac{\mathrm{d}y}{\mathrm{d}x}=\dfrac{3y-7x+7}{3x-7y-3}$;

(4) $\dfrac{\mathrm{d}y}{\mathrm{d}x}=\dfrac{x+2y+1}{2x+4y-1}$.

4. 求下列微分方程的通解:

(1) $y'\cos x+y\sin x=1$;

(2) $\dfrac{\mathrm{d}y}{\mathrm{d}x}+2y=x\mathrm{e}^{-x}$;

(3) $x\dfrac{\mathrm{d}y}{\mathrm{d}x}+2y=\sin x$;

(4) $\dfrac{\mathrm{d}y}{\mathrm{d}x}-\dfrac{1}{1-x^2}y=1+x$.

5. 求下列微分方程的通解:

(1) $\dfrac{\mathrm{d}y}{\mathrm{d}x}-\dfrac{3}{2x}y=\dfrac{2x}{y}$;

(2) $x\dfrac{\mathrm{d}y}{\mathrm{d}x}+6y=3xy^{4/3}$;

(3) $\dfrac{\mathrm{d}y}{\mathrm{d}x}+\dfrac{y}{x}=a(\ln x)y^2$.

6. 求下列微分方程的通解:

(1) $\dfrac{\mathrm{d}y}{\mathrm{d}x}=\cos(x-y)$;

(2) $xy'+y=y(\ln x+\ln y)$;

(3) $\dfrac{\mathrm{d}y}{\mathrm{d}x}=\dfrac{y}{2x-y^2}$;

(4) $\cos y\dfrac{\mathrm{d}y}{\mathrm{d}x}=\sin y+\cos x\sin^2 y$.

10.3 二阶常系数线性微分方程的解法

10.3.1 二阶线性微分方程解的结构

设 $a_1(x),a_2(x),\cdots,a_n(x),f(x)$ 是某个区间上的连续函数,我们称形如

$$y^{(n)} + a_1(x)y^{(n-1)} + \cdots + a_{n-1}(x)y' + a_n(x)y = f(x)$$

的方程为 n 阶线性微分方程. 当 $f(x) \equiv 0$ 时,我们称该方程为一个齐次线性微分方程,当 $f(x)$ 不恒为 0 时,我们称其为非齐次线性微分方程. 当 $a_i(x)$ 为常值函数时,我们称其为常系数线性微分方程.

本节以二阶常系数线性微分方程为主介绍常系数线性微分方程的解法. 首先给出一般的二阶线性微分方程解的一些结构.

下面考虑二阶线性微分方程

$$y'' + p(x)y' + q(x)y = f(x), \tag{10.3.1}$$

其中 $p(x), q(x), f(x)$ 为某个区间上的连续函数.

给定一个区间 I 上的两个函数 $y_1(x), y_2(x)$,若存在不全为 0 的实数 c_1, c_2,使得 $c_1 y_1(x) + c_2 y_2(x) \equiv 0$,则称 $y_1(x), y_2(x)$ 线性相关,否则称他们是线性无关的. 关于齐次二阶线性微分方程,我们有如下的定理.

定理 10.3.1 若 $y_1(x), y_2(x)$ 是齐次线性方程 $y'' + p(x)y' + q(x)y = 0$ 的两个线性无关的特解,则 $y = C_1 y_1(x) + C_2 y_2(x)$ 是方程 $y'' + p(x)y' + q(x)y = 0$ 的通解,其中 C_1, C_2 为任意常数.

不难验证,一个非齐次一阶线性微分方程的通解是其对应的齐次方程的通解和它本身一个特解的和. 关于非齐次二阶线性方程的通解我们也有类似的结构.

性质 10.3.1 若 $y = Y(x)$ 是方程 $y'' + p(x)y' + q(x)y = 0$ 的解,$y = y^*(x)$ 是方程 (10.3.1) 的解,则 $y = Y(x) + y^*(x)$ 也是方程 (10.3.1) 的解.

性质 10.3.2 若 $y = y_1(x), y = y_2(x)$ 都是方程 (10.3.1) 的解,则 $y = y_1(x) - y_2(x)$ 是方程 $y'' + p(x)y' + q(x)y = 0$ 的解.

由此我们可以得到如下非齐次二阶线性微分方程的通解和齐次二阶线性微分方程解之间的关系:

定理 10.3.2 设 $y = Y(x)$ 是方程 $y'' + p(x)y' + q(x)y = 0$ 的通解,$y = y^*(x)$ 是方程 (10.3.1) 的一个特解,则方程 (10.3.1) 的通解为

$$y = Y(x) + y^*(x).$$

由定理 10.3.1 和定理 10.3.2 知,要求方程 (10.3.1) 的通解,则只需求出齐次方程 $y'' + p(x)y' + q(x)y = 0$ 的两个线性无关的特解 $y = y_1(x)$ 和 $y = y_2(x)$,再求出 (10.3.1) 的一个特解 $y = y^*(x)$,则可得方程 (10.3.1) 的通解:

$$y = C_1 y_1(x) + C_2 y_2(x) + y^*(x),$$

其中 C_1, C_2 为任意常数.

关于非齐次线性微分方程,我们还有如下的叠加原理,它使得可以将复杂的非齐次线性微分方程拆解成两个较简单的微分方程来求解.

定理 10.3.3 设函数 $y = y_1(x)$ 和 $y = y_2(x)$ 分别是非齐次方程

$$y'' + p(x)y' + q(x)y = f_1(x);$$
$$y'' + p(x)y' + q(x)y = f_2(x);$$

的特解,则 $y = y_1(x) + y_2(x)$ 为

$$y'' + p(x)y' + q(x)y = f_1(x) + f_2(x)$$

的一个特解.

10.3.2 二阶常系数线性齐次微分方程的解法

下面我们考虑如下的二阶常系数线性微分方程：

$$y'' + py' + qy = f(x) \tag{10.3.2}$$

其中 p,q 为常数，$f(x)$ 为一个区间上的连续函数.

首先给出常系数线性齐次微分方程

$$y'' + py' + qy = 0 \tag{10.3.3}$$

的解.

我们观察方程有形如 $y = e^{\lambda x}$ 的解，因此设 $y = e^{\lambda x}$ 是式(10.3.3)的解，将 $y'' = \lambda^2 e^{\lambda x}$，$y' = \lambda e^{\lambda x}$ 代入方程(10.3.3)不难发现 $y = e^{\lambda x}$ 是方程(10.3.3)的解当且仅当 λ 满足代数方程

$$\lambda^2 + p\lambda + q = 0.$$

这样求微分方程(10.3.3)的解可以转化为求代数方程 $\lambda^2 + p\lambda + q = 0$ 的根. 我们称

$$\lambda^2 + p\lambda + q = 0 \tag{10.3.4}$$

为微分方程(10.3.3)的特征方程，特征方程的根相应的称为方程(10.3.3)的特征根.

根据一元二次多项式的根的相关结果，我们分三种情况讨论方程(10.3.3)的解：

(1) 特征方程(10.3.4)有一对相异的实根：$\lambda_1 \neq \lambda_2$. 此时由前面的讨论知 $y = e^{\lambda_1 x}$ 和 $y = e^{\lambda_2 x}$ 都是方程(10.3.3)的解，且它们线性无关，由定理 10.3.1 可知方程(10.3.3)的通解为

$$y = C_1 e^{\lambda_1 x} + C_2 e^{\lambda_2 x},$$

其中 C_1, C_2 为任意常数.

(2) 特征方程(10.3.4)有一对相同的实根：$\lambda = \lambda_1 = \lambda_2$. 此时由前面的讨论知 $y = e^{\lambda x}$ 是方程(10.3.3)的一个特解. 另一方面，我们将 $y = xe^{\lambda x}$ 代入原方程，可以验证 $y = x e^{\lambda x}$ 也是方程(10.3.3)的一个特解. 这样我们得到了方程(10.3.3)的两个线性无关的特解 $y = e^{\lambda x}$ 和 $y = x e^{\lambda x}$，由定理 10.3.1 可知方程(10.3.3)的通解为

$$y = C_1 e^{\lambda x} + C_2 x e^{\lambda x},$$

其中 C_1, C_2 为任意常数.

(3) 特征方程(10.3.4)有一对共轭的复根：$\lambda_1 = \alpha + \beta i$ 和 $\lambda_2 = \alpha - \beta i$. 若我们在复数域仍然有相应的求导公式，则我们可以验证 $y = C_1 e^{\lambda_1 x} + C_2 e^{\lambda_2 x}$ 仍然会满足方程(10.3.3). 特别地取 $C_1 = \dfrac{1}{2}, C_2 = \dfrac{1}{2}$，这样可以得到方程(10.3.3)的一个特解 $y = e^{\alpha x} \cos \beta x$，取 $C_1 = \dfrac{1}{2i}$，$C_2 = -\dfrac{1}{2i}$ 则可以得到方程(10.3.3)的另一个特解 $y = e^{\alpha x} \sin \beta x$，显然这两个解线性无关. 同样由定理 10.3.1 可得方程(10.3.3)的用实数表示的通解：

$$y = C_1 e^{\alpha x} \cos \beta x + C_2 e^{\alpha x} \sin \beta x,$$

其中 C_1, C_2 为任意常数.

例 10.3.1 求微分方程 $y'' - 3y' + 2y = 0$ 的通解.

解 方程的特征方程为 $\lambda^2 - 3\lambda + 2 = 0$. 特征方程有一对相异的实根 $\lambda_1 = 1, \lambda_2 = 2$. 因此方程的通解为

$$y = C_1 e^x + C_2 e^{2x}.$$

例 10.3.2 求微分方程 $y'' - 6y' + 9y = 0$ 的通解.

解 方程的特征方程为 $\lambda^2 - 6\lambda + 9 = 0$. 它有一对相等实根 $\lambda_1 = \lambda_2 = 3$. 因此方程的通解为

$$y = C_1 e^{3x} + C_2 x e^{3x}.$$

例 10.3.3 求微分方程 $y'' - 6y' + 10y = 0$ 的通解.

解 方程的特征方程为 $\lambda^2 - 6\lambda + 10 = 0$. 它有一对共轭复根 $\lambda_{1,2} = 3 \pm i$. 因此方程的通解为

$$y = C_1 e^{3x} \cos x + C_2 e^{3x} \sin x.$$

上述求解二阶常系数线性齐次微分方程的方法可以推广到一般的 n 阶常系数线性齐次微分方程:

$$y^{(n)} + a_1 y^{(n-1)} + \cdots + a_{n-1} y' + a_n y = 0. \tag{10.3.5}$$

其特征方程为

$$\lambda^n + a_1 \lambda^{n-1} + a_2 \lambda^{n-2} + \cdots + a_n = 0.$$

类似于 2 阶齐次方程的讨论,有下面的结论:当 λ 是特征方程的重数为 k 的实根时,则方程 (10.3.5)有如下的 k 个特解

$$y_1 = e^{\lambda x}, \cdots, y_k = x^{k-1} e^{\lambda x}.$$

当 $\lambda = \alpha + \beta i$ 是特征方程的重数为 k 的复根时,则方程(10.3.5)有如下的 $2k$ 个特解

$$y_1 = e^{\alpha x} \cos \beta x, y_2 = e^{\alpha x} \sin \beta x, \cdots, y_{2k-1} = x^{k-1} e^{\alpha x} \cos \beta x, y_{2k} = x^{k-1} e^{\alpha x} \sin \beta x.$$

由此我们可以得到方程(10.3.5)的 n 个特解 $y_1(x), \cdots, y_n(x)$,这样方程(10.3.5)有通解

$$y = C_1 y_1(x) + C_2 y_2(x) + \cdots + C_n y_n(x).$$

例 10.3.4 求微分方程 $y^{(4)} + 2y^{(3)} + 3y'' + 2y' + y = 0$ 的解.

解 方程的特征方程为 $\lambda^4 + 2\lambda^3 + 3\lambda^2 + 2\lambda + 1 = 0$,即 $(\lambda^2 + \lambda + 1)^2 = 0$. 方程有 2 重复根

$$\lambda_{1,2} = -\frac{1}{2} \pm \frac{\sqrt{3}}{2} i.$$

因此方程有如下的特解:

$$y_1 = e^{-\frac{1}{2}x} \cos \frac{\sqrt{3}}{2} x, y_2 = e^{-\frac{1}{2}x} \sin \frac{\sqrt{3}}{2} x, y_3 = x e^{-\frac{1}{2}x} \cos \frac{\sqrt{3}}{2} x, y_4 = x e^{-\frac{1}{2}x} \sin \frac{\sqrt{3}}{2} x.$$

因此方程的通解为

$$y = C_1 e^{-\frac{1}{2}x} \cos \frac{\sqrt{3}}{2} x + C_2 e^{-\frac{1}{2}x} \sin \frac{\sqrt{3}}{2} x + C_3 x e^{-\frac{1}{2}x} \cos \frac{\sqrt{3}}{2} x + C_4 x e^{-\frac{1}{2}x} \sin \frac{\sqrt{3}}{2} x.$$

10.3.3 二阶常系数线性非齐次微分方程的解法

前面我们已经给出了二阶常系数齐次微分方程通解的求法,为求非齐次方程(10.3.2)的通解,只需再求出方程(10.3.2)的一个特解 $y = y^*(x)$ 即可.

下面我们给出一种待定系数法来求当非齐次项 $f(x)$ 是一些较特殊的函数时方程(10.3.2)的一个特解. 主要讨论两种特殊情形.

(1) 非齐次项形如 $f(x) = P_m(x) e^{\mu x}$,其中 $P_m(x)$ 是一个 m 次多项式,μ 是一个实数.

此时我们考虑方程(10.3.2)形如 $y(x) = Q(x) e^{\mu x}$ 的特解,其中 $Q(x)$ 为一个多项式.

$y = Q(x)e^{\mu x}$ 是方程(10.3.2)的解等价于如下等式成立:

$$Q''(x) + (2\mu + p)Q'(x) + (\mu^2 + p\mu + q)Q(x) = P_m(x). \tag{10.3.6}$$

这时左右两侧都是多项式,为使它们相等只需它们的系数相等.

由 μ 的取值有三种可能:

（Ⅰ）$\mu^2 + p\mu + q \neq 0$,即 μ 不是齐次方程 $y'' + py' + qy = 0$ 的特征根,我们可令 $Q(x)$ 为一个 m 次多项式,通过比较方程方程(10.3.6)的两端的系数,可以求出 $Q(x)$ 的表达式,进而求出方程(10.3.2)的一个特解.

（Ⅱ）当 $\mu^2 + p\mu + q = 0$,但 $2\mu + p \neq 0$ 时,即 μ 是齐次方程 $y'' + py' + qy = 0$ 的单根时,注意到 $Q(x)$ 的常数项的系数不影响方程(10.3.6)成立,此时我们可以令 $Q(x)$ 的常数项系数为0,进一步注意方程(10.3.6)左边多项式的次数等于 $Q'(x)$ 的次数,为 $Q(x)$ 的次数减 1.

因此可令 $Q(x) = xQ_m(x)$,其中 $Q_m(x)$ 为一个 m 次多项式,然后将 $Q(x)$ 及其一阶、二阶导数代入方程(10.3.6),再通过比较两边多项式的系数求出 $Q_m(x)$,可得方程(10.3.2)的一个特解.

（Ⅲ）当 $\mu^2 + p\mu + q = 0, 2\mu + p = 0$ 时,即 μ 是齐次方程 $y'' + py' + qy = 0$ 的 2 重根,这时同(Ⅱ)类似不难发现,我们可以令 $Q(x) = x^2 Q_m(x)$,其中 $Q_m(x)$ 为一个 m 次多项式,然后代入方程(10.3.6),通过比较两边多项式的系数可求出 $Q_m(x)$,从而得到方程(10.3.2)的一个特解.

例 10.3.5 求二阶线性非齐次常微分方程 $y'' + 2y' - 3y = x\,e^{-x}$ 的通解.

解 方程对应的齐次方程 $y'' + 2y' - 3y = 0$ 的特征方程为 $\lambda^2 + 2\lambda - 3 = 0$,它有两个根为:

$$\lambda_1 = -3, \lambda_2 = 1.$$

因此齐次方程 $y'' + 2y' - 3y = 0$ 的通解为:$y = Y(x) = C_1\,e^{-3x} + C_2\,e^x$.

下求原方程的一个特解. 因为 -1 不是齐次方程的特征根,我们设非齐次方程有一个特解

$$y = y^*(x) = (Ax + B)e^{-x},$$

代入原方程可得 A, B 应满足

$$(-4Ax - 4B)e^{-x} = xe^{-x},$$

不难发现取 $A = -\dfrac{1}{4}, B = 0$ 即满足要求,因此原方程有一个特解为 $y^* = -\dfrac{1}{4}xe^{-x}$.

原方程的通解为

$$y = C_1 e^x + C_2 e^{-3x} - \frac{1}{4}xe^{-x}.$$

例 10.3.6 设函数 $y = y(x)$ 满足微分方程 $y'' - 3y' + 2y = 2\,e^x$,且其图形在点$(0,1)$处与曲线 $y = x^2 - x + 1$ 相切,求函数 $y(x)$.

解 先求微分方程 $y'' - 3y' + 2y = 2\,e^x$ 的通解. 方程对应齐次方程的特征方程为

$$\lambda^2 - 3\lambda + 2 = 0,$$

它有一对相异实根 $\lambda_1 = 1, \lambda_2 = 2$,因此 $y'' - 3y' + 2y = 0$ 的通解为

$$y = Y(x) = C_1 e^x + C_2 e^{2x}.$$

下求 $y'' - 3y' + 2y = 2\,e^x$ 的一个特解,由于 1 是特征方程 $\lambda^2 - 3\lambda + 2 = 0$ 的单根,我们可设

$$y = y^*(x) = Ax\,\mathrm{e}^x$$

为 $y'' - 3y' + 2y = 2\,\mathrm{e}^x$ 的一个特解. 代入原方程可求得 $A = -2$ 满足要求, 因此可得特解

$$y^*(x) = -2x\mathrm{e}^x.$$

从而方程 $y'' - 3y' + 2y = 2\,\mathrm{e}^x$ 有通解

$$y = C_1\mathrm{e}^x + C_2\mathrm{e}^{2x} - 2x\mathrm{e}^x.$$

下面我们再求 C_1, C_2 使得所求的解满足要求. 在 $(0,1)$ 处 $y = x^2 - x + 1$ 切线斜率为 -1, 因此 $y = y(x)$ 应满足条件 $y(0) = 1, y'(0) = -1$. 代入可得 $C_1 = 1, C_2 = 0$. 因此满足条件的

$$y(x) = (1 - 2x)\mathrm{e}^x.$$

(2) 非齐次项形如 $f(x) = \mathrm{e}^{\alpha x}(P_m(x)\cos\beta x + Q_l(x)\sin\beta x)$.

其中 $P_m(x), Q_l(x)$ 分别是次数为 m, l 的多项式, α, β 为常数. 因为 $\beta = 0$ 是情形 (1) 中已讨论过的情况, 因此下面假设 $\beta \neq 0$.

这时我们考虑下面的方程

$$y'' + py' + qy = [P_m(x) - iQ_l(x)]\mathrm{e}^{(\alpha + i\beta)x} \tag{10.3.7}$$

不难发现 $[P_m(x) + iQ_l(x)]\mathrm{e}^{(\alpha + i\beta)x} = f(x) + ig(x)$, 其中 $g(x) = \mathrm{e}^{\alpha x}(P_m(x)\sin\beta x - Q_l(x)\cos\beta x)$. 若 $y^*(x)$ 是方程 (10.3.7) 的解, 则 $y^*(x)$ 的实部是方程 (10.3.2) 的解, 虚部是方程 $y'' + py' + qy = g(x)$ 的解.

根据 (1) 的讨论, 当 $\alpha + i\beta$ 是特征方程 $\lambda^2 + p\lambda + q = 0$ 的一个 k (k 可取 $0, 1, 2$) 重特征根时, 可以令方程 (10.3.7) 的一个特解为

$$y^*(x) = x^k Q(x)\mathrm{e}^{(\alpha + i\beta)x},$$

这里 $Q(x)$ 是一个 $s = \max\{m, l\}$ 阶多项式, 然后使用待定系数法求出 $Q(x)$, 得到方程 (10.3.7) 的一个特解.

我们也可以直接考虑 y^* 的实部, 可以设方程 (10.3.2) 这时有一个特解为

$$y^* = x^k\mathrm{e}^{\alpha x}(A_s(x)\cos\beta x + B_s(x)\sin\beta x),$$

这里 $A_s(x), B_s(x)$ 为 s 次多项式, 然后代入方程 (10.3.2) 求出 $A_s(x), B_s(x)$, 进而可以得到方程 (10.3.2) 的一个特解.

例 10.3.7 求微分方程 $y'' + 4y' + 4y = \cos 2x$ 的通解.

解　方程对应齐次方程的特征方程为 $\lambda^2 + 4\lambda + 4 = 0$, 它有一个 2 重根 $\lambda = -2$. 因此齐次方程的通解为 $y = (C_1 + C_2 x)\mathrm{e}^{-2x}$. 下面再寻找原方程的一个特解 $y^*(x)$. 由非齐次项的形式, 因为 $2i$ 不是 $\lambda^2 + 4\lambda + 4 = 0$ 的根, 因此可设

$$y^*(x) = A\cos 2x + B\sin 2x$$

为原方程的一个特解. 将上述 $y^*(x)$ 代入原方程, 则可得 A, B 应满足的条件为

$$8B\cos 2x + 8A\sin 2x = \cos 2x.$$

因此取 $B = \dfrac{1}{8}, A = 0$ 即可, 由此得到原方程有一个特解为 $y^*(x) = \dfrac{1}{8}\sin 2x$, 进一步即得方程的通解为

$$y = (C_1 + C_2 x)\mathrm{e}^{-2x} + \frac{1}{8}\sin 2x.$$

例 10.3.8 求微分方程 $y'' + 4y' + 5y = \mathrm{e}^{-2x}\sin x$ 的通解.

解法一　方程对应齐次方程的特征方程为 $\lambda^2+4\lambda+5=0$，它有一对共轭复根 $\lambda_{1,2}=-2\pm i$. 因此齐次方程的通解为 $y=C_1\,\mathrm{e}^{-2x}\cos x+C_2\,\mathrm{e}^{-2x}\sin x$. 下面再寻找原方程的一个特解 $y^*(x)$. 因为 $-2+i$ 是特征方程的单根，可设

$$y^*(x)=x\mathrm{e}^{-2x}(A\cos x+B\sin x)$$

为原方程的一个特解. 将上述 $y^*(x)$ 代入原方程，则可得 A,B 应满足的条件为

$$2B\cos x-2A\sin x=\sin x.$$

因此取 $A=-\dfrac{1}{2}$，$B=0$ 即得原方程有一个特解 $y^*(x)=-\dfrac{1}{2}x\,\mathrm{e}^{-2x}\cos x$. 因此原方程的通解为

$$y=C_1\mathrm{e}^{-2x}\cos x+C_2\mathrm{e}^{-2x}\sin x-\frac{1}{2}x\mathrm{e}^{-2x}\cos x.$$

解法二　首先求出齐次方程的通解为 $y=C_1\,\mathrm{e}^{-2x}\cos x+C_2\,\mathrm{e}^{-2x}\sin x$. 在寻找原方程的特解时考虑辅助方程

$$y''+4y'+5y=\mathrm{e}^{(-2+i)x}.$$

这个辅助方程的解的虚部即原方程的一个解. 因为 $-2+i$ 是特征方程 $\lambda^2+4\lambda+5=0$ 的单根，可令 $y^*(x)=Ax\,\mathrm{e}^{(-2+i)x}$ 是上述辅助方程的一个解，代入可求得 $A=-\dfrac{1}{2}i$，即得 $y^*(x)=-\dfrac{1}{2}x\,\mathrm{e}^{(-2+i)x}i$，它的

微分方程应用举例

虚部 $-\dfrac{1}{2}x\,\mathrm{e}^{-2x}\cos x$ 是原方程的一个特解，因此原方程的通解为

$$y=C_1\mathrm{e}^{-2x}\cos x+C_2\mathrm{e}^{-2x}\sin x-\frac{1}{2}x\mathrm{e}^{-2x}\cos x.$$

习题 10.3

求下列微分方程的通解：

(1) $y''+y'+y=\mathrm{e}^x$；

(2) $y''-5y'+6y=(x+1)\mathrm{e}^{4x}$；

(3) $y''-3y'+2y=x\mathrm{e}^x$；

(4) $y''+6y'+9y=5x\mathrm{e}^{-3x}$；

(5) $y''-y'=\mathrm{e}^{-x}\sin x$；

(6) $y''+y=\cos^2 x$；

(7) $y''+y=\mathrm{e}^{2x}+\sin x$.

附　录

附录 1　常用几何曲线图示

（1）阿基米德螺线 $r = a\theta$；
（又称等速螺线）

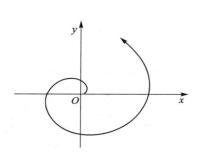

（2）对数螺线 $r = a e^{\theta}$；
（又称等角螺线）

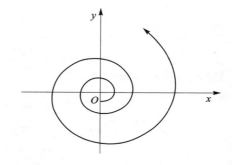

（3）圆的渐开线 $\begin{cases} x = a(\cos t + t\sin t) \\ y = a(\sin t - t\cos t) \end{cases}$；

（4）摆线 $\begin{cases} x = a(t - \sin t) \\ y = a(1 - \cos t) \end{cases}$；
（又称旋轮线或最速下降线）

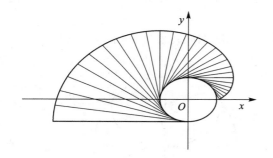

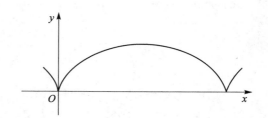

(5) 星形线 $\begin{cases} x = a\,\cos^3 t, \\ y = a\,\sin^3 t, \end{cases}$

或 $x^{\frac{2}{3}} + y^{\frac{2}{3}} = a^{\frac{2}{3}}$;

(6) 双曲螺线 $r\theta = a$;

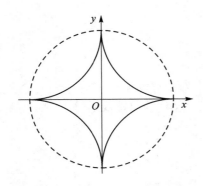

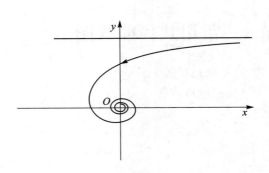

(7) 三叶玫瑰线 $r = a\cos 3\theta$;

(8) 三叶玫瑰线 $r = a\sin 3\theta$;

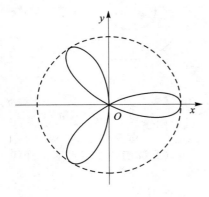

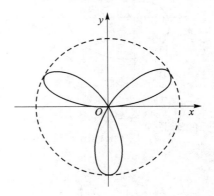

(9) 四叶玫瑰线 $r = a\,|\cos 2\theta|$;

(10) 四叶玫瑰线 $r = a\,|\sin 2\theta|$;

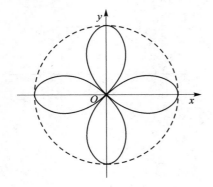

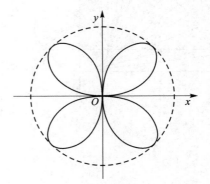

（11）双纽线 $r^2 = 2a^2 \cos 2\theta$

　　　或 $(x^2 + y^2)^2 = a^2(x^2 - y^2)$；

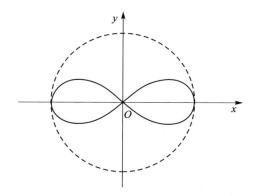

（13）笛卡儿(Descartes)叶形线

$$x^3 + y^3 = 3axy \quad 或 \begin{cases} x = \dfrac{3at}{1+t^3} \\[2mm] y = \dfrac{3at^2}{1+t^3} \end{cases};$$

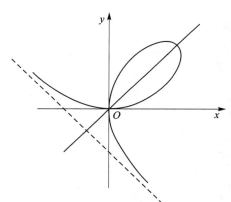

（15）箕舌线 $y = \dfrac{8a^3}{x^2 + 4a^2}$

　　　或 $\begin{cases} x = 2a \tan \theta \\ y = 2a \cos^2 \theta \end{cases};$

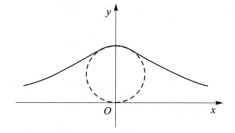

（12）心脏线 $r = a(1 - \cos \theta)$

　　　或 $x^2 + y^2 + ax = a\sqrt{x^2 + y^2}$；

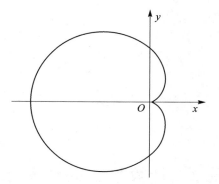

（14）蔓叶线 $y^2(2a - x) = x^3$；

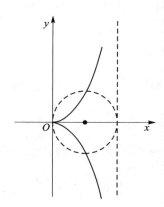

（16）斜抛物线 $x^{1/2} + y^{1/2} = a^{1/2}$

　　　或 $\begin{cases} x = a \cos^4 t \\ y = a \sin^4 t \end{cases};$

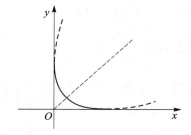

（17）悬链线 $y = \dfrac{1}{a}\cosh\dfrac{x}{a}$；

（18）概率曲线 $y = \mathrm{e}^{-x^2}$.

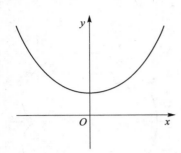

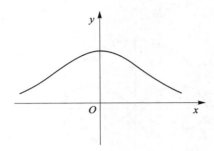

附录 2 计算机辅助数学分析学习举例

随着计算机计算和人工智能的发展,计算机在人们的学习和生活中起到了越来越大的作用. 许多软件不但易学易用,而且具有强大的科学计算能力和符号运算能力. 下面我们以用 Pathon 和 Matlab 求解不定积分为例,介绍计算机在数学分析学习中的应用. 不定积分问题形式多样,方法灵活多变,一直是教学中的难点问题. 使用软件可以解决绝大多数常见不定积分的计算,给我们带来了极大的方便.

首先回顾课程当中几个典型的不定积分的计算.

附例 1 计算 $\displaystyle\int 3x^2\,\mathrm{d}x$.

解 $\displaystyle\int 3x^2\,\mathrm{d}x = 3\,\frac{x^3}{3} + C = x^3 + C$

附例 2 计算 $\displaystyle\int \frac{1}{1+\mathrm{e}^x}\,\mathrm{d}x$.

解 此题典型的方法是通过加项减项后进行凑微分:

$$\int \frac{1}{1+\mathrm{e}^x}\,\mathrm{d}x = \int \frac{1+\mathrm{e}^x - \mathrm{e}^x}{1+\mathrm{e}^x}\,\mathrm{d}x = \int \mathrm{d}x - \int \frac{\mathrm{e}^x}{1+\mathrm{e}^x}\,\mathrm{d}x$$

$$= x - \int \frac{1}{1+\mathrm{e}^x}\,\mathrm{d}(1+\mathrm{e}^x) = x - \ln(\mathrm{e}^x + 1) + C$$

附例 3 计算 $\displaystyle\int x^3 \ln x\,\mathrm{d}x$.

解 采用分部积分求解该积分可得:

$$\int x^3 \ln x\,\mathrm{d}x = \frac{1}{4}x^4 \ln x - \frac{1}{4}\int x^3\,\mathrm{d}x = \frac{1}{4}x^4 \ln x - \frac{1}{16}x^4 + C$$

附例 4 计算 $\displaystyle\int \frac{1}{x(x-1)^2}\,\mathrm{d}x$.

解 这是一个典型的有理函数的不定积分,首先将 $\dfrac{1}{x(x-1)^2}$ 进行部分分式分解;

$$\frac{1}{x(x-1)^2} = \frac{1}{x} + \frac{1}{(x-1)^2} - \frac{1}{x-1}$$

得到

$$\int \frac{1}{x(x-1)^2}\,\mathrm{d}x = \int \left(\frac{1}{x} + \frac{1}{(x-1)^2} - \frac{1}{x-1} \right)\mathrm{d}x = \int \frac{1}{x}\,\mathrm{d}x + \int \frac{1}{(x-1)^2}\,\mathrm{d}x - \int \frac{1}{x-1}\,\mathrm{d}x$$

$$= -\frac{1}{x-1} + \ln|x| - \ln|x-1| + C$$

下面我们使用 Python 的符号计算功能来计算上述积分：

首先调用相应模块：import sympy, math

然后建立自变量：x = sympy.Symbol('x')

附例 1.1 计算 $\int 3x^2\,\mathrm{d}x$.

给出被积函数表达式：f = 3 * x * * 2

运行积分命令求解：integrate(f, x)

求解结果：x * * 3

运行结果如图所示：

```
>>> import sympy, math
>>> x = sympy.Symbol('x')
>>> f = 3*x**2
>>> integrate(f, x)
x**3
```

附例 2.1 计算 $\int \frac{1}{1+\mathrm{e}^x}\,\mathrm{d}x$.

```
>>> f=1/(1+exp(x))
>>> integrate(f, x)
x - log(exp(x) + 1)
>>>
```

附例 3.1 计算 $\int x^3 \ln x\,\mathrm{d}x$.

```
>>> f =x**3*log(x)
>>> integrate(f, x)
x**4*log(x)/4 - x**4/16
>>>
```

附例 4.1 计算 $\int \frac{1}{x(x-1)^2}\,\mathrm{d}x$.

```
>>> f=1/(x*(x-1)**2)
>>> integrate(f, x)
log(x) - log(x - 1) - 1/(x - 1)
>>>
```

我们再使用 MATLAB 的符号运算计算上述积分，其中求解不定积分的常用函数是 int. 在使用该函数之前首先需要定义符号变量，创建符号变量的命令是 sym 和 syms.

附例 1.2 计算 $\int 3x^2 \mathrm{d}x$.

使用 matlab 计算不定积分只需要以下两步:

```
>> syms x              %定义符号变量 x
>> int(3 * x^2)        %使用 int 函数计算不定积分
ans = x^3              %计算结果
```

附例 2.2 计算 $\int \dfrac{1}{1+\mathrm{e}^x} \mathrm{d}x$.

```
>> int(1/(1+exp(x)))
ans = x − log(exp(x) + 1)
```

附例 3.2 计算 $\int x^3 \ln x \, \mathrm{d}x$.

```
>> syms x
>> int(x^3 * log(x))
ans = (x^4 * (log(x) − 1/4))/4
```

附例 4.2 计算 $\int \dfrac{1}{x(x-1)^2} \mathrm{d}x$.

```
>> syms x
>> int(1/((x−1)^2 * x))
ans = − log((x − 1)/x) − 1/(x − 1)
```

上面我们通过具体的例子说明了如何使用 Python 和 MATLAB 的符号计算功能求解不定积分,在以上 4 个不定积分的算例中,除最后一个函数的表达式未使用绝对值略显不足之外,计算机的计算结果与标准方法的结果完全相同. 在这两种语言中,都是用 log(x) 表示自然对数底函数. 计算机仅给出了一个原函数,没有表示出任意常数 C,这在使用中需注意.

使用符号计算还可以进行化简表达式、因式分解、求导数、求极限等运算,同样计算机还可以提供强大的数值计算能力来帮助我们学习数学分析. 有了计算机的帮助,我们在学习数学分析时是否还需要进行大量的基本练习和计算,该如何正确处理理论学习和计算机辅助学习的关系,请读者进行进一步的思考和探索.

参考文献

[1] 常庚哲,史济怀. 数学分析教程[M]. 北京:高等教育出版社,2003.

[2] 陈纪修,於崇华,金路. 数学分析[M]. 北京:高等教育出版社,2004.

[3] 华东师范大学数学系. 数学分析[M]. 北京:高等教育出版社,2010.

[4] B. A. 卓里奇. 数学分析[M]. 蒋铎,钱珮玲,周美珂,等译. 北京:高等教育出版社,2006.

[5] Walter Rudin. Principles of mathematical analysis[M]. 北京:机械工业出版社,2019.

[6] 菲赫金哥尔兹. 数学分析原理[M]. 北京:高等教育出版社,2013.

[7] 欧阳光中,朱学炎,金福临,等. 数学分析[M]. 北京:高等教育出版社,2007.

[8] 杨小远,孙玉泉,薛玉梅,等. 工科数学分析教程[M]. 北京:科学出版社,2011.

[9] 孙玉泉,邢家省,李卫国,等. 数学分析学习巩固与提高[M]. 北京:机械工业出版社,2011.

[10] 王绵森,马知恩. 工科数学分析基础[M]. 北京:高等教育出版社,2018.

[11] 徐应祥,郭游瑞. 高等数学简明教程[M]. 北京:北京大学出版社,2018.

[12] 薛玉梅,李娅,王进良. 微积分[M]. 北京:北京航空航天大学出版社,2015.

[13] 胡适耕,张显文. 数学分析原理与方法[M]. 北京:科学出版社,2008.

[14] 刘玉琏,傅沛仁. 数学分析讲义(上)[M]. 4版. 北京:高等教育出版社,2002.

[15] 王青. 微积分[M]. 辽宁:辽宁大学出版社,2007.

[16] 陈纪修,徐惠平,周渊,等. 数学分析习题全解指南[M]. 北京:高等教育出版社,2005.

[17] 费定晖,周学圣. 吉米多维奇数学分析习题集题解(套装共6册)[M]. 山东:山东科学技术出版社,2015.

[18] 徐兵. 高等数学证明题500例解析[M]. 北京:高等教育出版社,2007.

[19] 林源渠,方企勤. 数学分析解题指南[M]. 北京:北京大学出版社,2003.

[20] 周民强. 数学分析习题演练[M]. 北京:科学出版社,2010.

[21] 吴良森,毛羽辉,韩士安,等. 数学分析学习指导书(上)[M]. 北京:高等教育出版社,2004.

[22] 裴礼文. 数学分析中的典型问题与方法[M]. 北京:高等教育出版社,2006.

[23] 谢惠民,恽自求,易法槐,等. 数学分析习题课讲义(上)[M]. 北京:高等教育出版社,2003.